STOFFWECHSEL

DIE RUHRCHEMIE IN DER FOTOGRAFIE

METABOLIC PROCESSES

RUHRCHEMIE IN PHOTOGRAPHY

Eine Veröffentlichung des LVR-Industriemuseums
und der LUDWIGGALERIE Schloss Oberhausen

LVR Qualität für Menschen

LVR-Industriemuseum
PETER-BEHRENS-BAU

LUDWIGGALERIE
SCHLOSS OBERHAUSEN

stadt
oberhausen

STOFFWECHSEL

DIE RUHRCHEMIE IN DER FOTOGRAFIE

METABOLIC PROCESSES

RUHRCHEMIE IN PHOTOGRAPHY

LVR-Industriemuseum und
LUDWIGGALERIE Schloss Oberhausen (Hg.)

Katalog zur Ausstellung im
LVR-Industriemuseum Peter-Behrens-Bau
und in der LUDWIGGALERIE Schloss Oberhausen
vom 16. September 2018 bis 17. März 2019

VERLAG
KETTLER

Ein Katalog zur Sonderausstellung
„Stoffwechsel – Die Ruhrchemie in der Fotografie"
im LVR-Industriemuseum Peter-Behrens-Bau
16. September 2018 bis 17. März 2019
und in der LUDWIGGALERIE Schloss Oberhausen
16. September 2018 bis 24. Februar 2019

Gefördert von der Clariant Foundation,
der OXEA GmbH und der RAG-Stiftung

Die Ausstellung wird unterstützt von Celanese Services Germany GmbH
und Johnson Matthey Catalysts (Germany) GmbH

Ein Projekt unter dem Dach von

INHALTSVERZEICHNIS
TABLE OF CONTENTS

GRUSSWORT
GREETING

Das industriekulturelle Erbe des Rheinlandes zu bewahren und zu vermitteln, ist Aufgabe des LVR-Industriemuseums. Das Landesmuseum für Industrie- und Sozialgeschichte dokumentiert an sieben, in ehemaligen Fabriken eingerichteten Museumsschauplätzen nicht nur das materielle Erbe der Industrie, sondern auch die Sozialgeschichte, also das Leben und Arbeiten der Menschen im industriell geprägten Rheinland.

Dazu bediente sich das Museum von Anfang an eines Mediums, das als das Medium des Industriezeitalters schlechthin bezeichnet werden kann: der Fotografie. Hunderttausende Bildträger in der Museumssammlung – darunter zum Beispiel der Bildbestand des Weltkonzerns Gutehoffnungshütte –, dokumentieren den Wandel von Arbeitswelt und Alltagskultur, Stadt und Kulturlandschaft im Zeichen der Industrie. Von Anfang an sammelte das Museum dazu gezielt Arbeiten zeitgenössischer Fotografinnen und Fotografen, die über ihre dokumentarische Funktion hinaus zugleich individuelle Zeugnisse einer künstlerischen Auseinandersetzung mit dem Industriezeitalter sind.

Das Projekt „Stoffwechsel. Die Ruhrchemie in der Fotografie" verdankt sich besonderen Umständen und einer ungewöhnlichen Konstellation von Akteuren. Erstmalig realisieren das LVR-Industriemuseum und die LUDWIGGALERIE Schloss Oberhausen gemeinsam eine Ausstellung, die gleichermaßen Unternehmensgeschichte wie auch ein visuelles Erlebnis ist, das die Fotografie in ihrer dokumentarischen und ästhetischen Dimension zur Geltung bringt.

So versammelt die Ausstellung eindrückliche industriefotografische Arbeiten bekannter Fotografinnen und Fotogra-

The mission of the LVR-Industriemuseum is to preserve and communicate the industrial cultural heritage of the Rhineland. The Landesmuseum für Industrie- und Sozialgeschichte (museum of industrial and social history) not only documents the area's material industrial heritage in seven museum sites set up in former factories, but also the social history; the life and work of the people in the Rheinland, an area formed by industry.

From the outset, the museum therefore exploited a medium that can be called the medium of the industrial age: photography. Hundreds of thousands of image carriers in the museum collection including e.g. the image inventory of a global corporation, the Gutehoffnungshütte, an early mining and engineering company, document the changes in working life and everyday culture, the city and cultural landscape and how they were shaped by industry. From the very beginning, the museum specifically collected works by contemporary photographers who, in addition to their documentary function, are also individual witnesses of an artistic examination of the industrial age.

The project "Metabolic processes – Ruhrchemie in photography" arose from particular circumstances and an unusual constellation of stakeholders. For the first time, the LVR-Industriemuseum and the LUDWIGGALERIE Schloss Oberhausen are mounting a joint exhibition that is both a corporate history and a visual experience that emphasises photography in its documentary and aesthetic dimensions.

The exhibition therefore gathers together many impressive works of industrial photography by well-known photographers like Albert Renger-Patzsch, Robert Häusser and Ludwig Windstosser, some of which are being shown for

fen wie Albert Renger-Patzsch, Robert Häusser oder Ludwig Windstosser, die zum Teil erstmalig präsentiert werden. Der Glücksfall, den kompletten Bildbestand der Ruhrchemie in die Sammlung des LVR-Industriemuseums übernehmen zu können, erlaubte zudem, erstmals ein Unternehmen der chemischen Industrie in den Mittelpunkt einer Ausstellung zu stellen, einer Branche, die sich zwar der Steinkohle verdankt, der aber meist wenig Aufmerksamkeit zu Teil wurde. Die Ausstellung passt damit wunderbar in den Programmreigen „Glückauf Zukunft", den die RAG-Stiftung anlässlich der Schließung der letzten Steinkohlenzeche im Ruhrgebiet 2018 initiierte und zu dem das LVR-Industriemuseum drei Ausstellungen beisteuert.

Viele haben dazu beigetragen, dass wir das Projekt realisieren konnten. Ganz besonders möchten wir uns bei unserem Kooperationspartner, der Stadt Oberhausen mit der LUDWIGGALERIE Schloss Oberhausen, bedanken sowie bei denen, die uns sehr großzügig finanziell unterstützten, namentlich der Clariant Stiftung, der Oxea GmbH sowie der RAG-Stiftung.

the first time. The amazing stroke of luck to incorporate the entire Ruhrchemie photographic archive into the LVR-Industriemuseum also enabled us to make a chemical company the "star" of an exhibition for the very first time; an industry that owed its existence to hard coal and which would normally receive little attention. The exhibition fits seamlessly into the "Glückauf Zukunft" (the future of mining), initiated by the RAG-Stiftung on the occasion of the closure of the last coal mine in the Ruhr area in 2018, and to which the LVR-Industriemuseum has contributed three exhibitions.

Many people participated in the realisation of the project, and we would like to extend special thanks to our partner, the City of Oberhausen with the LUDWIGGALERIE Schloss Oberhausen and those who provided generous financial support, in particular the Clariant Foundation, Oxea GmbH and the RAG-Stiftung.

Anne Henk-Hollstein
Vorsitzende der Landschaftsversammlung Rheinland
Chairwoman of the Regional Assembly

Ulrike Lubek
Direktorin des Landschaftsverbands Rheinland
Director, LVR

GRUSSWORT
GREETING

Liebe Freundinnen und Freunde der LUDWIGGALERIE Schloss Oberhausen und des LVR-Industriemuseums!

Wieder einmal ist unserer Stadt im Bereich Kultur etwas Besonderes gelungen – es gibt eine Premiere. Denn die Ausstellung „Stoffwechsel – Die Ruhrchemie in der Fotografie" wird gleich in zwei Häusern gezeigt: in der LUDWIGGALERIE Schloss Oberhausen als städtischem Ausstellungshaus und im LVR-Industriemuseum, das in der Trägerschaft des Landschaftsverbandes Rheinland steht. So verbindet sich das Wissen um künstlerische Fotografie aus der LUDWIGGALERIE Schloss Oberhausen mit dem Wissen des LVR-Industriemuseums um Industriegeschichte. Zudem werden zwei der wichtigsten Baudenkmäler der Stadt in Beziehung gebracht. Und obwohl sie in fußläufiger Entfernung voneinander liegen, müssen sie doch als höchst unterschiedlich wahrgenommen werden. Beim Peter-Behrens-Bau handelt es sich um eine Ikone der Architektur der 1920er Jahre und damit der „Neuen Sachlichkeit". Das ehemalige Hauptlagerhaus der Gutehoffnungshütte dient als Übergangsquartier des LVR-Industriemuseums während der Umbauphase an seinem Hauptstandort Altenberg. Die LUDWIGGALERIE Schloss Oberhausen ist dagegen ein gelungenes Beispiel für die klassizistische Architektur eines Landsitzes im frühen 19. Jahrhundert. Zwischen diesen zwei Häusern erfährt man auf lebendige Weise Architektur- und Industriegeschichte, die das Ruhrgebiet bis heute prägen.

Hinter dem Schloss liegt mit dem Kaisergarten ein Volkspark des 19. Jahrhunderts. Der Rhein-Herne-Kanal, die Autobahn und die Bahnlinie stehen hier für die hohe Qualität der Verkehrswege unserer Region und deren effizienter Vernetzung. Neue Landmarken wie die Brücke

Dear Friends of the LUDWIGGALERIE Schloss Oberhausen and the LVR-Industriemuseum!

Our city has once again staged a very special cultural event. This is a first, because the exhibition "Metabolic processes – Ruhrchemie in photography" is taking place in two locations: at the LUDWIGGALERIE Schloss Oberhausen as a city exhibition venue and at the LVR-Industriemuseum, which is sponsored by the Landschaftsverband Rheinland municipal association. Thus, the expertise in artistic photography of the LUDWIGGALERIE Schloss Oberhausen joins forces with the LVR-Industriemuseum's knowledge of industrial history.

This exhibition has now forged a link between two of the city's most important monuments; and despite they are within walking distance of each other, they yet must be viewed as polar opposites. The Peter Behrens Building is an icon of 1920s architecture and therefore the "New Objectivity". The former main warehouse of Gutehoffnungshütte, a large mining and engineering company, is the temporary home of the LVR-Industriemuseum during the reconstruction of its site at Altenberg. The LUDWIGGALERIE Schloss Oberhausen, on the other hand, is a superb example of the classicist architecture of an early 19th century country estate. You can now visit these two very different buildings to experience the history of architecture and industry in an engaging way that continues to characterise the Ruhr area today.

The Kaisergarten, the "imperial garden", is a 19th-century public park behind the castle. The Rhine-Herne Canal, the motorway and the railway line represent the high quality of the traffic routes in our region and the efficient network

„Slinky Springs to Fame“ verbinden sich mit Industriedenkmälern wie dem Gasometer, einem der wohl ungewöhnlichsten Ausstellungsräume Europas. Und die wirklich außergewöhnlich aufschlussreichen Fotos der Ruhrchemie erzählen auch ein Stück der facettenreichen Industriegeschichte unserer Stadt.

Und so gilt mein großer Dank denjenigen, die diese Ausstellung möglich gemacht haben, allen voran den großzügigen Förderern: Clariant Foundation, OXEA GmbH und der RAG-Stiftung. Mein Dank gilt zudem den beiden Museen und ihren Teams, namentlich Dr. Walter Hauser und Michael Gaigalat vom LVR-Industriemuseum und Dr. Christine Vogt von der LUDWIGGALERIE Schloss Oberhausen. Schließlich danke ich für die hervorragende Arbeit der Kuratoren Rainer Schlautmann und Sarah Hülsewig. Sie haben mit großem Fachwissen den fotografischen Bestand gesichtet und so eine für den jeweiligen Ausstellungsort passende Präsentation entwickelt.

Der Ausstellung wünsche ich viele begeisterte Besucherinnen und Besucher, die hoffentlich – durch den neuen Blick auf die Ruhrchemie bereichert – dieses Gemeinschaftsprojekt wahrnehmen werden.

Herzlichst Ihr

they form. New landmarks including the bridge, titled "Slinky Springs to Fame" and industrial monuments like the Gasometer, combine to create one of the most extraordinary exhibition spaces in Europe. The exceptionally insightful photos from the Ruhrchemie archives also reveal aspects of the multifaceted industrial history of our city.

I must therefore express my sincere thanks to the people who made this exhibition possible. First and foremost, to the generous supporters: the Clariant Foundation, OXEA GmbH and the RAG-Stiftung. My thanks also to the two museums and their teams, in particular Walter Hauser and Michael Gaigalat from the LVR-Industriemuseum and Dr. Christine Vogt from the LUDWIGGALERIE Schloss Oberhausen. Finally, I must mention the excellent work carried out by curators Rainer Schlautmann and Sarah Hülsewig, who used their impressive expertise to study the photographic inventory and designed the exhibition to present the photographs to best effect at the two venues.

I hope the exhibition will welcome many enthusiastic visitors who will be fascinated by this joint venture and leave the exhibitions enriched by this new perspective on the Ruhrchemie.

Warmest regards

Daniel Schranz
Oberbürgermeister der Stadt Oberhausen
Mayor of the City of Oberhausen

GRUSSWORT
GREETING

Der überlegt und sorgfältig gewählte Titel der Ausstellung „Stoffwechsel" lädt ein zu mannigfaltigen Assoziationen und untermalt facettenreich den historischen Wandel des Unternehmens und des Chemiewerks Ruhrchemie, aber auch der chemischen Industrie allgemein. Wie bemerkenswert hat sich die Rohstoffbasis dieser Industrie in den vergangenen 150 Jahren verändert. Vielen heute unbekannt, war einer der ersten Grundstoffe Ethanol – gewonnen aus pfälzischen Kartoffeln –, das der Ruhrchemie als Ausgangsstoff für die Herstellung chemischer Folgeprodukte lange Zeit diente. Zu diesem Zeitpunkt war aber längst schon die Kohleveredlung der Standardprozess zur Gewinnung von organischen Chemierohstoffen. Schliesslich wurde die Kohle in der Mitte des zwanzigsten Jahrhunderts durch das Erdöl verdrängt. Heute sind Erdgas und weitere verflüssigte Kohlenwasserstoffe Hauptausgangsstoffe geworden, und nachwachsende Rohstoffe gewinnen weiter an Bedeutung. Schließt sich bald der Kreis in diesem „Rohstoffwechsel"?

Auch durch die Entstehungsgeschichte der Fotografie zieht sich der Stoffwechsel wie ein roter Faden: Für die ersten erfolgreichen Versuche, ein Bild auf Zinn- oder Kupferplatten zu bannen, war noch eine Belichtungszeit von mehreren Stunden nötig. Seither hat sich, auch dank der Chemie, viel getan: Belichtungszeiten wurden dank lichtempfindlicherer Substanzen immer kürzer, Papier wurde zum Trägermaterial, die Entwicklung von speziellen Objektiven erlaubte neue Perspektiven, die Fotografie wurde mobil, die Bilder farbig, und schließlich vollzog sich auch in der Fotografie der unaufhaltsame digitale Wandel.

The deliberately and carefully chosen title of the exhibition "Metabolic processes" invites us to develop manifold associations and multifariously accentuates the historical development of the company and the chemical plant Ruhrchemie as well as the chemical industry in general. How remarkably the raw material base of this industry has changed over the past 150 years. Today, only few people know that one of the first substances was ethanol derived from Palatine potatoes, which, for a long time, served Ruhrchemie as a raw material for chemical derivatives. At that time, however, coal refinement already was the standard process for the extraction of organic chemical raw materials. In the middle of the twentieth century, coal was eventually replaced by crude oil. Today, natural gas and other liquidized hydrocarbons have come to be the main raw materials, and renewable resources are becoming increasingly important. Will this cycle of change in the raw material base, the "Metabolic process", soon be closed?

In the genesis of photography, this change in raw materials is also a recurring theme: The first successful attempts to capture an image on zinc or copper plates required an exposure time of several hours. A lot has happened since, not least thanks to chemistry. Exposure times were reduced with the help of light-sensitive substances, paper became the carrier material, the development of special lenses allowed new perspectives, photography became mobile, pictures colorful, and eventually the unstoppable digital shift also occurred in photography.

Die bildliche Zusammenführung von chemischer Industrie und Fotografie im Rahmen dieser Ausstellung lenkt aber auch den Blick darauf, wie wir Dinge wahrnehmen. Die Fotografie erlaubt uns eine andere Perspektive: Indem sie die Zeit gleichsam anhält, eröffnet sie den Blick für jene Details, die unserer Wahrnehmung häufig verborgen bleiben. Wir alle arbeiten und leben in einem Umfeld, in dem wir scheinbar fest verankert sind, und laufen gerade aufgrund dieser Verankerung Gefahr, den für jede Selbstreflexion notwendigen Abstand einzubüßen. Eine andere Sichtweise kann uns für Schwächen im eigenen System und den daraus resultierenden notwendigen Veränderungsbedarf sensibilisieren. Auch das ein „Stoffwechsel“ der ganz besonderen Art.

Die in der Ausstellung gezeigten Momentaufnahmen aus neunzig Jahren sind einzigartig und lassen uns den Wandel der chemischen Industrie, des Mediums Fotografie und auch unseren eigenen Wirkungskreis mit neuen Augen sehen.

Dr. Christian Kohlpaintner
Mitglied Executive Committee
Clariant International AG

However, the pictorial merger of chemical industry and photography within this exhibition also draws our attention to the way we perceive the world. Photography allows us to take a different perspective: By quasi stopping time, it opens our vision to those details that are often concealed from perception. We all live and work in an environment in which we seem to be firmly rooted. But precisely because of this, we risk forfeiting the distance needed for self-reflection. A different viewpoint, however, can sensitize us for weaknesses in our own system and for the resulting need for change. This, again, is a “Metabolic process” of a very special kind.

The pictures from ninety years displayed in this exhibition are unique and they allow us to see the change in the chemical industry, in photography, and also in our own sphere of activity with new eyes.

GRUSSWORT
GREETING

Das OXEA Werk Ruhrchemie ist ein fester Bestandteil von Oberhausen – nunmehr seit über 90 Jahren. So kommt es häufig zu folgenden Dialogen:

„Sag mal, wo arbeitest Du eigentlich?“
„Bei OXEA.“
„Wo?“
„OXEA, im Werk Ruhrchemie“
„Ah, bei der Ruhrchemie – alles klar“.

Das Werk – häufig noch unter dem Begriff Ruhrchemie – ist bekannt in Oberhausen und Umgebung. Bei OXEA und den sechs Standortpartnern arbeiten rund 1.300 Menschen am Standort. Viele davon seit mehr als 40 Jahren oder über Generationen hinweg – denn das Werk zeichnet sich durch sein freundschaftliches Miteinander und die familiäre Atmosphäre aus. Alle ziehen hier an einem Strang und tun alles dafür, dass die Anlagen laufen. Dabei haben Arbeits-, Anlagen- und Prozesssicherheit stets höchste Priorität.

OXEA ist heute ein global tätiges Chemieunternehmen, neben Oberhausen mit Produktionsstandorten in Marl, Amsterdam, Bay City, Bishop und Nanjing. Das Produktportfolio umfasst Produkte wie Aldehyde, Ester oder Carbonsäuren. Auf vielen Gebieten sind wir Marktführer. OXEA-Produkte finden sich in vielen Bereichen des täglichen Lebens – ob in Folien für Sicherheitsglas, in Lacken und Farben, aber auch in der Kosmetikindustrie oder bei der Tierfutter-Herstellung.

Die Geschichte des OXEA Werk Ruhrchemie ist von Eigentümerwechseln geprägt. Ob Mannesmann, Hoechst, Celanese oder heute die Oman Oil Company – das Werk

The OXEA Ruhrchemie plant is an integral part of Oberhausen – and has been for over 90 years. Discussions such as the following are not uncommon:

"Say, where do you work?"
"At OXEA."
"Where?"
"OXEA, at the Ruhrchemie site."
"Oh, right, Ruhrchemie – got it."

The plant – often simply referred to as 'Ruhrchemie' – is well-known in Oberhausen and the surrounding area. Around 1,300 people are employed at Oxea and its six site partners. Many of them have worked there for over 40 years, or over several generations. This is in large part because the plant is known for its friendly and relaxed atmosphere. Everyone pulls together and does everything possible to ensure that the systems operate optimally, while always maintaining work, plant, and process safety as the highest priority.

Today, OXEA is a globally-active chemical concern with production facilities throughout the world. Besides Oberhausen, we have operations in Marl, Amsterdam, Bay City, Bishop and Nanjing. The product portfolio includes aldehydes, esters and carboxylic acids. We are the market leader in many of these areas. Consumers will find OXEA products in many areas of daily life – in films for safety glass, in paints and dyes, and also in the cosmetic industry and in animal feed production.

The history of the OXEA Ruhrchemie site is one characterized by ownership changes. But whether owned by Mannesmann, or Hoechst, Celanese or today's Oman Oil Company

hat sich seine Identität erhalten. Ein Blick in das umfangreiche Foto-Archiv zeigt, dass in der Vergangenheit immer wieder renommierte Fotografen im Werk unterwegs waren. Ob Albert Renger-Patzsch, Robert Häusser oder Ludwig Windstosser – sie alle haben das Werk in seinen unterschiedlichen Epochen fotografisch in Szene gesetzt. So bleibt der Wandel sichtbar. Noch heute prägen Gebäude aus der Gründungszeit das Erscheinungsbild des Werkes. Wir bei OXEA freuen uns, dass der Fotobestand nun einer breiten Öffentlichkeit zugänglich gemacht wird. Unser besonderer Dank geht an die Mitarbeiter, die in den vergangenen Jahrzehnten dafür gesorgt haben, dass dieser Schatz erhalten blieb. Wir sind sicher, dass die Ausstellung viele Besucher anziehen wird, denn es gibt neben den rund 1.300 Mitarbeitern am Standort noch viele ehemalige Kollegen und deren Familien, die eng mit dem Unternehmen verbunden sind.

Wir danken dem LVR-Industriemuseum und der LUDWIGGALERIE Schloss Oberhausen, dass sie diese Ausstellung möglich gemacht haben. Unser besonderer Dank gilt neben dem Projektteam rund um Michael Gaigalat und Dr. Christine Vogt den Kuratoren Rainer Schlautmann und Sarah Hülsewig sowie Reiner Nause und Dr. Georg Dämbkes, die das Projekt in vielfältiger Weise unterstützt haben.

Dr. Salim Al Huthaili
CEO OXEA

– the plant has preserved its unique identity. A glance at the extensive photo archive shows that renowned photographers have often visited. Whether Albert Renger-Patzsch, Robert Häusser or Ludwig Winstosser – all have photographed the plant and showed its place in various eras. Thus we have a permanent visible reminder of the changes that have taken place. Even today, buildings from the earliest days still characterize the plant's appearance. We at OXEA are pleased that the photography collection can now be viewed by the general public. Our special thanks go to the employees who have made sure in the past decades that this treasure is preserved. We are certain that many people will visit the exhibit, since besides the current 1,300 employees, there are also a great many former employees and their families who have a close connection to the company.

We thank the LVR-Industriemuseum and the LUDWIG-GALERIE Schloss Oberhausen for making this exhibition possible. Our special thanks go to the project team around Michael Gaigalat and Dr. Christine Vogt, to the curators Rainer Schlautmann and Sarah Hülsewig as well as Reiner Nause and Dr. Georg Dämbkes, who supported the project in many ways.

GRUSSWORT
GREETING

Glückauf, liebe Leserinnen und Leser,

der Bergmannsgruß und Chemie – wie das zusammenpasst, mag sich der Eine oder die Andere fragen.
Heute spielt Evonik als großer Spezialchemiekonzern eine wichtige Rolle im Portfolio der RAG-Stiftung. Dieser Zusammenhang zwischen Bergbau und Chemie ist historisch gewachsen – die Chemie als Zukunftsbranche für das Ruhrgebiet hat ihre Wurzeln im Bergbau.

So nutzte die Chemieindustrie in ihren Anfängen vornehmlich Reststoffe des Bergbaus zur Herstellung chemischer Stoffe. Das erste Produkt der Ruhrchemie AG, die bei ihrer Gründung 1927 „Kohlechemie Aktiengesellschaft" hieß, war beispielsweise ein Dünger, der aus überschüssigem Kokereigas gewonnen wurde.

Wenn im Jahre 2018 der aktive Steinkohlenbergbau in Deutschland ausläuft, endet eine 150-jährige Ära, die vor allem das Ruhrgebiet stark geprägt hat. Dass der Bergbau auch Voraussetzung für die Entwicklung der chemischen Industrie an der Ruhr war, ist ein bedeutender und bislang kaum berücksichtigter Aspekt.

Umso wichtiger ist es, dass das LVR-Industriemuseum und die LUDWIGGALERIE Schloss Oberhausen gemeinsam mit der Ausstellung „Stoffwechsel – Die Ruhrchemie in der Fotografie" würdigt, dass Reststoffe des Bergbaus die Grundlage für die Chemieproduktion darstellten. Auf Basis des fotografischen Fundus mit Architektur- und Landschaftsaufnahmen der Ruhrchemie AG und ihrer Nachfolgeunternehmen ist eine wunderbare Ausstellung entstanden, die die Firmengeschichte für alle Besucherinnen und Besucher anschaulich aufbereitet.

"Glückauf" dear readers,

You may be wondering how "Glückauf", a traditional miners' greeting, and the chemical industry are connected. As a major specialty chemicals company, Evonik, occupies an important place in the portfolio of the RAG-Stiftung (the RAG Foundation) today. The relationship between mining and the chemical industry has developed historically, and the production of chemicals as a future industry in the Ruhr area has its roots in mining.

In its early stages, the chemical industry primarily used residual materials from mining to produce chemical substances. For example, the first product created by Ruhrchemie AG, or "Kohlechemie Aktiengesellschaft" as it was known when the original company was founded in 1927, was a fertiliser derived from surplus coke oven gas.
The age of the active coal industry in Germany will end in 2018, thus heralding the close of an era spanning 150 years and which has had a particularly strong impact on the Ruhr area. The fact that mining was also a prerequisite for the development of the chemical industry in the Ruhr area is an important aspect which has been largely ignored to date.
It is even more important that the LVR-Industriemuseum and the LUDWIGGALERIE Schloss Oberhausen pay tribute to the Ruhrchemie in photos in this exhibition "Metabolic processes – Ruhrchemie in Photography", which used the residual products from mining to form the basis for the production of chemicals. A fascinating exhibition of photos recording the architecture and landscape has been created from the photo stock of Ruhrchemie AG and its successor companies that vividly recreates the company's history.

Die Förderung von Bildung, Wissenschaft und Kultur in den Bergbauregionen ist fest in der Satzung der RAG-Stiftung verankert. Der Bergbau hat das Zusammenleben der Menschen in den Steinkohlerevieren auf vielfache Weise über Jahrzehnte geprägt: als Arbeitgeber, als Wirtschaftsfaktor, als Ausbilder und nicht zuletzt durch seine kulturelle Kraft. Dieses Erbe des Bergbaus wollen wir nicht nur bewahren, sondern auch in die Zukunft tragen. Ich freue mich deshalb besonders, dass die RAG-Stiftung diese für die Region so bedeutende Ausstellung fördert, in der das Zusammenspiel von Steinkohle und Chemie transportiert wird.

Ich wünsche Ihnen viel Freude bei der Betrachtung der Fotografien, die Sie in diesem Katalog und bei der Ausstellung finden. Ob man eine direkte Verbindung zum Bergbau hat oder nicht – diese Bilder transportieren Geschichte und Geschichten und lassen sie, das ist der wichtigste Punkt, in der Zukunft fortbestehen.

Ein herzliches „Glückauf"!

The nurturing of education, science and culture in the mining regions is firmly anchored in the statutes of the RAG-Stiftung. Mining has shaped the co-existence of people in coal mining areas in various ways for decades: as an employer, an economic driver, an educator and not least as a cultural power. We don't merely wish to preserve the culture of the mining industry, but we also want to bring it into the future. I am therefore delighted that the RAG-Stiftung is supporting this exhibition, which is so important for the region and which provides an insight into the inextricable link between coal and chemicals.

I hope you enjoy viewing the photographs in this catalogue and in the exhibition itself. Regardless of whether you have a direct connection to mining, these images convey a sense of history and stories that will enable them to live on in the future, which is the most important thing.

It only remains for me to wish you a warm "Glückauf"!

Bärbel Bergerhoff-Wodopia
Mitglied des Vorstandes der RAG-Stiftung
Board Member of the RAG-Stiftung

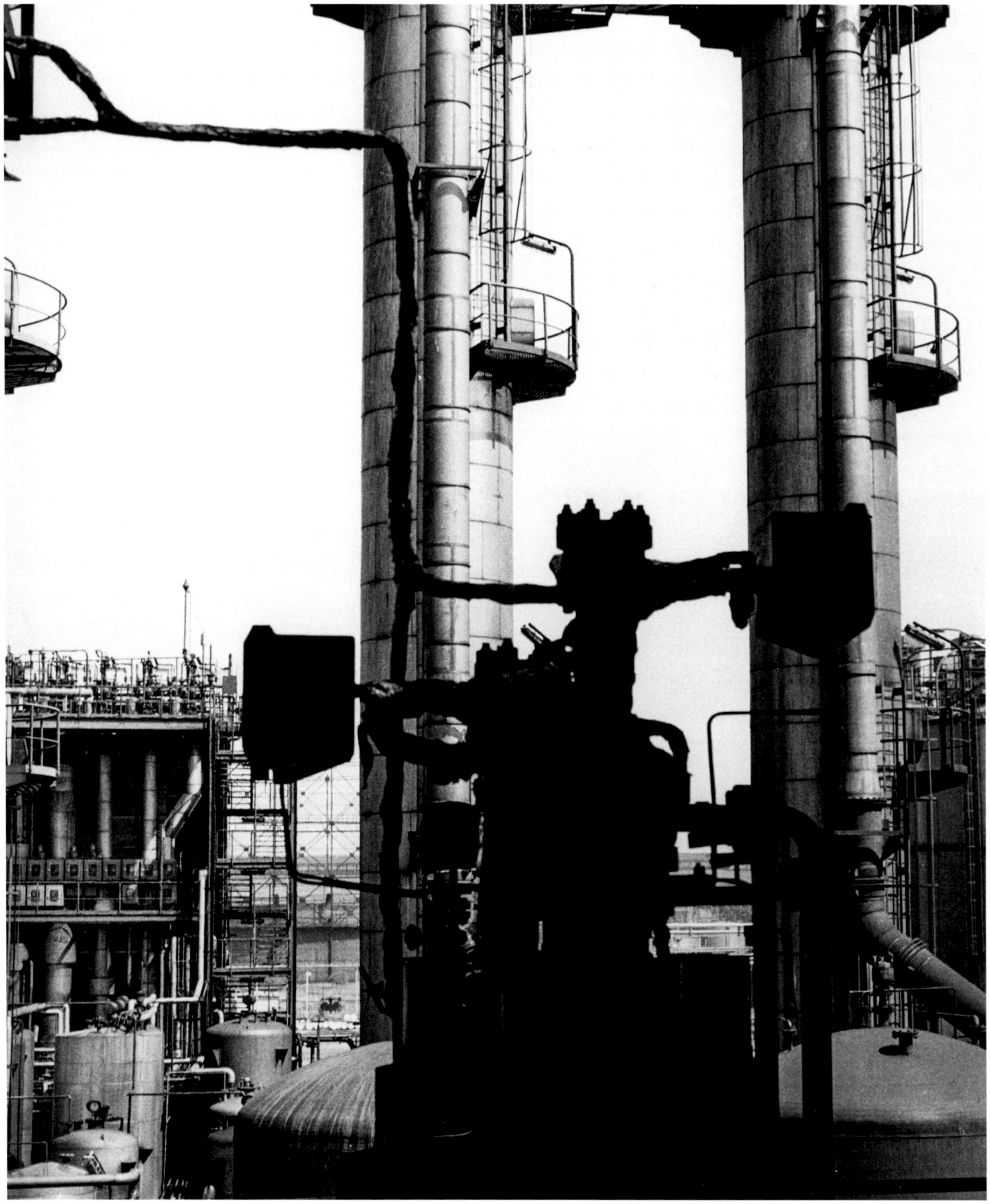

Rudolf Holtappel: Destillationskolonnen, 1971
Rudolf Holtappel: Distillation columns, 1971

VORWORT
PREFACE

Die Ausstellung „Stoffwechsel – Die Ruhrchemie in der Fotografie“ ist ein in vieler Hinsicht unwahrscheinliches Projekt. Die Gründer dieses Werks – Betriebe des Ruhrkohlenbergbaus, die unter dem Rationalisierungsdruck der Zwischenkriegszeit gemeinsam nach Wegen suchten, ihre „Abfälle“ in den Kokereien durch chemische Veredelung zu verwerten – hätten sich vor 90 Jahren jedenfalls kaum träumen lassen, dass ihre Ruhrchemie – die heutige OXEA – einmal zum Sujet einer ambitionierten Fotoausstellung der beiden Oberhausener Museen werden würde. Unwahrscheinlich war die Ausstellung insofern, als sie sich einer Reihe von Glücks- und Zufällen verdankt, nicht zuletzt dem Engagement einiger Beteiligter zur rechten Zeit und am rechten Ort, die die Bedeutung des fotografischen Schatzes des Unternehmens erkannten.

Es ist ja keineswegs selbstverständlich, dass ein Unternehmen über fast ein Jahrhundert und vielfältige Wechsel der Besitzverhältnisse hinweg in erstaunlicher Kontinuität und Qualität, mit einem hohen ästhetischen Anspruch, dabei aus ganz verschiedenen Motiven und Anlässen heraus so breit fotografisch repräsentiert und dokumentiert ist. Obwohl für ein mittelgroßes Unternehmen, das spröde Vorprodukte für die chemische Industrie lieferte, kaum die Notwendigkeit für eine strategisch angelegte visuelle Kommunikation bestand, scheinen sich die wechselnden Firmenleitungen der Bedeutung und des Reizes des Mediums Fotografie bewusst gewesen zu sein. Gleichwohl fehlte es an einem Bewusstsein dafür, dass ein solcher Bestand auch gepflegt und konserviert werden muss. Dass wir heute im Fotoarchiv des LVR-Industriemuseums über eine weitgehend vollständige fotografische Überlieferung der Ruhrchemie verfügen, geht vornehmlich auf die persönliche Initiative einiger Betriebsräte zurück, die

The exhibition “Metabolic processes – Ruhrchemie in photography” is an unlikely project in many ways. The founders of this plant, the companies of the Ruhr area coal mining industry, which, along with the pressure of rationalisation of the inter-war years, sought ways to exploit their “waste products” in the coking plants by chemical processing, would never have thought 90 years ago that their “Ruhrchemie”, (now called OXEA), would form the subject of an ambitious photographic exhibition organised by the two museums in Oberhausen. The exhibition almost did not happen if it was not for luck and a series of coincidences, not least the dedication of various stakeholders all at the right time and place, in recognising the importance of the company’s treasure trove of photographic images.

It is, after all, by no means self-evident that a company would have been so extensively photographed and documented over almost a century, through many changes of ownership in such astonishing continuity and quality, with high aesthetic standards and for various reasons and on very different occasions. Although there was little requirement for a strategic visual communication for a medium-sized company that provided the raw primary products for the chemical industry, the changing executive boards appear to have been aware of the importance and appeal of the medium of photography. Nevertheless, there was no sense that the archives and records should be maintained and preserved for posterity. The fact that we now have an essentially complete photographic legacy from Ruhrchemie in the LVR-Industriemuseum's photo archives is primarily due to the personal initiative of specific works councils over many years. The works councils, which were also partly supported by the plant management, were dedicated to conserving not only the images, but also numerous

über viele Jahre hinweg mit großer Beharrlichkeit, teils von den Werksleitungen unterstützt, nicht nur die Bildzeugnisse, sondern auch vielfältige Sachzeugnisse der Unternehmensüberlieferung vor dem Verfall oder gar der Aussonderung sicherten und dem LVR-Industriemuseum zur sicheren Bewahrung übergaben. Unser Dank geht an dieser Stelle insbesondere an Reiner Nause, der als ehemaliger Betriebsratsvorsitzender der Ruhrchemie über viele Jahre die treibende Kraft in der Sache war, Herrn Dr. Georg Dämbkes als ehemaligem Produktionsleiter der OXEA und an Rudolf Kania, der für das LVR-Industriemuseum den Bestand seinerzeit aufgenommen hat.

Unwahrscheinlich, wenngleich überfällig war auch die spontan dabei entstandene Idee einer gemeinsamen Ausstellung von LVR-Industriemuseum und LUDWIGGALERIE Schloss Oberhausen, hatte es eine solche Kooperation bis dato ja noch nicht gegeben. Doch erwies sich diese in der Museumsbranche eher seltene Verbindung hier als ungemein passend: Zum einen, weil das aktuelle Ausweichdomizil des LVR-Industriemuseums während des Umbaus der Zinkfabrik Altenberg, der Peter-Behrens-Bau, fußläufig vom Schloss Oberhausen entfernt liegt; zum anderen, weil die Kooperation geradezu sinnfällig für die beiden komplementären Zugänge steht, die das Ausstellungskonzept verknüpft. So fügt sich die Ausstellung zu einer Bildgeschichte des Unternehmens, eines Industriestandorts und einer „Industrielandschaft“ über ein bewegtes Jahrhundert hinweg; sie reflektiert aber auch unterschiedliche Funktionen und Ausdrucksformen des Mediums Fotografie, die sich in einem derart heterogenen Bestand beispielhaft spiegeln, ebenso wie sie verschiedene ästhetische Handschriften der Fotografen im Wandel der Zeit, aber anhand eines allen gemeinsamen Sujets und Ortes, gegenüberstellt.

Diese Perspektiven spiegeln sich in unterschiedlichen „Mischungen“ in beiden Häusern; die Besucherinnen und Besucher der Ausstellung werden sich also auf den Weg machen müssen vom Schloss zum Behrens-Bau – auf eine kleine Reise durch eine spannende industriekulturelle

factual documents from the company culture prior to their deterioration or even destruction, and gave them to the LVR-Industriemuseum to safeguard and preserve. At this point, we would like to thank in particular Reiner Nause who, as the former Ruhrchemie works council chairman, was the driving force behind the project for many years, Dr. Georg Dämbkes the former production manager of OXEA and Rudolf Kania, who managed the photographic inventory for the LVR-Industriemuseum during his time.

The spontaneous idea of a joint exhibition between the LVR-Industriemuseum and the LUDWIGGALERIE Schloss Oberhausen was unlikely, albeit overdue, as these two museums had never collaborated on a similar project. However, this cooperation, which is rather rare in the museum world, turned out to be a perfect fit. Firstly, because the current alternative site of the LVR-Industriemuseum, the Peter-Behrens Building, is within walking distance of Schloss Oberhausen during the reconstruction of the Altenberg zinc factory and because the cooperation makes perfect sense due to the two complementary approaches that link the exhibition concept. The exhibition therefore shows a pictorial history of the company, an industrial site and an “industrial landscape” over a dynamic century. It also reflects the numerous functions and expressions of the medium of photography of which this diverse archive is a perfect example, and the personal aesthetic handwriting of photographers over time who are all concentrating on the same subject matter and region.

These perspectives are reflected in different “mixes” in both buildings; visitors to the exhibition must therefore make their way from the Schloss to the Behrens Building, a brief journey through an exciting industrial-cultural landscape which was once the industrial heart of Oberhausen.

Finally, a word of thanks, firstly to the generous financial support from the sponsors of the exhibition, without which the project in this form would not have been possible, in particular the Clariant Foundation, OXEA GmbH and the RAG-Stiftung. Special thanks to Rainer Schlautmann, the curator of the exhibition, who as both a photographer

Landschaft, dort, wo einst das industrielle Herz Oberhausens schlug.

Bleibt uns Dank zu sagen, zunächst für die großzügige finanzielle Unterstützung, die wir von den Förderern der Ausstellung erhalten haben, ohne die das Projekt in dieser Form nie möglich gewesen wäre, allen voran der Clariant Foundation, der OXEA GmbH und der RAG-Stiftung. Dank insbesondere an Rainer Schlautmann, den Kurator der Ausstellung, der als Fotograf und Historiker in einer Person das Projekt auch durch den ihm eigenen fotografischen Blick bereicherte. Last but not least danken wir dem Team der Kolleginnen und Kollegen in beiden Museen, das die Ausstellung unter der Federführung von Michael Gaigalat vorbereitet und eingerichtet hat.

and historian supplemented the project with his own photographic perspective. Last but not least, we would like to thank our team of colleagues at both museums, who prepared and mounted the exhibition under the leadership of Michael Gaigalat.

Dr. Walter Hauser
Direktor des LVR-Industriemuseums
Director LVR-Industriemuseum

Dr. Christine Vogt
Direktorin der LUDWIGGALERIE Schloss Oberhausen
Director LUDWIGGALERIE Schloss Oberhausen

DER GELENKTE BLICK. INDUSTRIEFOTOGRAFIE FÜR DIE RUHRCHEMIE AG IN OBERHAUSEN

A DIRECTED VIEW. INDUSTRIAL PHOTOGRAPHY FOR THE RUHRCHEMIE AG IN OBERHAUSEN

Rainer Schlautmann

Dokumentation, Repräsentation und Kommunikation sind die Aufgaben der Industriefotografie. Das gilt auch für die ungefähr 25.000 Fotografien, die seit 1927 / 28 im Auftrag der Ruhrchemie und ihrer Nachfolgegesellschaften entstanden und heute den Sammlungsbestand Ruhrchemie am LVR-Industriemuseum bilden. Die Fotografie erweist sich damit als das unangefochtene visuelle Leitmedium des Unternehmens, was sich besonders im Vergleich mit dem ebenso modernen Medium des Films zeigt: Es wurde überhaupt nur ein einziger Unternehmensfilm von der Ruhrchemie in Auftrag gegeben. [1]

Zunächst beauftragte die Ruhrchemie Fotografen, die den Bau des Werks ab 1928 dokumentierten; ihre Namen sind nicht überliefert. Zehn Jahre später hatte sich das grundlegend geändert, als das Unternehmen einen der bekanntesten Fotografen jener Zeit, Albert Renger-Patzsch (1897 – 1966), damit betraute, ein neues Bild der Ruhrchemie zu schaffen – und damit eine neue Außenwahrnehmung. Mit der Fertigstellung der Fischer-Tropsch-Anlage zur Herstellung von Treibstoffen aus Kohle, die in Oberhausen ab 1936 erstmals in großindustriellem Maßstab betrieben wurde, stieg nicht allein das Selbstbewusstsein des Unternehmens. Nun vollzog sich auch ein Wandel des Anspruchs: Statt nur der Dokumentation diente die Fotografie jetzt auch der Repräsentation. Mit Renger-Patzsch, dessen Atelierräume im Museum Folkwang in Essen untergebracht waren, wurde einer der großen Bild-Autoren gewonnen, der über eine unverwechselbare Ästhetik verfügte, die der Neuen Sachlichkeit zugeordnet wird. Sein immens einflussreiches Fotobuch „Die Welt ist schön“ von

The role of industrial photography is to document, represent and communicate. This also applies to the approximately 25,000 photographs produced since 1927/28 and commissioned by the Ruhrchemie and its successor companies which now form the Ruhrchemie collection at the LVR-Industriemuseum. Photography therefore proves to be the company's undisputed visual and principal medium, which is particularly evident when compared to the equally modern medium of film: the Ruhrchemie commissioned only one film. [1]

The Ruhrchemie initially commissioned photographers who documented the construction of the works from 1928, and their names are not known. But this changed fundamentally ten years later when the company asked one of the best-known photographers of the era, Albert Renger-Patzsch (1897–1966), to create a new visual representation of the Ruhrchemie, and to therefore present a new public image. Not only did the company's self-confidence increase with the completion of the Fischer-Tropsch plant for the production of fuels from coal, the first large-scale plant in Oberhausen from 1936. There was also a change in the requirement: instead of mere documentation, photography would now also serve to convey an image. In Renger-Patzsch, whose studio was located in the Museum Folkwang in Essen, the Ruhrchemie had gained one of the great image authors with a distinctive aesthetic associated with the New Objectivity. His immensely influential photo book "Die Welt ist schön" (the world is beautiful) from 1928 gained him international recognition. Here, he did not merely present a visual language in the industrial photos to give the viewer

1928 hatte ihn weltberühmt gemacht; schon hier wartete er nicht nur bei den Industrieaufnahmen mit einer Bildsprache auf, die dem Betrachter eine völlig neuartige Sicht auf Dinge und Landschaften vermittelte.[2] Nach eigener Aussage versuchte Renger-Patzsch zu zeigen, „wie man auf rein fotografischem Wege bildmäßige Lösungen erreichen kann und daß die Reize der Fotografie im Halbton, in der Flächenaufteilung und im Lauf der Linien verankert sind. Bewußt stellen diese Fotos den Reiz der Oberfläche zur Schau."[3] Renger-Patzschs kühle, um Objektivität bemühte Herangehensweise bot die ideale Form zur Repräsentation von Industriearchitektur und Ingenieursbauten, wie vor allem sein Werkbund-Buch „Eisen und Stahl" (1930 / 1931) zeigt.[4] Der streng gegliederte Bildaufbau seiner Fotografien verwandelte Industriegebäude in Monumente und nobilitierte sie auf diese Weise – ganz im Sinne seiner Auftraggeber.

Die genauen Umstände, die um 1938 zum Auftrag der Ruhrchemie an Renger-Patzsch führten, sind nicht bekannt. Einen Hinweis gibt jedoch eines seiner wenigen Vorkriegsportraits, das Franz Fischer, den Erfinder der nach ihm und seinem Mitarbeiter Hans Tropsch benannten Fischer-Tropsch-Synthese, um 1930 zeigt.[5] Der Kontakt zu Fischer, dem Gründungsdirektor des Kaiser-Wilhelm-Instituts für Kohlenforschung in Mülheim an der Ruhr, deutet bei Renger-Patzsch auch auf ein biographisch begründetes, thematisches Interesse an der chemischen Industrie hin. Er schrieb 1936, rückblickend auf seine fotografischen Anfänge als junger Mann: „Neben praktischer Apparatekunde trieb ich in erster Linie Chemie, worin ich

a totally new perspective on objects and landscapes. [2] In his own words, Renger-Patzsch tried to show "how to achieve pictorial solutions using a purely photographic approach, and that the allure of photography is rooted in the half tone, in the division of space and the flow of the lines. These photos are a conscious tribute to the beauty of the surface."[3] Renger-Patzsch's cold approach to objectivity was an ideal way of presenting industrial architecture and engineering structures as demonstrated most clearly in his Werkbund book "Eisen und Stahl" (iron and steel) (1930/1931).[4] The strictly structured composition of his photographs transformed industrial buildings into monuments, lending them a nobility which was to the liking of his clients.

The precise circumstances which resulted in the Ruhrchemie's commission to Renger-Patzsch around 1938 are not known. However, a clue may lie in one of his few pre-war portraits; that of Franz Fischer, taken around 1930, inventor of the Fischer-Tropsch synthesis named after himself and his colleague, Hans Tropsch.[5] Renger-Patzsch's contact with Fischer, the founding director of the Kaiser-Wilhelm-Institut für Kohlenforschung (Kaiser Wilhelm Society for Coal Research) in Mülheim an der Ruhr, also points to a biographical and thematic interest in the chemical industry. Looking back at his early photographic work as a young man, he wrote in 1936: "In addition to practical apparatus studies, I focused primarily on chemistry, but then ran into problems when I destroyed my lab equipment when producing white phosphorus. Nevertheless, after the war I decided to study chemistry."[6]

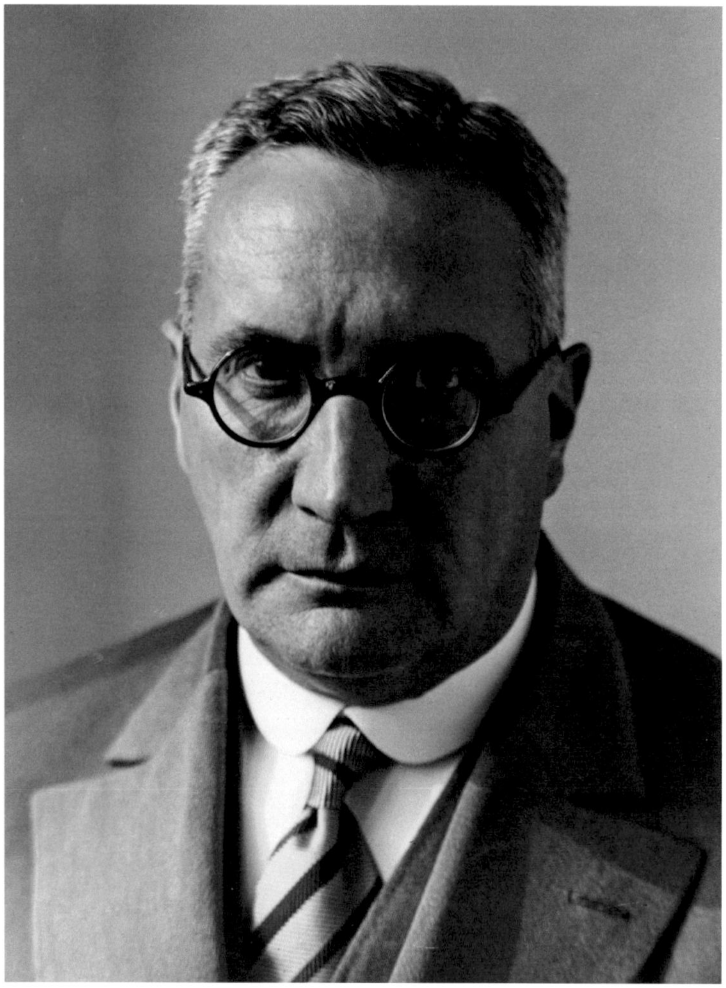

1 | Albert Renger-Patzsch: „Geheimrat [Franz] Fischer", um 1930 Albert Renger-Patzsch: Geheimrat (privy councillor) [Franz] Fischer, c. 1930

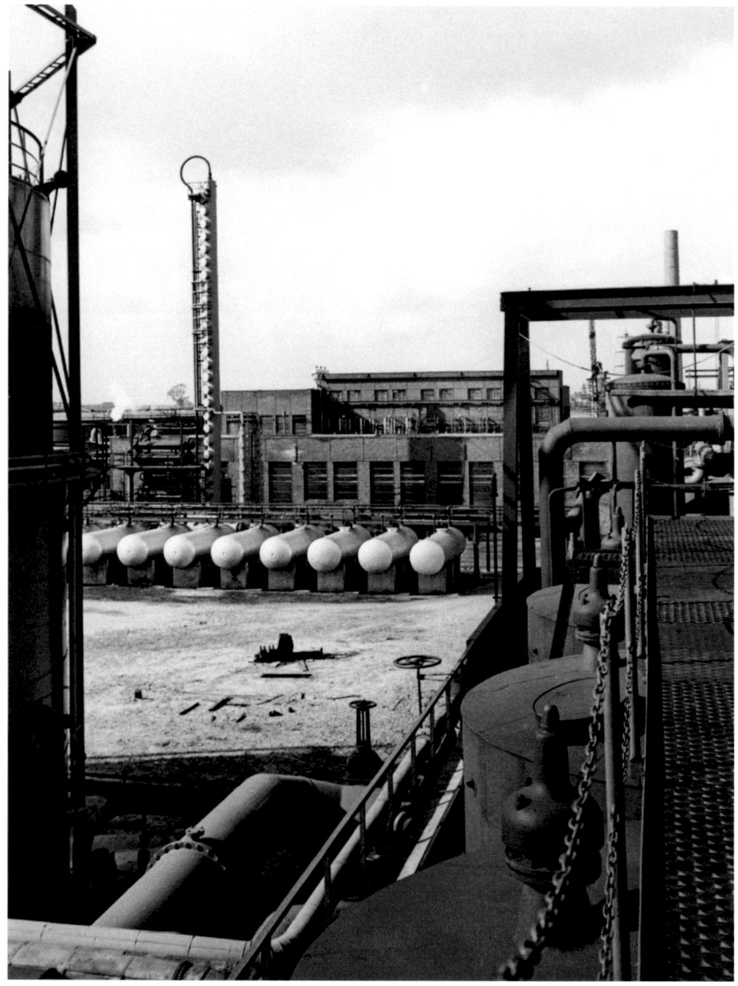

2 | Albert Renger-Patzsch: Ruhrchemie AG, Teilansicht der Fischer-Tropsch-Anlage, um 1938 | Albert Renger-Patzsch: Ruhrchemie AG, partial view of the Fischer-Tropsch plant, c. 1938

allerdings ein Haar fand, als ich bei der Herstellung weißen Phosphors meine Laboratoriumseinrichtung zertrümmerte. Trotzdem entschied ich mich nach dem Krieg für das Chemiestudium."[6]

Renger-Patzschs fotografische Arbeiten im Auftrag der Ruhrchemie sind aufgrund von Verlusten nur lückenhaft überliefert. Umso bemerkenswerter sind jene 33 Abzüge, die sich in einem auf November 1938 datierten Fotoalbum im Unternehmensarchiv erhalten haben (s. S. 112).[7] Das Foto mit dem Titel „Kontakt-Oefen, Dampfsammler" (Abb. S. 134) erschien bereits im August 1937 und illustrierte einen Aufsatz des Vorstandsvorsitzenden der Ruhrchemie AG, Prof. Dr.-Ing. Friedrich Martin in einer englischen Fachzeitschrift.[8] Renger-Patzsch war mit dieser Präsentationsart seiner Fotografien für repräsen-

The photographic works commissioned by the Ruhrchemie from Renger-Patzsch are incomplete due to losses. Therefore even more remarkable are the 33 prints which have been preserved in a photo album from the corporate archive dated November 1938 (cf. p. 112).[7] The photo entitled "Kontakt-Oefen, Dampfsammler" (contact furnaces, steam collector) (Fig. p. 134) appeared already in August 1937 to illustrate an essay by the Chairman of Ruhrchemie AG, Prof. Dr.-Ing. Friedrich Martin in an English publication.[8] Renger-Patzsch had long been accustomed to his photos being presented in this way for prestigious occasions. In 1927 he announced his intention "to publish ten photos a year from my current output in a portfolio as original enlargements in 18 x 24 cm. The prints will be produced on semi-matt Kodak Royal paper and laminated onto card-

tative Anlässe seit langem vertraut. 1927 bekundete er seine Absicht, „einmal jährlich aus der laufenden Produktion des Jahres 10 Fotos in einer Mappe vereinigt als Originalvergrößerungen im Format 18 x 24 cm herauszugeben. Die Drucke werden auf halbmattem Royal-Papier der Kodak hergestellt und auf Karton geheftet. Bei der Auswahl sind maßgebend bildmäßige und technische Qualität und Eigenart der Auffassung."[9]

Auch die Ruhrchemie AG und deren Schwestergesellschaft Ruhrbenzin AG nutzten die Aufnahmen von Renger-Patzsch für Werbezwecke: So erschienen 1939 vier seiner Motive in einer ganzseitigen Anzeige der beiden Unternehmen in „Der Vierjahresplan. Zeitschrift für nationalsozialistische Wirtschaftspolitik."[10]

Darüber hinaus sind gut zwei Dutzend weitere Abzüge von Renger-Patzschs Fotos für die Ruhrchemie erhalten, überwiegend auf dem von ihm bevorzugten glänzenden Brovira-Papier von Agfa. Dazu zählen Gesamtansichten, deren Bildaufbau den bekannten, ohne Auftrag angefertigten Ruhrgebietslandschaften entspricht (Abb. S. 94).[11] Zu sehen sind darauf erdschwere Vordergründe, in die sich ab der Bildmitte eine Industriekulisse vor konturlosem Himmel schiebt: Grenzorte zwischen Industriezeit und landwirtschaftlich geprägter Vergangenheit. Das in diesem Zusammenhang entstandene Triptychon aus drei zusammengefügten Abzügen (Abb. S. 96) mit einer Gesamtansicht der Ruhrchemie nimmt als Unikat im Gesamtwerk von Renger-Patzsch eine herausragende Stellung ein.

In Detailaufnahmen arbeitete Renger-Patzsch die skulpturalen Qualitäten der technischen Anlagen heraus. Sein Ringen um das letztgültige Bild eines Gegenstands scheint vom Unternehmen durchaus geschätzt worden zu sein, denn sie wurden über Jahrzehnte hinweg immer wieder in den Werkszeitschriften und in Unternehmenspublikationen verwendet – allerdings ohne jemals den Namen des Urhebers zu nennen.[12]

Als das Unternehmen den Fotografen 1949 um neue Abzüge der Aufnahmen aus den späten 1930er Jahren bat, sendete Renger-Patzsch 69 Abzüge aus der Entstehungszeit und betonte: „Das ist alles vorhandene Material. Die Platten sind leider in meinem Atelier im Folkwang Museum durch Fliegerangriff vernichtet."[13]

board. The works will be essentially selected based on their visual and technical quality and the characteristic of the conception."[9]

The Ruhrchemie AG and its affiliate, the Ruhrbenzin AG, also used Renger-Patzsch's photos for promotional purposes. In 1939, four of his images appeared in a full-page advertisement for both companies in "Der Vierjahresplan. Zeitschrift für nationalsozialistische Wirtschaftspolitik" (The four-year plan. The journal for national socialist economic policy).[10]

In addition, over two dozen prints of Renger-Patzsch's photos of the Ruhrchemie were preserved, mostly on his favourite Agfa Brovira gloss paper, which include general views, the composition of which correspond to his well known uncommissioned images of Ruhr area landscapes (Fig. p. 94).[11] They feature earth heavy landscapes in the foregrounds with an industrial backdrop emerging in the centre against a featureless sky: fault lines between an industrial era and an agricultural past. The triptych composed of three jointed prints (Fig. p. 96) with a general view of the Ruhrchemie is unique in Renger-Patzsch's oeuvre.

Renger-Patzsch highlighted the sculptural qualities of the technical installations in his detailed views. The company seems to have appreciated his quest for the ultimate image of an object, because they have been used many times in corporate journals and corporate publications over the decades, although never mentioning the author's name.[12]

When, in 1949, the company asked the photographer for new prints of the photographs from the late 1930s, Renger-Patzsch sent 69 vintage prints, emphasising: "This is all the material available. Unfortunately, the plates were destroyed during an air raid in my studio in the Folkwang Museum".[13]

Ruhrchemie owes its modern and artistically demanding representation to the images of Renger-Patzsch. However, other photographers also shaped the Ruhrchemie's corporate image: the works of Ludwig Windstosser in the 1950s demonstrate a new formative and aesthetic approach. Windstosser was a founding member in 1949 of the avant-garde photographer's group "fotoform", which focused on experimental, subjective photography.

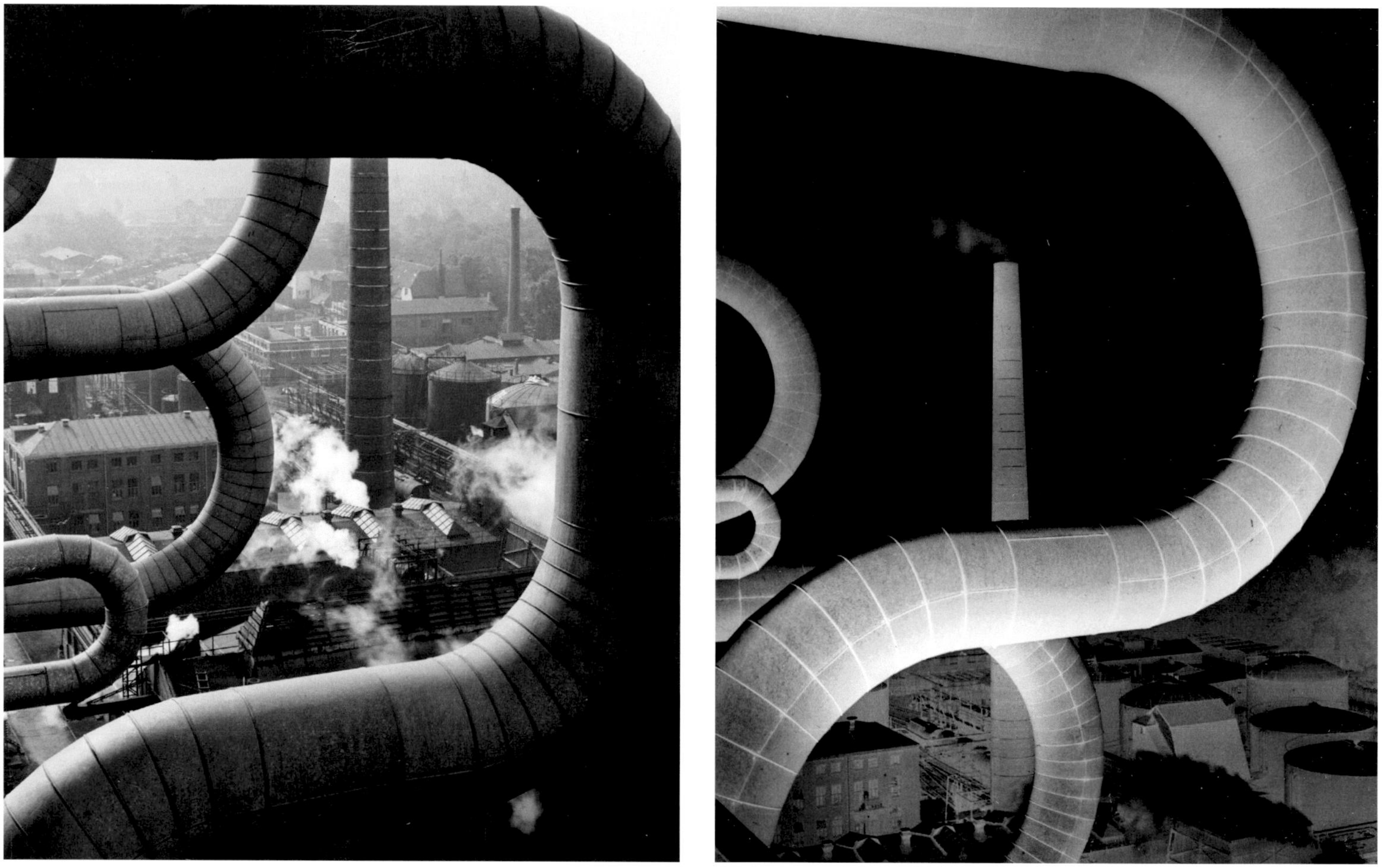

3 & 4 | Ludwig Windstosser: Teilansicht einer chemischen Anlage, Positiv / Negativ, 1950er Jahre
Ludwig Windstosser: Partial view of a chemical plant, positive / negative, 1950s

Die Ruhrchemie verdankt den Aufnahmen von Renger-Patzsch eine moderne und künstlerisch anspruchsvolle Repräsentation. Doch auch andere Fotografen haben das Bild des Unternehmens geprägt: Die Arbeiten von Ludwig Windstosser stehen für eine bildästhetische Neuausrichtung in den 1950er Jahren. Windstosser war 1949 Gründungsmitglied der Fotografengruppe „fotoform“, die eine experimentelle, subjektive Fotografie verfolgte. Er fotografierte bei der Ruhrchemie um 1957. Seine Aufnahmen einer chemischen Anlage, einmal als Positiv und einmal als Negativ vergrößert, stehen für ein kreativ genutztes Spannungsfeld zwischen reiner Auftragsfotografie und freier künstlerischer Position. Auch die Aufnahmen von Rudolf Holtappel ab den 1960er Jahren stehen in dieser Tradition der subjektiven Fotografie.

Bernd und Hilla Becher, deren Arbeit ohne Auftrag der Ruhrchemie entstand, vertraten eine singuläre, eigen-

He photographed at the Ruhrchemie around 1957. His photos of a chemical plant, enlarged both as a positive and a negative print, use a creative tension in a way that combines a strict view of commissioned photography and a free artistic approach. The works of Rudolf Holtappel from the 1960s are also part of this tradition of subjective photography.

Bernd and Hilla Becher, who worked without a commission from the Ruhrchemie, presented a unique, independent artistic approach which, in its objectivity and rigour, made them natural successors to the imagery of Albert Renger-Patzsch. In 1966 they turned their gaze to the factory site through a large-format camera and liberated the cooling tower from its spatial context. They used the image of the cooling tower in their earliest publication, in which they presented a first comparative typology of industrial buildings.[14]

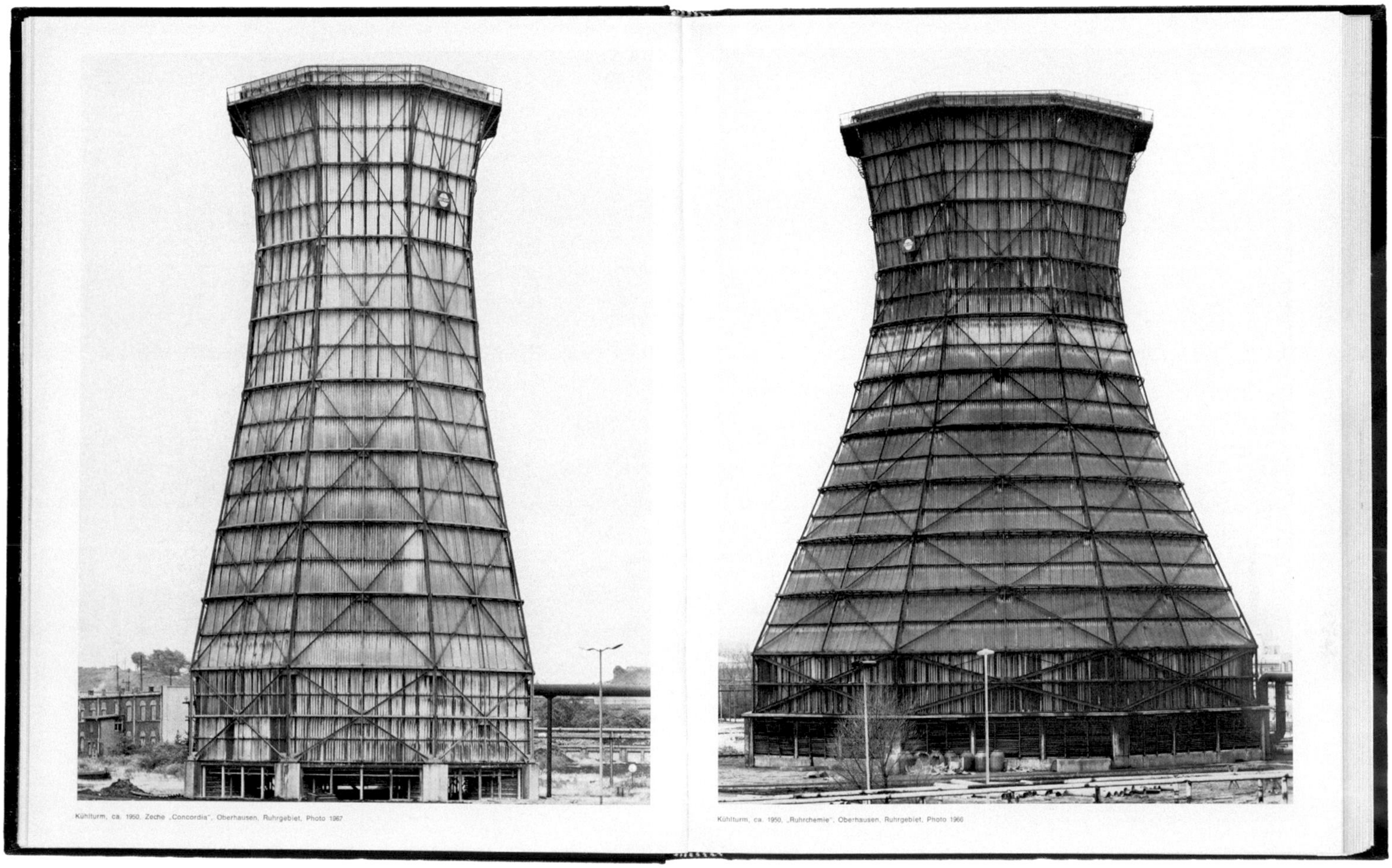

5 | Bernd und Hilla Becher: Doppelseite aus „Anonyme Skulpturen. Eine Typologie technischer Bauten", 1970
Bernd and Hilla Becher: double page from "Anonymous Sculptures. A Typology of technical Constructions, 1970

ständige künstlerische Position, die in ihrer Sachlichkeit und Strenge wiederum an die Bildsprache von Albert Renger-Patzsch anknüpfte. Sie richteten ihren Blick 1966 durch eine Großformatkamera auf das Werksgelände und lösten den Kühlturm aus seinem räumlichen Kontext heraus. Das Bild des Kühlturms verwendeten sie in ihrer frühesten Publikation, in der sie eine erste vergleichende Typologie industrieller Bauten vorstellten.[14]

Mit Robert Häusser kam in den späten 1970er und 1980er Jahren ein weiterer namhafter Fotograf ins Werk. Sein Engagement ist in zweierlei Hinsicht bemerkenswert: Zum einen lehnte Häusser bereits seit 1972 in einer „radikalen und kompromisslosen Hinwendung zur freien und unabhängigen Arbeit" Auftragsarbeiten ab; für die Ruhrchemie machte er eine Ausnahme.[15] Zum anderen sind neben den für ihn typischen Fotografien – schwarzweiß, kontrastreich und auf eine maximale grafische Wirkung

Another notable photographer, Robert Häusser, came to the works in the late 1970s and 1980s. His commission was remarkable in two ways: firstly, Häusser had started to decline commissioned work since 1972 in a "radical and uncompromising commitment to free and independent work" but made an exception for the Ruhrchemie.[15] Secondly, over 100 medium-format colour slides have been preserved in addition to the photographs that were so typical of his style: black and white, high-contrast and designed for maximum graphic effect. Häusser experimented with elaborate and meticulously arranged light compositions as well as with cold and warm tone filters.

In contrast to the generally deserted photographs of Renger-Patzsch, humans in the workplace were the central focus of Häusser's photographic exploration of the Ruhrchemie. People are not shown merely to represent the human scale within the technical facilities, but the photos

bedacht – weit über 100 Mittelformat-Farbdiapositive erhalten. Häusser experimentierte bei den Aufnahmen mit aufwendig und sorgfältig arrangierten Lichtsetzungen sowie mit kalt- und warmtonigen Filtern.

Im Gegensatz zu den meist menschenleeren Aufnahmen von Renger-Patzsch bildete der Mensch an seinem Arbeitsplatz einen zentralen Schwerpunkt von Häussers fotografischer Auseinandersetzung mit der Ruhrchemie. Der Mensch wird nicht als bloßer Größenmaßstab innerhalb der technischen Anlagen gezeigt, sondern mit typischen Gesten präzise inszeniert, häufig in den Arbeitsprozess versunken. Häusser „versuchte, Gebrauchsfotografie gut zu machen und mit künstlerischer Arbeit zu verbinden."[16] Mit dem Blick durch das Schauglas eines Oxo-Reaktors (Umschlagabbildung sowie Abb. S. 169) schuf er ein Schlüsselbild der Ruhrchemie. Er zeigt den für das Unternehmen über Jahrzehnte bedeutendsten chemischen Prozess – die Oxo-Synthese – in einer extremen Detailaufnahme am Übergang zur Abstraktion. Die abbildende Fotografie erreicht hier eine neue Schwelle: Der chemische Prozess wird nicht anschaulich gemacht, sondern eher mystifiziert.

Im Sammlungsbestand steht den als Serien entstandenen Arbeiten berühmter Bild-Autoren eine viel größere Zahl von Aufnahmen weniger oder nicht namentlich bekannter Berufs- und Amateurfotografen gegenüber. Deren besondere Qualität liegt darin, dass sie eine große formale und thematische Bandbreite abdecken, weshalb die Ausstellung sie in thematisch gegliederten Bildstrecken präsentiert. Werksarchitektur und Industrielandschaft gehören dabei ebenso zu den Bildinhalten wie die Mitarbeiter des Werkes bei der Arbeit und bei sozialen Aktivitäten. Viele der gezeigten Fotografien wurden in Werkszeitschriften und anderen Veröffentlichungen abgedruckt. Auch daran lässt sich die Entwicklung der Unternehmensfotografie ablesen. Neben dem ästhetischen Wandel durch die Veränderung der Bildsprache ist auch der technische Wandel des Mediums spürbar. Waren die Bildträger der ersten Jahrzehnte noch Glasplattennegative, wurden ab den 1950er Jahren Farbnegativ- und Diafilme immer gebräuchlicher. Die neuesten Fotos von Christian Diehl liegen nur noch als digitale Daten vor.

are precisely staged with typical gestures and actions, often immersed in the work process. Häusser "tried to create good industrial photography and combine it with artistic work."[16] Looking through the inspection glass of an oxo laboratory reactor (cover illustration and Fig. p. 169), he created a key image that represented the Ruhrchemie. He depicted their most important chemical process for decades – the oxo synthesis – in extreme detail, moving towards abstraction. Illustrative photography reaches a new level: he mystifies, rather than clarifies, the chemical process.

The series of works in the collection by famous image authors contrast with a much larger number of works by lesser known or even unknown professional and amateur photographers. Their special quality lies in the fact that they cover a wide range of topics, and they are therefore presented in the exhibition in a series of images based on a theme. Factory architecture and the industrial landscape are just as much a part of the picture as the employees in the workplace and engaging in social activities. Many of the photographs shown were also printed in corporate magazines and other publications, and also illustrate the development of corporate photography. The technical transformation of the medium is noticeable along with the aesthetic changes arising from the evolving visual language. If the image carriers of the first decades were still glass plate negatives, colour negative and slide films became more and more common from the 1950s. The most recent photos by Christian Diehl are only available as digital data.

1 Rudolf Kania: "Ruhrchemie 1964" – a rediscovered industrial film. In: 75 Years of Oxo Synthesis. Published by OXEA GmbH. Oberhausen: without a publisher 2013. p. 311–316.
2 Die Welt ist schön. Einhundert photographische Aufnahmen von Albert Renger-Patzsch (The World is Beautiful. One Hundred Photographs by Albert Renger-Patzsch). Edited and foreword written by Carl Georg Heise. Munich: Kurt Wolff 1928.
3 Albert Renger-Patzsch in: Meister der Kamera erzählen (Masters of the Camera Speak). Edited by Wilhelm Schöppe. Halle / Saale: Wilhelm Knapp 1937. p. 52.

1 Rudolf Kania: „Ruhrchemie 1964“ – ein wiederentdeckter Industriefilm. In: 75 Jahre Oxo-Synthese. Hg. v. OXEA GmbH. Oberhausen: o. V. 2013. S. 311 – 316.

2 Die Welt ist schön. Einhundert photographische Aufnahmen von Albert Renger-Patzsch. Hg. und eingeleitet von Carl Georg Heise. München: Kurt Wolff 1928.

3 Albert Renger-Patzsch in: Meister der Kamera erzählen. Hg. v. Wilhelm Schöppe. Halle / Saale: Wilhelm Knapp 1937. S. 52.

4 Eisen und Stahl. 97 Fotos von Albert Renger-Patzsch. Geleitwort von Dr. Albert Vögler, Generaldirektor der Vereinigte Stahlwerke AG. Berlin: Hermann Reckendorf 1930 / 1931 (= Werkbund-Buch).

5 „Geheimrat Fischer, Direktor vom Kohlenforschungsinstitut Mülheim“ in: Albert Renger-Patzsch. Bilder aus der Fotografischen Sammlung und dem Giradet-Foto-Archiv der Ruhr-Universität Bochum im Museum Folkwang. Essen: o. V. 1997, S. 56.

6 Albert Renger-Patzsch: „Ich photographiere …“. In: Velhagen & Klasings Monatshefte 50 (1936), S. 666.

7 Im Albert Renger-Patzsch-Archiv der Stiftung Ann und Jürgen Wilde existieren zwei weitere Exemplare dieses Albums, denen die Aufnahme vom Kraftwerk (Abb. S. 111) als 34. Motiv beigegeben ist. Freundlicher Hinweis von Jürgen Wilde, 14.6.2018.

8 F[riedrich]. Martin: Industrial Synthesis of Petrol and Oil from Water-Gas. In: The Industrial Chemist (1937), S. 323.

9 Werbe-Faltblatt, 1927 gestaltet von Friedrich Vordemberge-Gildewart (Museum Wiesbaden, Friedrich Vordemberge-Gildewart Archiv), zitiert nach: Autopsie. Deutschsprachige Fotobücher 1918 bis 1945. Hg. v. Manfred Heiting und Roland Jaeger. Bd. 2. Göttingen: Steidl 2014, S. 286.

10 Der Vierjahresplan. Zeitschrift für nationalsozialistische Wirtschaftspolitik 3 (1939), S. 209. Eine Aufnahme der Wassergasgeneratoren, von der sich kein Abzug in der Sammlung erhalten hat, wird in derselben Zeitschrift bereits im Jahr zuvor redaktionell genutzt, (2) 1938, S. 684.

11 Seriell erschienen diese Aufnahmen allerdings erstmals posthum; s. Albert Renger-Patzsch: Ruhrgebiet-Landschaften. Hg. v. Ann und Jürgen Wilde. Köln: DuMont 1982.

12 So z. B. die Aufnahme der Wassergasgeneratoren, Abb. S. 137, veröffentlicht in: Ruhrchemie 1927 – 1977. Hg. v. Ruhrchemie AG. Düsseldorf und Wien: Econ 1978, S. 25.

13 Albert Renger-Patzsch an Ruhrchemie AG, Dr. [Alfred] Rohe, 16.3.1949. Albert Renger-Patzsch papers, 1924 – 1966, Zugangsnr. 861187, Getty Research Institute, Research Library, Los Angeles.

14 Bernd und Hilla Becher: Anonyme Skulpturen. Eine Typologie technischer Bauten. Düsseldorf: Art Press 1970, nicht paginiert, Tafel 20.

15 Robert Häusser: Schwarz und Weiß. Geschichten – mit und ohne Fotografie. Heidelberg: Wunderhorn 2013, S. 256.

16 Ebd.

4 Eisen und Stahl (Iron and Steel). 97 photos by Albert Renger-Patzsch. Foreword by Dr. Albert Vögler, General Director of the Vereinigte Stahlwerke AG. Berlin: Hermann Reckendorf 1930/1931 (= Werkbund book).

5 "Privy Councillor Fischer, Director of the Coal Research Institute, Mülheim" in: Albert Renger-Patzsch. Images from the photographic collection and the Giradet-Foto-Archiv of the Ruhr-Universität Bochum in the Folkwang Museum. Essen: without a publisher 1997, p. 56.

6 Albert Renger-Patzsch: "Ich photographiere …" (I photograph). In: Velhagen & Klasings monthly magazine 50 (1936), p. 666.

7 Two additional copies of this album exist in the Albert Renger-Patzsch archive of the Ann and Jürgen Wilde Foundation, in which the photo of the power station (Fig. p. 111) is included as image 34. Friendly advice from Jürgen Wilde, 14.6.2018.

8 F[riedrich]. Martin: Industrial Synthesis of Petrol and Oil from Water-Gas. In: The Industrial Chemist (1937), p. 323.

9 Promotional leaflet, 1927 designed by Friedrich Vordemberge-Gildewart (Museum Wiesbaden, Friedrich Vordemberge-Gildewart Archiv), cited from: Autopsie. Deutschsprachige Fotobücher 1918 bis 1945 (Autopsy. German-speaking photo books from 1918 to 1945). Edited by Manfred Heiting and Roland Jaeger. Volume 2. Göttingen: Steidl 2014, p. 286.

10 Der Vierjahresplan. Zeitschrift für nationalsozialistische Wirtschaftspolitik (The four-year plan. The journal for national socialist economic policy) 3 (1939), p. 209. An image of the water gas generators, no print of which is included in the collection, was used the previous year in the same magazine in an editorial, (2) 1938, p. 684.

11 These images only appeared posthumously as a series; see Albert Renger-Patzsch: Ruhrgebiet-Landschaften (Ruhr area landscapes). Published by Ann and Jürgen Wilde. Cologne: DuMont 1982.

12 Therefore, e.g. the photo of the water gas generators, Fig. p. 137, published in: Ruhrchemie 1927-1977. Published by Ruhrchemie AG. Düsseldorf and Vienna: Econ 1978, p. 25.

13 Albert Renger-Patzsch to Ruhrchemie AG, Dr. [Alfred] Rohe, 16.3.1949. Albert Renger-Patzsch papers, 1924–1966, accession no. 861187, Getty Research Institute, Research Library, Los Angeles.

14 Bernd and Hilla Becher: Anonymous Sculptures. A Typology of technical Constructions. Düsseldorf: Art Press 1970, not paginated, table 20.

15 Robert Häusser: Schwarz und Weiß. Geschichten – mit und ohne Fotografie (Black and white. Stories – with and without photography). Heidelberg: Wunderhorn 2013, p. 256.

16 Ibid.

INDUSTRIELANDSCHAFTEN
INDUSTRIAL LANDSCAPES

Das älteste Foto der Sammlung Ruhrchemie zeigt das spätere Werksgelände in Holten als idealtypische vorindustrielle Bruchlandschaft. Es entstammt dem Fotoatelier Teriet, dessen Gründer Ernst Teriet es bereits seit 1898 in Sterkrade betreibt. Sein Sohn Erich Eduard führt es fort; zunächst noch unter dem Namen des Vaters. Über sechs Jahrzehnte bleibt das Atelier dem Unternehmen durch immer neue Auftragsarbeiten verbunden.

Die Entwicklung des Firmengeländes lässt sich den ab 1932 erstmals bei Hansa Luftbild beauftragten Schrägbild-Luftaufnahmen entnehmen. Ihre regelmäßige Wiederholung belegt die Landnahme durch die chemische Industrie in einer Intensität, wie sie im Ruhrgebiet bislang vor allem für die Montanindustrie beschrieben wurde.

Gesamtansichten des Werks folgen bis in die 1960er Jahre häufig einer auch für andere Industriezweige gültigen Bildkonvention: Im Vordergrund steht der landwirtschaftliche Raum. Mittig schieben sich kulissenhaft die Industrieanlagen ins Bild. Günther Karkoskas Foto der Ruhrchemie mit dramatisch nachbearbeitetem Himmel wird zur Vorlage für ein Ölgemälde. RS

The oldest photo in the Ruhrchemie collection shows the later works site in Holten as a perfect example of a typical pre-industrial marshy landscape. It was taken by the Teriet photo studio, whose founder, Ernst Teriet, had been active in Sterkrade since 1898. His son Erich Eduard continued the photographic business, initially under his father's name, and the studio worked with the company on new commissions over a period of six decades.

We can start seeing the development of the works premises from 1932 in the oblique aerial photographs that Ruhrchemie commissioned from Hansa Luftbild. Regular photographic commissions demonstrate the intensity of the land grab by the chemical industry that had been seen previously in the Ruhr area, notably by the mining and steel industries.

General views of the works tend to follow a pictorial convention that also applies to other sectors of industry right up to the 1960s: the agricultural area is placed in the foreground, while the industrial plants emerge in the centre of the image like a stage set. Günther Karkoska's photo of the Ruhrchemie with a dramatically reworked sky became the inspiration for an oil painting. RS

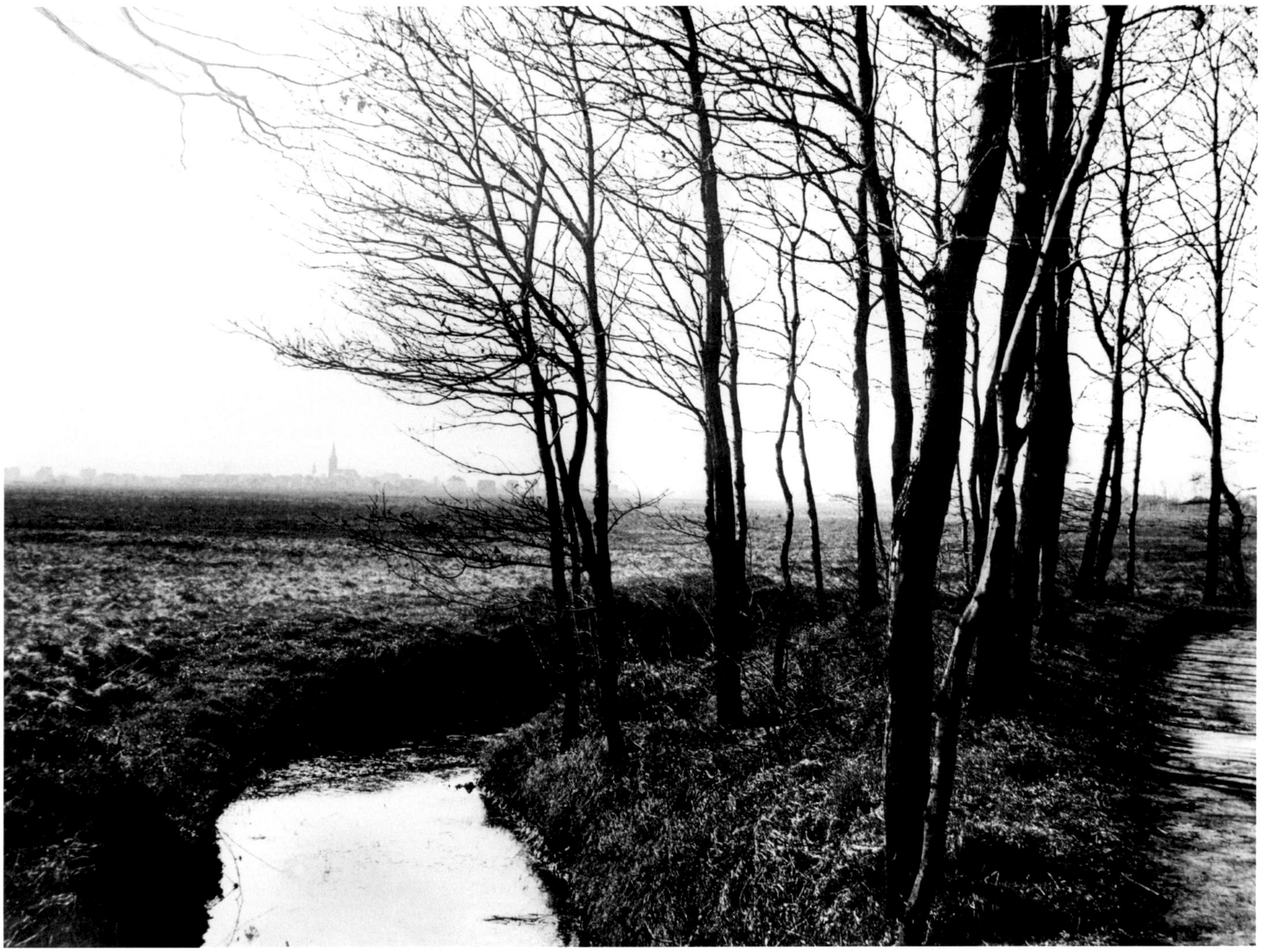

Fotoatelier Teriet: Gelände der Ruhrchemie vor Baubeginn, vor 1927

Studio Teriet: Ruhrchemie site before the start of construction, before 1927

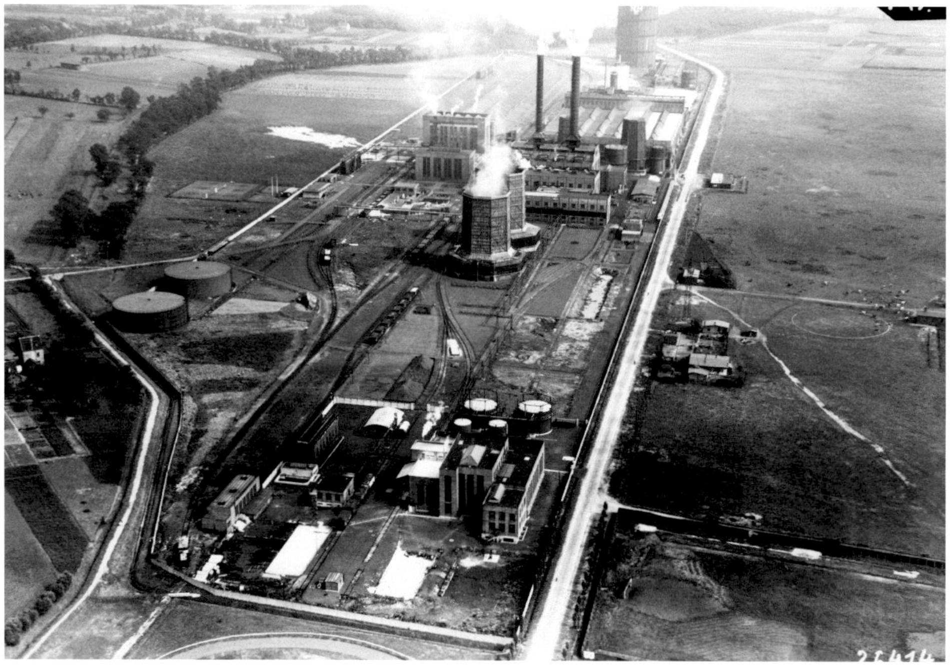

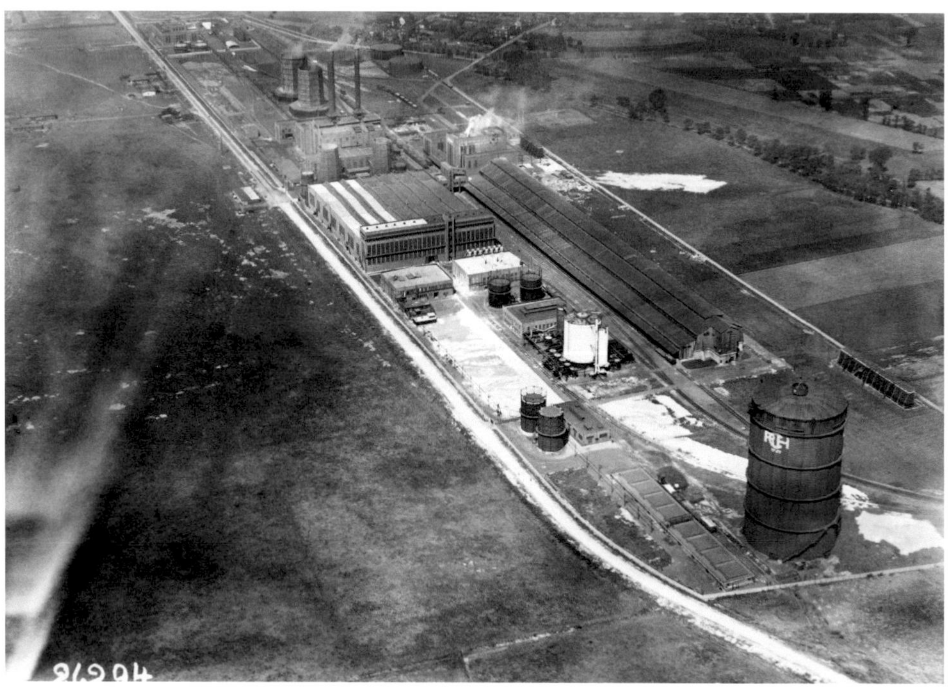

Hansa Luftbild: Luftaufnahmen, 1932
Hansa Luftbild: Aerial views, 1932

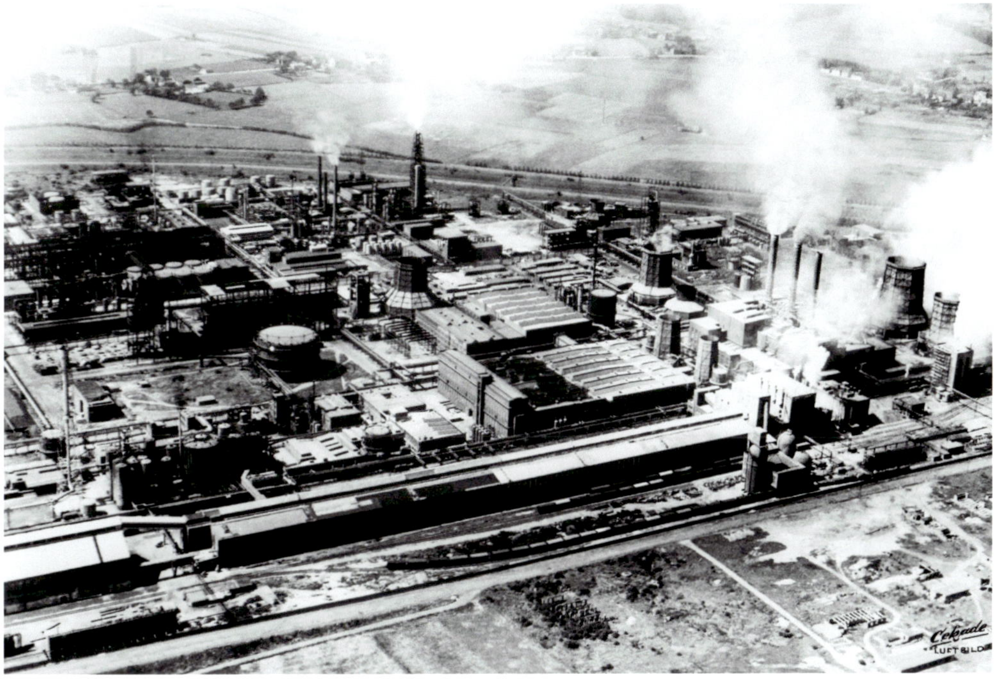

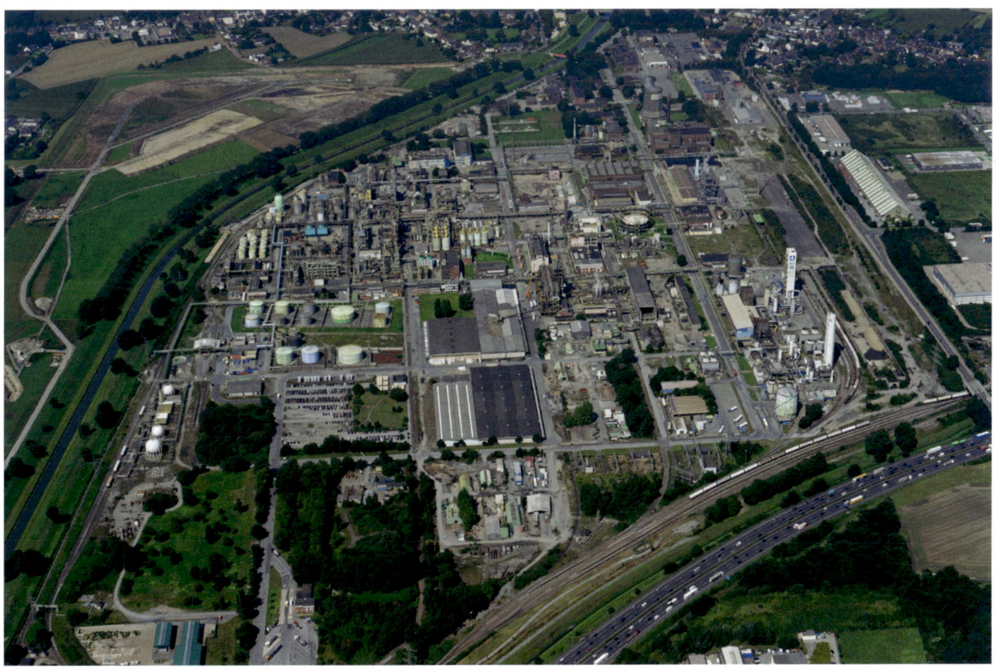

Fotograf unbekannt: Luftaufnahme, 1958
Photographer unknown: Aerial view, 1958

Bernhard Fischer: OXEA Werk Ruhrchemie, Luftaufnahme, 2017
Bernhard Fischer: OXEA Works Ruhrchemie, Aerial view, 2017

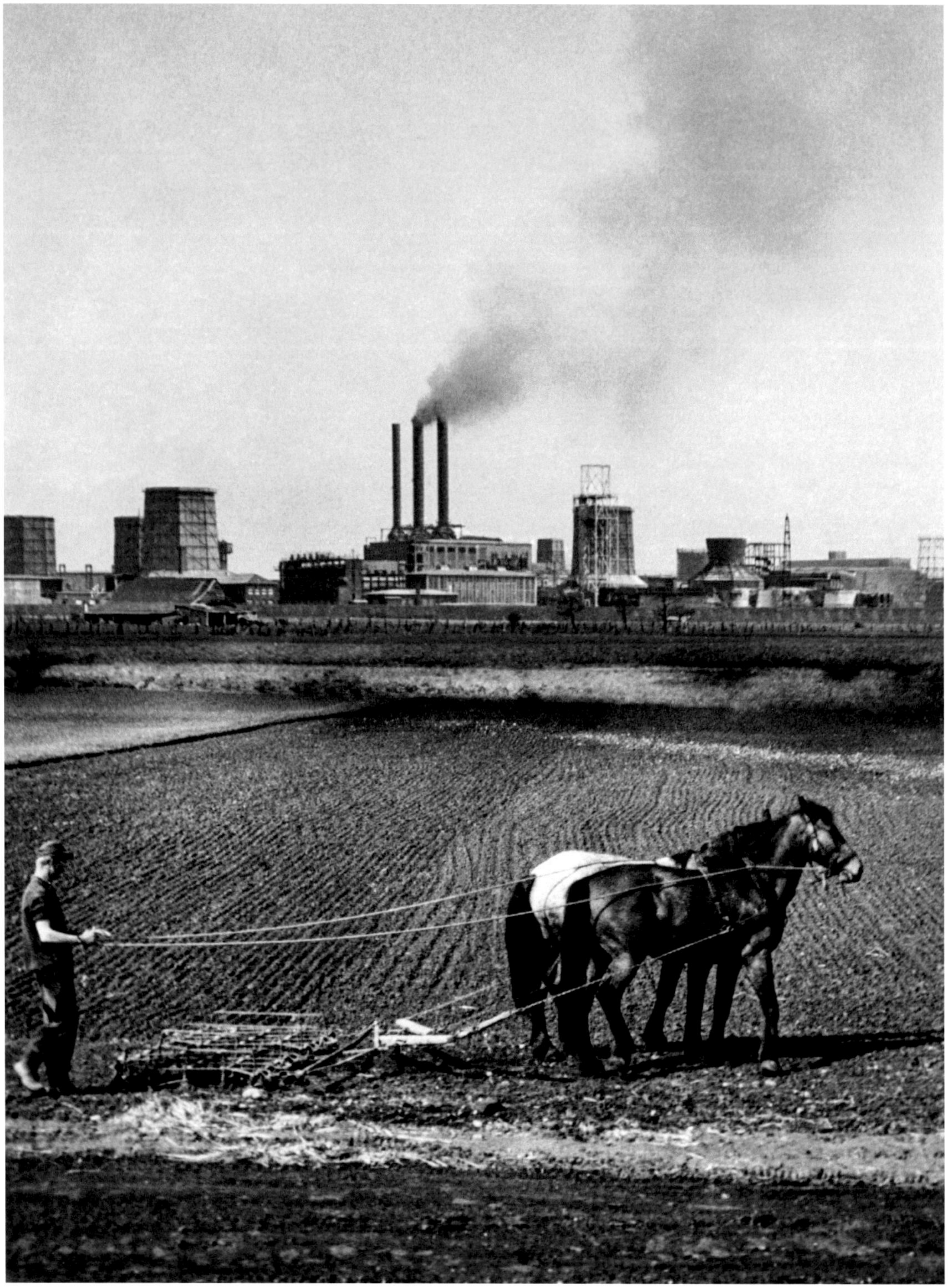

Rudolf Lindemann: Werksansicht, 1952
Rudolf Lindemann: View of the works, 1952

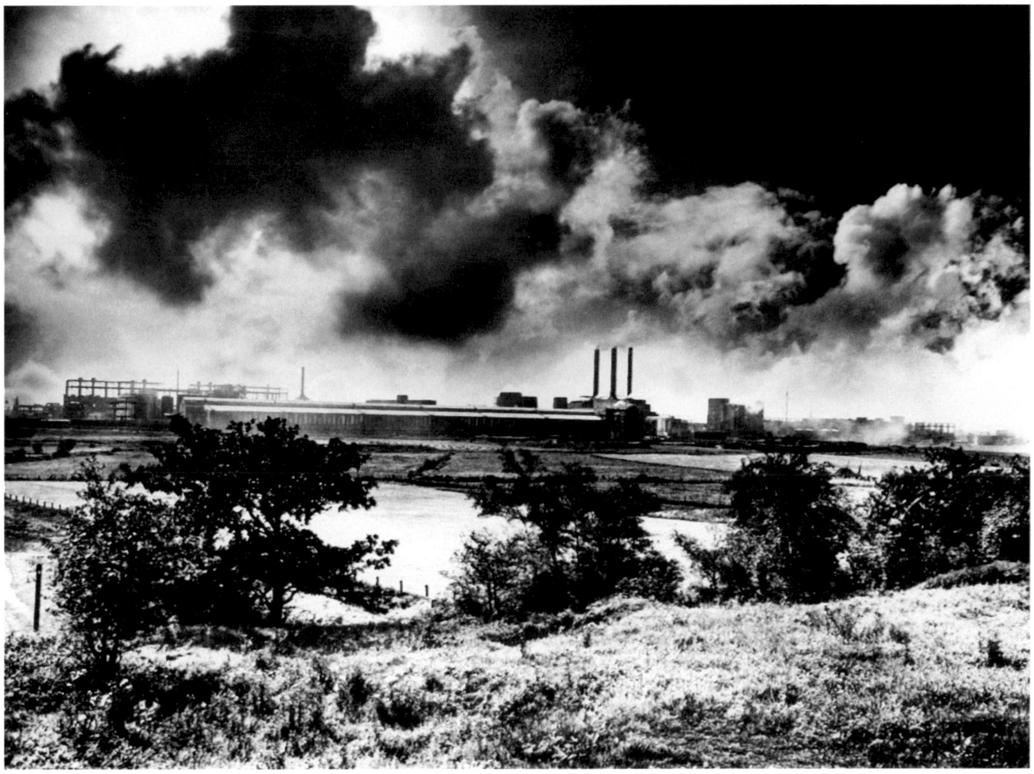

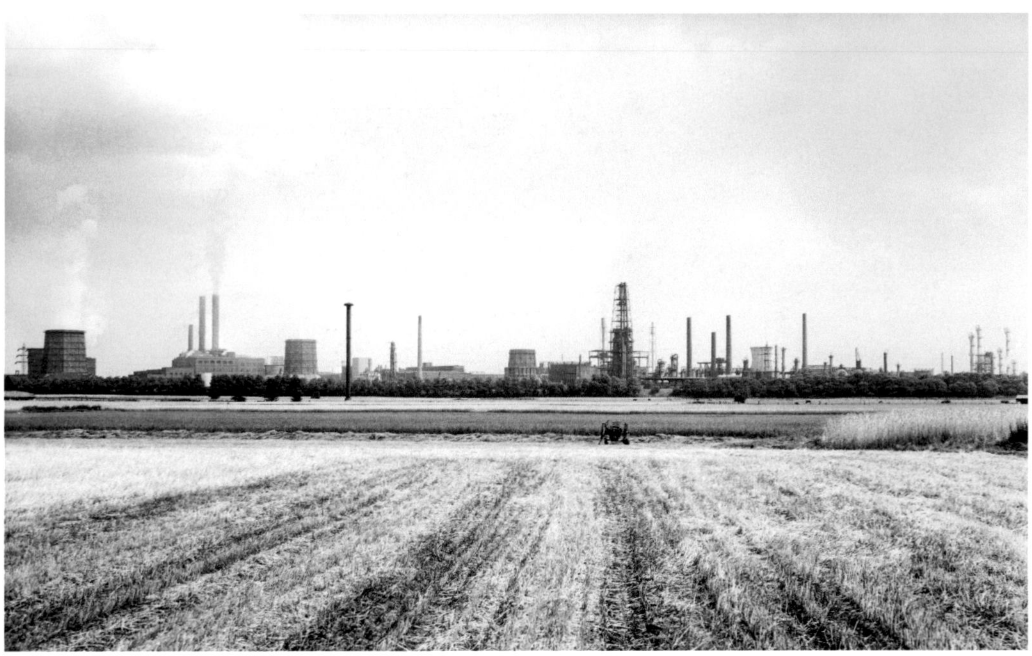

Günther Karkoska: Werksansicht, nach 1945
Günther Karkoska: View of the works, after 1945

Erich Eduard Teriet: Werksansicht, 1966
Erich Eduard Teriet: View of the works, 1966

ARCHITEKTUREN | PROZESSE | PRODUKTE
ARCHITECTURES | PROCESSES | PRODUCTS

Die ersten Architekturaufnahmen, deren Fotografen unbekannt blieben, entstehen 1928 im Rahmen der Baudokumentation mehrerer beteiligter Firmen auf Glasplattennegativen. Vergrößerungen dieser Bilder haben sich nicht erhalten, wohl aber gestochen scharfe Kontaktabzüge, die zum Teil nur 6 x 9 cm messen.

Großformatkameras bleiben der professionelle Standard beim Genre Architektur, für das sich innerhalb der Sammlung die Farbfotografie erst allmählich ab den 1960er Jahren durchzusetzen beginnt.

Die Perspektive verengt sich von weitwinkligen Architekturaufnahmen hin zu den aus der Nähe betrachteten chemischen Prozessen. Als der Chemiker Otto Roelen 1938 die Oxo-Synthese zum Patent anmeldet, kann er die Bedeutung seiner Entdeckung noch nicht abschätzen. 30 Jahre später fotografiert der Düsseldorfer Fotograf und Filmemacher Carl August Stachelscheid Roelens 5 Liter-Versuchsautoklav vor Ort in seinem räumlichen Zusammenhang – im Bewusstsein der Bedeutung dieser Entdeckung.

Ins Detail gehende Produktfotos werden mit wechselndem Produktionsaufwand erstellt. Aufnahmen der Zwischenprodukte wenden sich nicht an Endverbraucher und bleiben funktionell auf ihren Abbildcharakter beschränkt. Bilder der Endprodukte, die Stoffe aus der Produktion enthalten, zielen auf einen Werbeeffekt ab und werden mit entsprechend höherem Anspruch inszeniert. RS

The first architectural photographs, whose photographers remain unknown, were created in 1928 on glass plate negatives by several participating companies as part of a movement to document their industry. No enlargements of these images have survived, but many razor-sharp contact prints have been preserved, some measuring only 6 x 9 cm.

Large-format cameras remained the professional standard in the architecture genre, and colour photography gradually starts to appear in the collection from the 1960s.

The perspective changes from wide-angle architectural shots to close-up images of chemical processes. When the chemist Otto Roelen filed his patent for oxo synthesis in 1938, he could have hardly imagined the significance of his discovery. Thirty years later, Düsseldorf-based photographer and filmmaker Carl August Stachelscheid photographed Roelen's 5-litre test autoclave on site, aware of the significance of this discovery.

Production effort varies for detailed product photo shootings. Images of intermediate products were not intended for end-users, but were for illustrative purposes only. Images of final products containing substances from the production process were used in advertising, and therefore staged with much higher demands on quality and design. RS

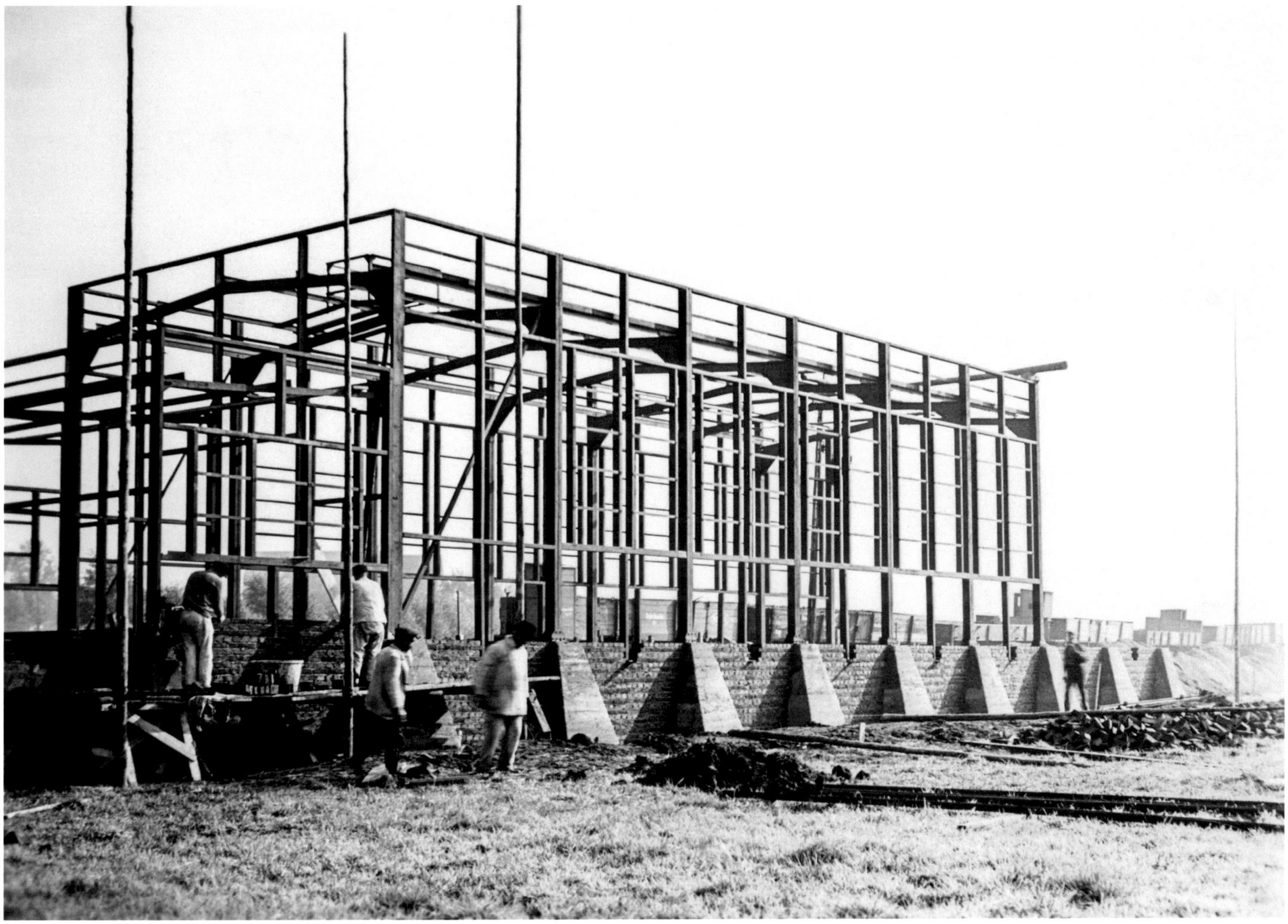

Fotograf unbekannt: Bauarbeiten, Sommer 1928
Photographer unknown: Construction work, summer 1928

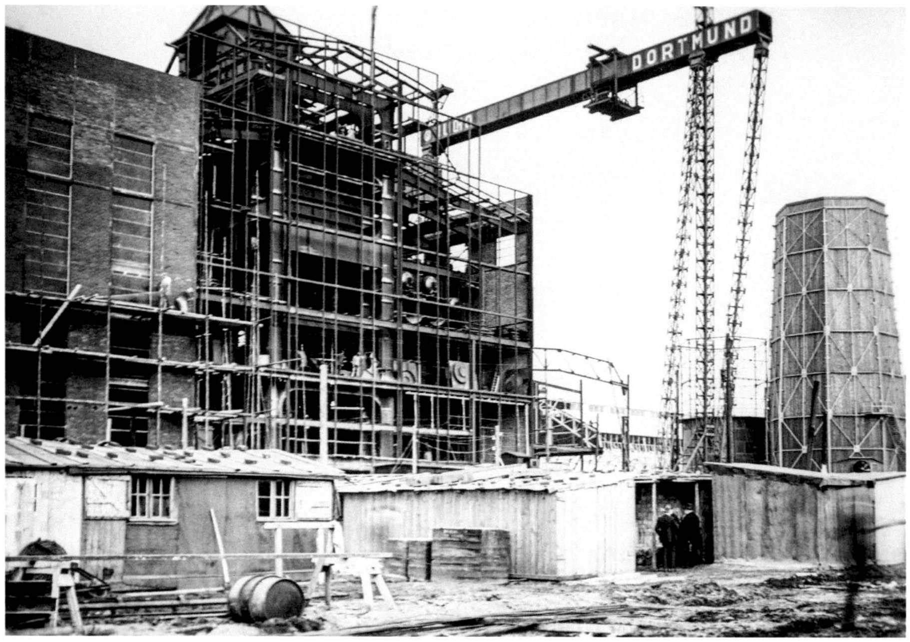

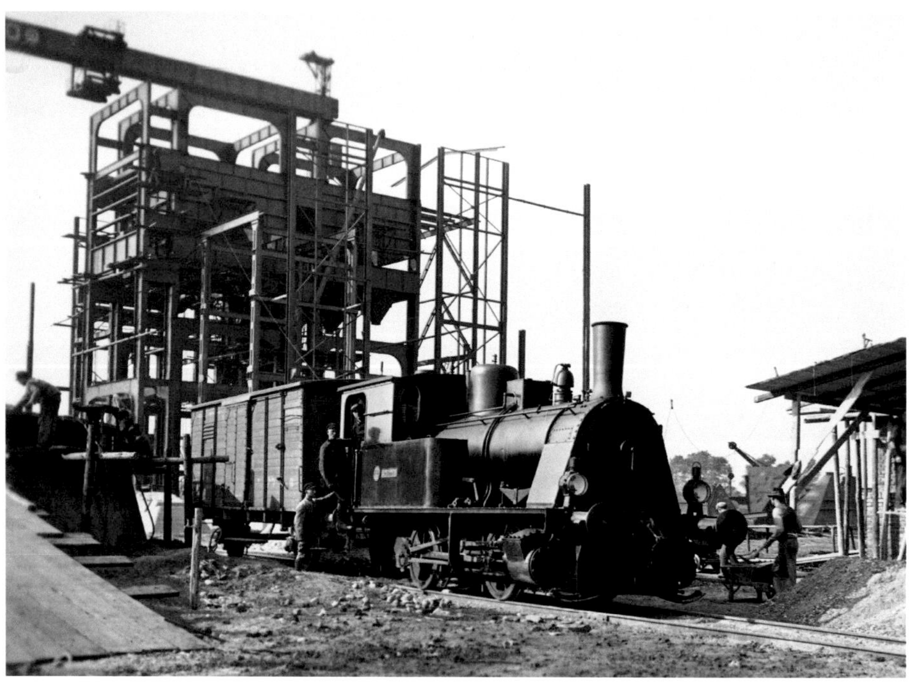

Fotograf unbekannt: Bauarbeiten, Sommer 1928
Photographer unknown: Construction work, summer 1928

Fotograf unbekannt: Bauarbeiten, Sommer 1928
Photographer unknown: Construction work, summer 1928

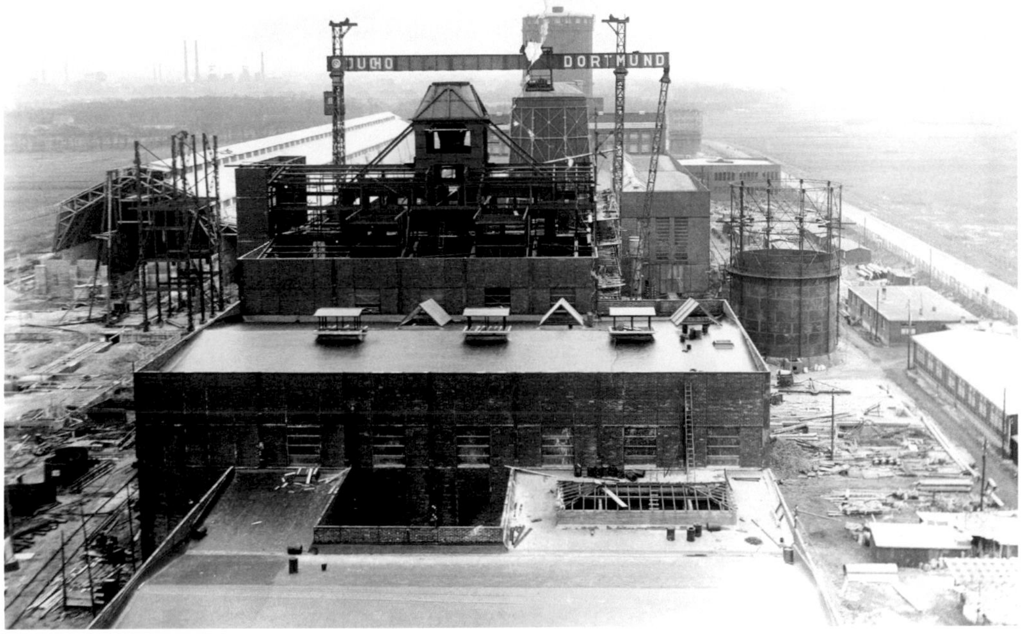

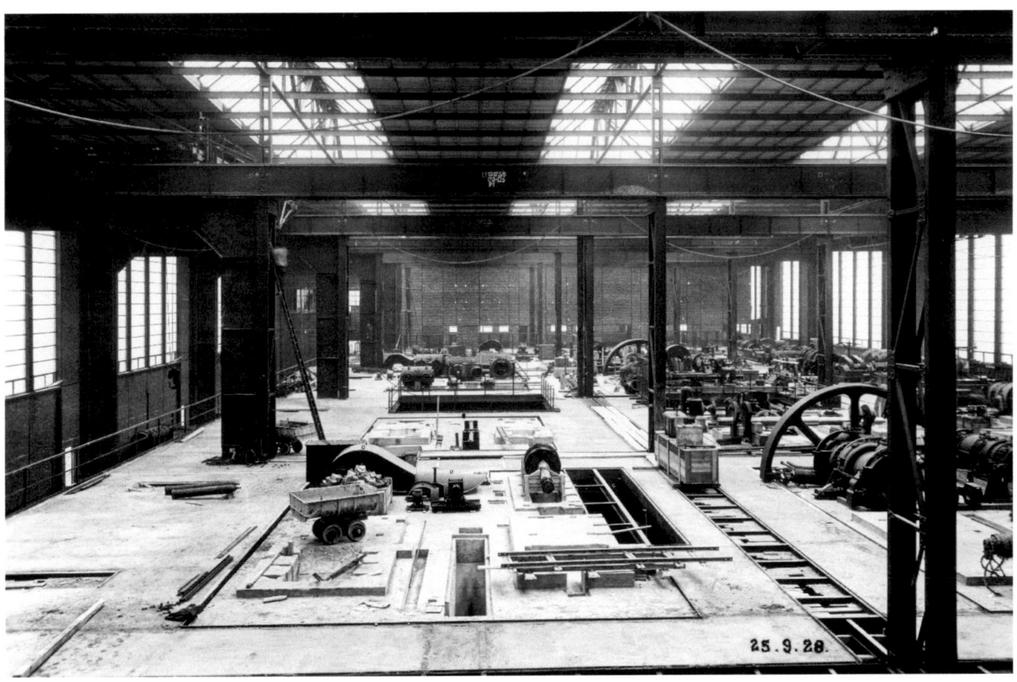

Fotograf unbekannt: Gesamtansicht, Sommer 1928
Photographer unknown: General view, summer 1928

Fotograf unbekannt: Kompressorenhaus, 25. September 1928
Photographer unknown: Compressor house, September 25, 1928

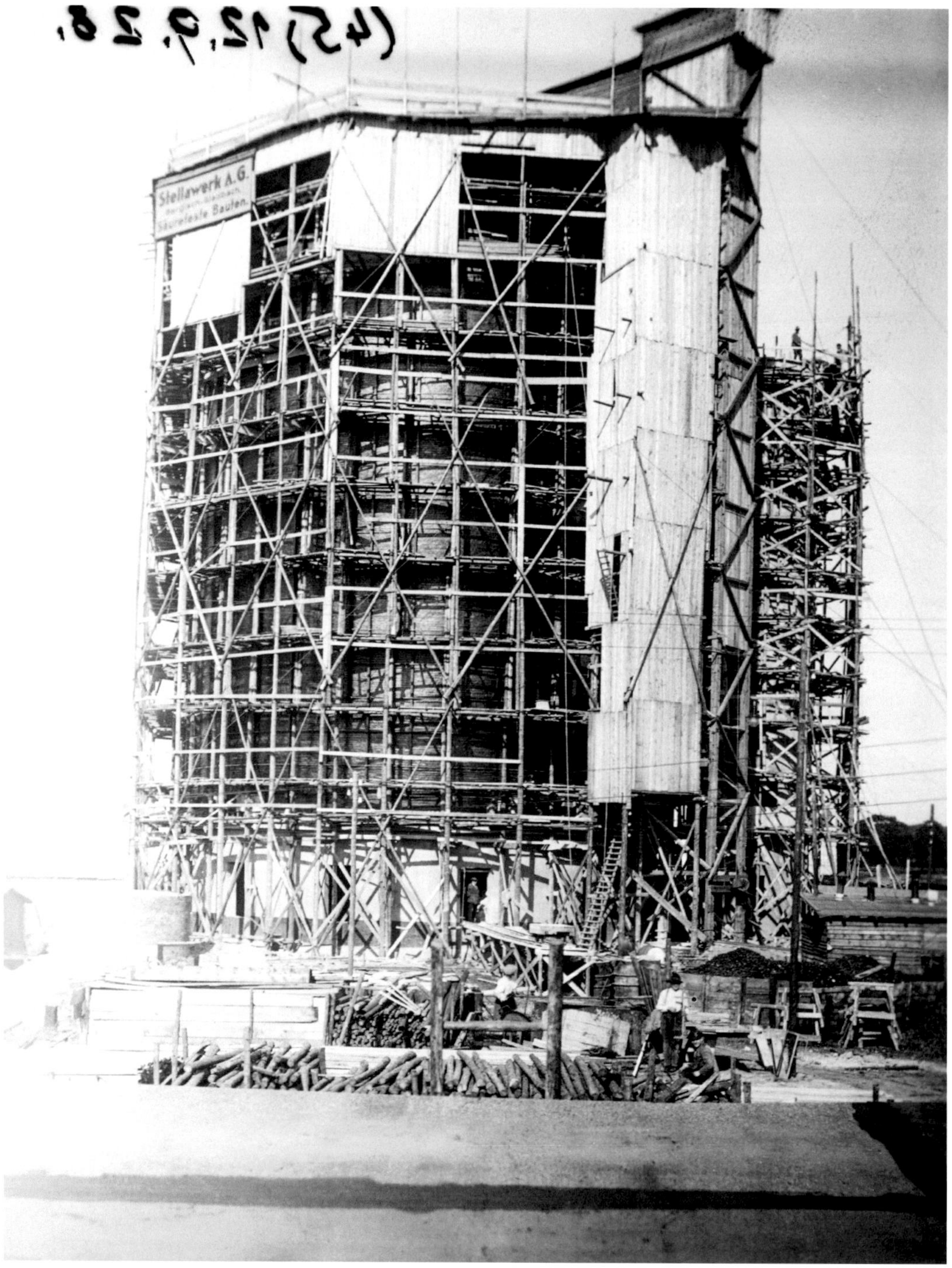

Fotograf unbekannt: Salpetersäure-Absorptionsturm, 12. September 1928
Photographer unknown: Nitric acid absorption tower, September 12, 1928

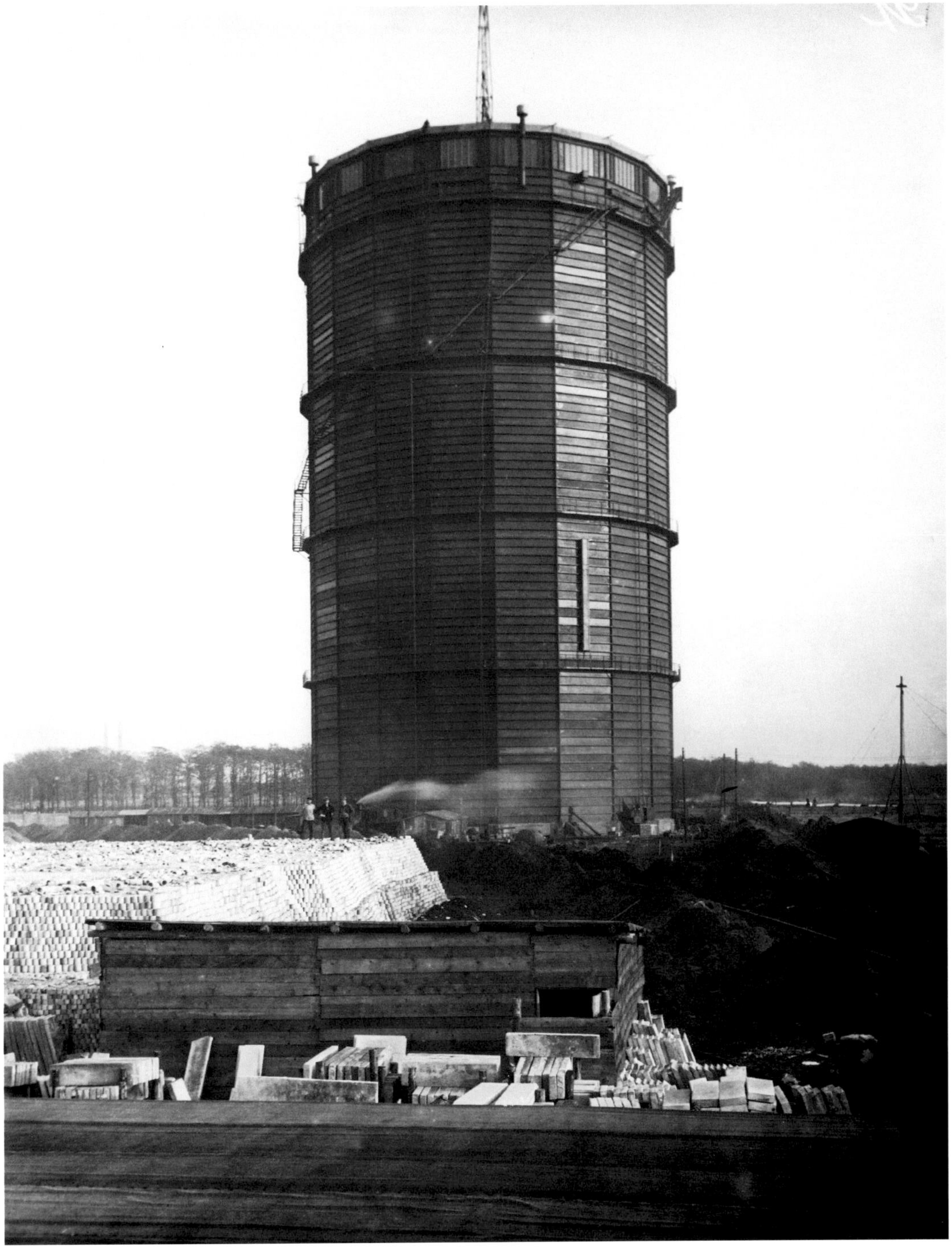

Fotograf unbekannt: Gasometer, 7. November 1928
Photographer unknown: Gasometer, November 7, 1928

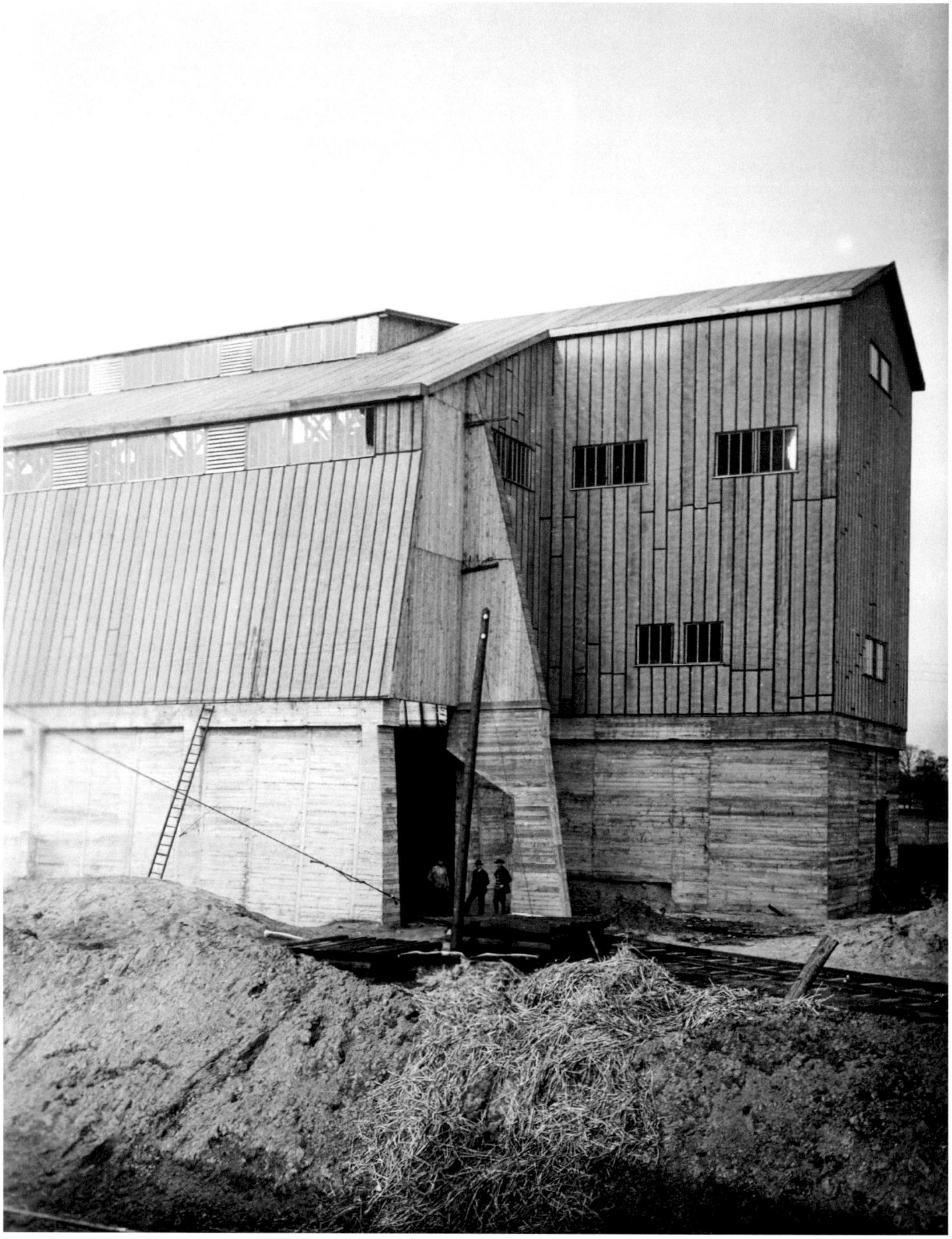

Fotograf unbekannt: Kratzervorbau der Düngemittellagerhalle, 7. November 1928
Photographer unknown: Front building for the scraper in the fertiliser warehouse, November 7, 1928

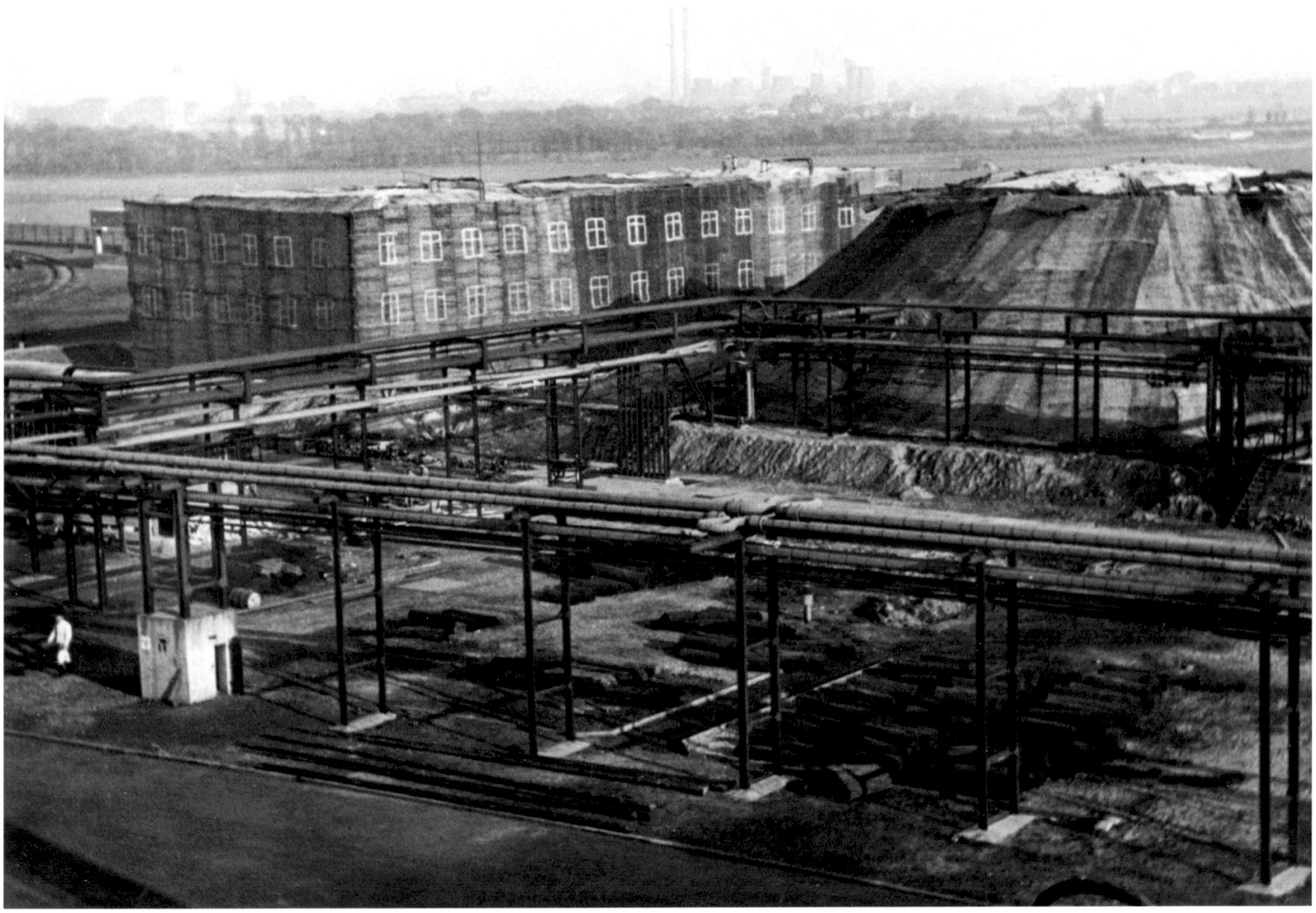

Fotograf unbekannt: Tarnbauten, errichtet von der Organisation Todt (OT), einer Sonderorganisation des NS-Staats für kriegswichtige Bauprojekte, 1940er Jahre
Photographer unknown: Camouflage buildings, constructed by the Organisation Todt (OT), a paramilitary engineering group in the Third Reich for building projects that were significant in the war effort, 1940s

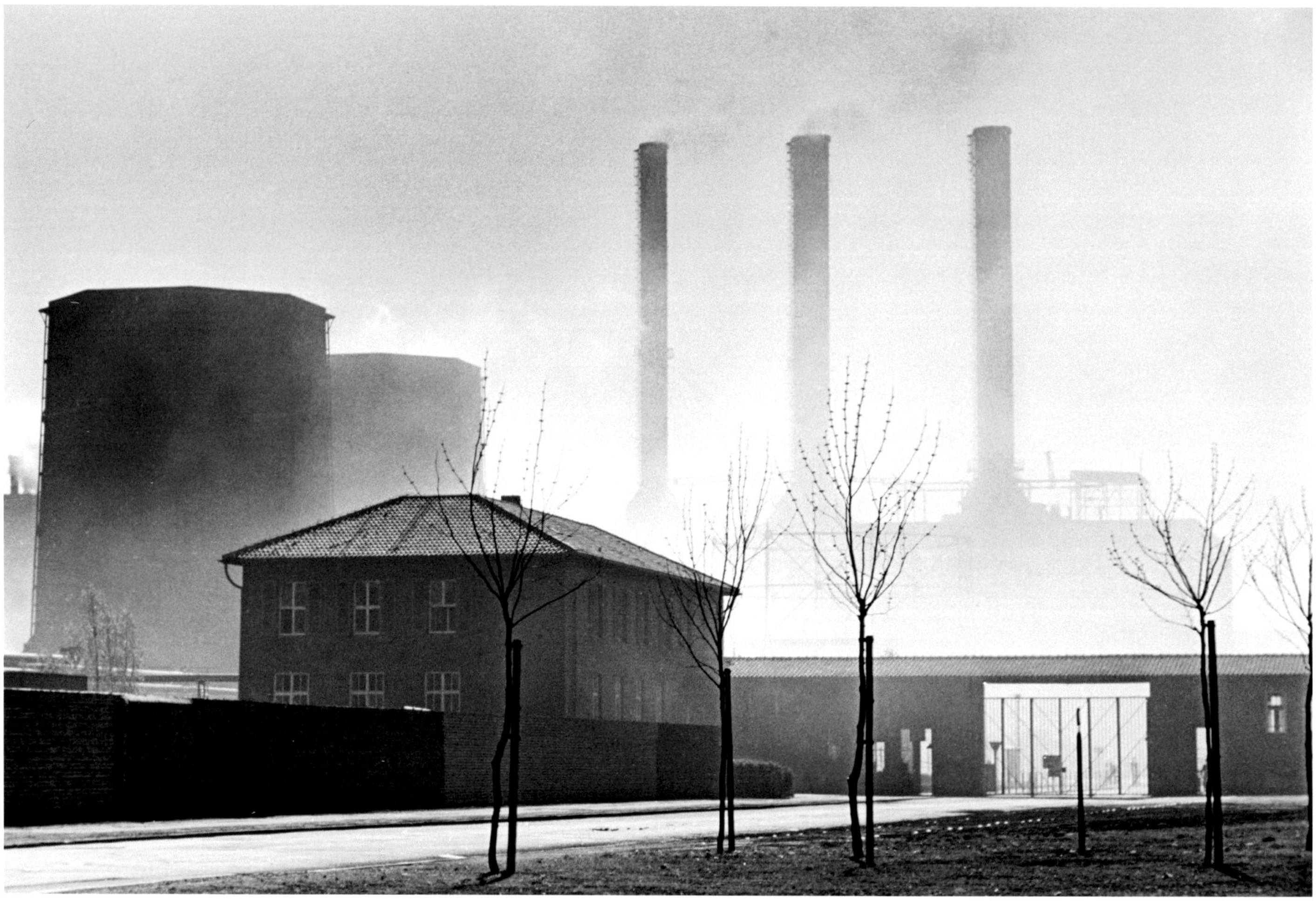

Dr. Paul Wolff & Tritschler: Werkseingang, 1950er Jahre
Dr. Paul Wolff & Tritschler: Works entrance, 1950s

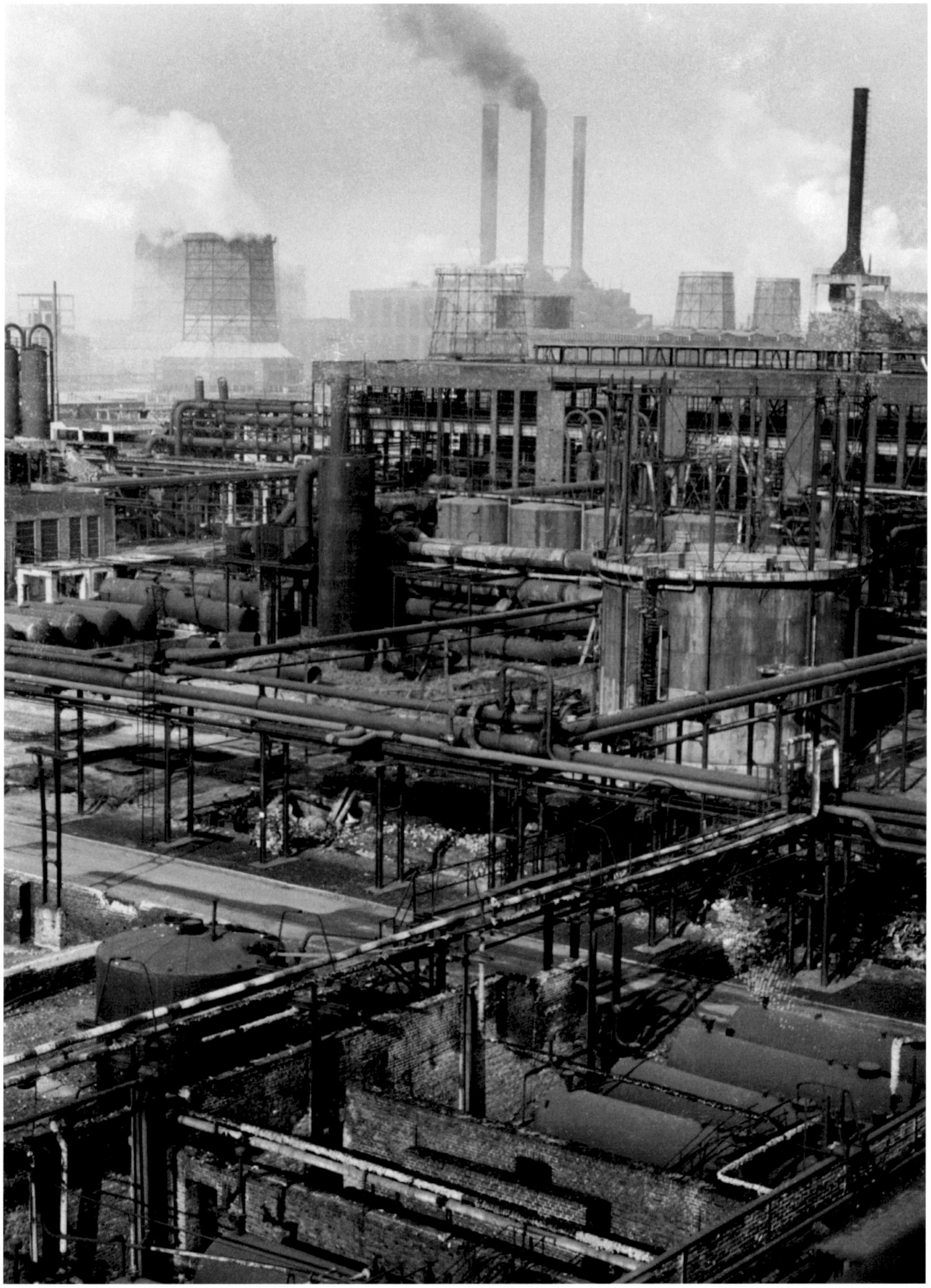

Fotograf unbekannt: Gesamtansicht, nach 1945
Photographer unknown: General view, after 1945

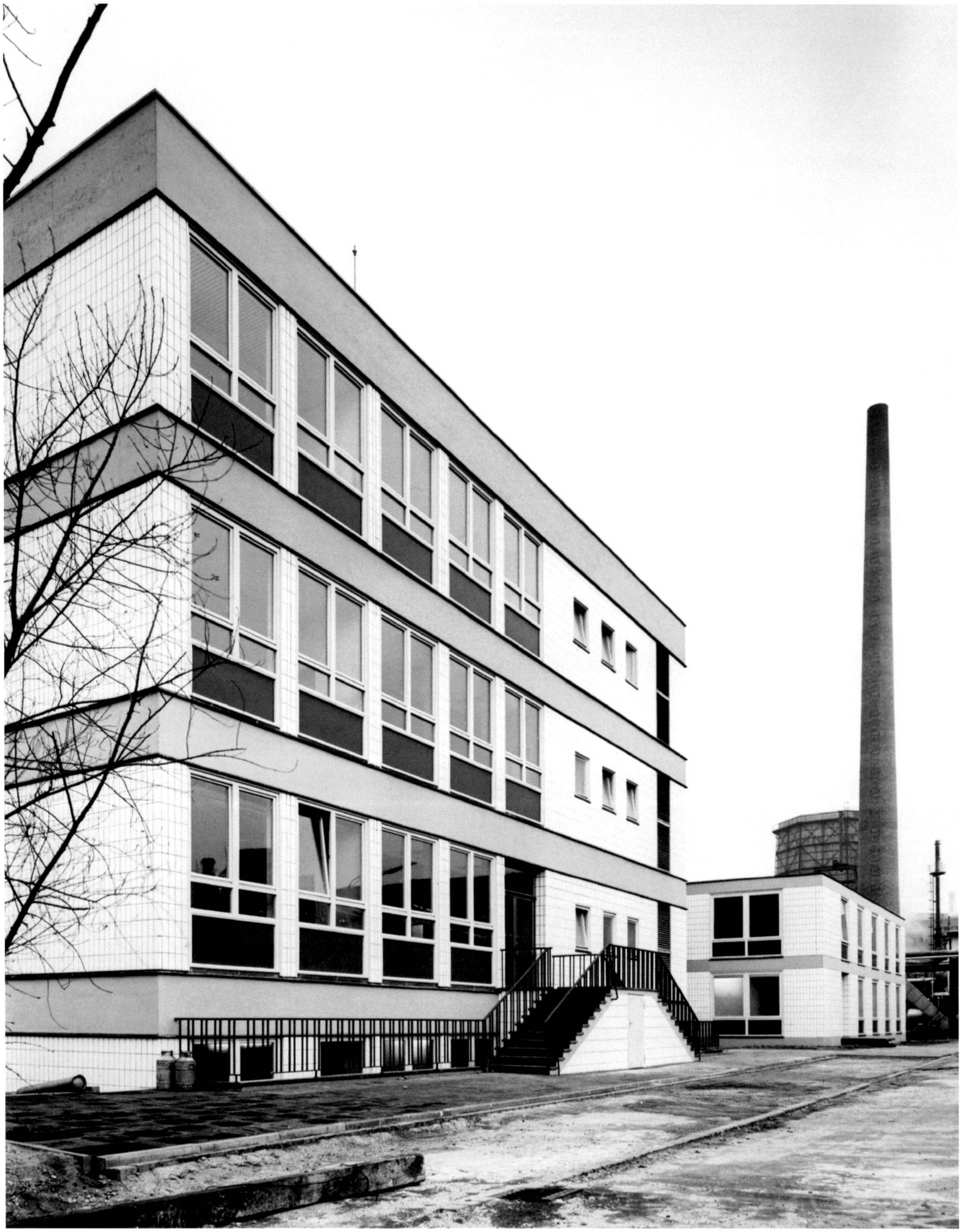

Erich Eduard Teriet: Forschungszentrum, 1967
Erich Eduard Teriet: Research centre, 1967

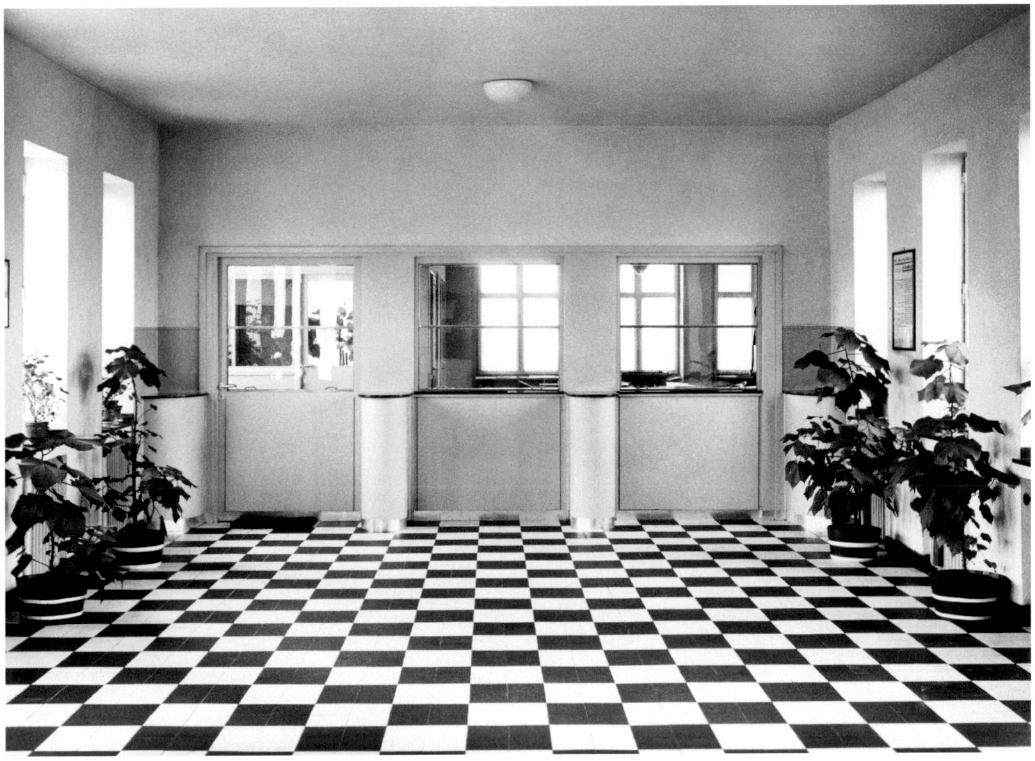

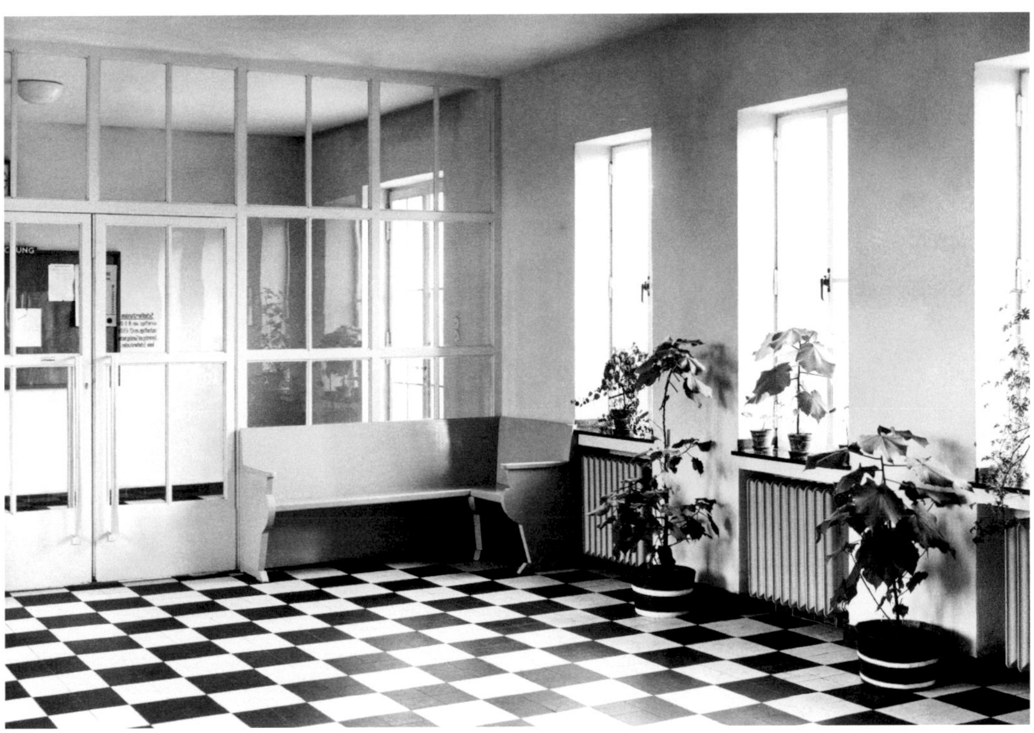

Erich Eduard Teriet: Lohnhalle, undatiert
Erich Eduard Teriet: Wages hall, undated

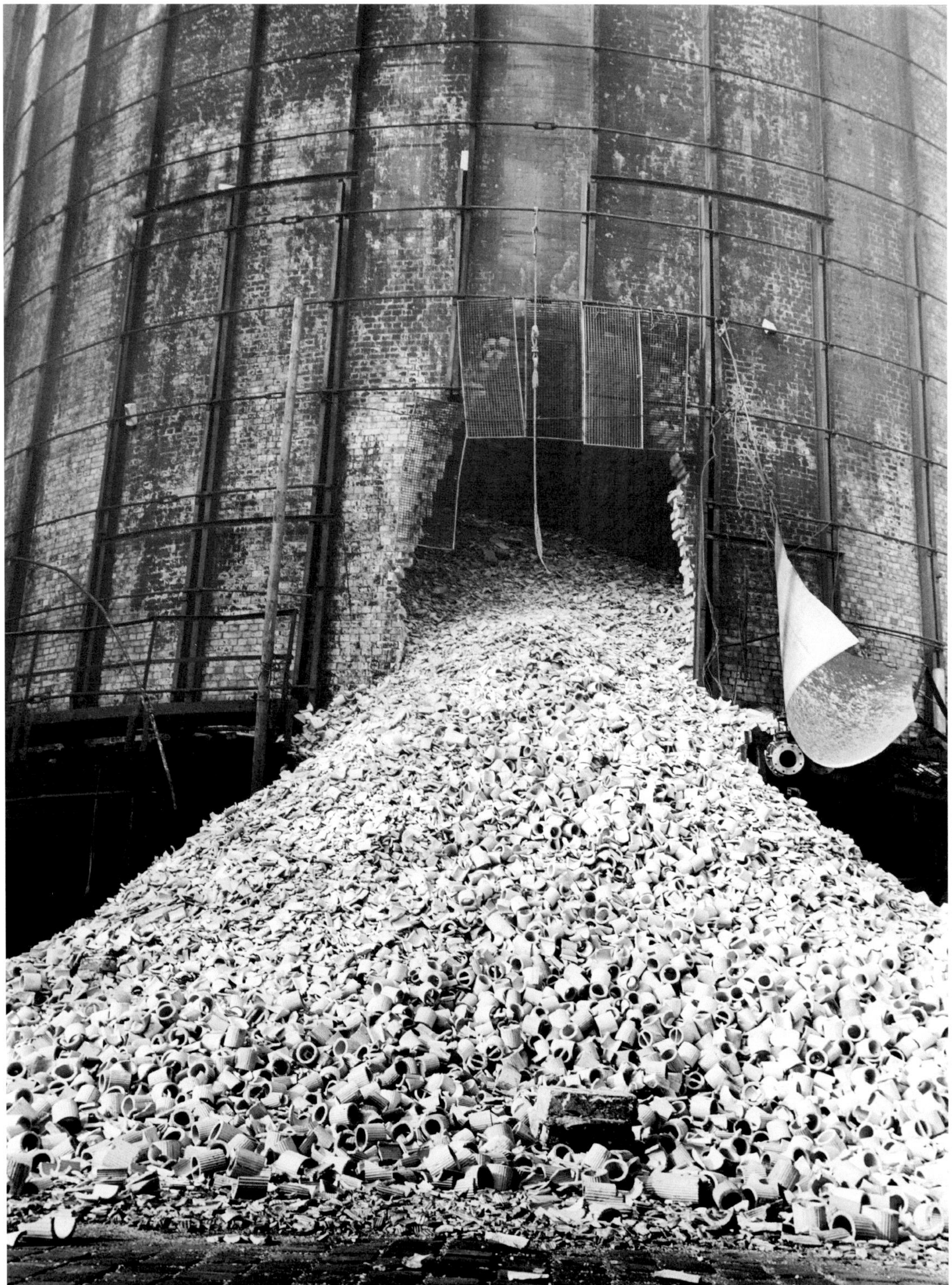

Fotograf unbekannt: Abbruch des Salpetersäure-Absorptionsturms, 1966
Photographer unknown: Demolition of the nitric acid absorption tower, 1966

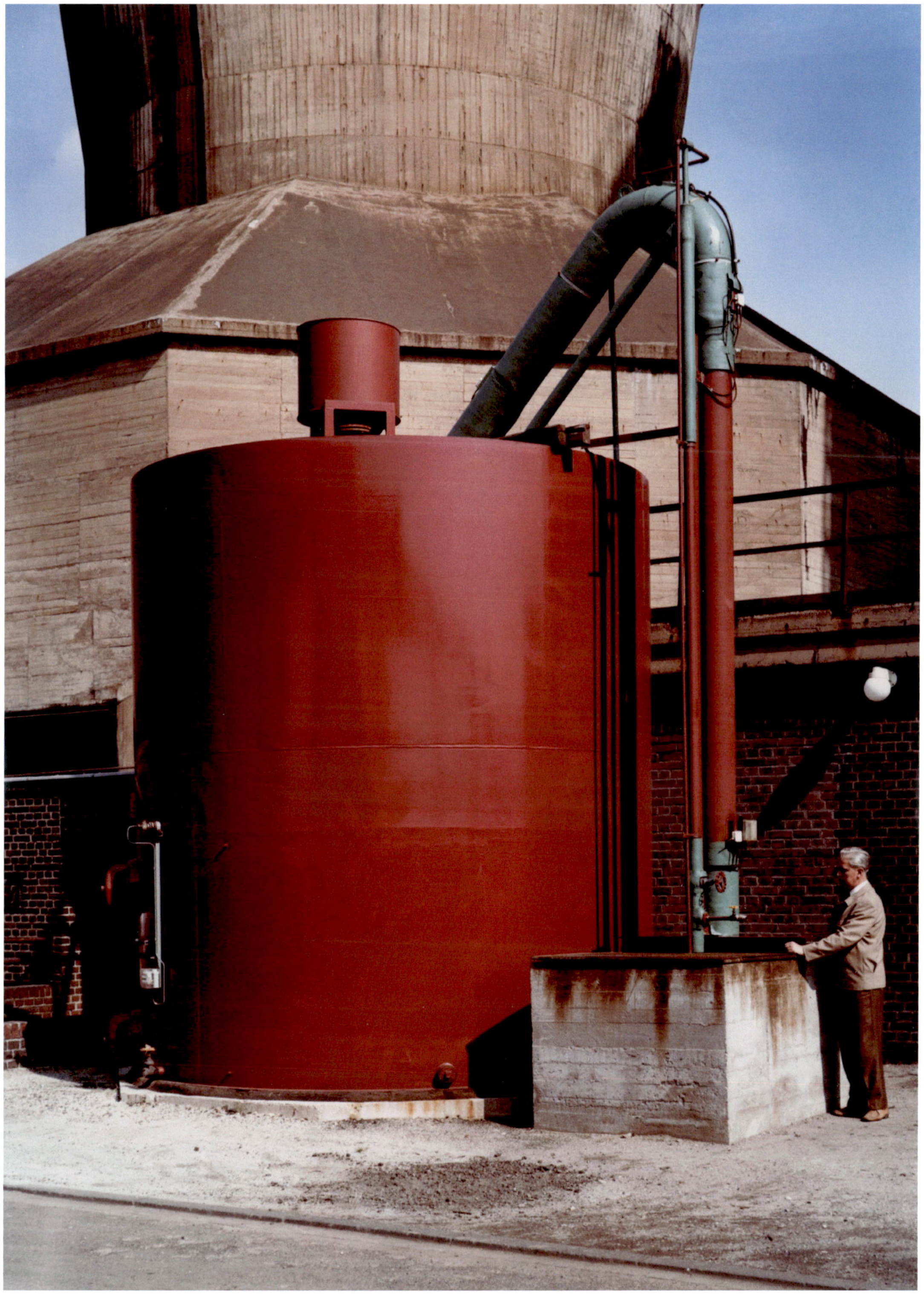

Erich Eduard Teriet: Schwerkraftfilter, 1968
Erich Eduard Teriet: Gravity filter, 1968

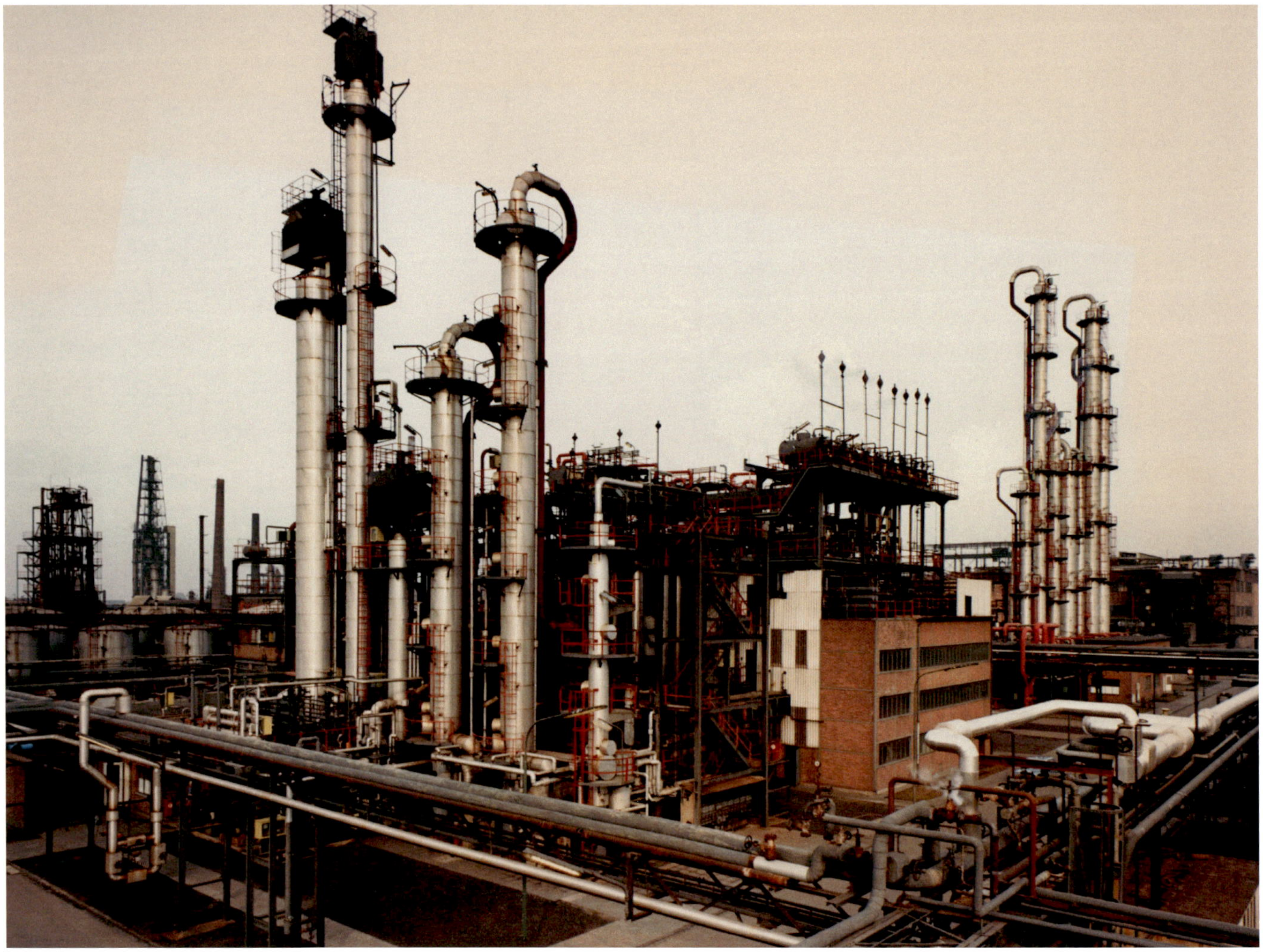

Carl August Stachelscheid: Oxo-Anlage, 1967
Carl August Stachelscheid: Oxo plant, 1967

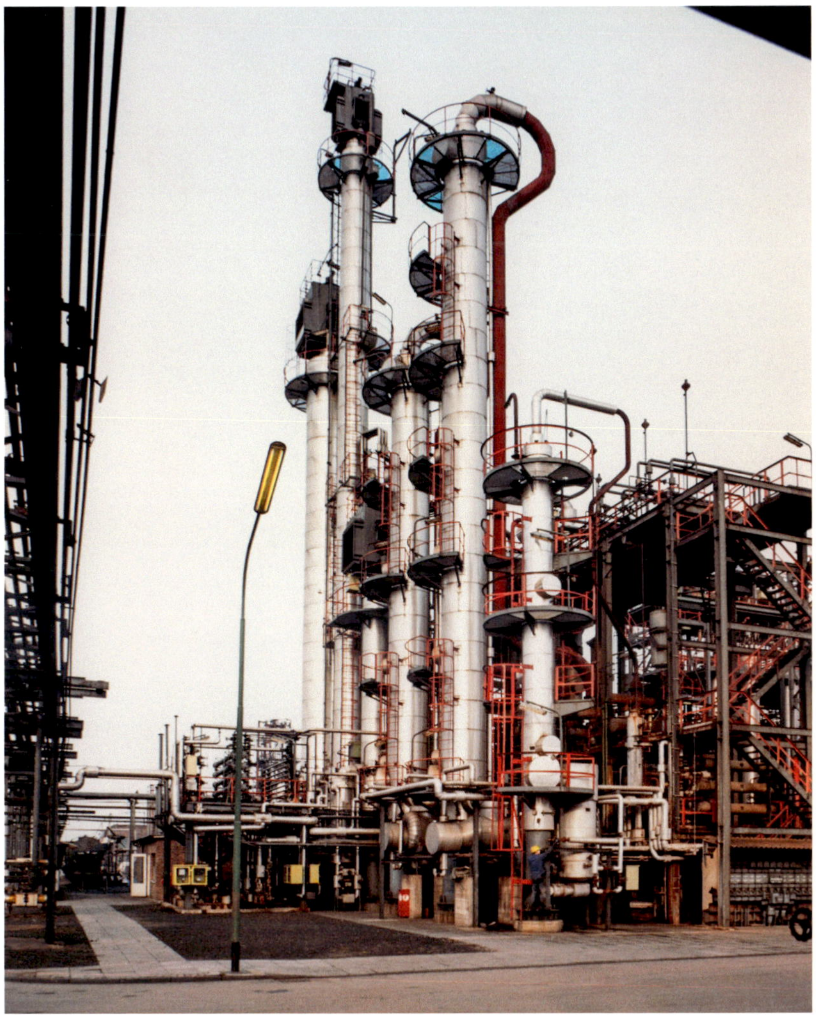

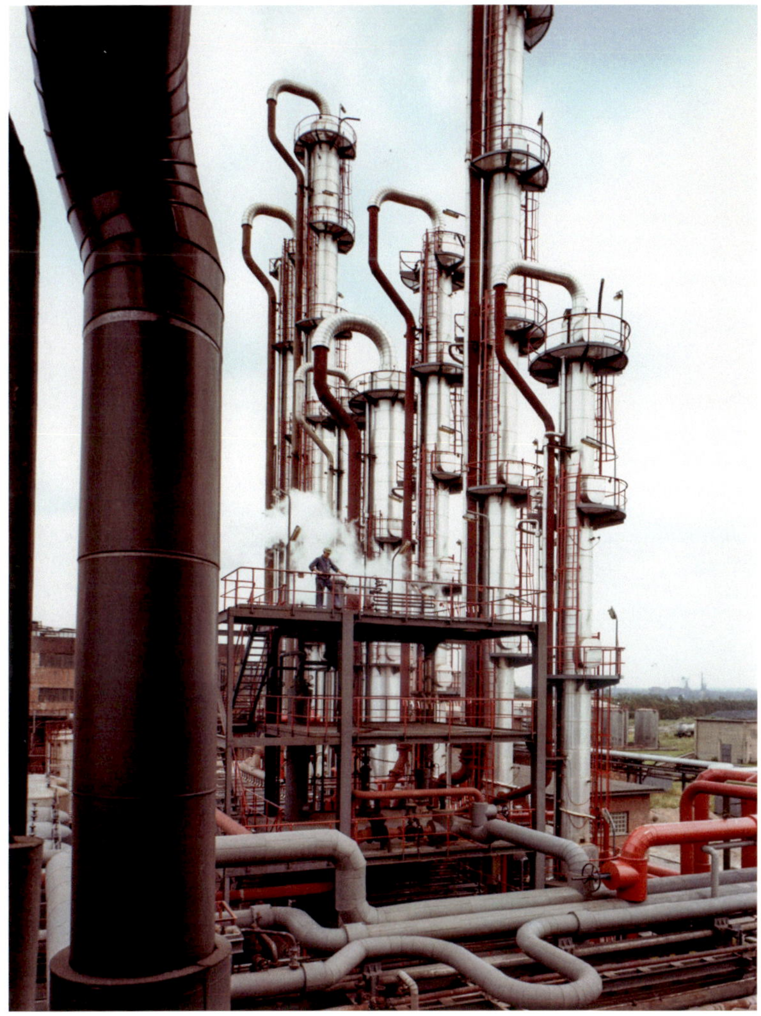

Carl August Stachelscheid: Destillationskolonnen, 1967
Carl August Stachelscheid: Distillation columns, 1967

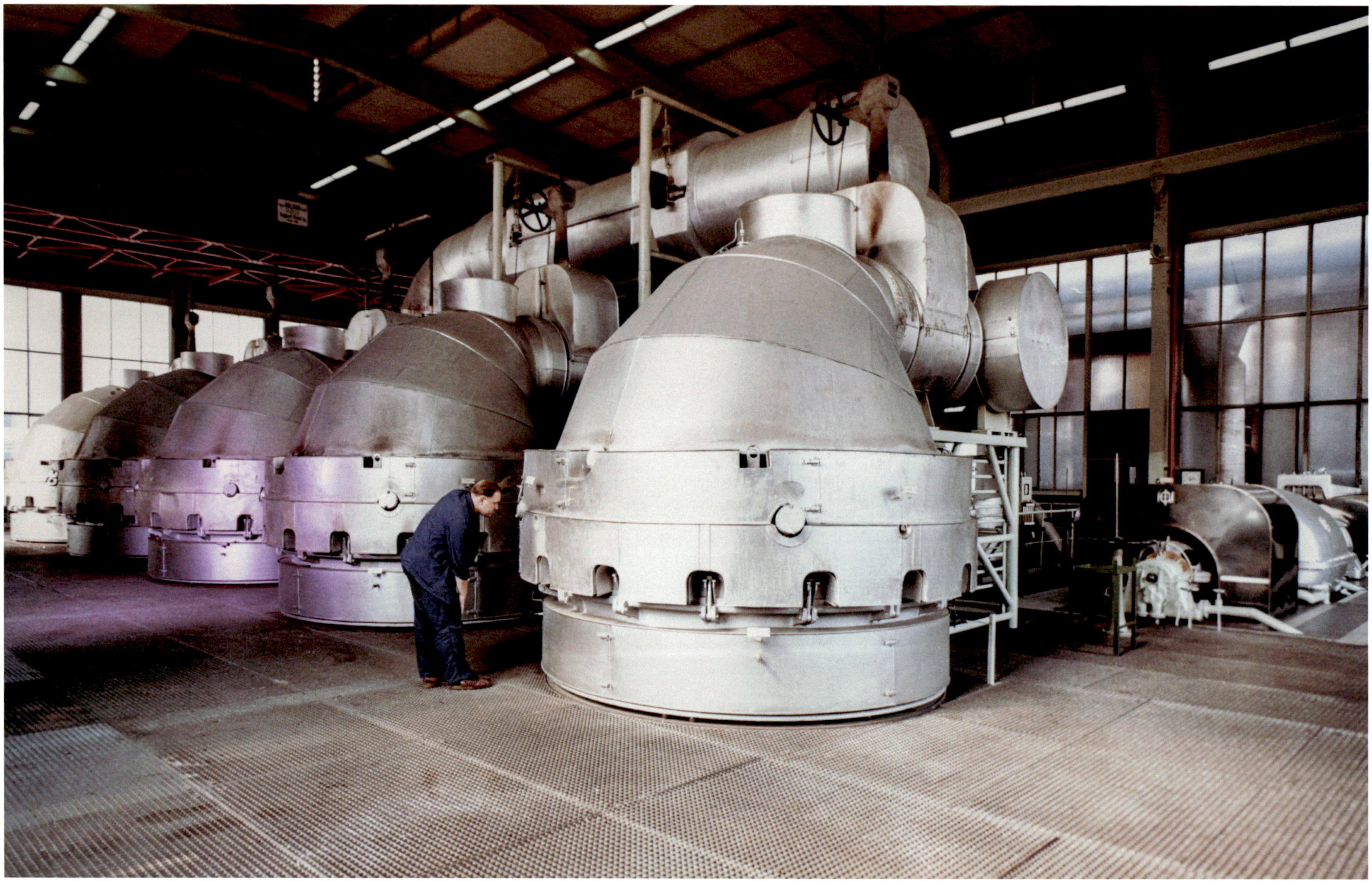

Carl August Stachelscheid: Verbrennungsöfen im Säurebetrieb, 1966
Carl August Stachelscheid: Incinerators in the acid plant, 1966

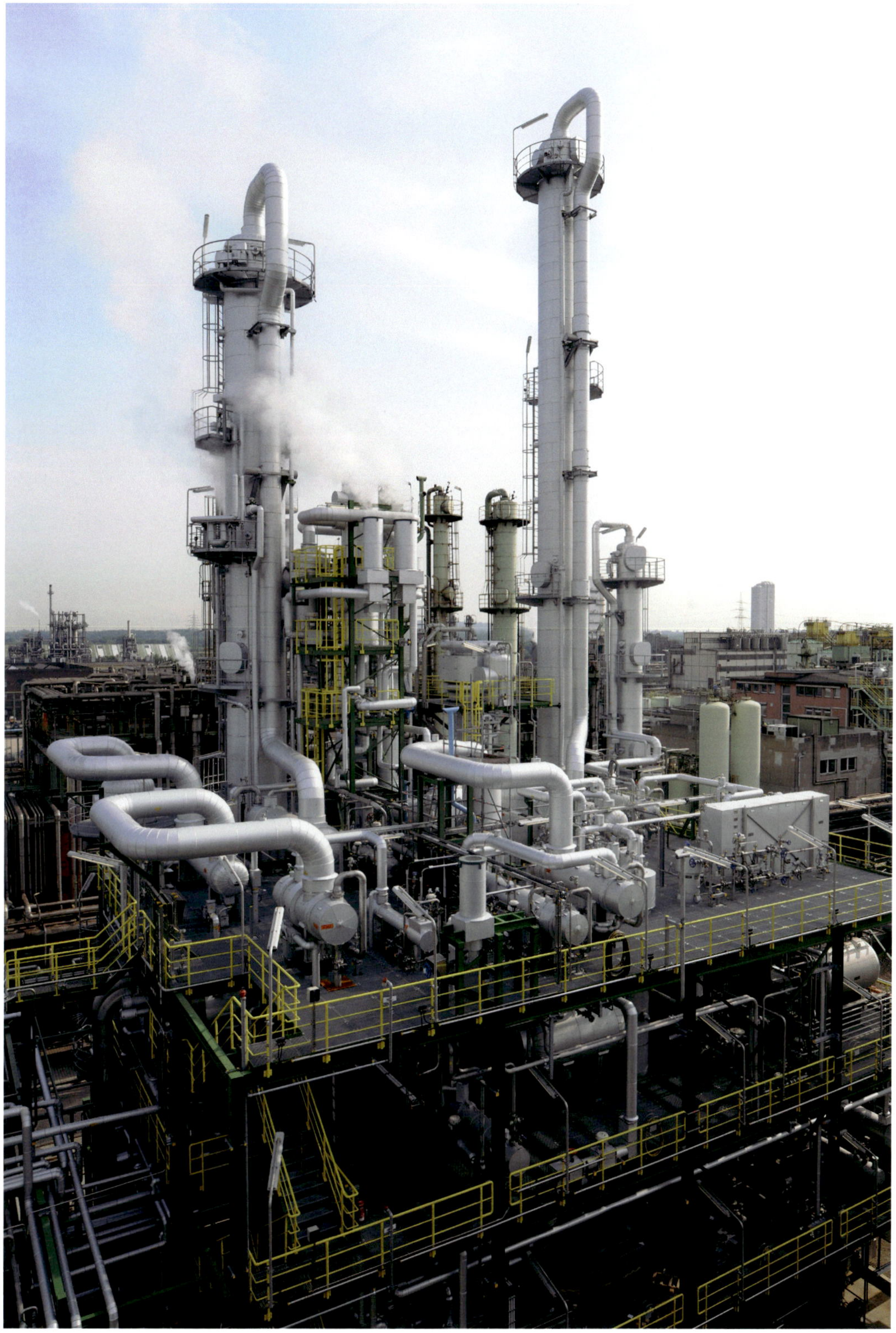

Jürgen Hoffmann: Carbonsäure-Anlage, 2013
Jürgen Hoffmann: Carboxylic acid plant, 2013

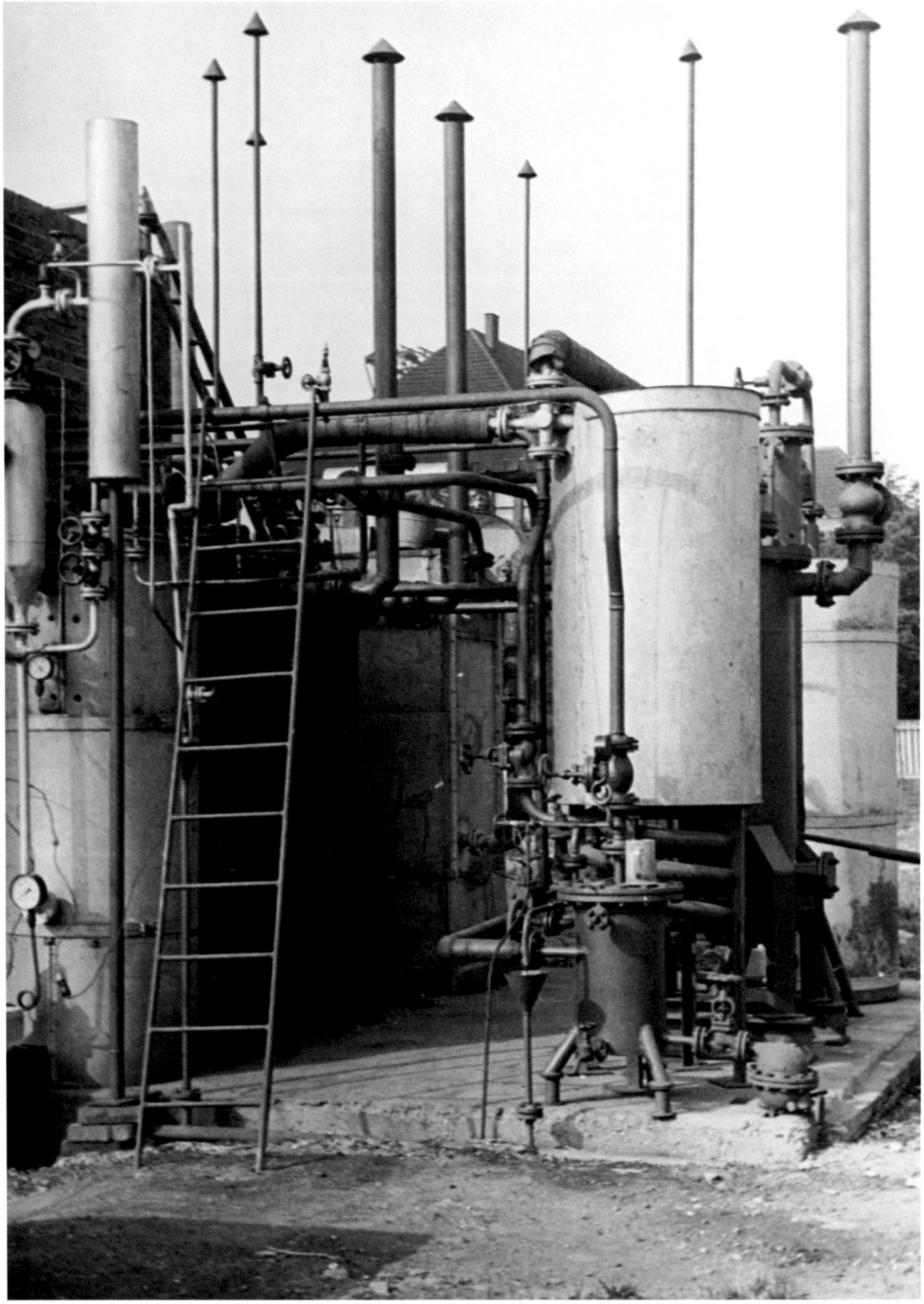

Fotograf unbekannt: Methanisierungs-Versuchsanlage nach dem Ruhrchemie-Verfahren bei der Adam Opel AG, Rüsselsheim, um 1944

Photographer unknown: Methanation test plant using the Ruhrchemie method at Adam Opel AG, Rüsselsheim, c. 1944

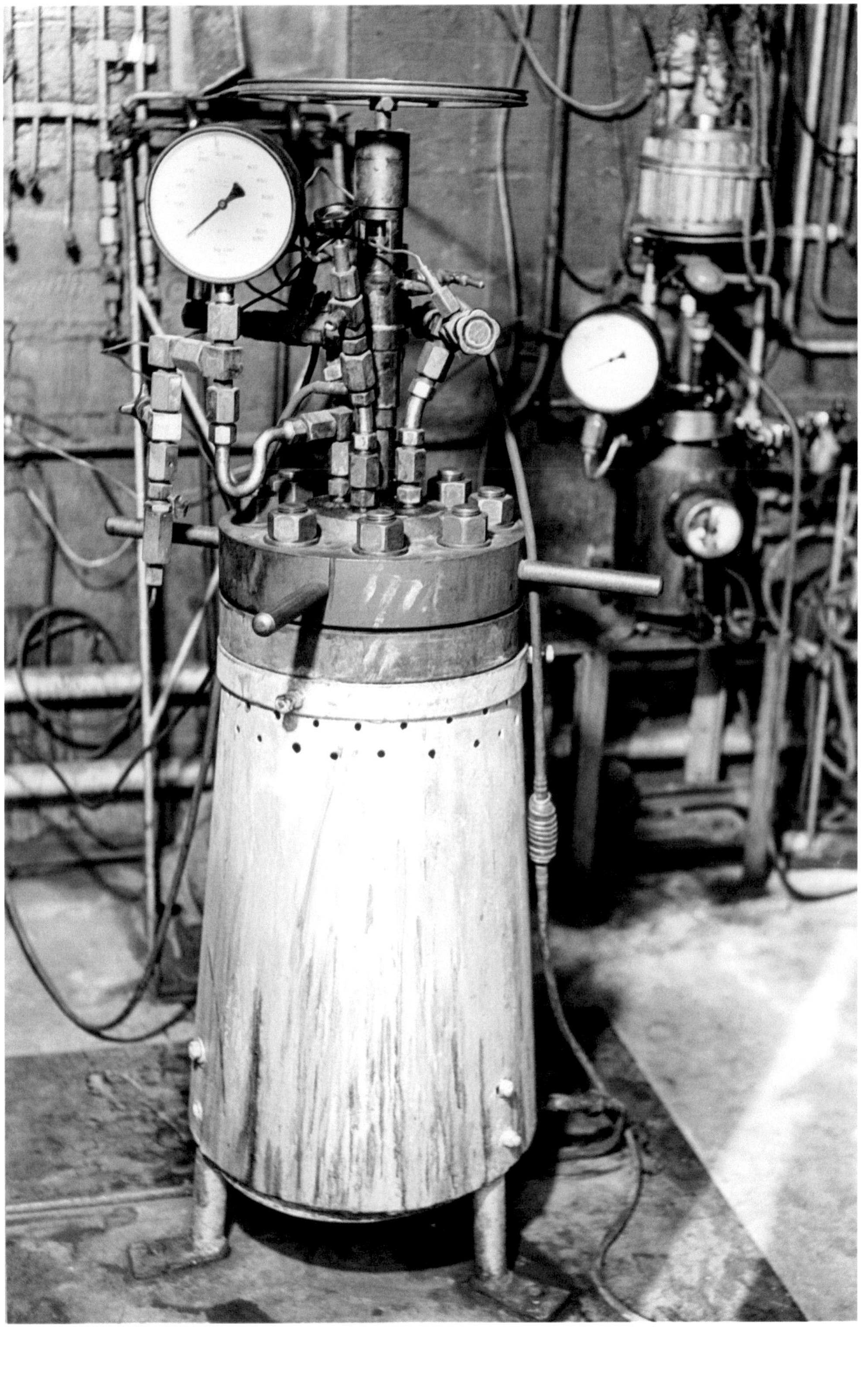

Carl August Stachelscheid: 5 Liter-Autoklav der ersten Oxo-Versuche im Jahr 1938, 1968
Carl August Stachelscheid: 5-litre autoclave of the first oxo experiments in 1938, 1968

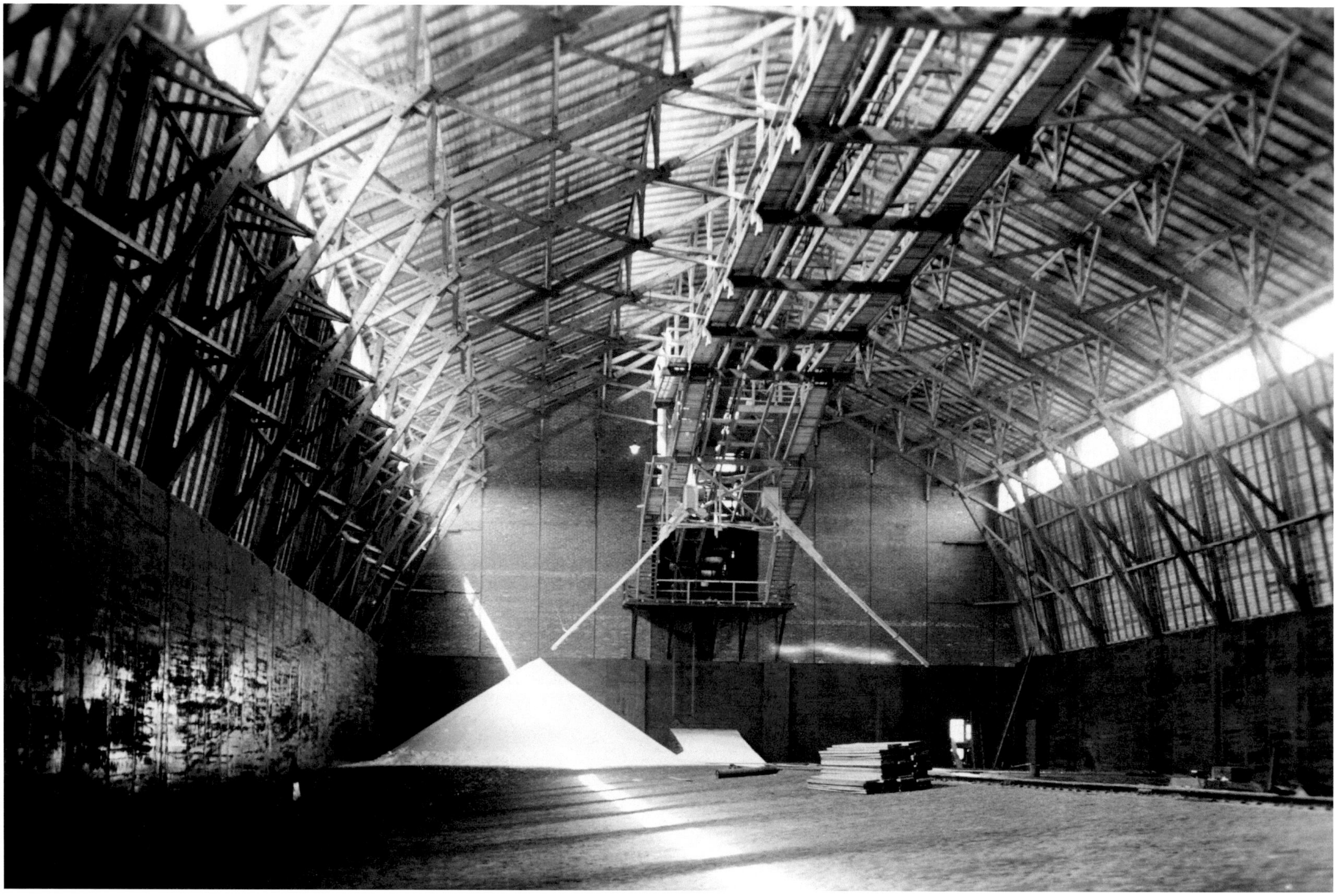

Fotograf unbekannt: Düngemittellagerhalle, verso betitelt „Das erste Salz! 20.05.29"
Photographer unknown: Fertiliser warehouse, titled on verso: "Das erste Salz! 20.05.29" (The first salt!)

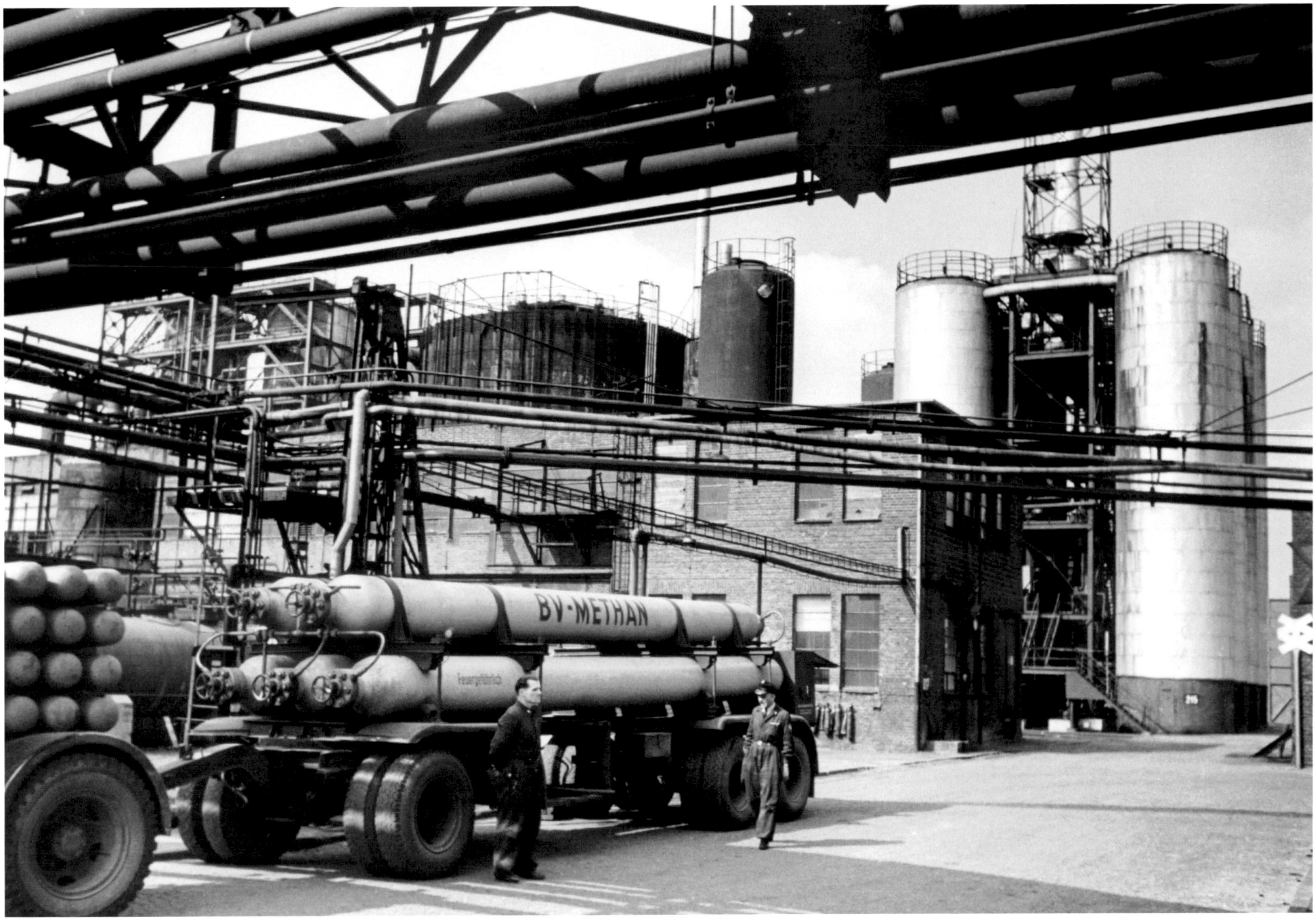

Dr. Paul Wolff & Tritschler: Methanauslieferung, 1940er Jahre
Dr. Paul Wolff & Tritschler: Methane delivery, 1940s

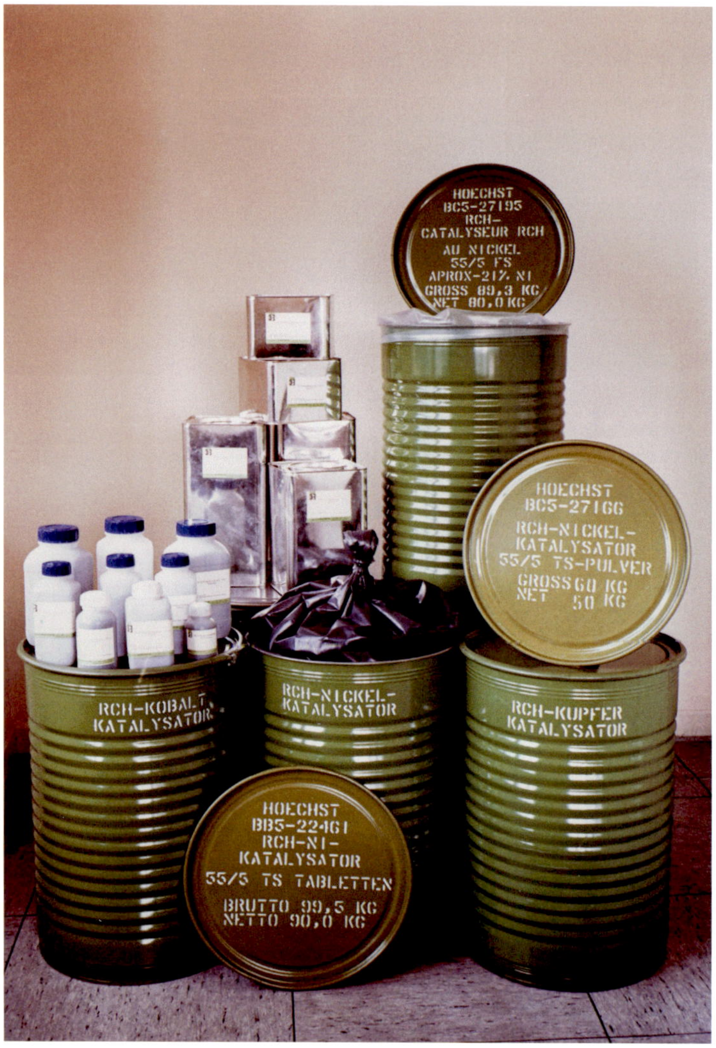

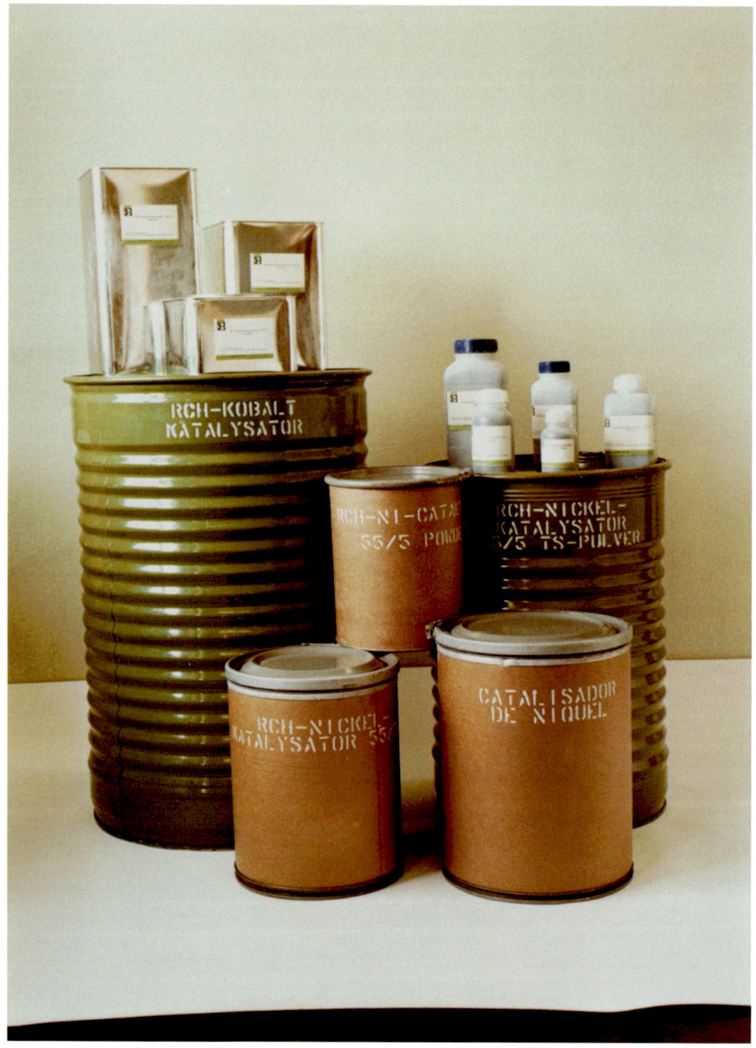

Fotograf unbekannt: Produktfotos, um 1972

Photographer unknown: Product photos, c. 1972

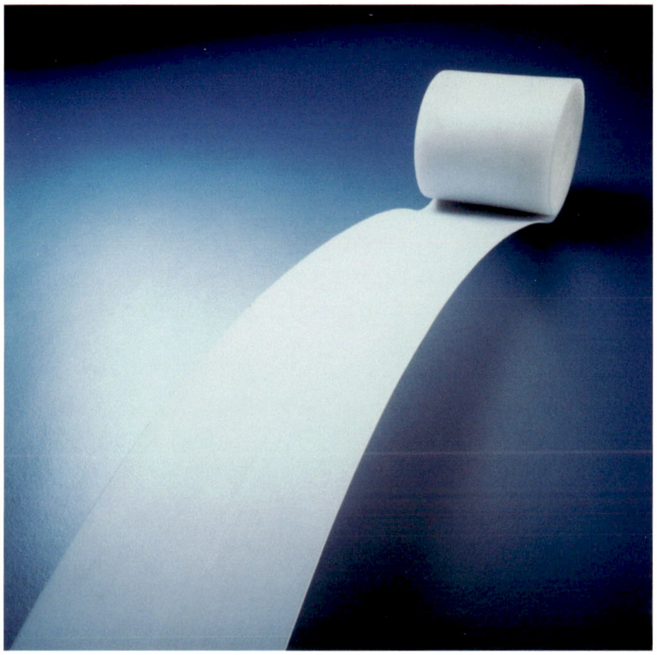
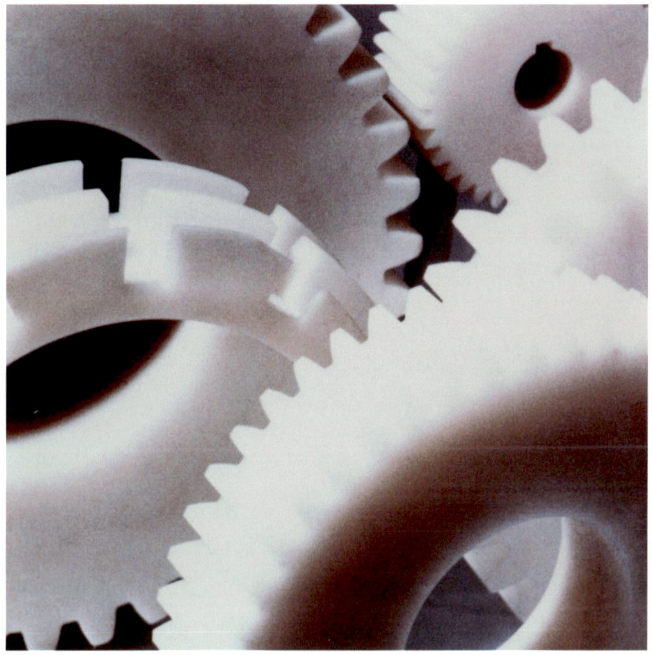
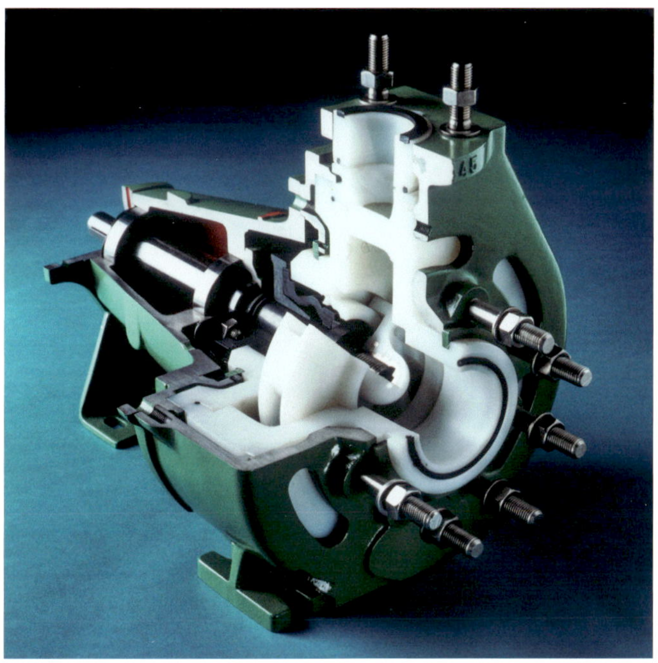
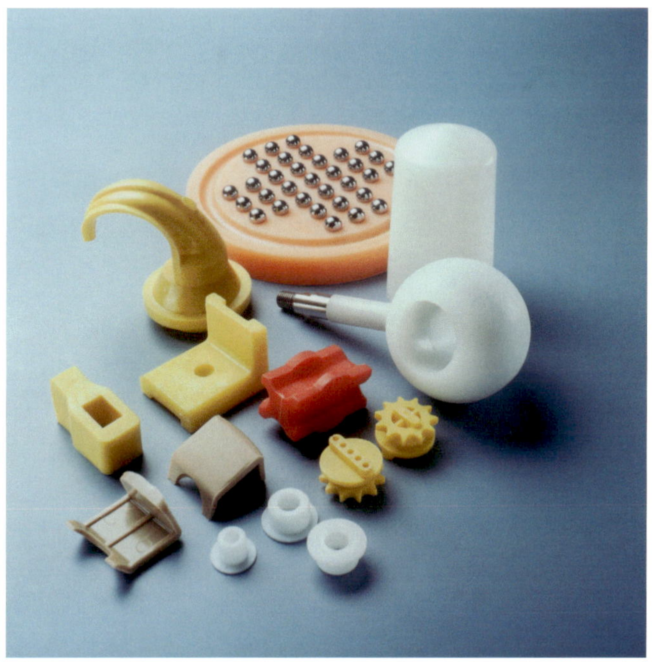

Fotografen unbekannt: Produktfotos, undatiert
Photographers unknown: Product photos, undated

MITARBEITER | ARBEITSPLÄTZE
EMPLOYEES | WORKPLACES

Neben technischen Anlagen zeigt ein großer Teil des fotografischen Bildmaterials der Ruhrchemie Mitarbeiter an ihren Arbeitsplätzen. Die Bildinhalte variieren stark und geben zum Teil unerwartete Einblicke in die Arbeitswelt eines Chemiewerks.

So steht die Abbildung einer Vorstandssitzung aus dem Gründungsjahr der Ruhrchemie 1928 in deutlichen Kontrast zu den Fotografien von Dr. Paul Wolff & Tritschler aus den 1950er Jahren, die Mitarbeiter in ihrer Arbeitskleidung zeigen.

Der Typus des Chemikers wird auf den Bildern von Carl August Stachelscheid 1968 in einen völlig neuen Zusammenhang gestellt. Während ein unbekannter Fotograf im selben Jahr einen Chemiker noch mit weißem Kittel raumgreifend vor einem Versuchsaufbau posieren lässt, ist der Chemiker im Oxo-Technikum in den Fotografien von Stachelscheid nur noch Beiwerk der chemischen Anlagen.

Zum zweiten und letzten Mal nach Elsbeth Gropp in den 1940er Jahren betritt 1990 mit Beate Knappe eine Fotografin das Werk Ruhrchemie, allerdings nicht im Auftrag des Unternehmens, sondern für ein Ausstellungsprojekt in Zusammenarbeit mit dem Gleichstellungsministerium des Landes NRW. Knappe fertigt eine sozial-dokumentarische Reportage über eine Dreherin in ihrem Arbeitsumfeld an. Ihr gelingt damit ein eindrucksvoller Gegensatz zu anderen Fotografien zum Thema Frauenarbeit innerhalb der Sammlung, die häufig ein traditionelles Rollenbild aufgreifen.
SH

In addition to the technical equipment, a large part of Ruhrchemie's photographic archive shows employees in the workplace. The content of the images varies greatly, sometimes providing some unexpected insights into the world of work in a chemical plant.

Thus, the photo of a board meeting from the founding year of Ruhrchemie dated 1928 stands in marked contrast to the images of employees in their work clothes by Dr. Paul Wolff & Tritschler from the 1950s.

The stock character of the chemist is placed in a totally new context in the photos of Carl August Stachelscheid from 1968. While in the same year an unknown photographer prominently featured a chemist in a white coat in front of a test setup, the chemist in the oxo pilot plant in Stachelscheid's photographs was merely an accessory in the vast chemical plant.

After Elsbeth Gropp in the 1940s, for the second and last time, another female photographer, Beate Knappe, accessed the Ruhrchemie plant in 1990, not commissioned by the company this time, but for an exhibition in collaboration with the Ministry of Equality of the state of North Rhine-Westphalia. Knappe was creating a social-documentary reportage about a female lathe operator in her working environment and the images are in striking contrast to other photographs depicting women's work in the collection, who are often shown in more traditional roles. SH

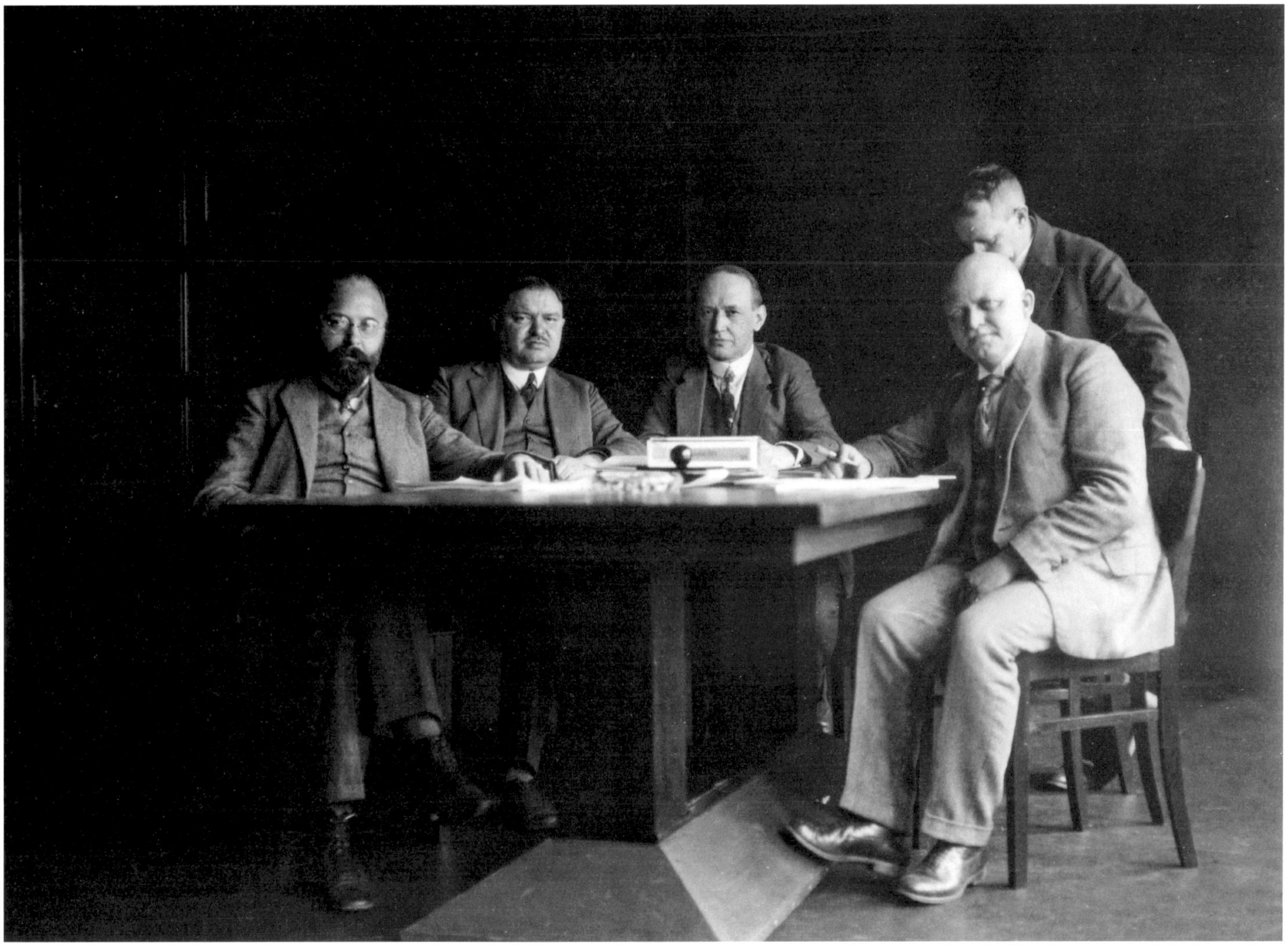

Fotograf unbekannt: Vorstandssitzung, 1928
Photographer unknown: Board meeting, 1928

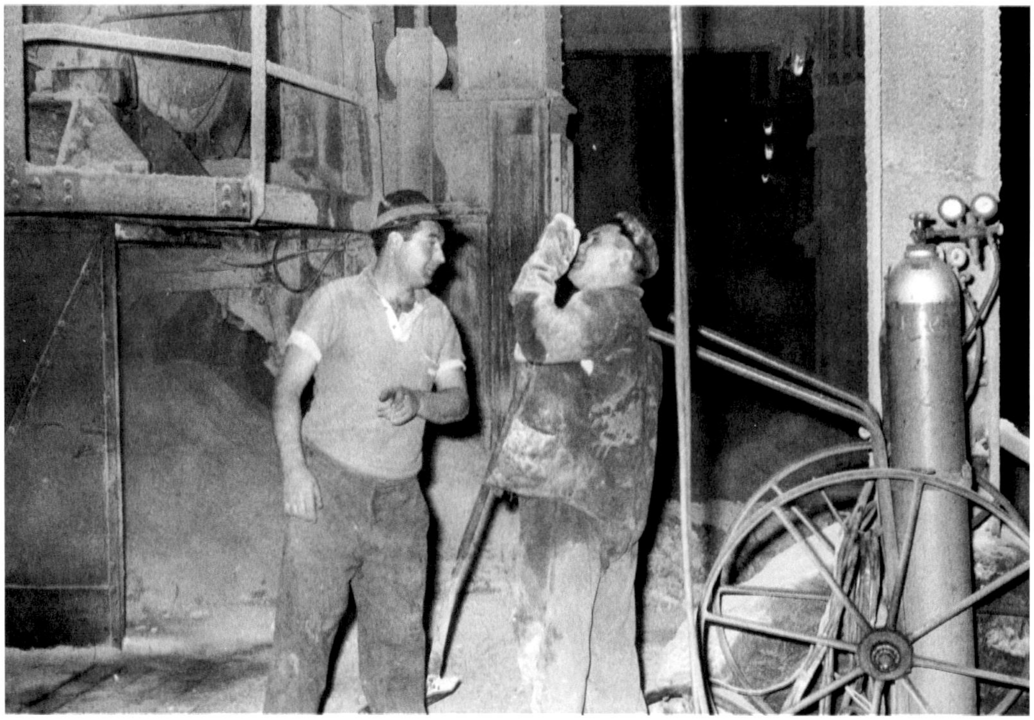

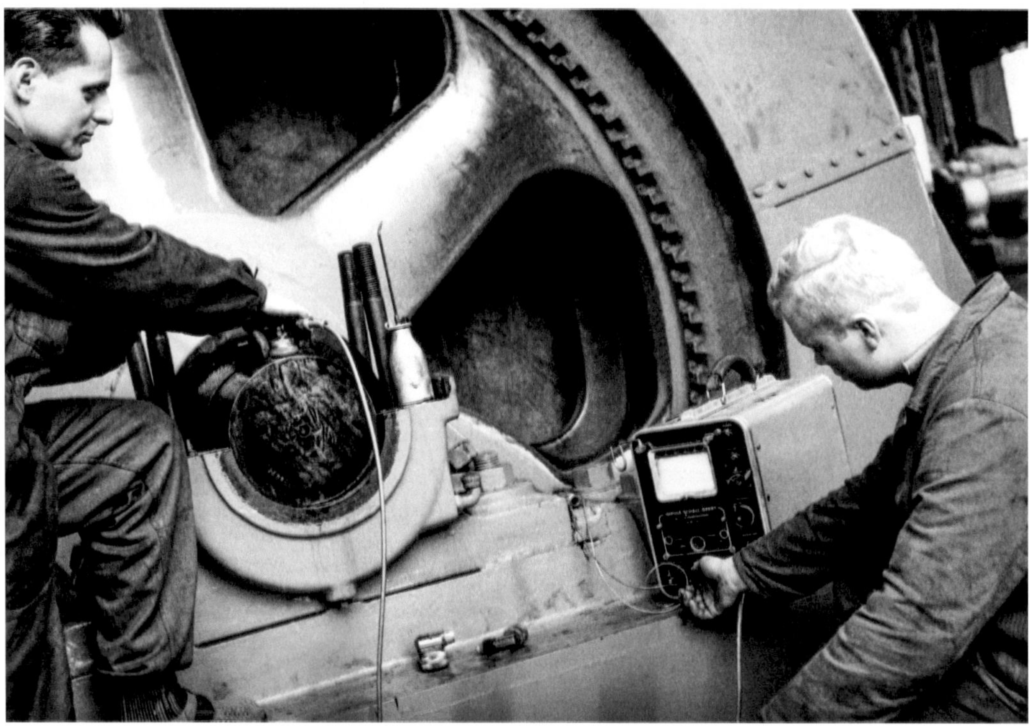

Elsbeth Gropp: Arbeiter im Düngemittelbetrieb, 1940er Jahre
Elsbeth Gropp: Workers in the fertiliser plant, 1940s

Elsbeth Gropp: Überprüfung eines Kompressors, 1940er Jahre
Elsbeth Gropp: Inspecting a compressor, 1940s

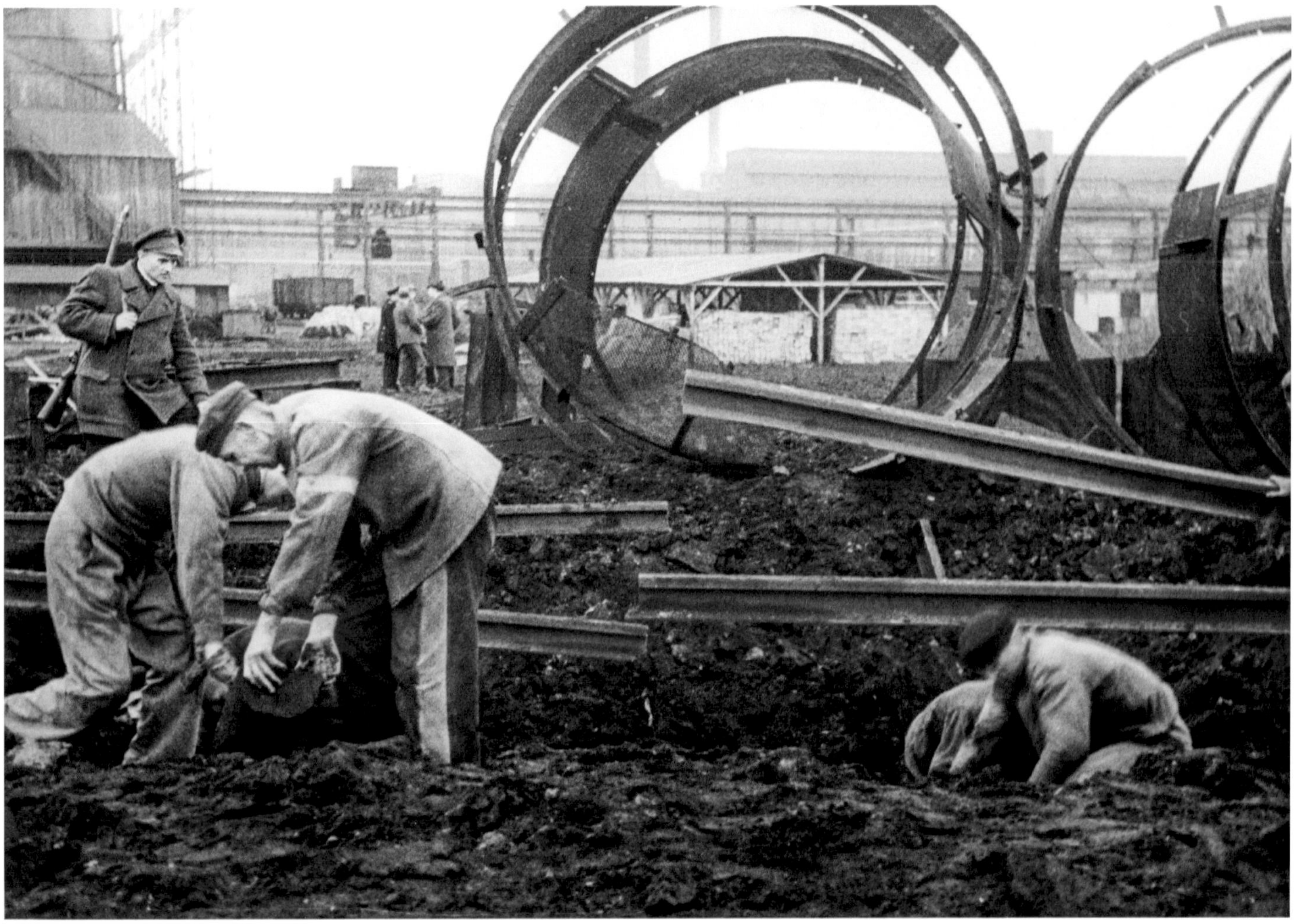

Fotograf unbekannt: Beseitigung von Bombenschäden, vermutlich unter Beteiligung von Zwangsarbeitern, um 1941
Photographer unknown: Repairing bomb damage, probably involving forced labourers, c. 1941

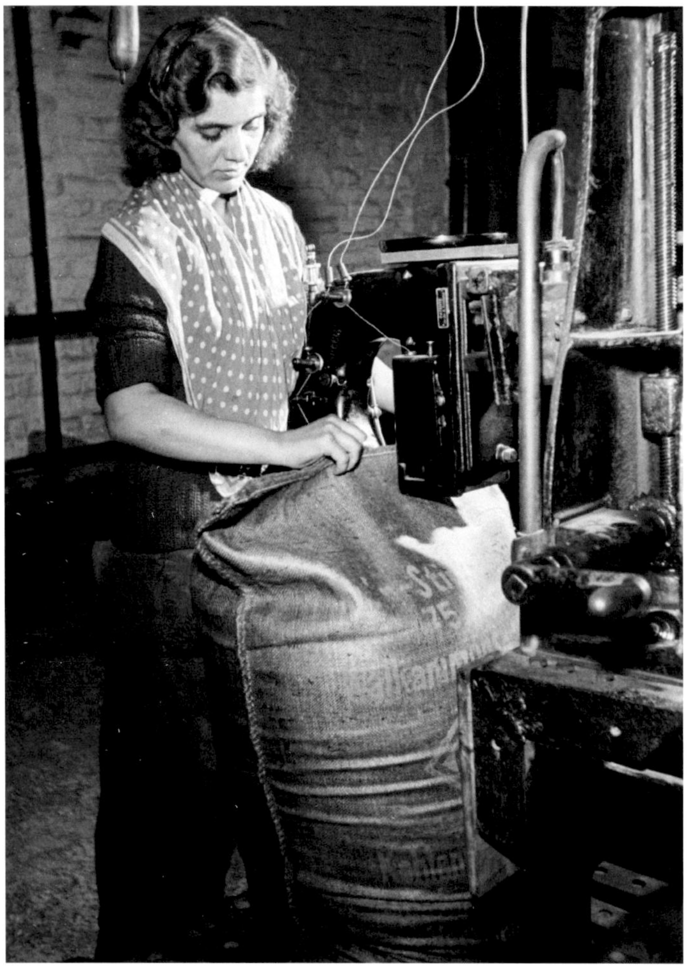

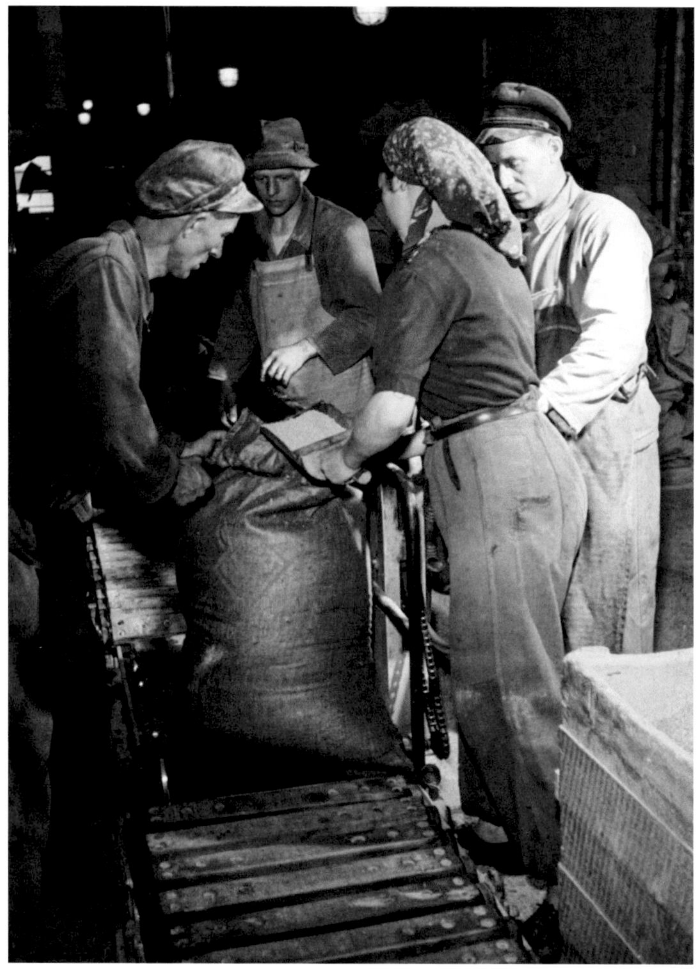

Dr. Paul Wolff & Tritschler: Näherin im Düngemittelbetrieb, 1950er Jahre
Dr. Paul Wolff & Tritschler: Seamstress in a fertiliser plant, 1950s

Dr. Paul Wolff & Tritschler: Absackung von Düngemitteln, 1950er Jahre
Dr. Paul Wolff & Tritschler: Bagging fertiliser, 1950s

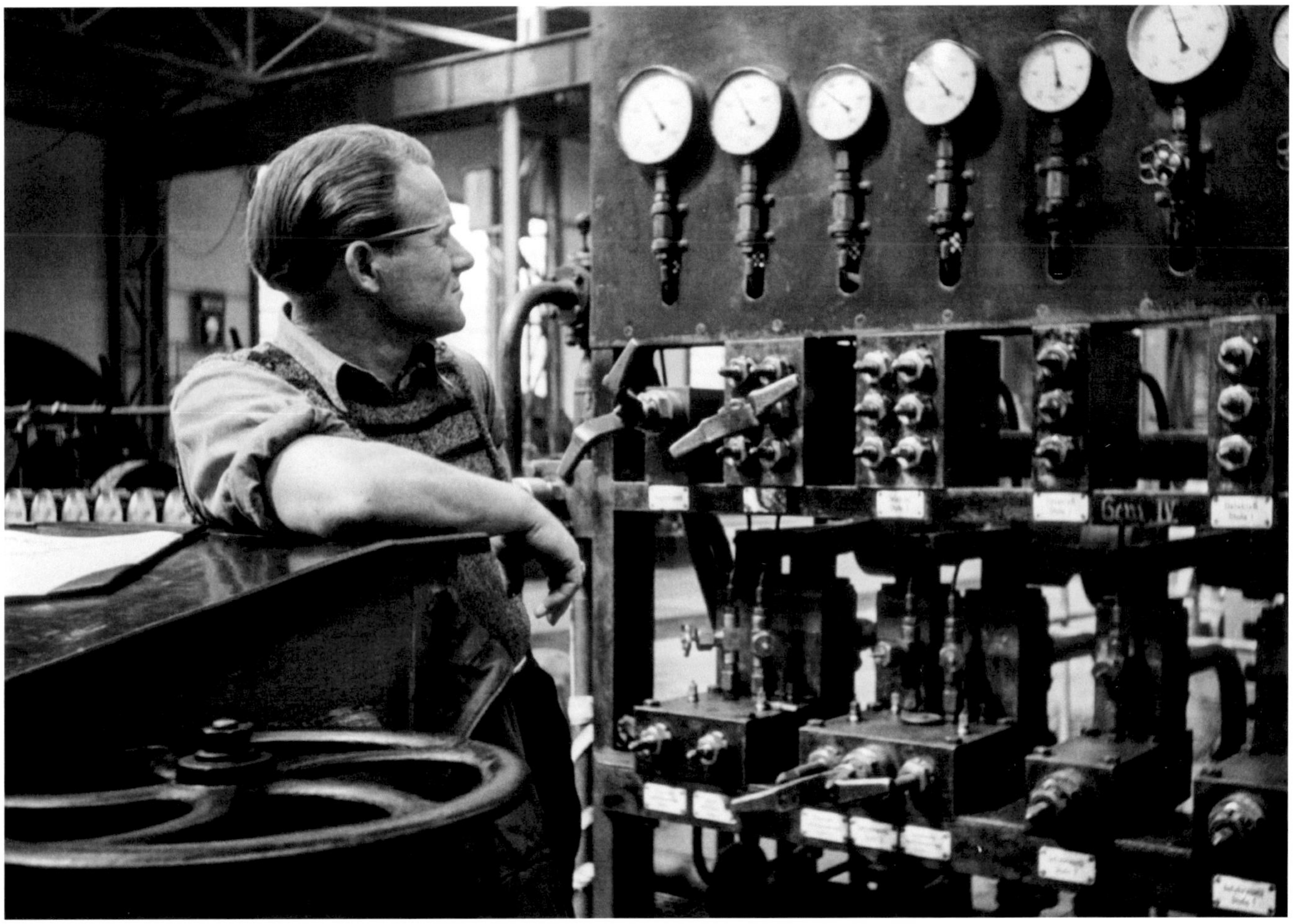

Dr. Paul Wolff & Tritschler: Arbeiter an Reguliertafel, 1950er Jahre
Dr. Paul Wolff & Tritschler: Worker at a control panel, 1950s

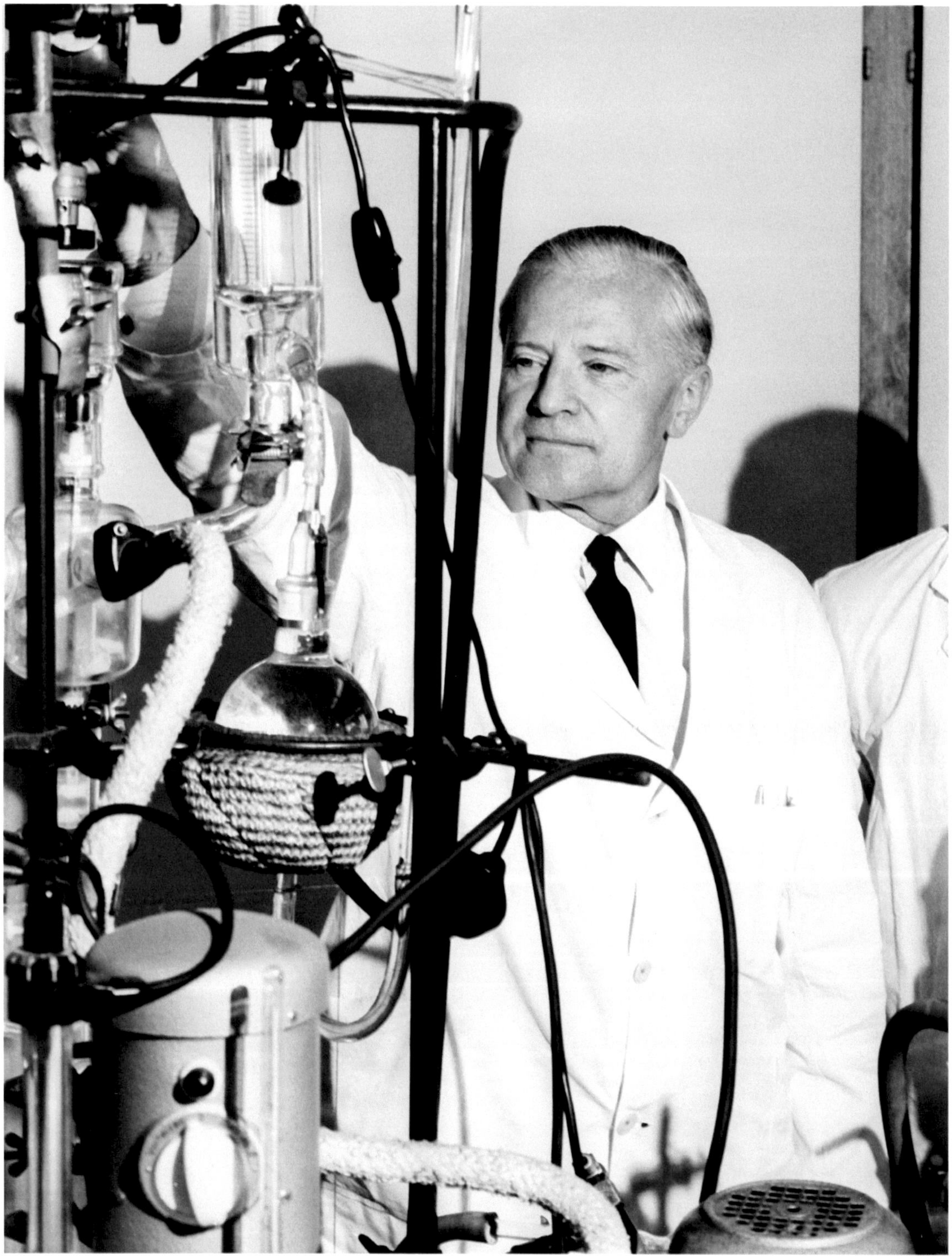

Fotograf unbekannt: Chemiker, 1968
Photographer unknown: Chemist, 1968

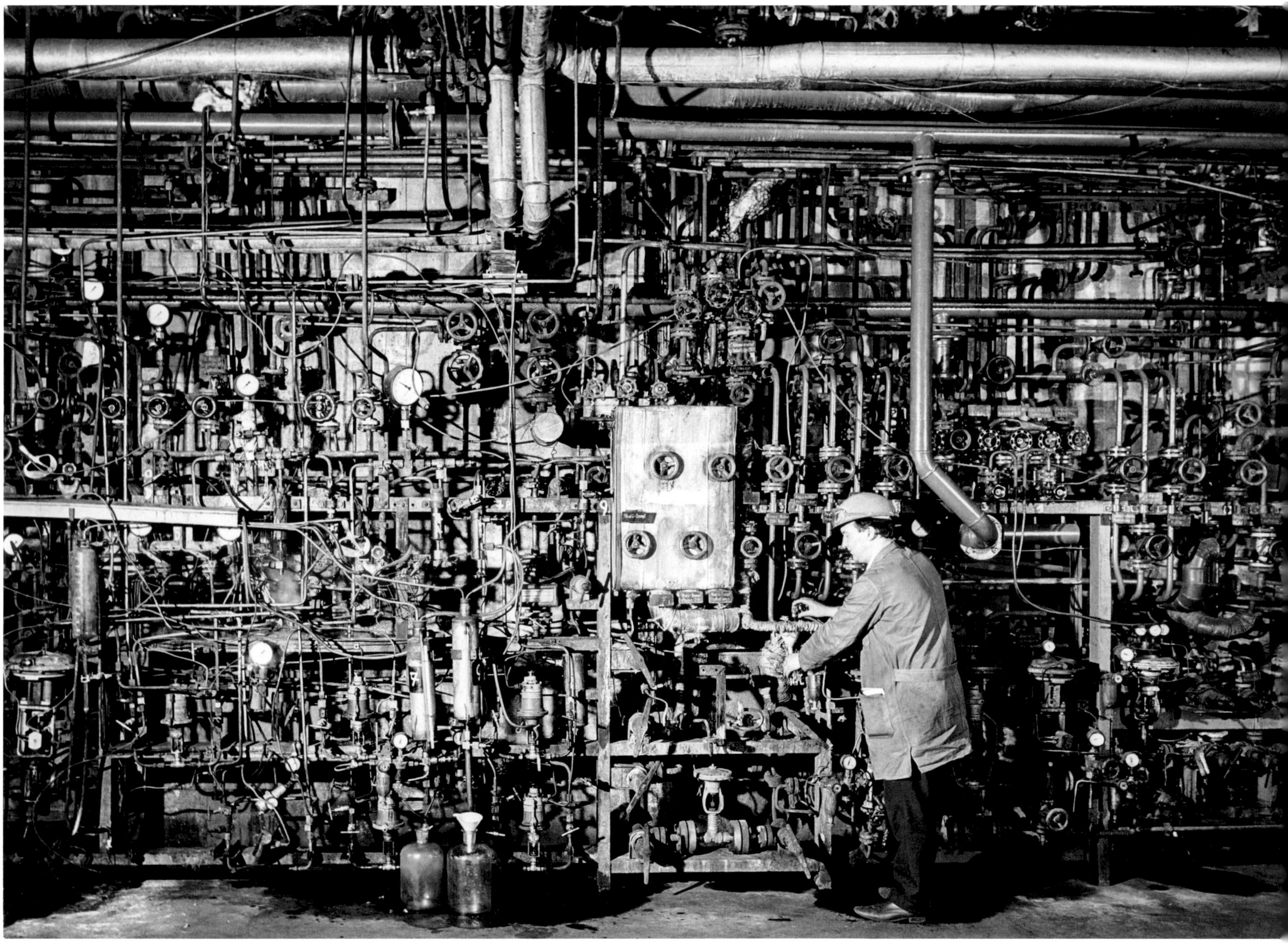

Carl August Stachelscheid: Oxo-Technikum, 1968
Carl August Stachelscheid: Oxo pilot plant, 1968

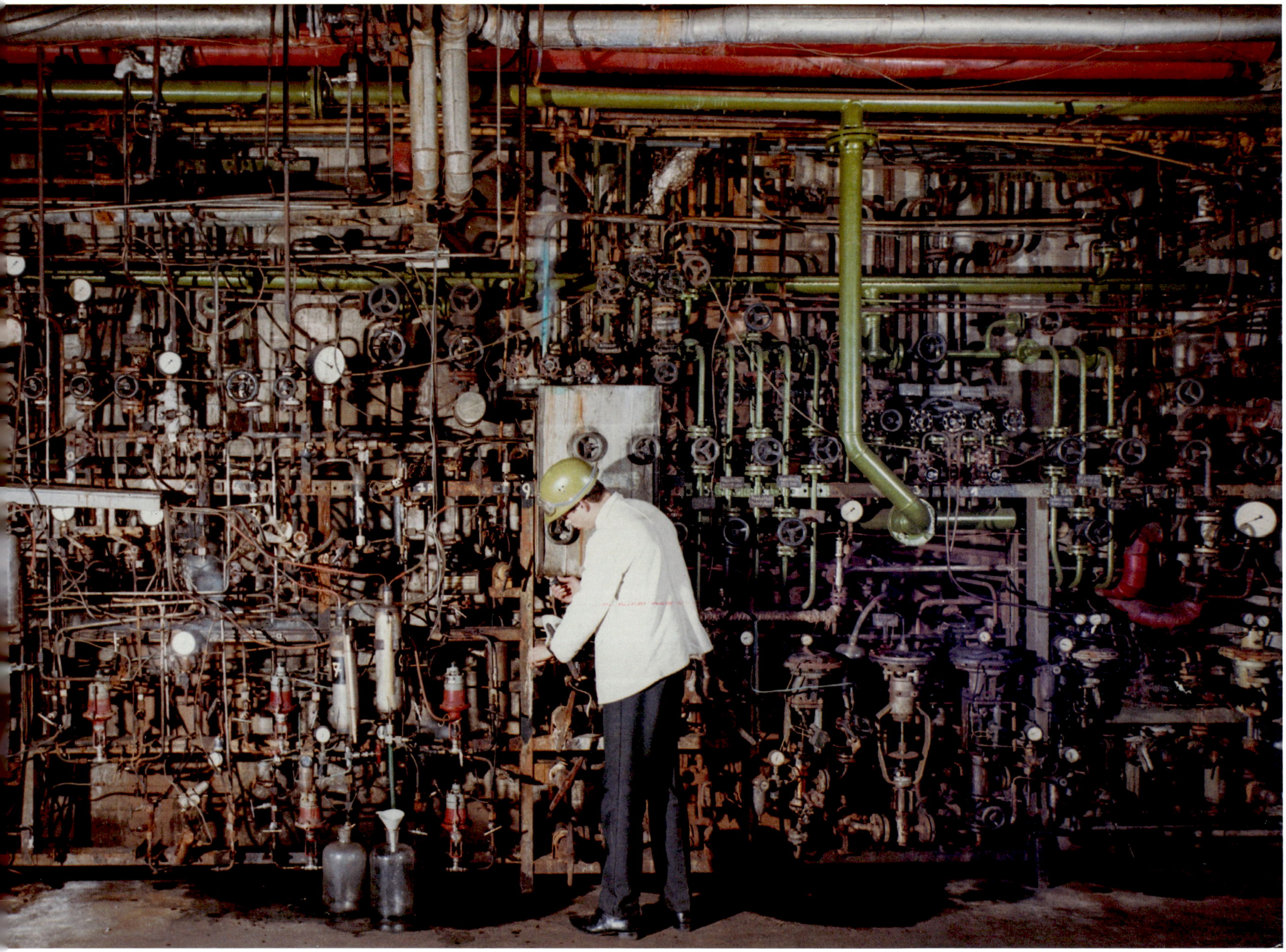

Carl August Stachelscheid: Oxo-Technikum, 1968
Carl August Stachelscheid: Oxo pilot plant, 1968

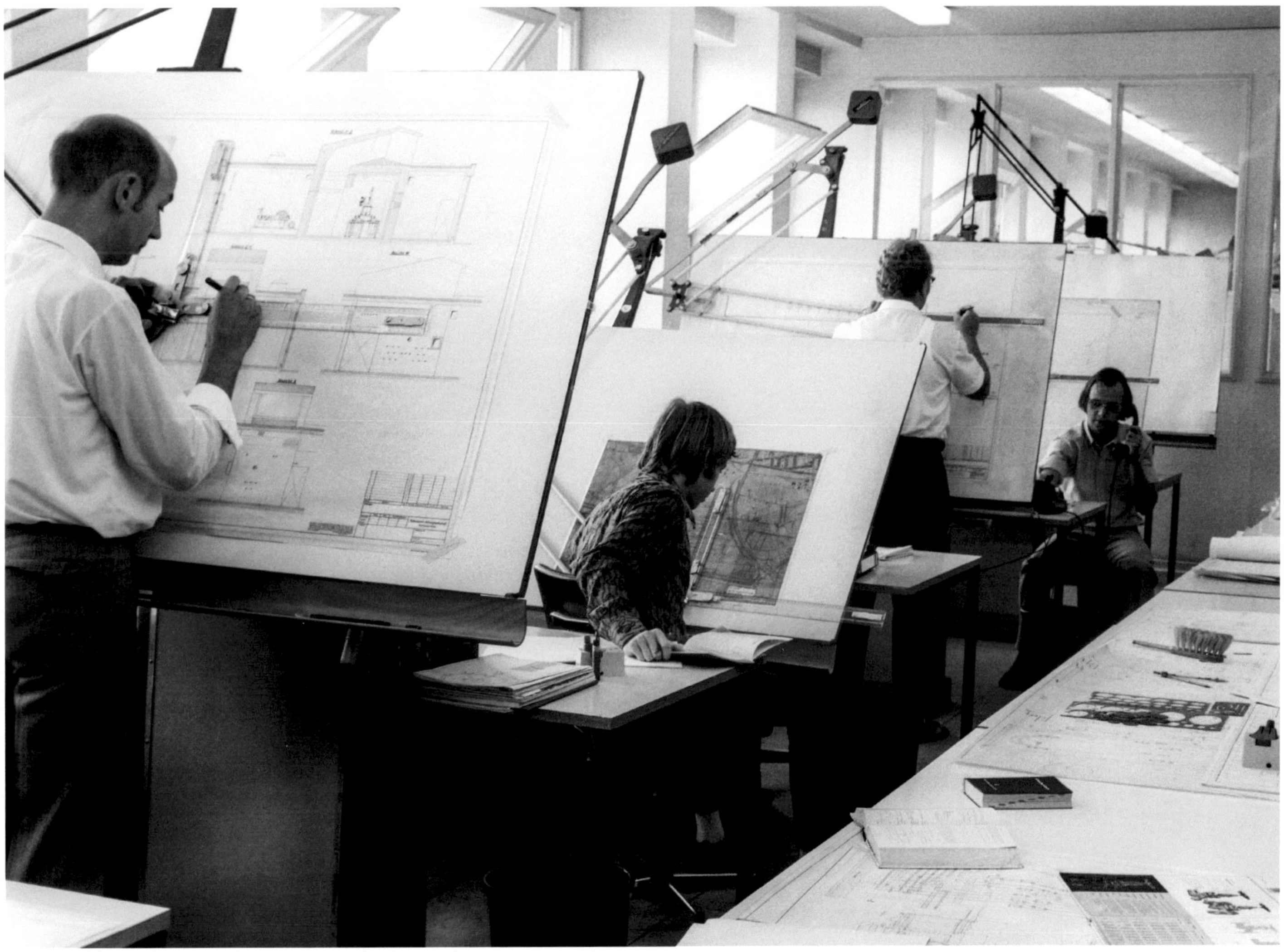

Karl Eul: Technische Planung, 1971
Karl Eul: Technical planning, 1971

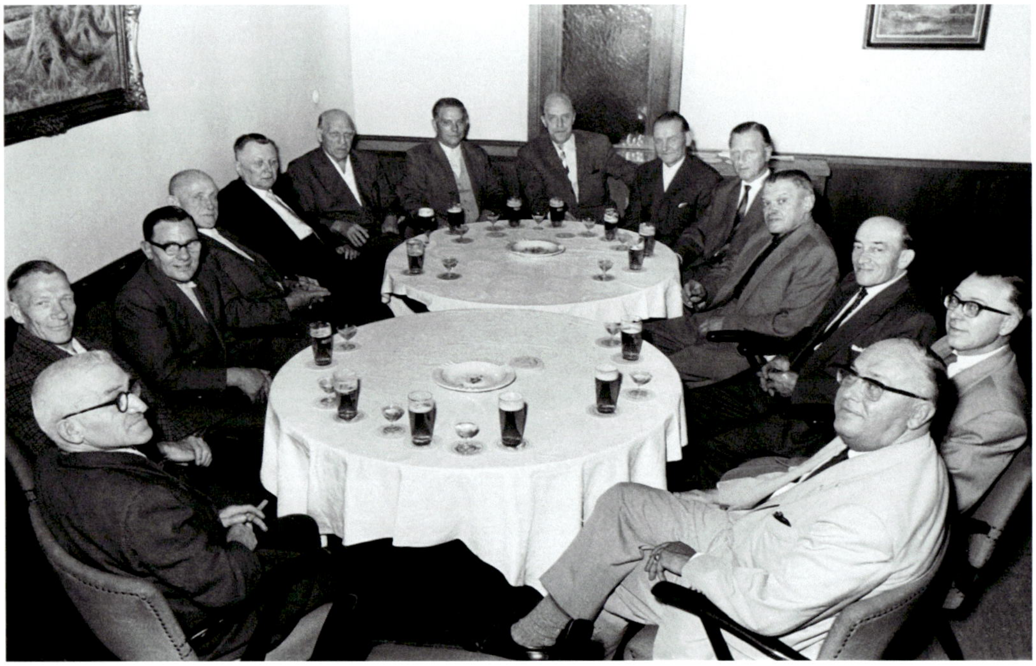

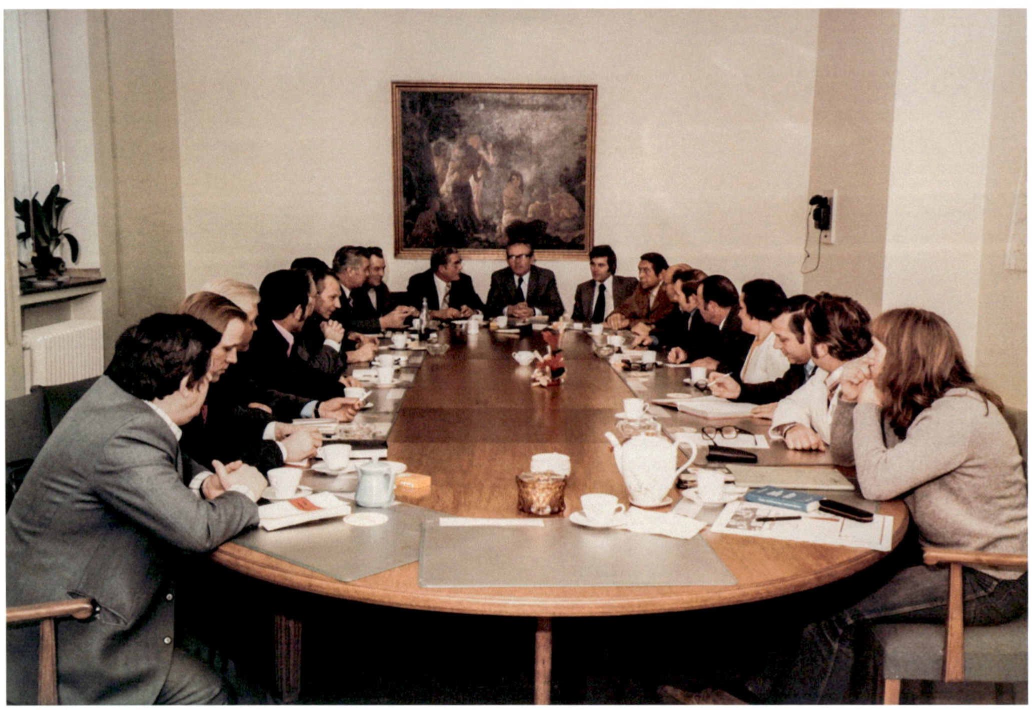

Fotograf unbekannt: Jubiläumsfeier, 1963
Photographer unknown: Anniversary celebration, 1963

W. Cohrs: Betriebsratssitzung, 1974
W. Cohrs: Works council meeting, 1974

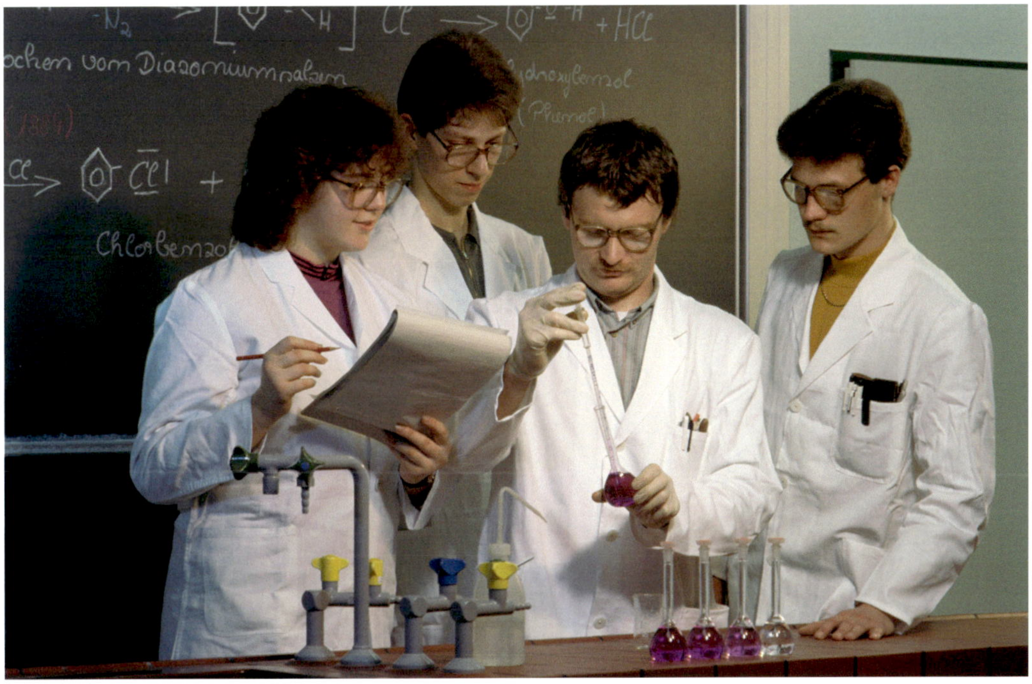

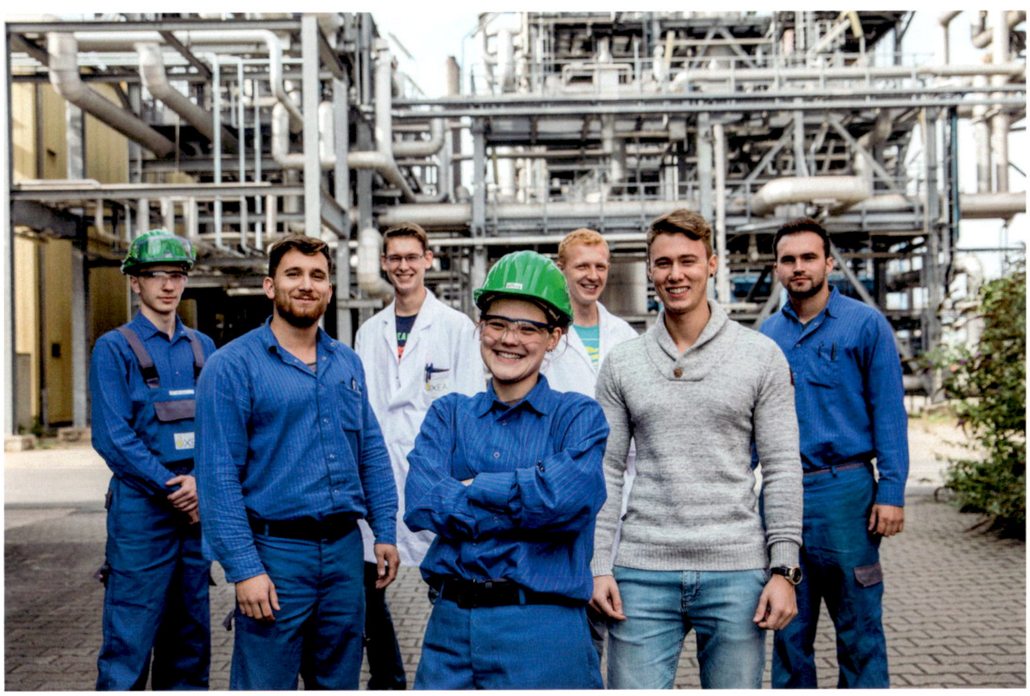

Fotograf unbekannt: Auszubildende, 1990
Photographer unknown: Apprentices, 1990

Sebastian Mölleken: Auszubildende, 2017
Sebastian Mölleken: Apprentices, 2017

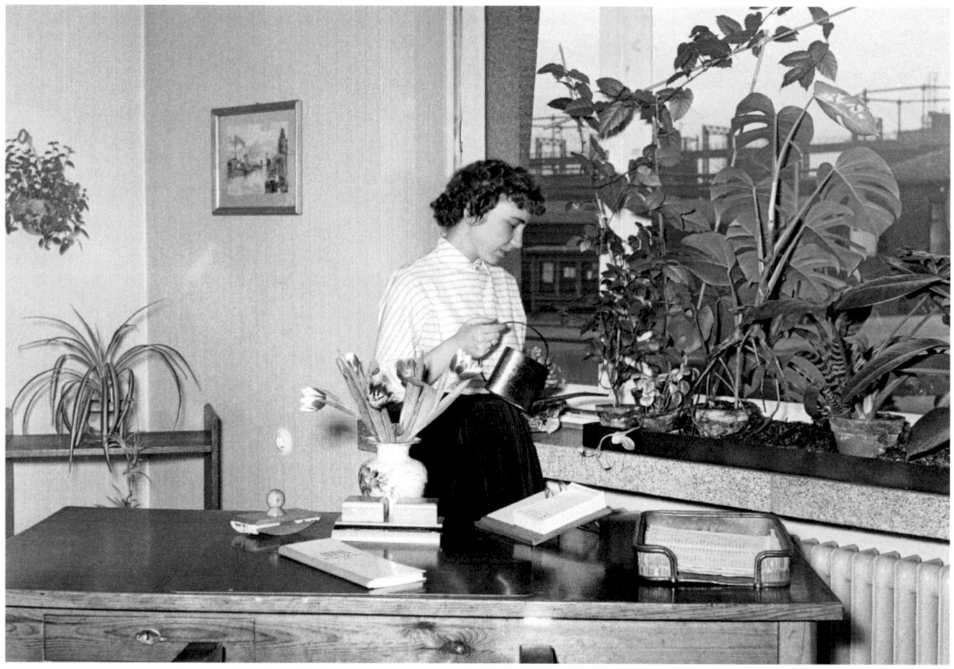

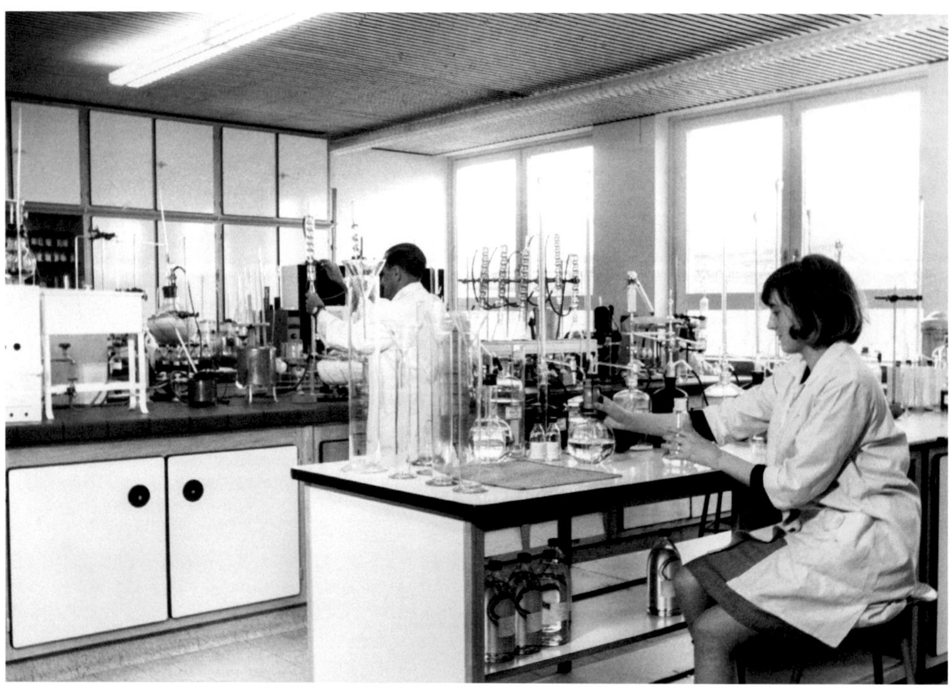

Emil Schütte: Sekretärin, 1957
Emil Schütte: Secretary, 1957

Erich Eduard Teriet: Labor, 1967
Erich Eduard Teriet: Laboratory, 1967

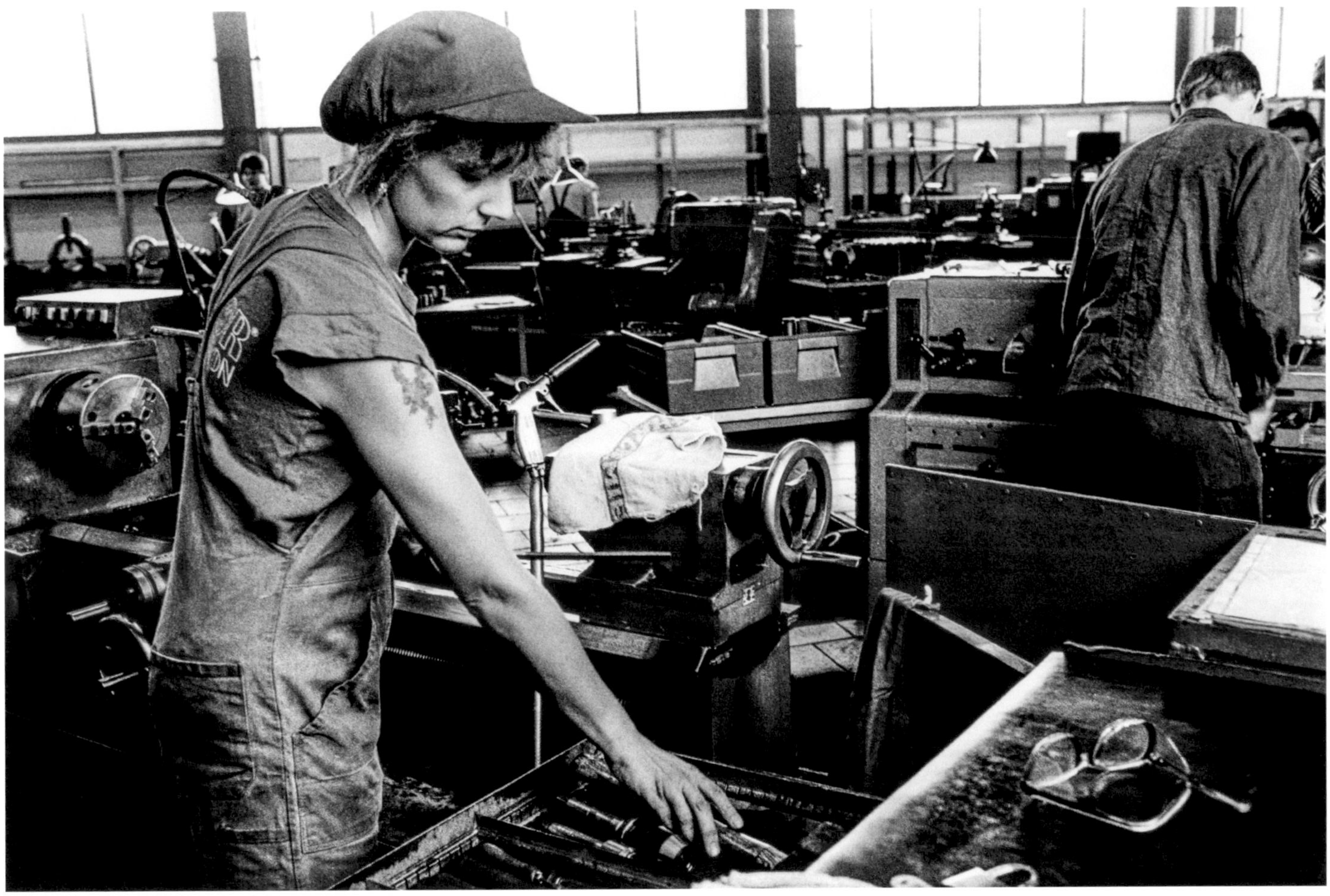

Beate Knappe: Dreherin, 1990

Beate Knappe: Lathe operator, 1990

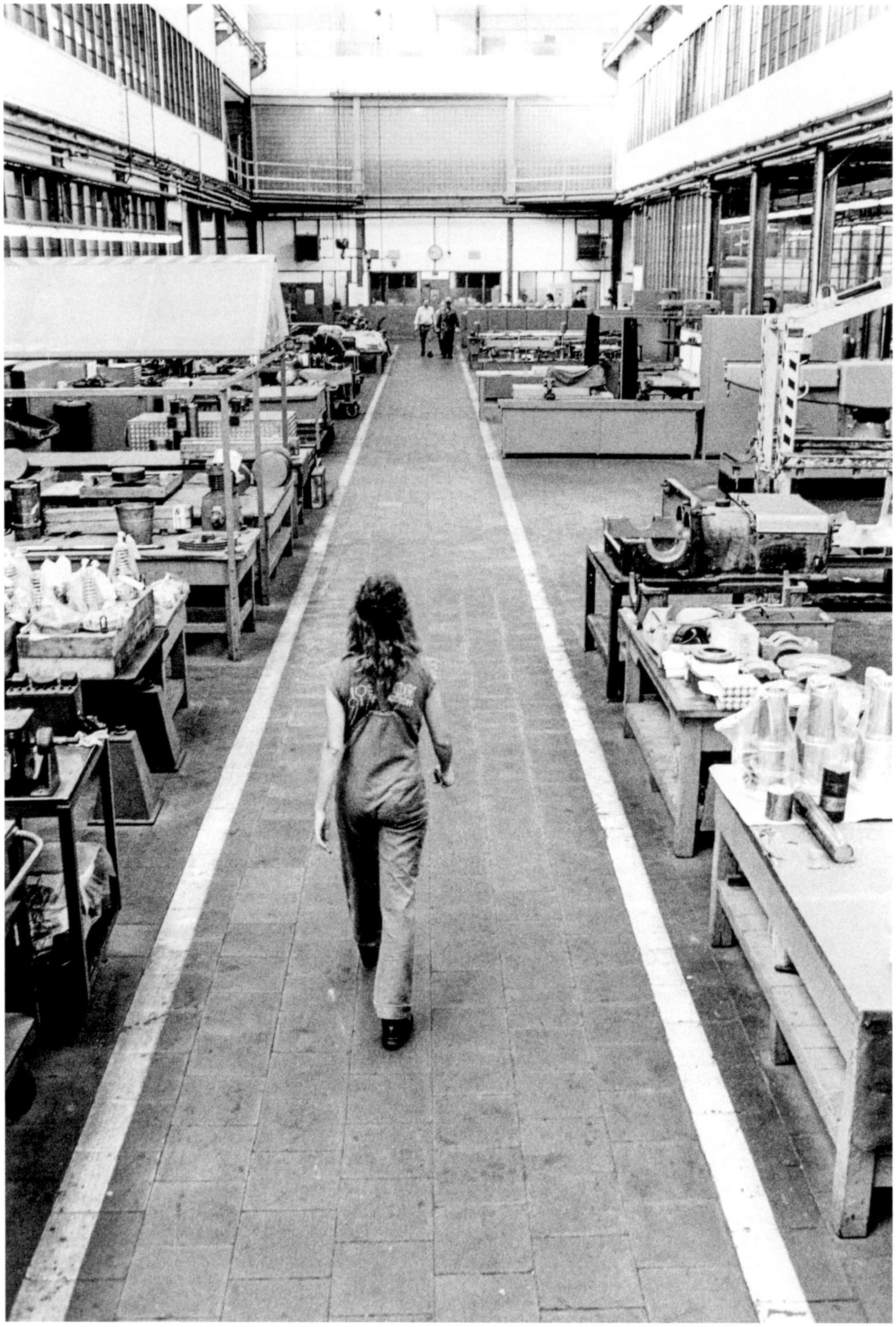

Beate Knappe: Dreherin, 1990
Beate Knappe: Lathe operator, 1990

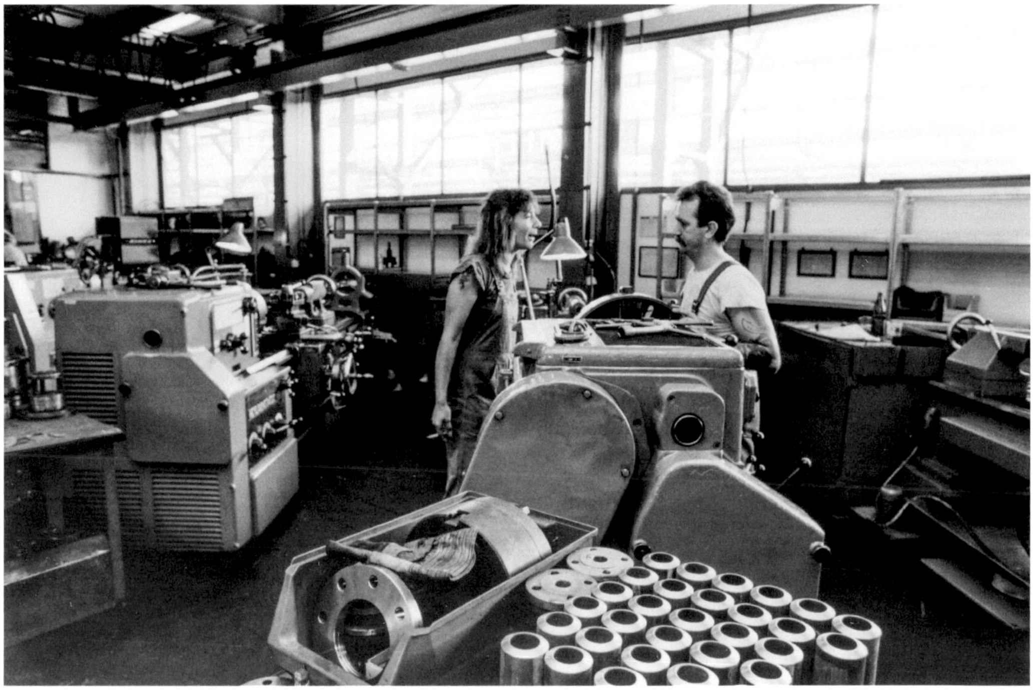

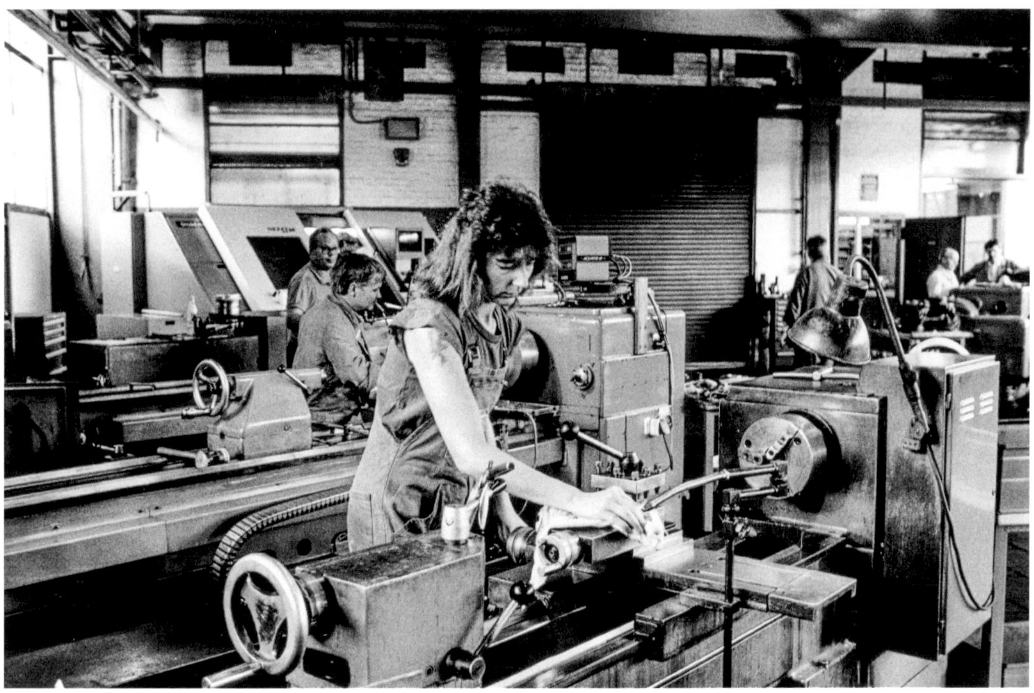

Beate Knappe: Dreherin, 1990
Beate Knappe: Lathe operator, 1990

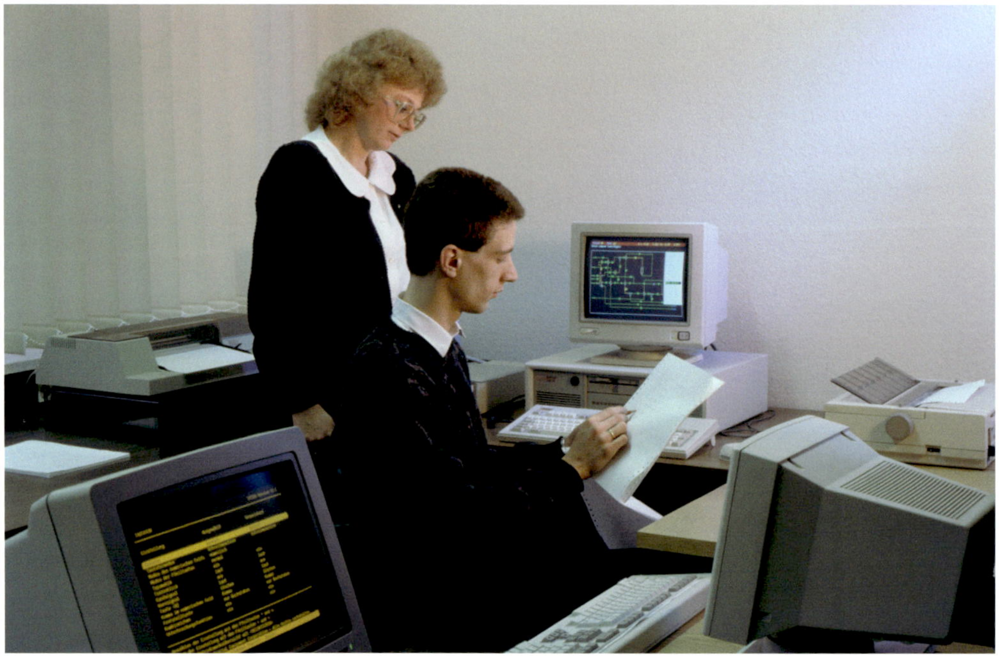

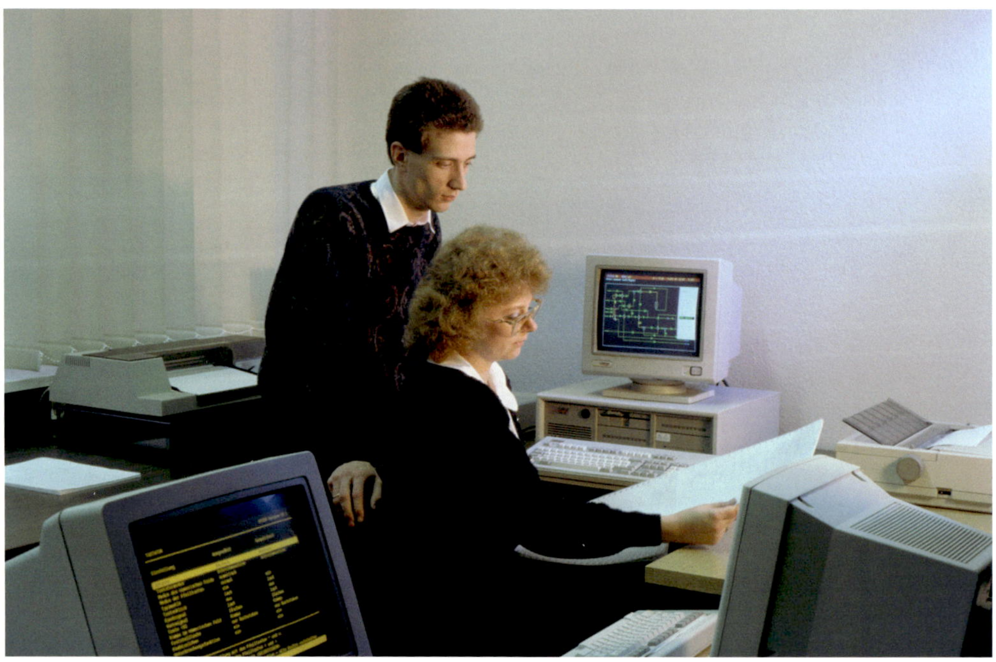

Fotograf unbekannt: Anlagenplanung, 1990
Photographer unknown: Plant design, 1990

Fotograf unbekannt: Anlagenplanung, 1990
Photographer unknown: Plant design, 1990

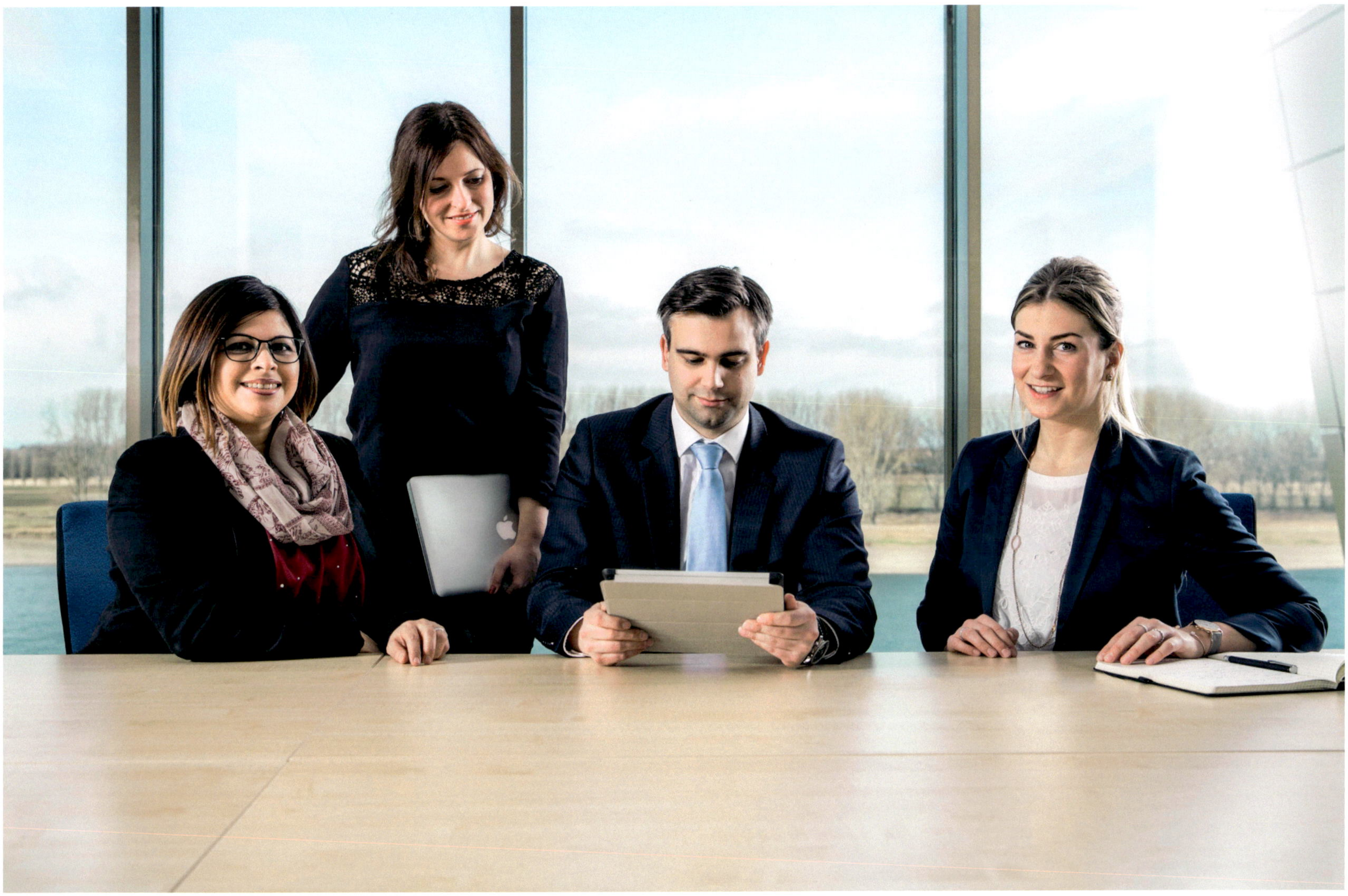

Sebastian Mölleken: Konferenz, 2017
Sebastian Mölleken: Conference, 2017

CHEMISCHE BILDER. DIE RUHRCHEMIE IN FOTOGRAFISCHEN AUFNAHMEN

CHEMICAL IMAGES. THE RUHRCHEMIE IN PHOTOGRAPHIC RECORDS

Rolf Sachsse

Industriefotografie ist ein Medium der Darstellung von Produktionsabläufen: Mittels großer Apparate werden Materialien vorbereitet, Halbzeuge hergestellt, Produkte zusammengebaut und am Ende auch als Ergebnis eines komplexen Prozesses präsentiert. Für die chemische Industrie gilt dies nur zum Teil, denn die Produkte sind meist unsichtbar: Flüssigkeiten und Gase, die sich allenfalls auf Werkstücken niederschlagen, sind formlos und daher kaum in Bilder zu fassen. Also müssen Industriefotografien aus dem Bereich der Chemie den prozessualen Aspekt stärker hervorheben als die Bilder anderer Industrien. Für Fotograf*innen ist dies Problem und Chance zugleich: Zwar ist keiner der industriellen Vorgänge direkt im Bild ablesbar, dafür aber kann der Ort des Geschehens unabhängig vom Verständnis mit Bedeutungen aufgeladen werden; und diese Chance wird in den Bildern dieser Ausstellung weidlich genutzt.

Für jede Industrie gibt es einen etablierten Kanon der Bildmotive, oft aus der jeweiligen fotografischen Frühzeit übernommen: die Kohlehalde, das feuerspeiende Eisenmaul, die automobile Montagestraße. Für die chemische Industrie ist dies das alchimistische Labor mit seinen Hunderten von Glaskolben, Röhren und Pulvertöpfen. Dazu kommen Feuerstellen und Mörser, schließlich ein immer viel zu kleiner Tisch, der von Notizen und Formelblättern übersät ist. Wenn es einen Menschen in entsprechenden Grafiken des 17. bis 19. Jahrhunderts gibt, dann ist es ein weißhaariger, alter Mann in schmuddeligem Kittel mit wirrem Blick, der Alchimist zwischen Genie und Wahnsinn. Auf den Bildern der chemischen Industrie fehlt dieser Bild-

Industrial photography is a medium used to demonstrate production processes: heavy machinery is used to prepare materials, manufacture semi-finished products and to assemble products and the outcome is eventually presented as a complex process. This only applies to some extent in the chemical industry, because the products are generally invisible: Liquids and gases reflected in the workpieces have no tangible form and are difficult to capture in an image. Industrial photography in chemistry must therefore document the procedural aspect more than images produced for other industries. This poses a problem and an opportunity for photographers in equal measure: Although the industrial processes cannot be discerned in the image itself, the setting of the event can be meaningful regardless of whether we understand such processes, and the images in this exhibition demonstrate how photographers have exploited this opportunity.

Every industry has its own established canon of motifs, often taken from the respective early period of photography: the heap of coal, the fire-breathing iron beast, the car assembly line. But for the chemical industry, this is the alchemical laboratory with its hundreds of glass flasks, tubes and jars of powders. Add to this various heat sources, mortars and a bench that is far too small and covered in notes and formula sheets. The respective images of the 17th to 19th centuries show the “scientist” as a white-haired old man in a dirty smock with a rather confused look; the alchemist who is part genius and part madman. But this stereotype is absent in the images of the chemical industry while all the other visual details are present and have been

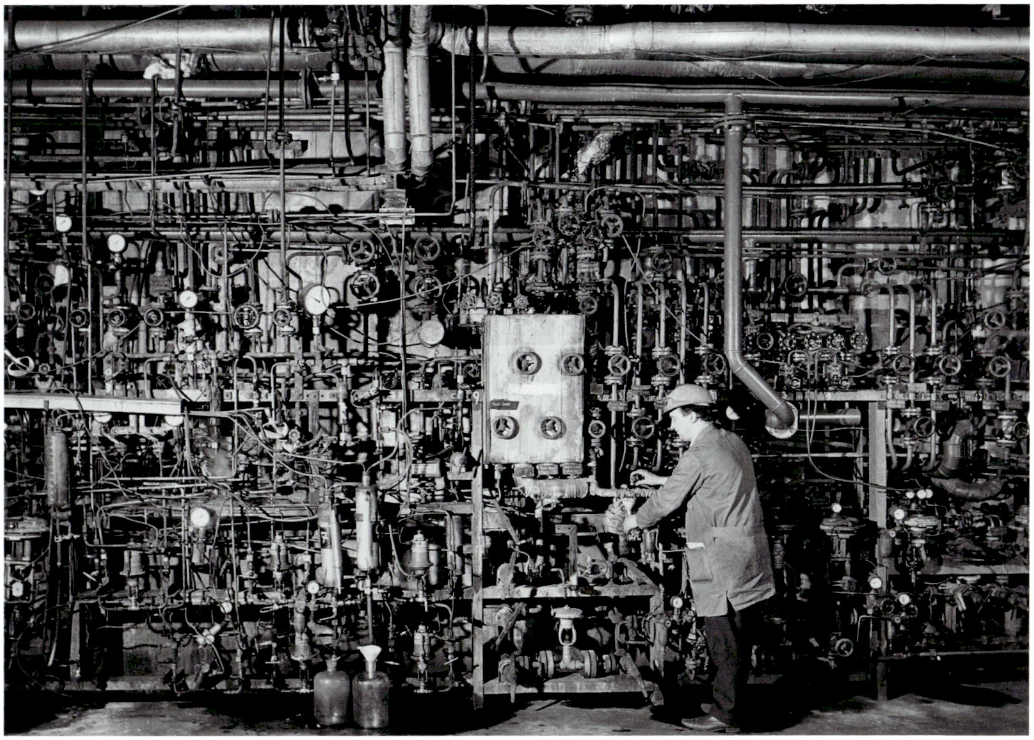

1 | **Carl August Stachelscheid: Oxo-Technikum, 1968**
Carl August Stachelscheid: Oxo pilot plant, 1968

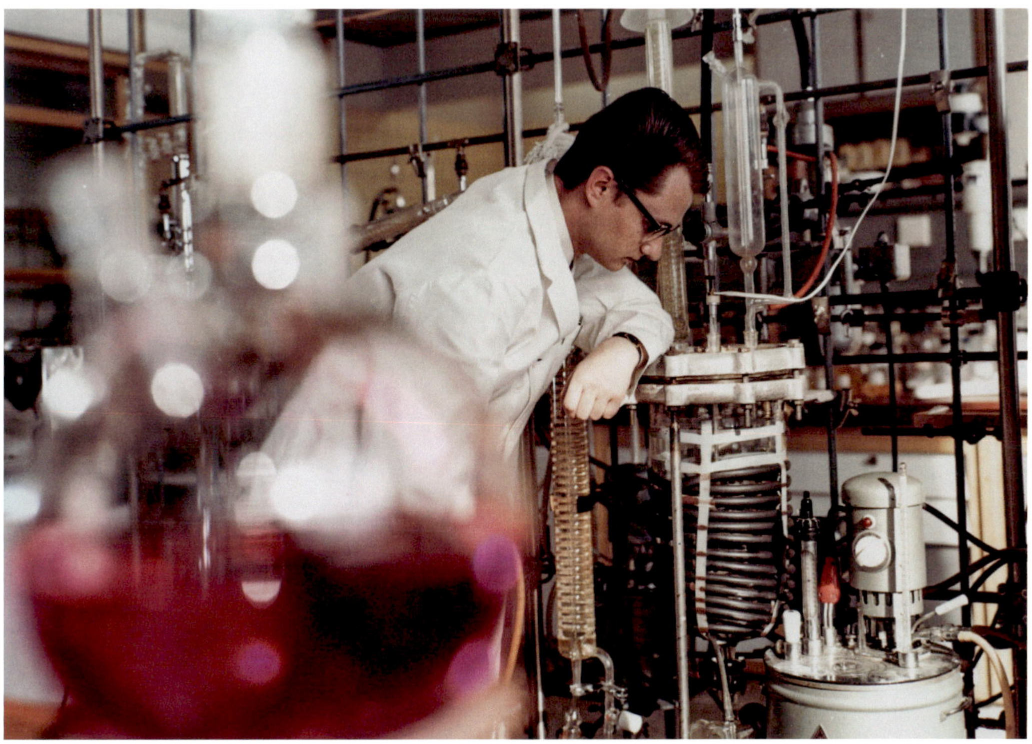

2 | **Rudolf Holtappel: Labor, 1968**
Rudolf Holtappel: Laboratory, 1968

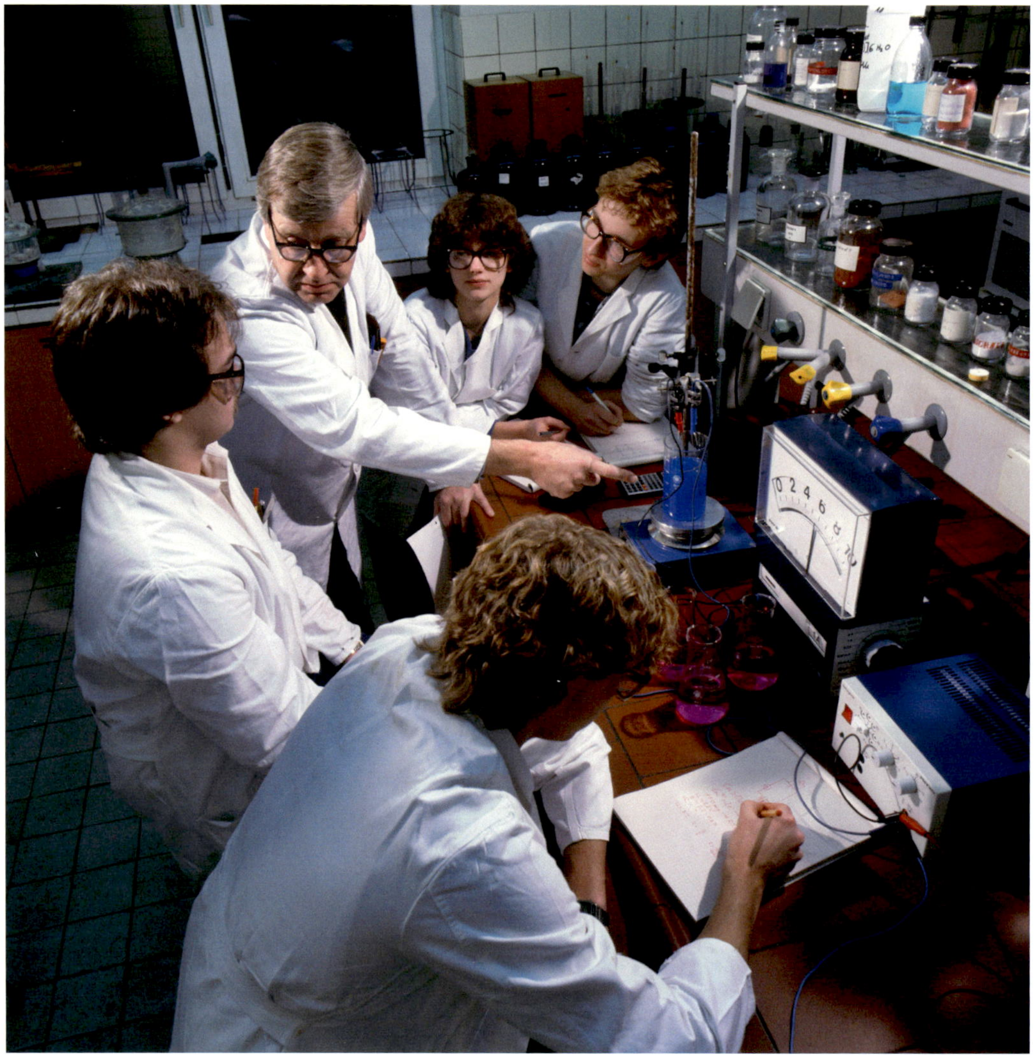

3 | **Robert Häusser: Ausbildung von Laboranten, 1980er Jahre**
Robert Häusser: Training of laboratory technicians, 1980s

typus ganz, aber alle anderen visuellen Details sind noch immer vorhanden – und haben sich in anderen Industrien wie etwa der Glas-Produktion fest erhalten.[1]

Die fotografische Bildgeschichte der chemischen Industrie hat zunächst nur einen Aspekt der Alchimie übernommen: Das scheinbare Gewirr der Röhren und Verbindungen in riesigen Aufbereitungsanlagen war seit den 1920er Jahren und Fotografen wie Albert Renger-Patzsch ein festes Motiv der – auch fotografischen – Moderne.[2] Was die architektonische Komplexität als Bildvorlage angeht, findet sich hier die größte Nähe zur Tradition einer modernen Industriefotografie, wie sie etwa von der Fotografenfamilie Angenendt[3] oder von farbfotografischen

preserved in other industries, including glass production.[1]

The photographic history of the chemical industry initially only focused on one aspect of alchemy: The apparent profusion of tubes and connections in massive processing plants had been a fixed motif of, also photographic, Modernity since the 1920s and with photographers such as Albert Renger-Patzsch.[2] As far as the architectural complexity is concerned, this is the closest we get to the tradition of modern industrial photography as practiced by the Angenendt[3] family or by specialised photographers like Hein Engelskirchen and Horst H. Baumann.[4] Carl August Stachelscheid simply tackles the complexity of chemical production by presenting a flat surface: The person who

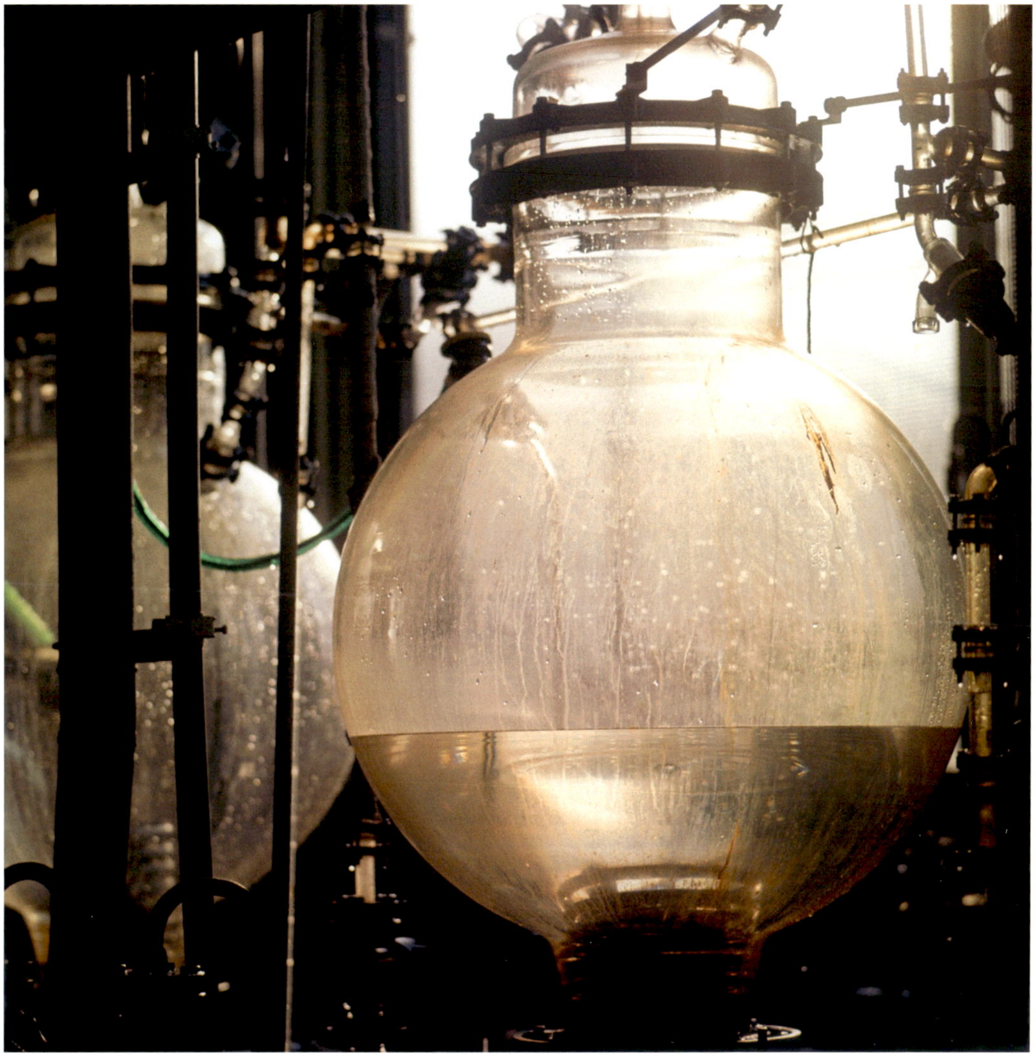

4 | Robert Häusser: Versuchskolben, 1970er Jahre
Robert Häusser: Test flask, 1970s

Spezialisten wie Hein Engelskirchen und Horst H. Baumann betrieben wurde.[4] Carl August Stachelscheid wird der Unübersichtlichkeit der chemischen Produktion schlicht dadurch Herr, dass er sie in die Fläche projiziert: Der Mensch, der die Anlage steuert und wartet, steht vor einer undurchdringlichen Wand aus Röhren und Rädern – was dort geschieht, ist im Bild nicht zu erkennen (Abb. 1).

Dagegen ist das Labor in der Bildtradition übersichtlicher, vor-industrieller und damit stärker auf individuelle Menschen bezogen. Ob es nun ein einzelner Chemiker ist, der bei Rudolf Holtappel hinter einem unscharf wiedergegebenen Glaskolben wirkt (Abb. 2), oder ob es eine Gruppe von miteinander diskutierenden Wissenschaftler*innen ist,

operates and maintains the plant is shown standing in front of an impenetrable wall of tubes and wheels, and what happens among this confusion is indiscernible (Fig. 1).

By contrast, the laboratory in the pictorial tradition is clearer, pre-industrial and therefore relates more to individuals, whether it is a single chemist working behind a blurred glass flask in Rudolf Holtappel's image (Fig. 2), or a group of scientists deep in discussion, as Robert Häusser is almost looking over their shoulders (Fig. 3). There's always an invisible third entity at work in the lab – the mysterious, elusive and invisible chemical product whose impact on everyday life is immense.[5] Ultimately, it is enough for Robert Häusser to show the indeterminate liquid in the glass flask as a con-

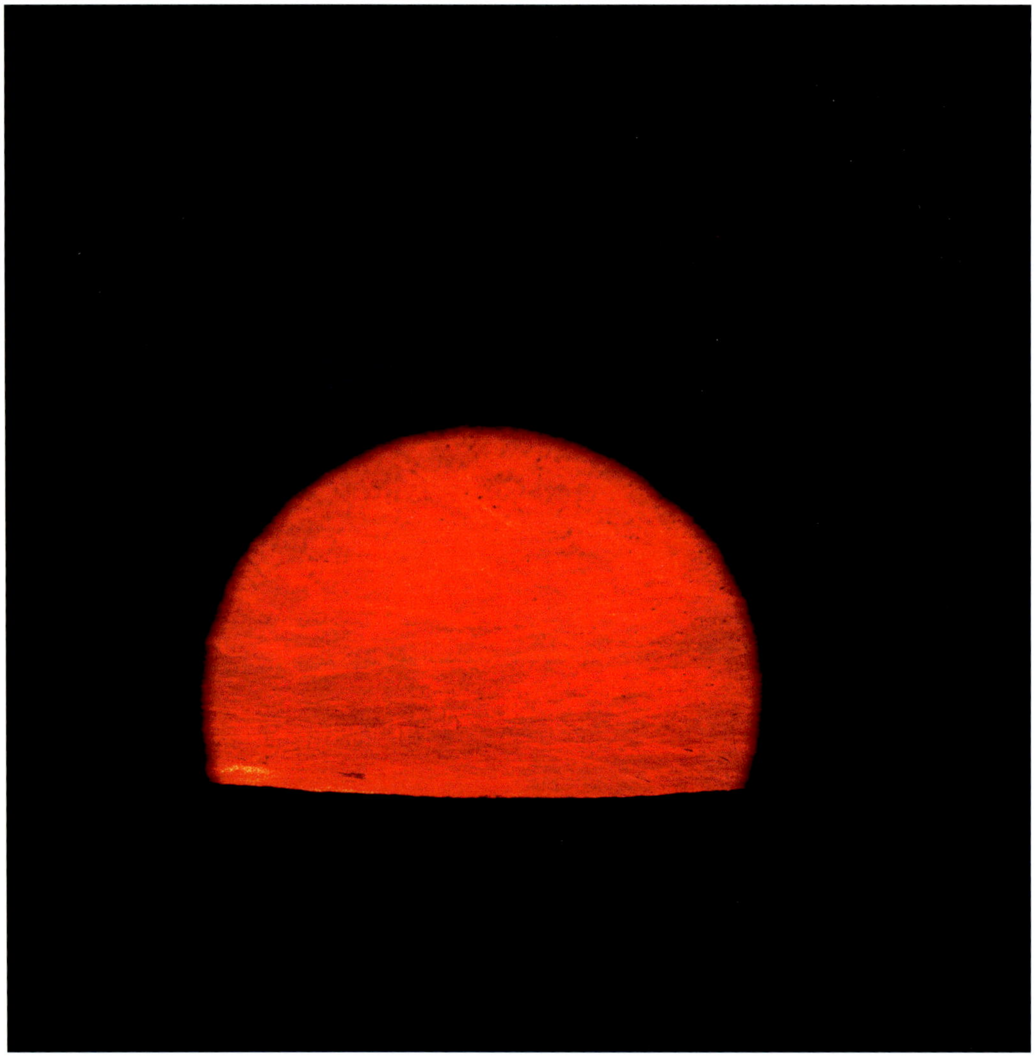

5 | **Robert Häusser: Blick durch das Schauglas eines Oxidationsreaktors, 1980er Jahre**
Robert Häusser: View through the inspection glass of an oxidation reactor, 1980s

denen Robert Häusser quasi über die Schulter schaut (Abb. 3), immer wird ein unsichtbares Drittes beschworen, um das es bei der Laborarbeit geht – das geheimnisumwitterte, schwer fassbare und in jeder Weise unsichtbare Produkt aus der Chemie, dessen Wirkung auf das Alltagsleben jedoch immens ist.[5] Am Ende reicht es völlig, wenn Robert Häusser eine undefinierte Flüssigkeit sich im Glaskolben als Kondensat niederschlagen (Abb. 4) oder gar gleich orangerot vor sich hin glühen lässt (Abb. 5).

Im Gegensatz zur Schwerindustrie mit ihren fotografischen Großpräsentationen auf den Weltausstellungen des 19. Jahrhunderts hatte es die chemische Industrie mit der Selbstdarstellung durchaus schwerer; vor dem Ersten

densate (Fig. 4) or to even make it glow orange-red (Fig. 5).

In contrast to heavy industry with its large-scale photographic representations at the world exhibitions in the 19th century, the chemical industry had a much more difficult PR task, and very few independent publications exist before the First World War. Chemistry was essentially a component of other industries, as seen in the archives of companies such as Unilever, the Norddeutsche Affinerie and the Oelmühle in Hamburg.[6] The same applies to the Ruhr area, where the chemical industry did not enjoy the same status as in the centres of Ludwigshafen and Leverkusen am Rhein; but even here, the visual works were geared more to the promotion of the products than to

Weltkrieg ist kaum eine eigenständige Publikation nachweisbar. Chemie war allerhöchstens Bestandteil von anderen Industrien, wie sich an der Bildgeschichte etwa der Unilever, der Norddeutschen Affinerie und der Oelmühle in Hamburg aufzeigen lässt.[6] Ähnliches gilt auch für das Ruhrgebiet, in dem die chemische Industrie nicht denselben Stellenwert besaß wie in den Zentren Ludwigshafen und Leverkusen am Rhein; aber auch dort waren die visuellen Bemühungen eher auf die Bewerbung der Produkte als auf eine Selbstrepräsentation der Industrie ausgerichtet.[7] Insofern erscheint es auch nur folgerichtig, dass sich die frühen Publikationen, etwa von Albert Renger-Patzsch, auf die Bildbereiche konzentrieren, die in anderen Industrien wie Kohle und Stahl ähnlich gelagert waren: Gewinnung und Lagerung von Rohstoffen, Verladung und Transport von Halbzeugen und Fertigprodukten.

In einem Punkt geriert sich die chemische Industrie an der Ruhr allerdings vollkommen selbstbewusst als großindustrieller Bereich: Wie bei Kohle und Stahl seit dem späten 19. Jahrhundert, finden sich in nahezu allen Konvoluten zur chemischen Industrie zahlreiche Aufnahmen der sozialen Errungenschaften und fürsorglichen Anteilnahme der Werksleitung an Gesundheit und Kraft der Arbeitenden, von den Krankenstationen und Werks-Ambulanzen über die Wohnsiedlungen bis zu den Schwimmbädern, gemeinsamen Ausflügen und allen anderen Formen der kollektiven Freizeitgestaltung. Dieser typologische Teilbereich der Industriefotografie lässt sich direkt nach den ersten Ausstellungsbildern und Firmenalben für alle Industrien nachweisen; allein bei der Interpretation dieser Bilder, die sich

showcasing the industry itself.[7] In this respect, it seems only logical that the early publications, such as those by Albert Renger-Patzsch, focus on the subject matter that would be familiar scenes in other industries like coal and steel: e.g. the extraction and storage of raw materials and the loading and transport of semi-finished and finished products.

However, the chemical industry in the Ruhr proceeded to establish itself with great confidence as major industrial sector. Similar to coal and steel, since the late 19th century, numerous records have been found in almost all the archive collections of the chemical industry that bear witness to many social achievements and care and concern on the part of the works management for the health and wellbeing of their workers, from the infirmaries and factory ambulances to housing estates and swimming pools, works excursions and many other forms of collective leisure activities. This typological section of industrial photography is clearly demonstrated after the first exhibition images and company albums for all industries. However, these images, which date from the last years of industrial photography, are subject to numerous interpretations, depending on the perspective taken, from the corporate "exculpation" of the owners to the success and merits of organised labour.[8]

For the Nazi regime, the chemical industry represented the ideologically-based self-sufficiency project and it focused in particular on developing synthetic raw materials which would then cease to be imported – gasoline, oil, rubber and so much else would be replaced in every sense of the word.[9] The actual developments were top secret, and therefore even a photographic populist such as Paul Wolff

bis in die letzten Jahre der Industriefotografie zuhauf finden, gibt es je nach Blickwinkel große Unterschiede, von sozialer Reinwaschung der Besitzenden bis zu den Erfolgen organisierter Arbeiterschaft.[8]

Für den NS-Staat war die chemische Industrie als Ganzes Teil des ideologisch begründeten Autarkie-Projekts und vor allem mit der Entwicklung synthetischer Rohstoffe beschäftigt, die dann nicht mehr importiert werden mussten – Benzin, Öl, Kautschuk und vieles andere sollte ersetzt werden, in jedem Sinn des Wortes.[9] Die eigentlichen Entwicklungen waren streng geheim, und so raunt denn auch ein fotografischer Populist wie Paul Wolff in seinem Bildband *Arbeit* – der nicht erworben, sondern nur als Geschenk der Sozialversicherungsträger zu erhalten war – von den großen Aufträgen und Planungen, die in dieser Industrie jetzt vorbereitet werden.[10] Fotografisch war zu dieser Zeit die chemische Industrie nicht nur mit der IG Farben, sondern auch mit der deutschen Filmindustrie identisch, was sich auch in unzähligen Bildern niederschlug, aber leider nicht im Kontext der chemischen Fabriken an der Ruhr.[11] Elsbeth Gropp und ihre Schülerin Ruth Hallensleben begannen um 1939 mit großen Bildserien zur deutschen Industrie, in denen sich auch immer wieder Bilder zur Chemie finden; publiziert wurde aber so gut wie nichts davon.[12]

Das ändert sich nach 1952 gewaltig: Die Staatsschulden waren erlassen worden, die industriellen Reparationen und Demontagen blieben in kleinen Grenzen, selbst die erbeuteten Patente wurden nicht vollständig ausgewertet. Im Ruhrgebiet wuchs die Bedeutung der chemischen

in his volume of photos: *"Arbeit!"* (work) – which was not for sale, but given away free to social security institutions – could only hint at the large orders and plans that were now being generated in this industry[10]. In terms of photography, the chemical industry was not only on a par with IG Farben (a German chemical and pharmaceutical industry conglomerate), but also with the German film industry, as reflected in countless images, but sadly not in the context of the chemical factories on the Ruhr.[11] Elsbeth Gropp and her student Ruth Hallensleben embarked on a large series of images of German industry in around 1939, which contained many images of chemistry, none of which were published.[12]

All this changed radically after 1952: the public debt was waived, industrial reparations and dismantling were still restricted, even the patents that had been seized were not fully evaluated. The importance of the chemical industry in the Ruhr area grew to reach its economic peak in the early 1960s, which is also mirrored in the images in this collection. However, new images were in demand: the workspaces and machinery no longer took centre stage, but the human imagination, the power of the ingenious thought. And so illustrative working photographers were given the greatest opportunities of their careers, from Peter Keetman to Rudi Angenendt to Robert Häusser. They specialised in creating moods through blurring, gradients, close-ups and specific lighting set-ups, from sunsets through a series of pipes or chimneys. Their photographic works were intended to convey the impression that all the world's problems could be solved through technical means, in which chemistry played an important role.

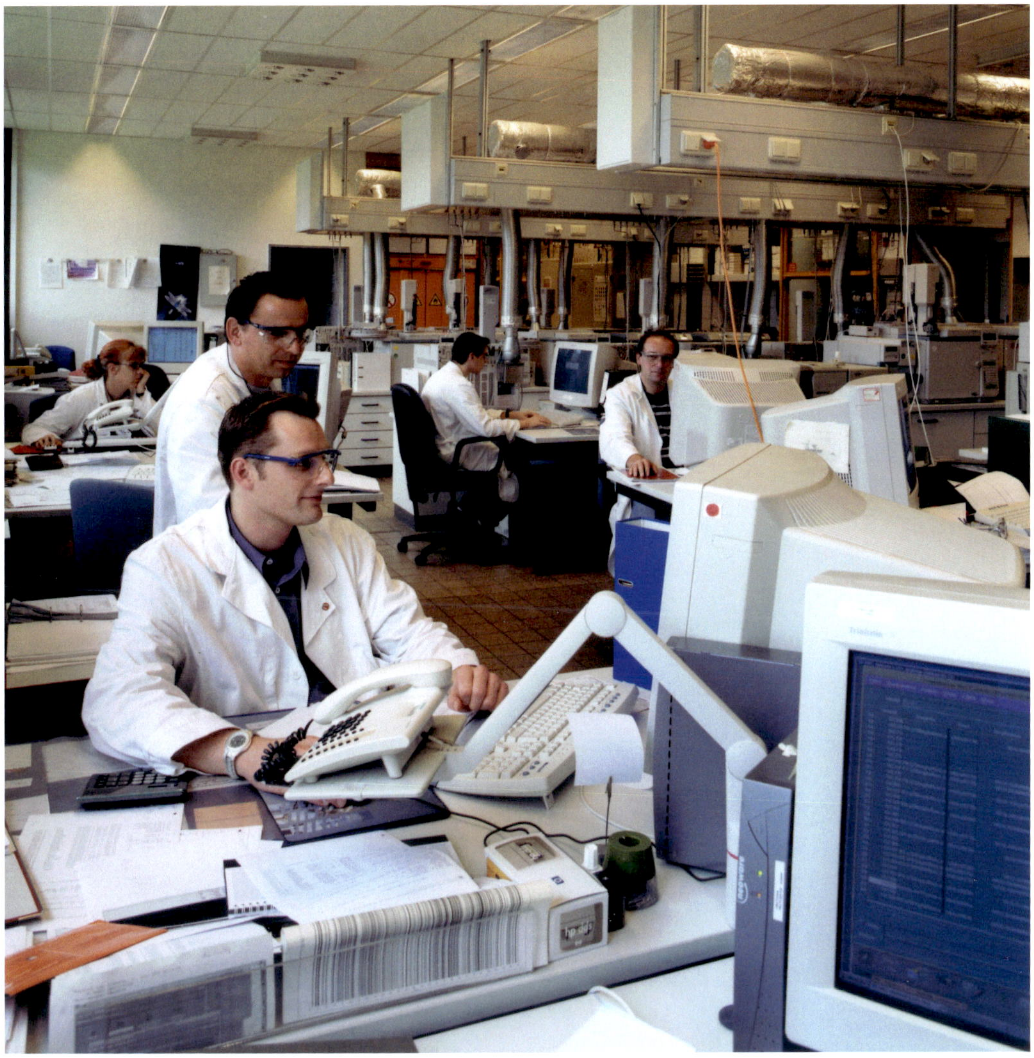

6 | **Joachim Schumacher: Labor für Gaschromatografie, 2002**
Joachim Schumacher: Laboratory for gas chromatography, 2002

Industrie und erreichte in den frühen 1960er Jahren ihren wirtschaftlichen Höhepunkt, was sich auch in den Bildern dieser Sammlung widerspiegelt. Inzwischen waren allerdings andere Bilder gefragt: Nicht mehr die Arbeitsräume und Geräte spielten die große Rolle, sondern die menschliche Imagination, die Kraft des ingeniösen Gedankens. Und so bekamen illustrativ arbeitende Fotograf*innen die großen Chancen ihres Lebens, von Peter Keetman über Rudi Angenendt bis zu Robert Häusser. Ihre Spezialität war die Erzeugung von Stimmungen durch Unschärfen, Farbverläufe, Nahsichten und spezielle Lichtsituationen, bis hin zum Sonnenuntergang quer durch einen Satz Rohre oder Schornsteine. Alle fotografischen Bemühungen sollten den

Although the chemical industry managed the severe industrial crises of the 1960s through to the 1980s more effectively than the other sectors, the companies in the Ruhr District did not emerge unscathed. And so the beautiful colour photos of Joachim Schumacher already seem like a swansong: The pipes of the processing plants were becoming slimmer and smaller, glass flasks and Bunsen burners were being replaced by closed systems in desk-type housings and, above all, the numerous measuring devices in the laboratories had now transformed into the omnipresent computer screens. The image worlds had changed: the general appreciation of chemistry was gone, and the emphasis was now on highly specialised areas. Images

schönen Schein vermitteln, dass sämtliche Weltprobleme durch technische Maßnahmen zu lösen wären – und die Chemie war dabei ein wichtiger Faktor.

Die großen Industriekrisen der 1960er bis 1980er Jahre werden von der chemischen Industrie zwar lockerer gemeistert als von allen anderen, doch spurlos gehen sie auch an den verschiedenen Firmen im Ruhrgebiet nicht vorbei. Und so wirken die schönen farbigen Bilder von Joachim Schumacher bereits wie die Ankündigung eines Abgesangs: Die Röhren der Aufbereitungsanlagen werden schlanker und kleiner, Glaskolben und Bunsenbrenner werden durch geschlossene Systeme in Schreibtisch-artigen Gehäusen ersetzt, und vor allem weichen die zahlreichen Messgeräte in den Labors nun den omnipräsenten Computer-Monitoren. Die Bildwelten haben sich geändert: Eine generelle Würdigung der Chemie findet nicht mehr statt, dafür werden die Spezialisierungen betont. In den Bildern von Joachim Schumacher rücken zunehmend Motive vom Abfüllen der Produkte und von deren Transport in den Vordergrund; Panoramen des gesamten Werks werden seltener (Abb. 6).

Die 1990er Jahre sehen nicht nur die Geburt des Internets und die Durchsetzung der Digitalisierung in allen Lebensbereichen, sondern sie sind auch – in Folge einer neoliberalen Ideologie der Globalisierung – die große Zeit der *Corporate Identity* und des dazugehörigen *Corporate Designs*.[13] Wo schon die Festlegung einer Firmenfarbe mehrere Hundert Seiten interner Dokumente umfasst, wo die Auftritte bei facebook und Instagram streng geregelten *manuals* folgen, da kann sich die Kreativität der fotografi-

of the filling of products and the transport of the products were increasingly common in Joachim Schumacher's work, while vast panoramas of the whole plant were a thing of the past (Fig. 6).

The 1990s not only saw the birth of the Internet and digitisation in all aspects of our life but, as a result of the neoliberal ideology of globalisation, it was also the great era of *corporate identity* and the associated *corporate design*[13]. The creativity of a photographic interpretation could no longer compete in a world where several hundred pages of internal documents served to define a corporate colour tone, where the presence on Facebook and Instagram followed strictly regulated *manuals*. The few companies that survived these processes, i.e. OXEA with its Ruhrchemie plant in Oberhausen, looked very similar to companies in the same industry the world over, and for good reason; the anticipation of rapid takeovers by global competitors and financial funds made it practically impossible from the outset to make the corporate image unique and distinctive.[14] The Ruhrchemie photo archive does not end with the changes in the photography, but with the changes in the industry itself.

The images that have been selected for this exhibition represent a shift in importance and meaning that has been seeping into photography since the mid-1960s: Hilla and Bernd Becher began documenting industrial machinery and architecture in around 1965, knowing that what was being photographed would soon no longer exist.[15] Industrial photography in the Ruhr started finding its way into museums in the mid-1980s with the growing inventory of original

schen Interpretation nicht mehr wirklich ausleben. Die wenigen Firmen, die diese Prozesse überlebt haben, wie etwa die OXEA mit dem Werk Ruhrchemie in Oberhausen unterscheiden sich rein optisch nicht mehr von allem, was weltweit in derselben Branche vorgeführt wird – auch richtig so, denn die Erwartung schnellster Übernahmen durch globale Mitbewerber und Finanzfonds macht eine Unterscheidbarkeit von vornherein unmöglich.[14] Die Fotogeschichte der Ruhrchemie endet nicht mit den fotografischen Veränderungen, sondern mit denen der Industrie selbst.

Für die Bilder, die in dieser Ausstellung versammelt sind, ergibt sich daraus eine Bedeutungsverschiebung, die sich in der fotografischen Kunst bereits seit der Mitte der 1960er Jahre angedeutet hat: Hilla und Bernd Becher begannen um 1965 mit der Dokumentation industrieller Apparaturen und Architekturen im Bewusstsein, dass es das Fotografierte bald nicht mehr geben wird.[15] Schon in der Mitte der 1980er Jahre setzt die Musealisierung der Industriefotografie an der Ruhr ein, durch Sammlungen von originalen Bildbeständen und Übernahmen von Nachlässen oder Firmenarchiven.[16] Ein Ausstellungstitel des Jahres 1987 fasst – damals noch als Frage formuliert – das Geschehen perfekt zusammen: Endlich so wie überall?[17] Ja leider, muss man aus heutiger Sicht wohl sagen. Übrig bleiben nur, wie immer, die schönen Bilder.

collections of images, the sale of estates and company archives.[16] An exhibition title from 1987 sums the situation up perfectly and was in the form of a question: "Endlich so wie überall?" (Is It like This Everywhere?).[17] Sadly, all that remains are, as always, the beautiful pictures.

1 Ulrike Ellguth-Malakhov, Angelika Steinmetz-Oppelland, Albert Renger-Patzsch und SCHOTT, in: SCHOTT AG. / LWL-Industriemuseum (Hg.), Albert Renger-Patzsch. Industriefotografien für SCHOTT, Weimar 2011, S. 11 – 20, Abb. S. 75 – 76.

2 Claus Pfingsten, Albert Renger-Patzsch, Die frühen Industriephotographien, in: Ausst.Kat. Albert Renger-Patzsch, Späte Industriephotographie, Frankfurt 1993, S. 19 – 23.

3 Brigitte Buberl (Hg.), Ausst.Kat. Angenendt. Eine Fotografenfamilie. Erich Angenendt, Rudi Angenendt, Christian Angenendt, Heidelberg 1996.

4 Walter Boje (Hg.), Magie der Farbenphotographie, Düsseldorf Wien 1964. Vgl. auch Bayer AG (Hg.), Beiträge zur hundertjährigen Firmengeschichte 1863 – 1963, Leverkusen o. J. (1963).

5 BASF (Hg.), Im Reich der Chemie, Düsseldorf Wien 1965.

6 Lisa Kosok (Hg.), Ausst.Kat. Industrie und Fotografie. Sammlungen in Hamburger Unternehmensarchiven, Hamburg 1999, S. 72 – 83.

7 Wie Anm. 4 und 5.

8 Als frühestes Beispiel einer solchen Typologie vgl. Henning Rogge, Fabrikwelt um die Jahrhundertwende am Beispiel der AEG-Maschinenfabrik in Berlin-Wedding, Köln 1983.

9 Manfred Grieger, Die bundesdeutsche Erinnerung an die NS-Massenverbrechen zwischen Säkularreligion und Universalisierung – Vermutungen eines Unternehmenshistorikers, in: Manfred Grieger, Ulrike Gutzmann, Dirk Schlinkert (Hg.), Die Zukunft der Erinnerung. Eine Wolfsburger Tagung, FPD02 Schriften zur Unternehmensgeschichte von Volkswagen Band 2, Wolfsburg 2008, S. 111 – 122.

10 Paul Wolff, Werkphotographie – eine Gegenwartsaufgabe!, in: Arbeit! 200 Tiefdruckseiten mit Geleitworten von Dr. Paul Wolff, Frankfurt am Main, und seinem Mitarbeiter Alfred Tritschler, Einleitung und Beschriftung der Bilder von Paul G. Ehrhardt, Berlin Frankfurt am Main 1937, S. 26 – 29.

11 Janis Schmelzer, Eberhard Stein, Geschichte des VEB Filmfabrik Wolfen, Berlin 1969, S. 9 – 99.

1 Ulrike Ellguth-Malakhov, Angelika Steinmetz-Oppelland, Albert Renger-Patzsch and SCHOTT, in: SCHOTT AG. / LWL-Industriemuseum (Westfalian State Museum of Industrial Heritage) (publisher), Albert Renger-Patzsch. Industriefotografien für SCHOTT (Industrial Photography for SCHOTT), Weimar 2011, pages 11–20, fig. pages 75–76.

2 Claus Pfingsten, Albert Renger-Patzsch, Die frühen Industriephotographien (Early Industrial Photography), in: exhibition catalogue Albert Renger-Patzsch, Späte Industriephotographie (Late Industrial Photography), Frankfurt 1993, pages 19–23.

3 Brigitte Buberl (publisher), exhibition catalogue Angenendt. Eine Fotografenfamilie (Angenendt, a Family of Photographers). Erich Angenendt, Rudi Angenendt, Christian Angenendt, Heidelberg 1996.

4 Walter Boje (publisher), Magie der Farbenphotographie, Düsseldorf Vienna (The Magic of Colour Photography) 1964. See also Bayer AG (publisher), Beiträge zur hundertjährigen Firmengeschichte 1863–1963 (Contributions to a Hundred Years of Company History), Leverkusen circa 1963.

5 BASF (publisher), Im Reich der Chemie (In the Realm of Chemistry), Düsseldorf Vienna 1965.

6 Lisa Kosok (publisher), exhibition catalogue Industrie und Fotografie (Industry and Photography). Collections in Hamburg company archives, Hamburg 1999, page 72–83.

7 See notes 4 and 5.

8 For the earliest example of such typology see Henning Rogge, Fabrikwelt um die Jahrhundertwende am Beispiel der AEG-Maschinenfabrik in Berlin-Wedding (Factory World Around the Turn of the Century by the Example of the AEG Machine Factory in Berlin-Wedding), Cologne 1983.

9 Manfred Grieger, Die bundesdeutsche Erinnerung an die NS-Massenverbrechen zwischen Säkularreligion und Universalisierung – Vermutungen eines Unternehmenshistorikers (The Federal German Memory of the Nazi Mass Crimes Between Secular Religion and Universalisation – Assumptions of a

12 Rolf Kania (Hg.), Ausst.Kat. Ruth Hallensleben, Industrie und Arbeit, Essen 1990.

13 Vgl. Uta Brandes, Richard Bachinger, Michael Erlhoff (Hg.), Unternehmenskultur und Stammeskultur. Metaphysische Aspekte des Kalküls, Darmstadt 1988.

14 Richard Sennett, Die Kultur des neuen Kapitalismus, Berlin 2005, S. 36 – 41.

15 Rolf Sachsse, Hilla und Bernhard Becher. Silo für Kokskohle, Zeche Hannibal, Bochum-Hofstede, 1967. Das Anonyme und das Plastische der Industriephotographie, Frankfurt am Main 1999.

16 Reinhard Matz, Industriefotografie. Aus Firmenarchiven des Ruhrgebiets, Band 2 aus der Schriftenreihe der Kulturstiftung Ruhr, Essen 1987.

17 Ute Eskildsen, Ulrich Borsdorf (Hg.), Ausst.Kat. Endlich so wie überall? Bilder und Texte aus dem Ruhrgebiet, Band 3 aus der Schriftenreihe der Kulturstiftung Ruhr, Essen 1987.

Corporate Historian), in: Manfred Grieger, Ulrike Gutzmann, Dirk Schlinkert (publisher), Die Zukunft der Erinnerung. Eine Wolfsburger Tagung (A Future of Memory, a Wolfsburg Conference), FPD02 Writings on the History of the Volkswagen Company, Volume 2, Wolfsburg 2008, pages 111–122.

10 Paul Wolff, Werkphotographie – eine Gegenwartsaufgabe!, in: Arbeit! (Photography of the Working – A Task of the Day!, in: work!), 200 gravure prints with accompanying text by Dr. Paul Wolff, Frankfurt am Main and his colleague Alfred Tritschler, introduction and captions by Paul G. Ehrhardt, Berlin Frankfurt am Main 1937, pages 26–29.

11 Janis Schmelzer, Eberhard Stein, Geschichte des VEB Filmfabrik Wolfen (History of the VEB Film Works Wolfen), Berlin 1969, pages 9–99.

12 Rolf Kania (publisher), exhibition catalogue Ruth Hallensleben, Industrie und Arbeit (industry and work) Essen 1990.

13 See Uta Brandes, Richard Bachinger, Michael Erlhoff (publisher), Unternehmenskultur und Stammeskultur. Metaphysische Aspekte des Kalküls (Corporate Culture and Tribal Culture. Metaphysical Aspects of the Calculus), Darmstadt 1988.

14 Richard Sennett, The Culture of the New Capitalism, Berlin 2005, pages 36–41.

15 Rolf Sachsse, Hilla and Bernhard Becher. Silo für Kokskohle, Zeche Hannibal, Bochum-Hofstede (Silo for Coking Coal, Hannibal Colliery, Bochum-Hofstede), 1967. Das Anonyme und das Plastische der Industriephotographie (The Anonymous and the Sculptural in Industrial Photography), Frankfurt am Main 1999.

16 Reinhard Matz, Industriefotografie (Industrial Photography). From the Company Archives of the Ruhrgebiet, Volume 2 of the Series of Publications by the Ruhr Arts Trust, Essen 1987.

17 Ute Eskildsen, Ulrich Borsdorf (publisher), exhibition catalogue Endlich so wie überall? (Is It like This Everywhere?), Images and Writings from the Ruhr District, Volume 3 of the Series of Publications by the Ruhr Cultural Foundation, Essen 1987.

ALBERT RENGER-PATZSCH

Albert Renger-Patzsch wurde 1897 in Würzburg geboren und entwickelte früh ein Interesse an der Fotografie. Zunächst jedoch studierte er nach seinem Militärdienst im Ersten Weltkrieg in Dresden Chemie. Nach Abbruch des Studiums übernahm er 1922 die Leitung des Bildarchivs des Folkwang-Verlages in Hagen. 1925 machte er sich in Bad Harzburg als Fotograf selbstständig. In der Folge nahm er viele Aufträge von Industrieunternehmen an und entwickelte bei der Fotografie der Architekturen und Prozesse seinen ganz eigenen Stil, der sich durch Ausschnitthaftigkeit und Objektivität auszeichnet. Während dieser Zeit veröffentlichte er zudem erste Bildbände wie „Die Welt ist schön" (1928). 1929 zog er zurück ins Ruhrgebiet, wo ihm das Museum Folkwang in Essen Atelierräume zur Verfügung stellte. Während des Zweiten Weltkrieges betätigte sich Renger-Patzsch als Kriegsberichterstatter. Nachdem sein Archiv in Essen 1944 teilweise durch Bomben zerstört worden war, zog er sich nach Wamel zurück und konzentrierte sich verstärkt auf Landschafts- und Naturfotografie. 1966 starb er dort. SH

Albert Renger-Patzsch was born in Würzburg in 1897 and showed an interest in photography very early on. However, after serving in the army in the First World War he initially studied chemistry in Dresden. Following his graduation, he was appointed to manage the image archive of the Folkwang publishing house in Hagen in 1922, and then set up on his own as a photographer in Bad Harzburg in 1925. He accepted many commissions from industrial companies and developed his unique style when photographing industrial architecture and processes, which is characterised by detail and objectivity. During this time, he also published his first illustrated works including "Die Welt ist schön" (The World is Beautiful) (1928). In 1929 he moved back to the Ruhr area, where the Museum Folkwang in Essen gave him a studio. Renger-Patzsch served as a war correspondent in World War Two and, after his archives in Essen were partially destroyed by bombardment in 1944, he moved to Wamel and focused more on landscape and nature photography. He died in Wamel in 1966. SH

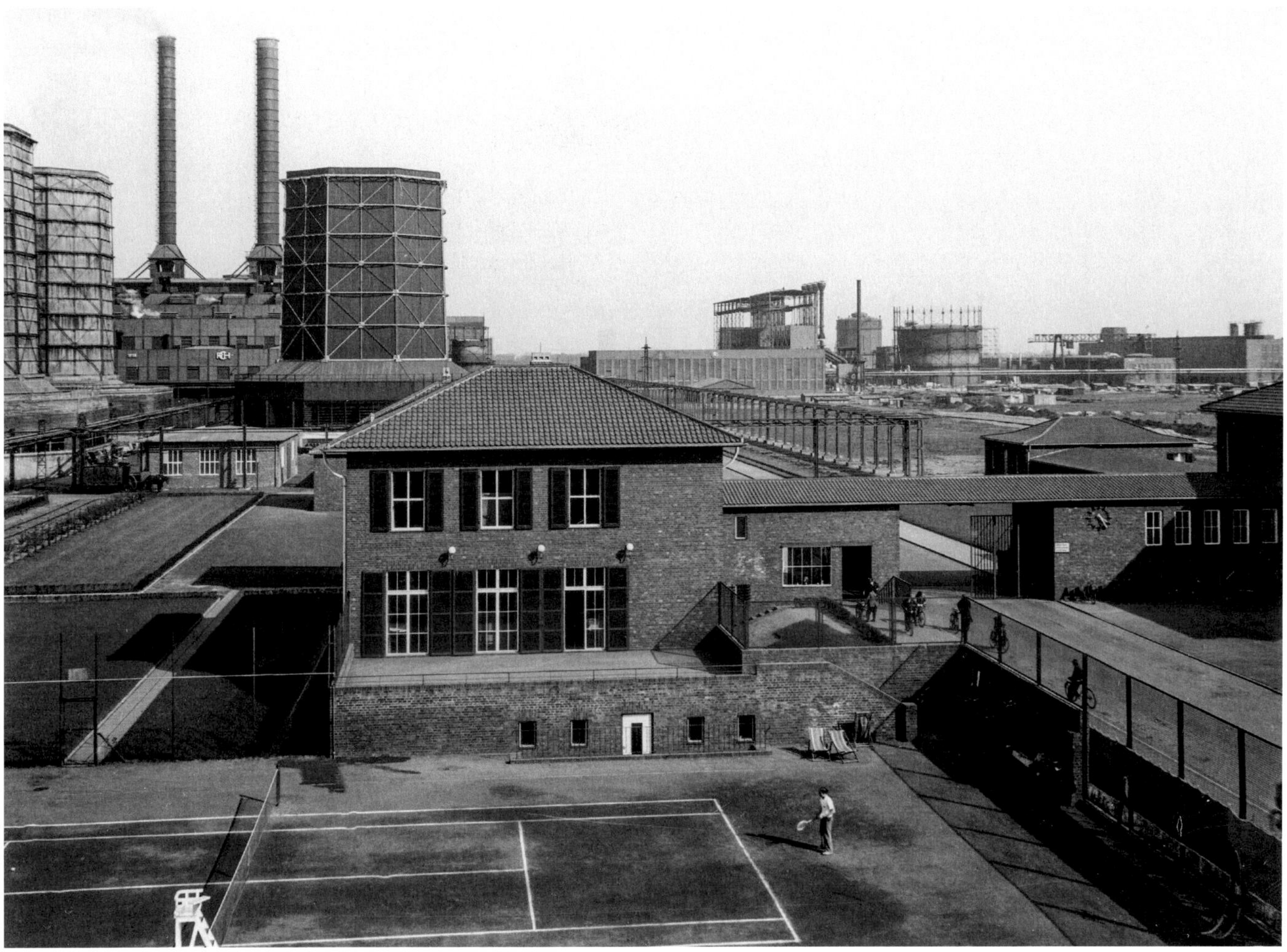

Werkseingang und Kasino, um 1938
Works entrance and canteen, c. 1938

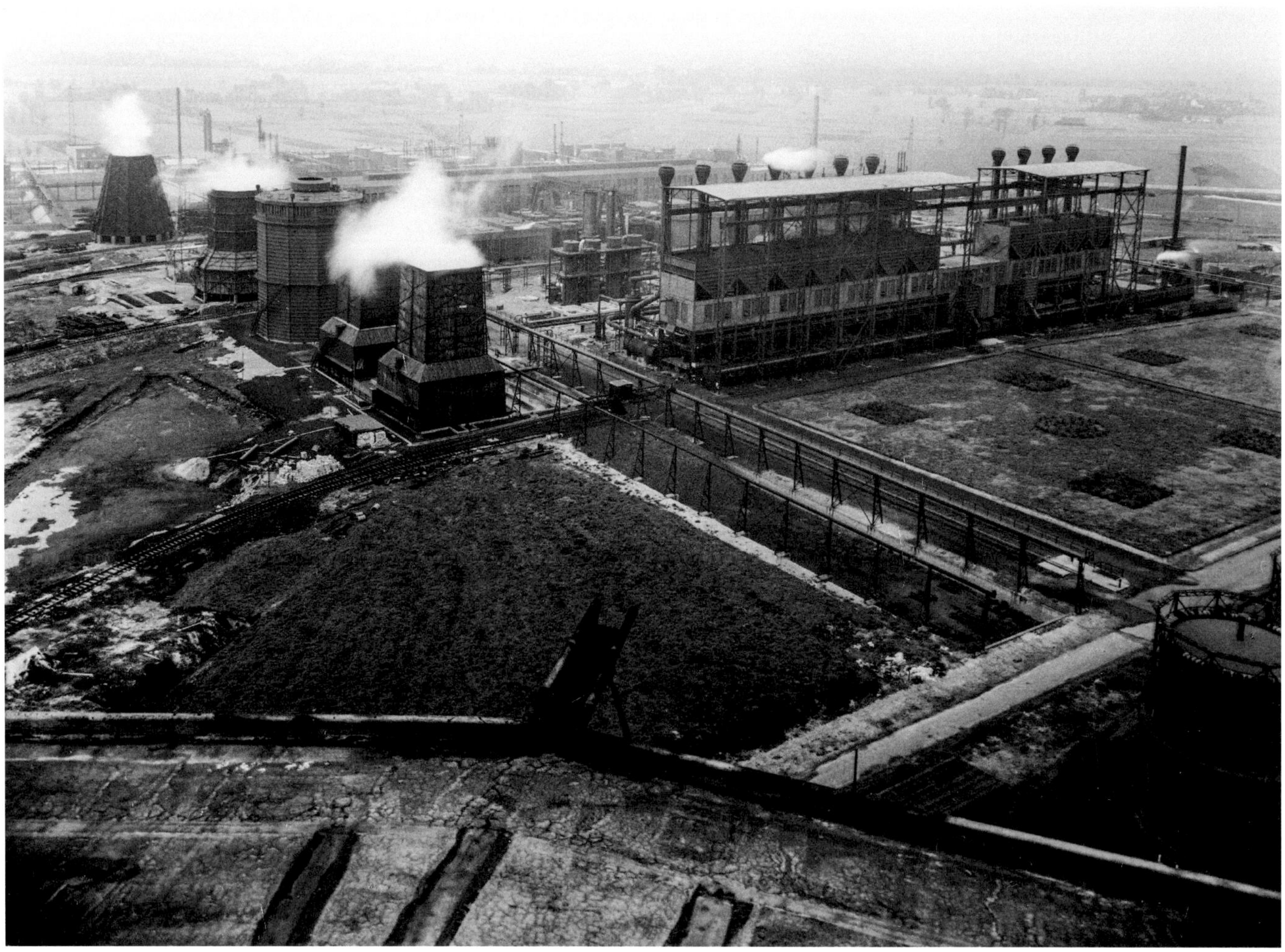

Teilansicht der Fischer-Tropsch-Anlage, um 1938
Partial view of the Fischer-Tropsch plant, c. 1938

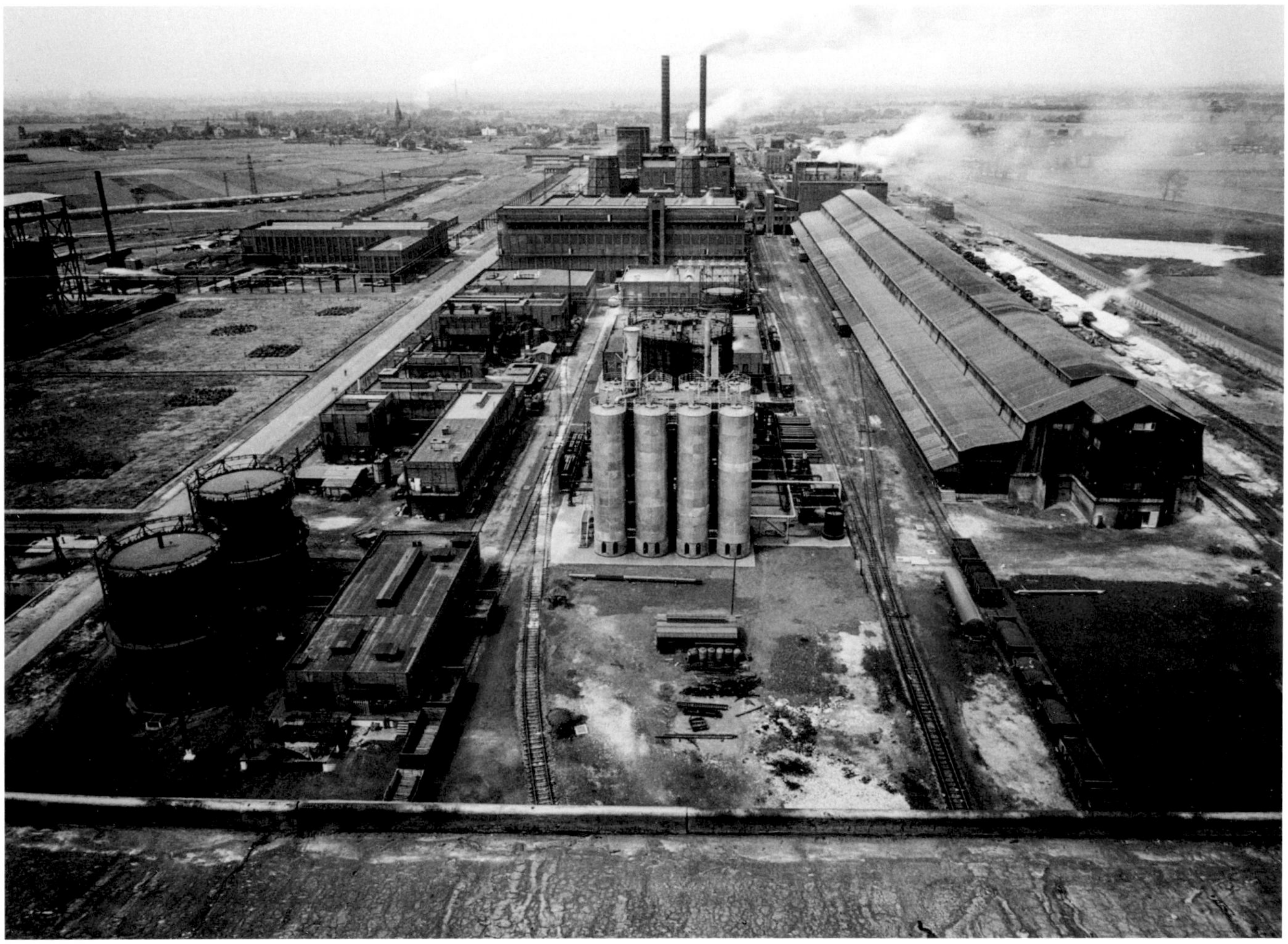

Gesamtansicht, um 1938
General view, c. 1938

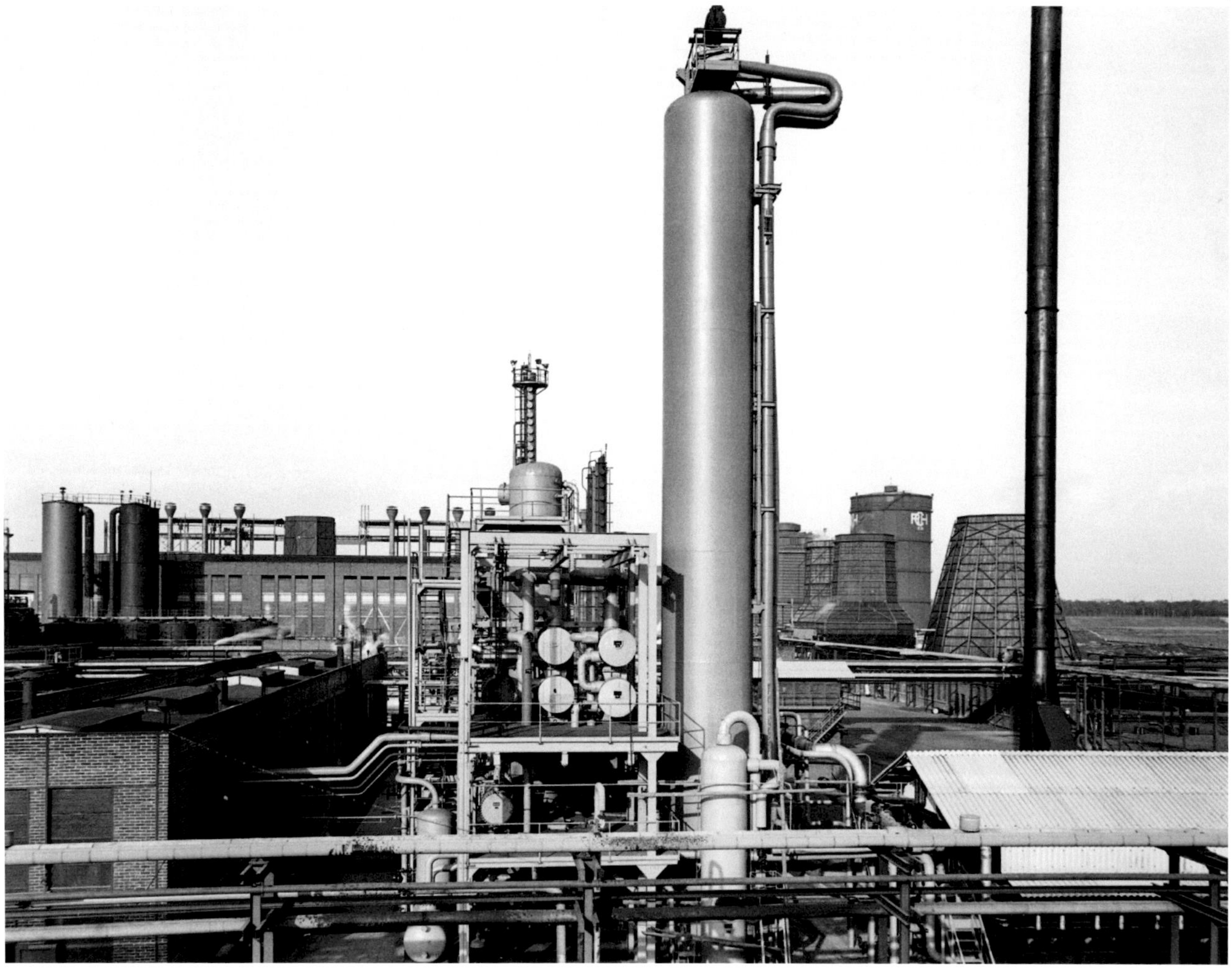

Teilansicht der Fischer-Tropsch-Anlage, um 1938
Partial view of the Fischer-Tropsch plant, c. 1938

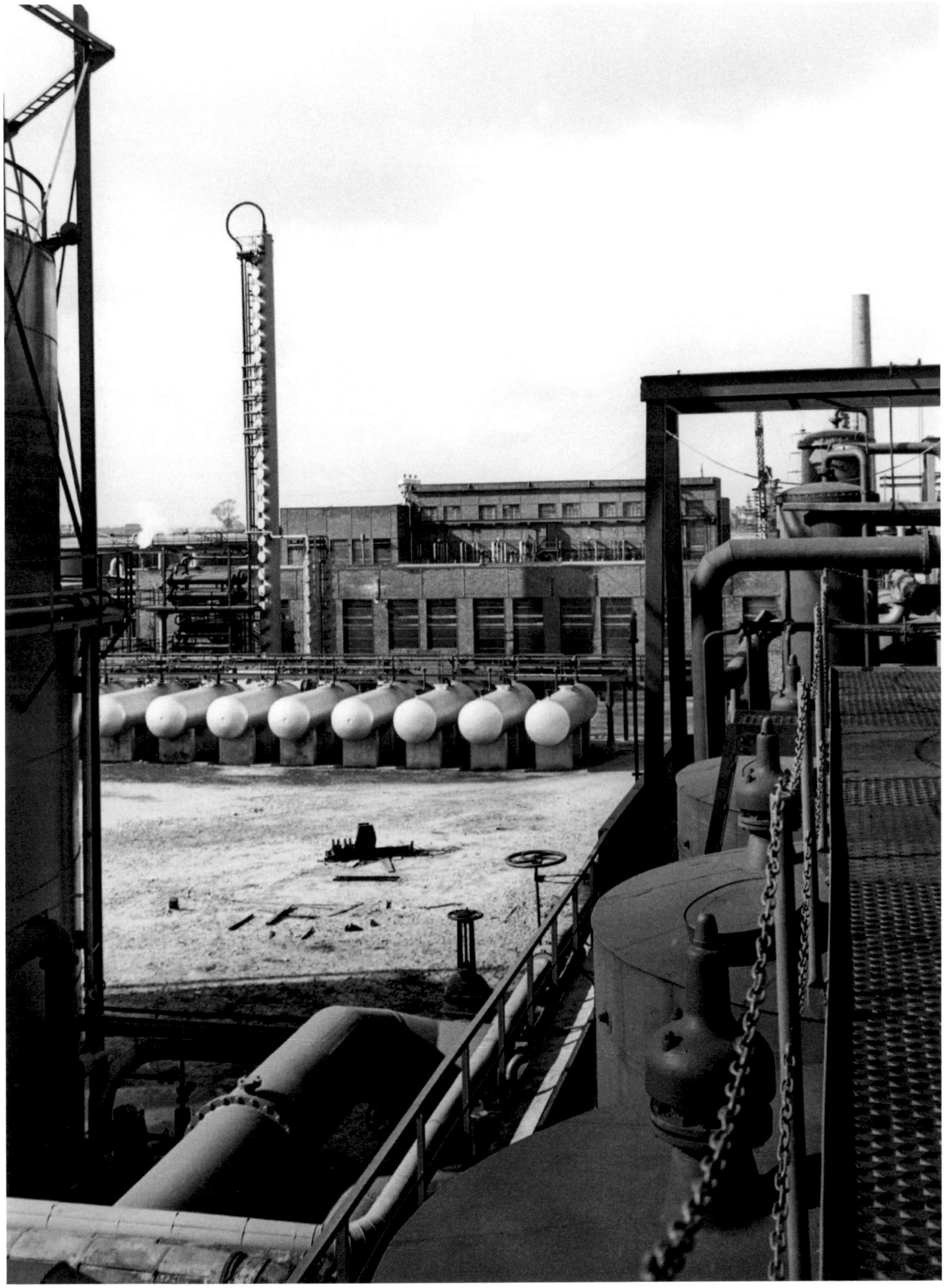

Benzinstabilisation, um 1938
Gasoline stabilisation, c. 1938

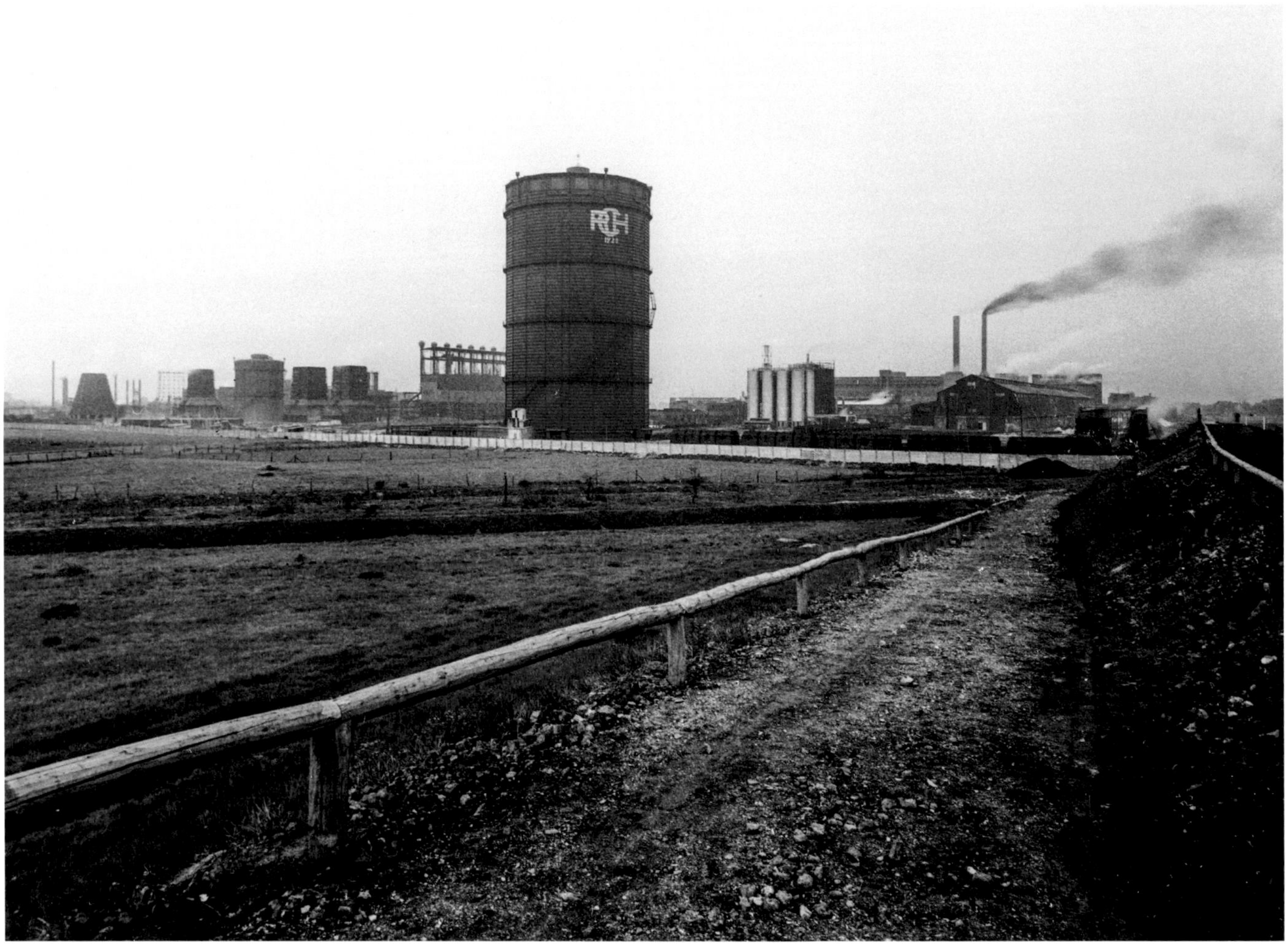

Gesamtansicht, um 1938
General view, c. 1938

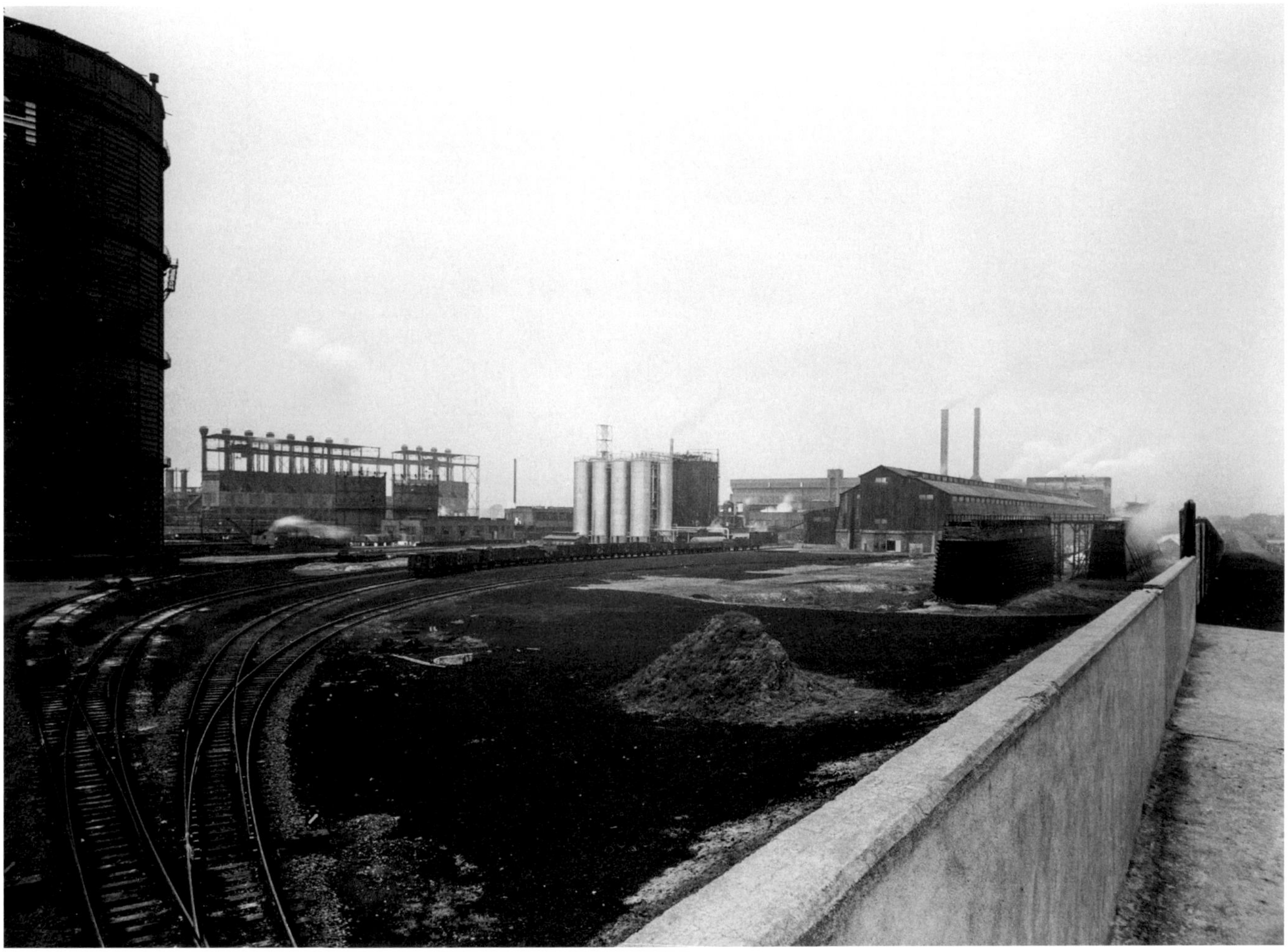

Gesamtansicht, um 1938
General view, c. 1938

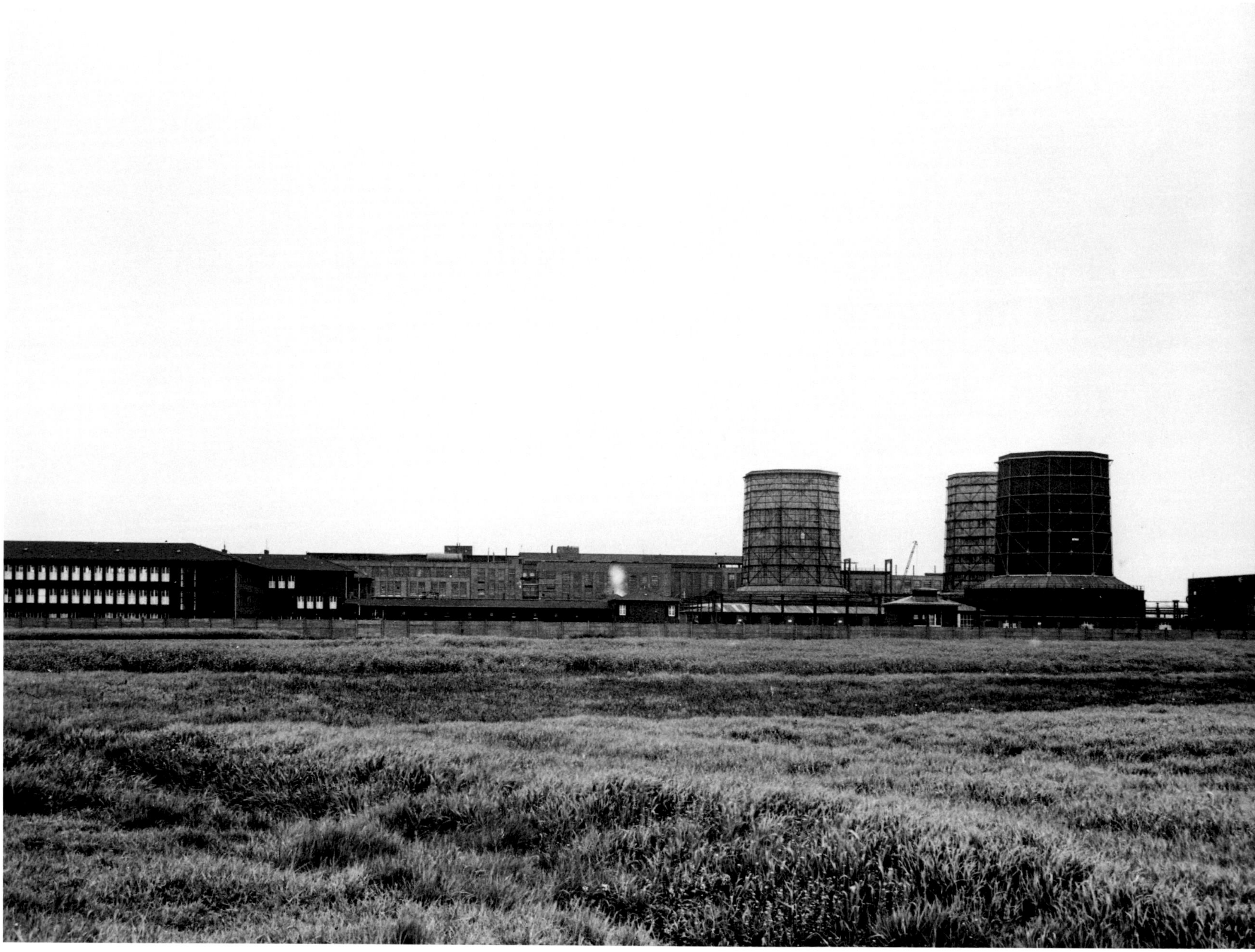

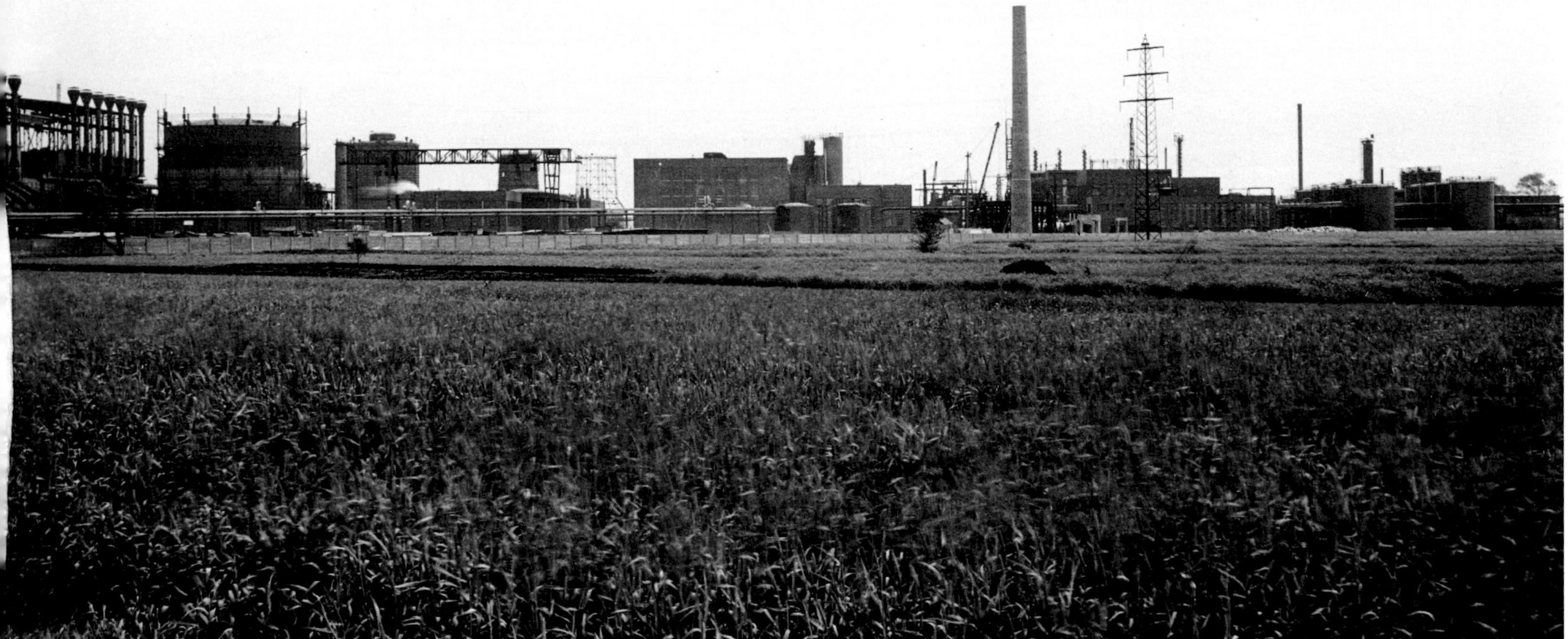

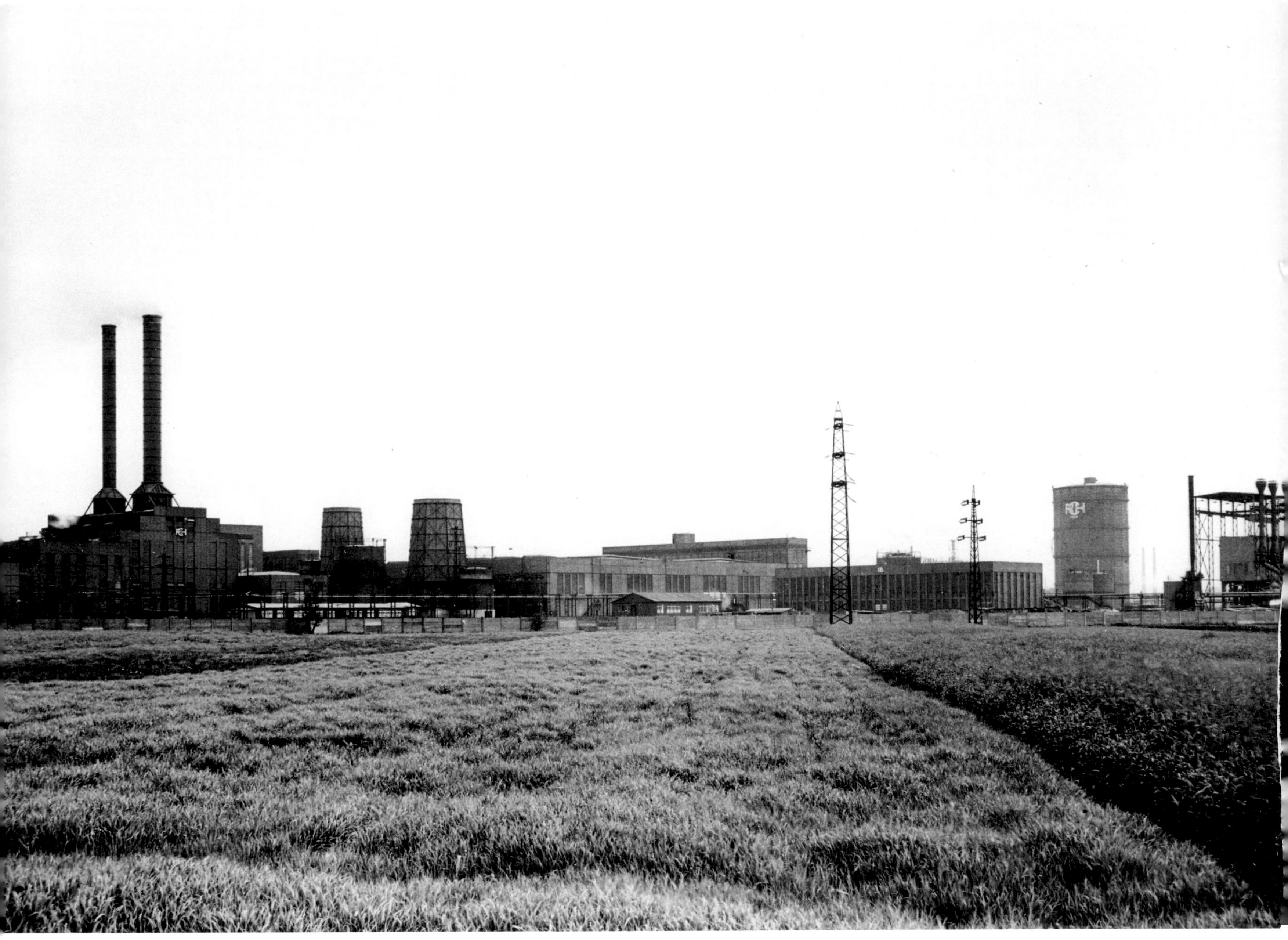

Gesamtansicht, um 1938, Triptychon aus drei zusammengefügten Abzügen
General view, c. 1938, triptych of three jointed prints

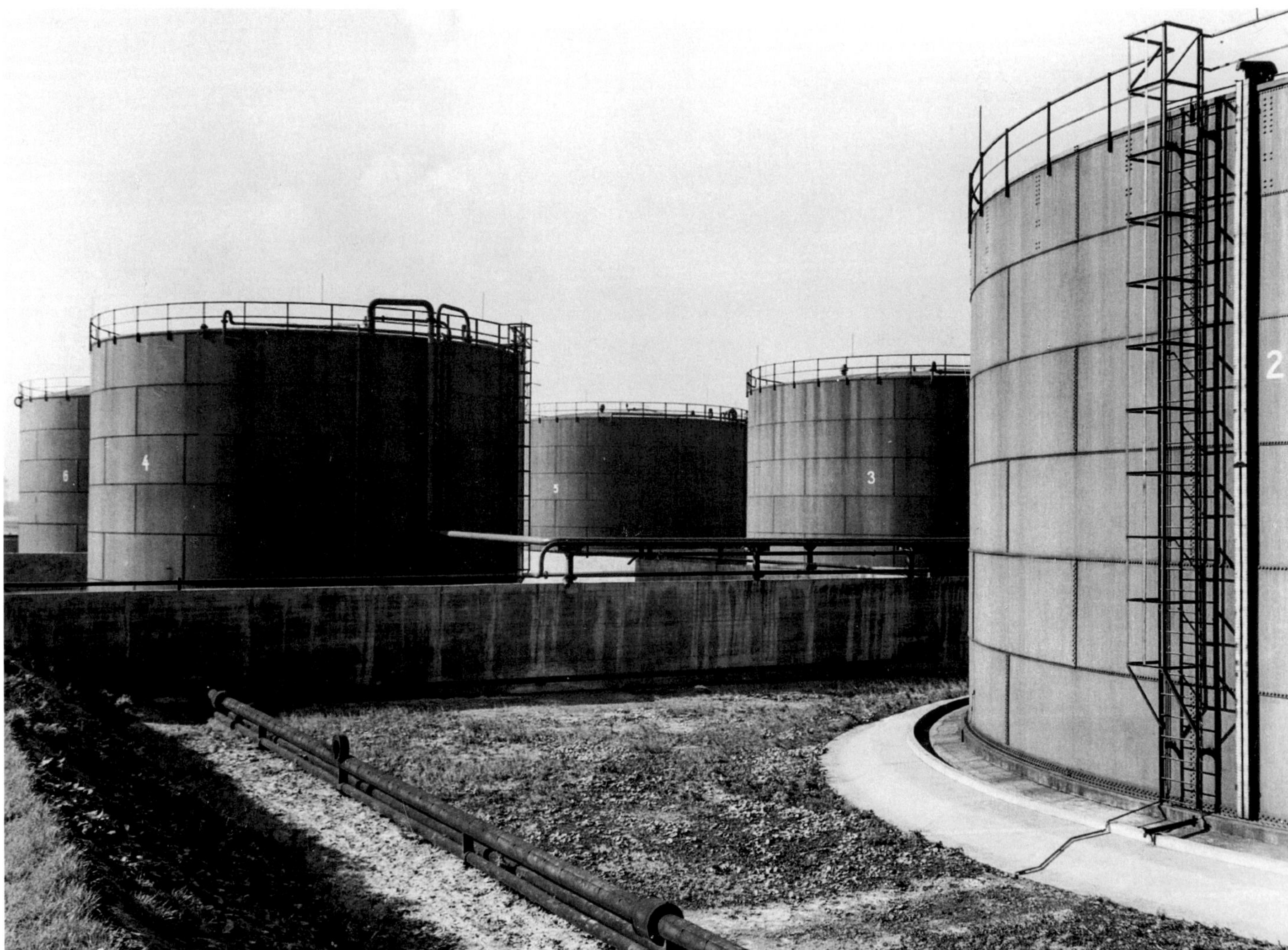

Tanklager, um 1938
Tank farm, c. 1938

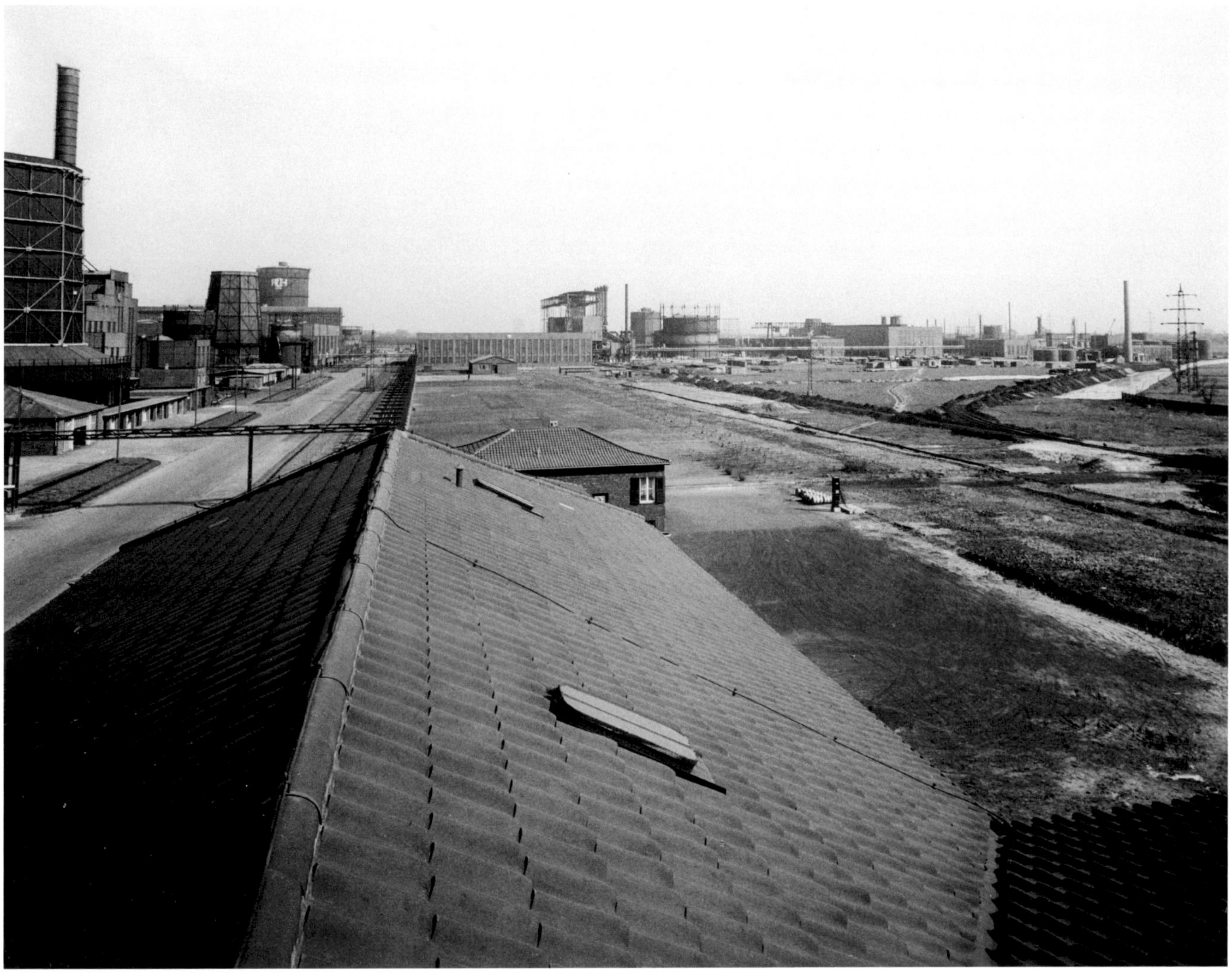

Ansicht von der Hauptverwaltung, um 1938
View from the head office, c. 1938

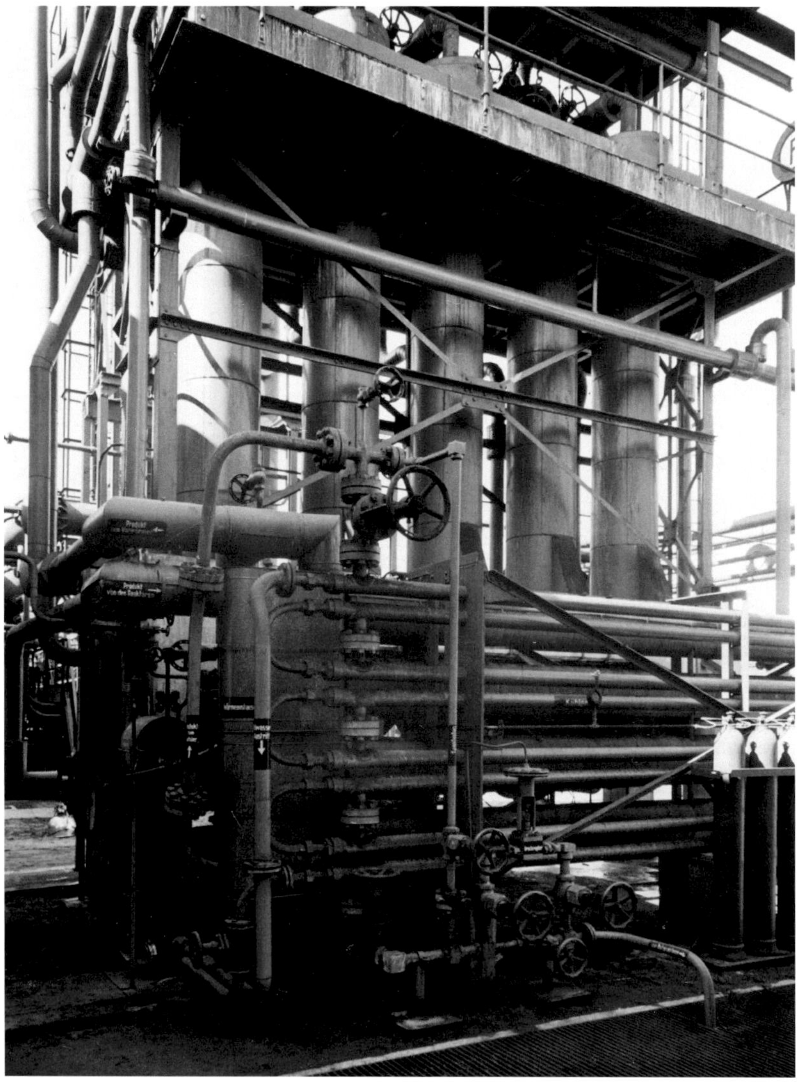

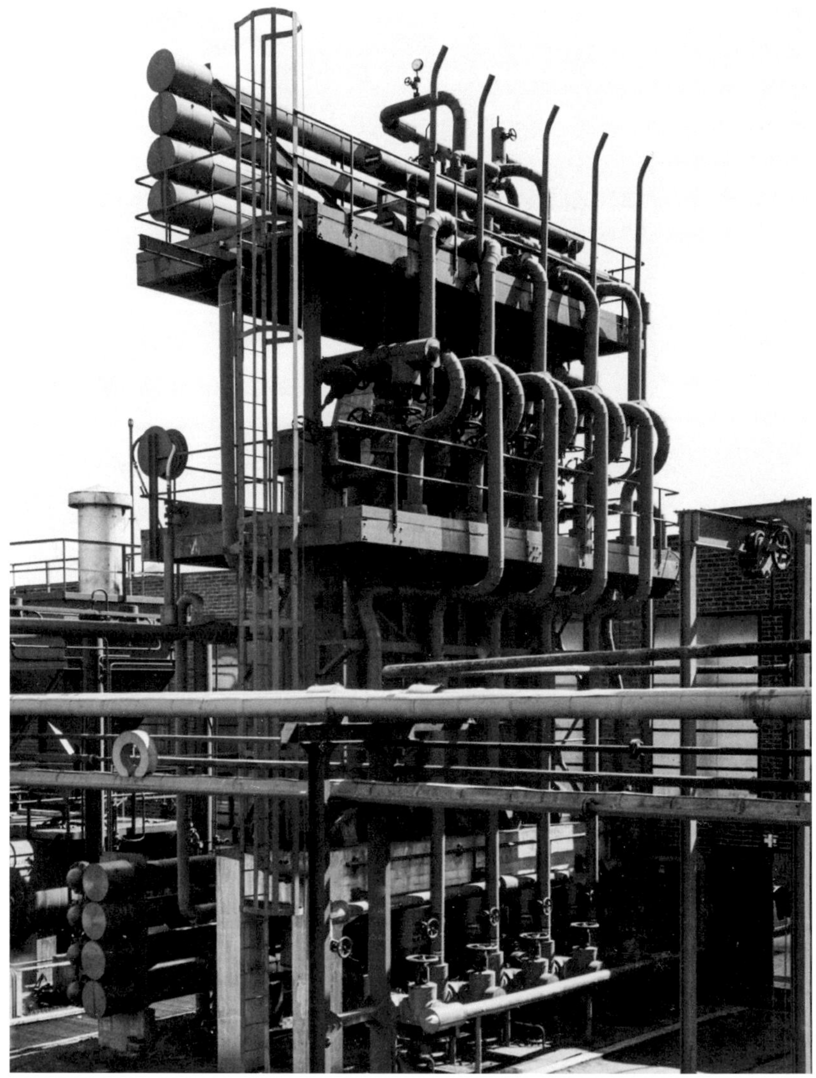

Polymerisations-Anlage, um 1938
Polymerisation plant, c. 1938

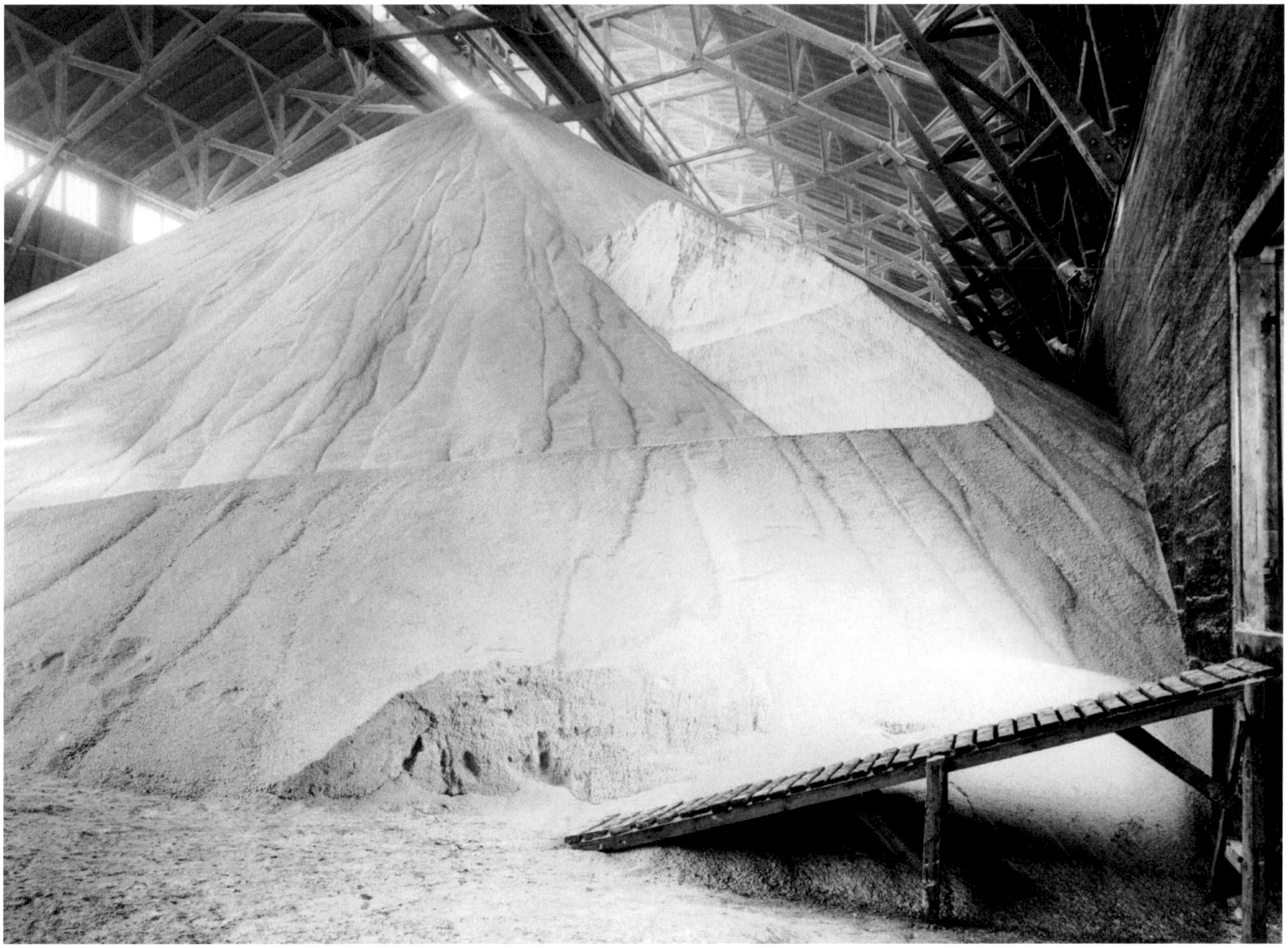

Düngemittellagerhalle, um 1938
Fertiliser warehouse, c. 1938

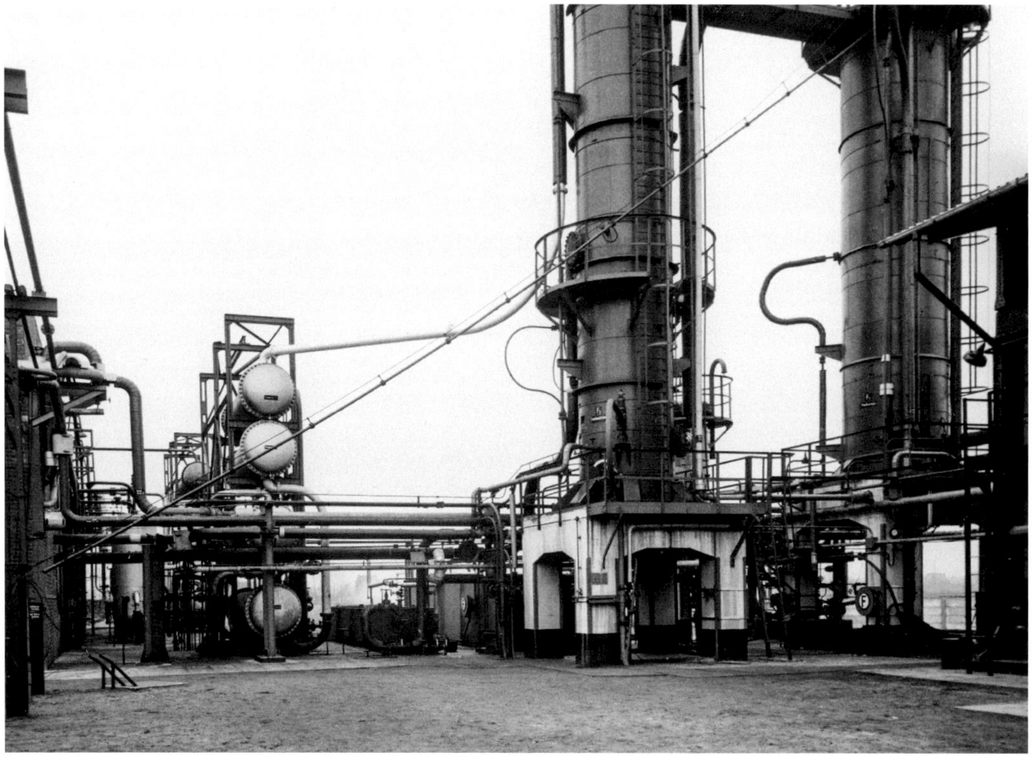

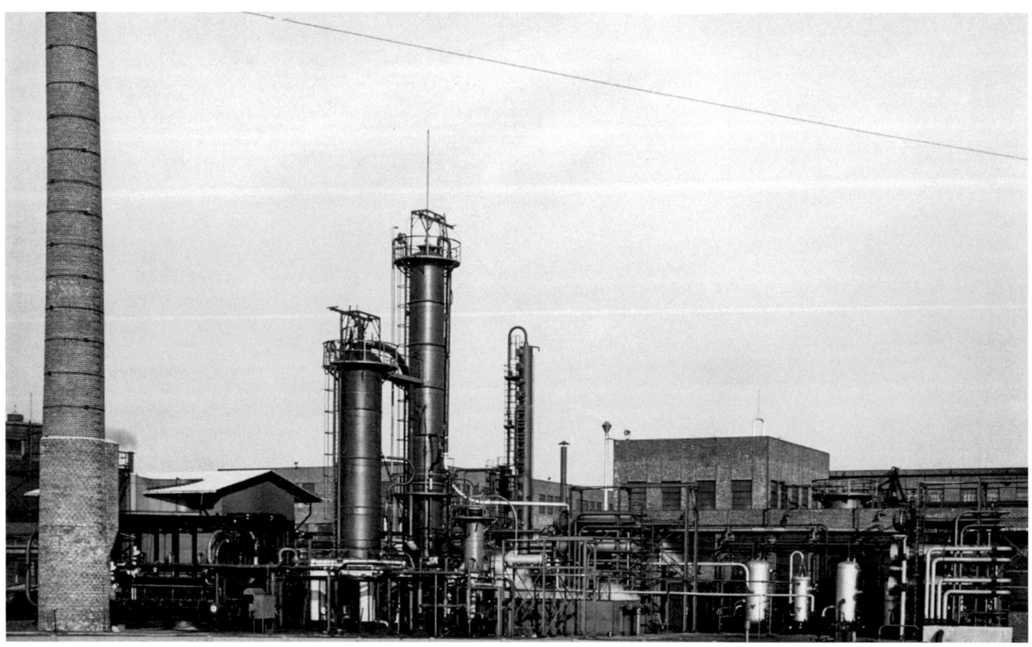

Schmieröl-Anlage, um 1938
Lubricating oil plant, c. 1938

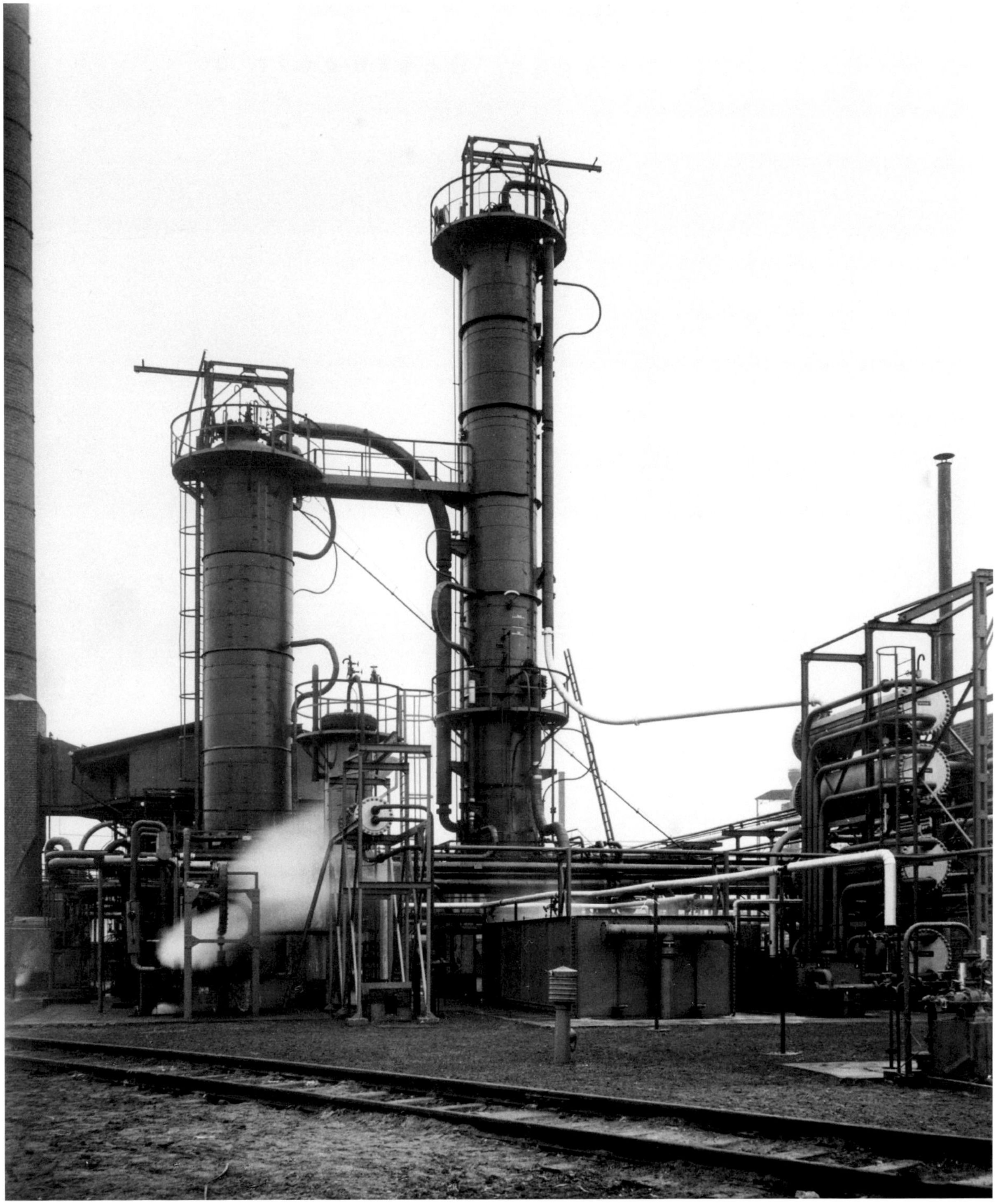

Schmieröl-Anlage, um 1938
Lubricating oil plant, c. 1938

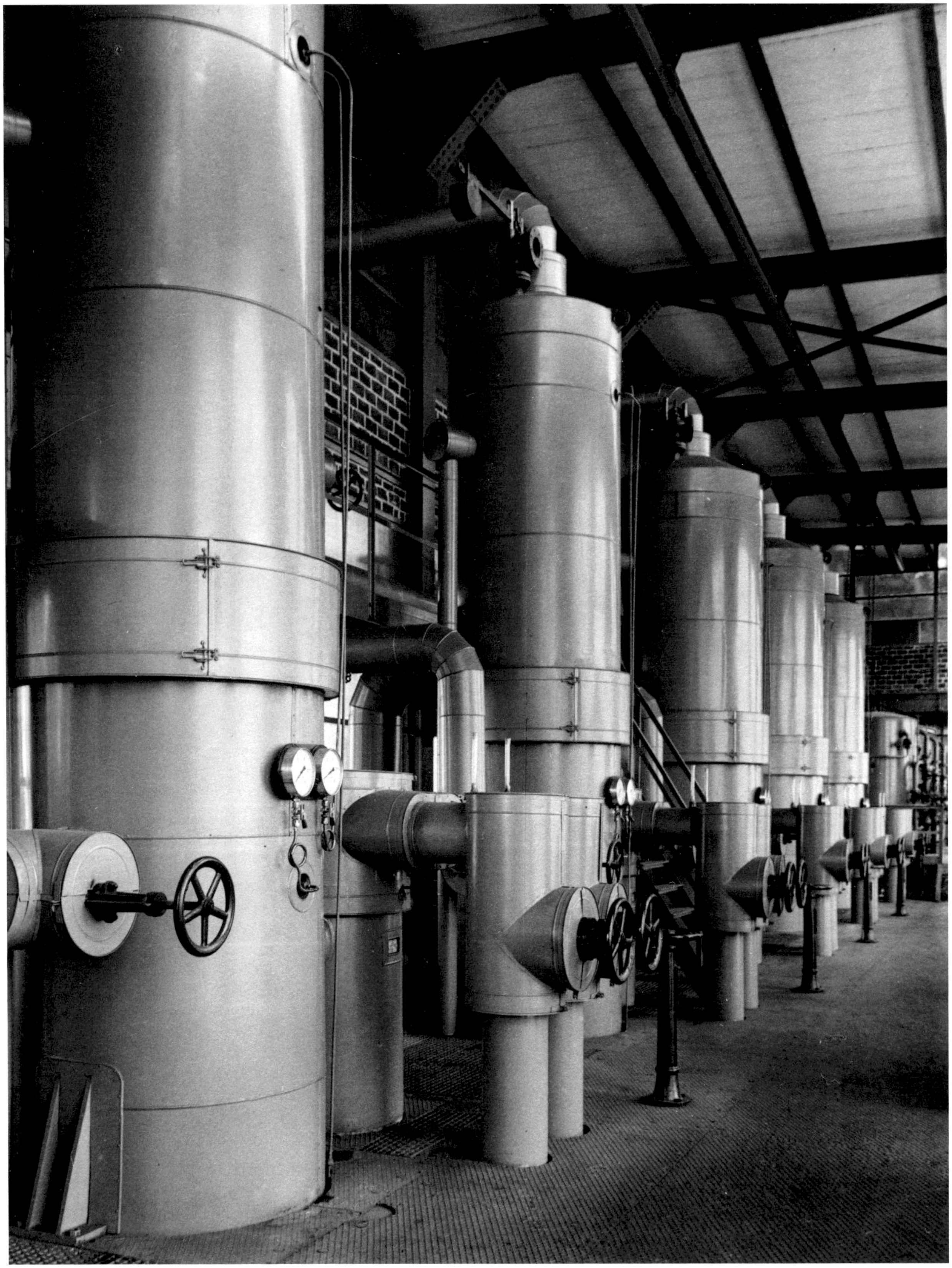

Verdampfer-Anlage, um 1938
Evaporator plant, c. 1938

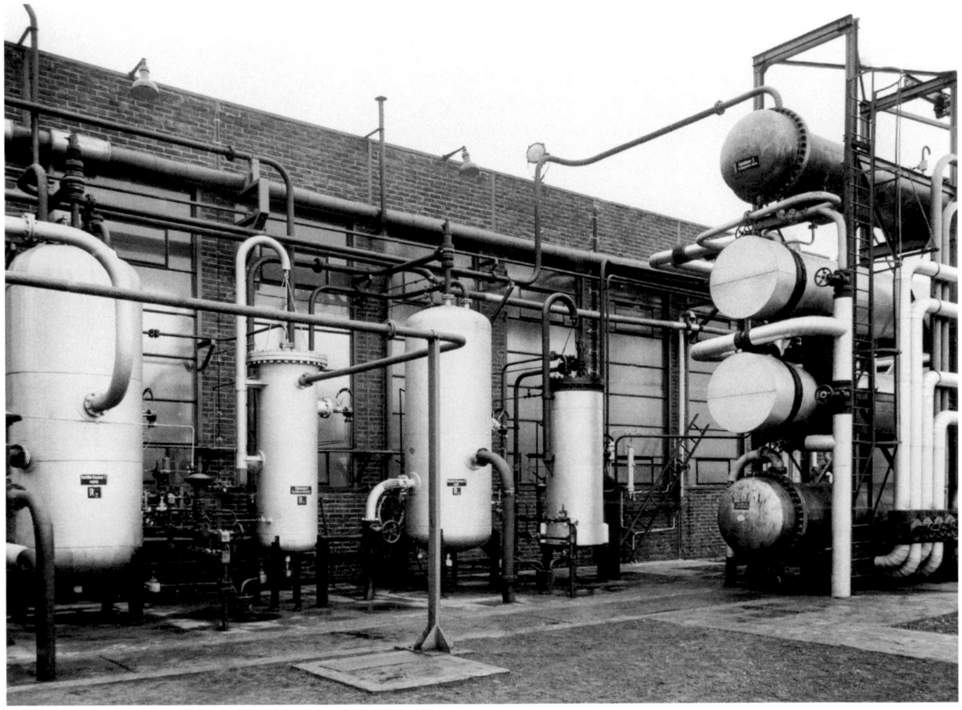

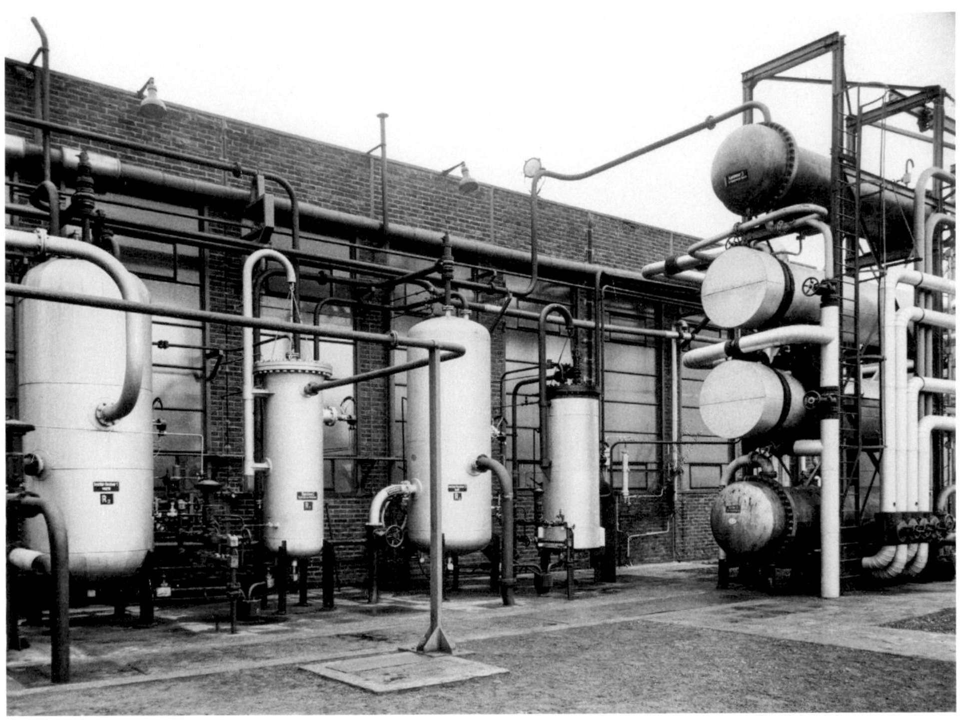

Schmieröl-Anlage, um 1938
Lubricating oil plant, c. 1938

Schmieröl-Anlage, um 1938, Abzug später retuschiert
Lubricating oil plant, c. 1938, print subsequently retouched

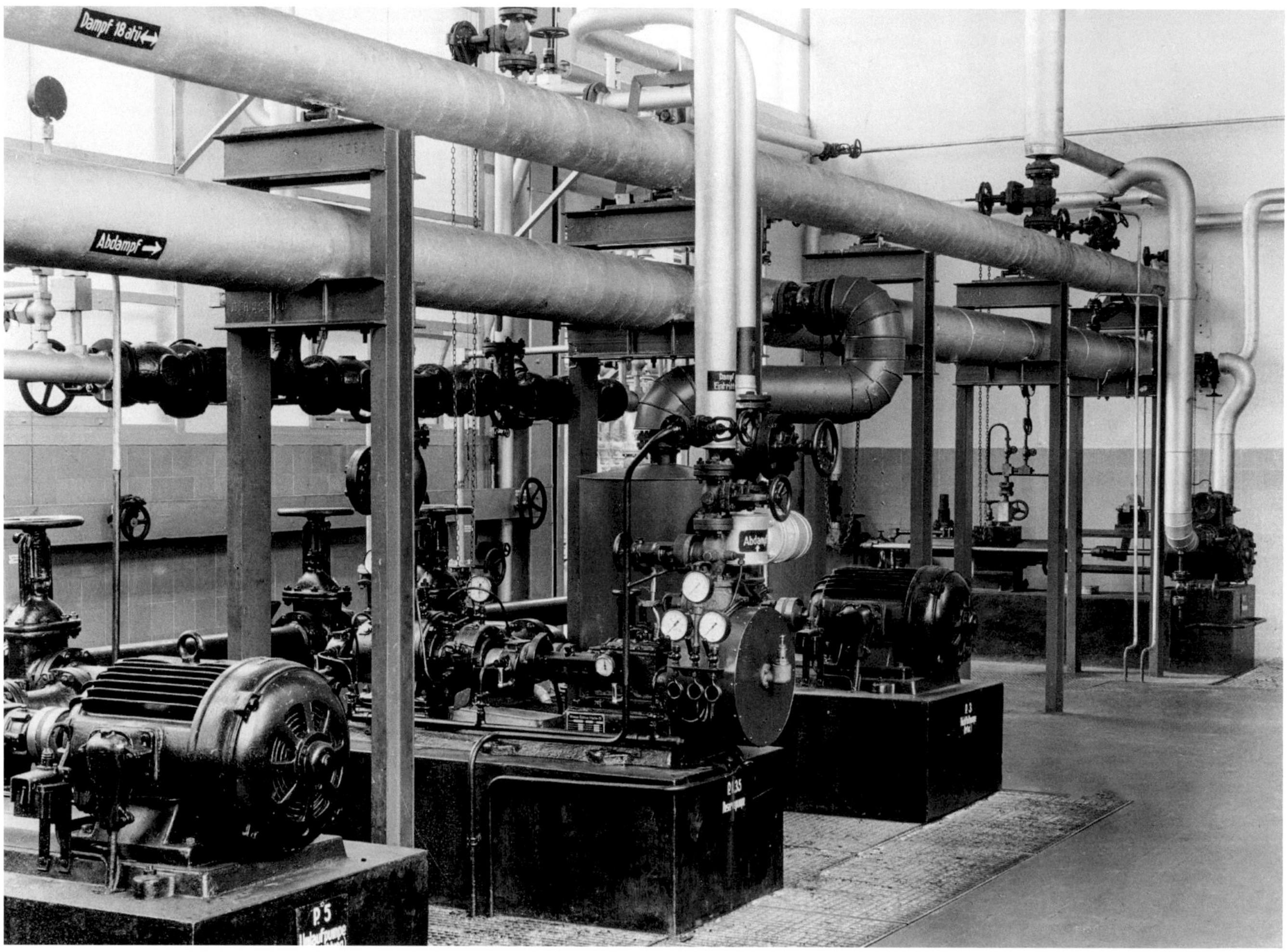

Einsatzpumpen der Schmieröl-Anlage, um 1938
Operation pumps in the lubricating oil plant, c. 1938

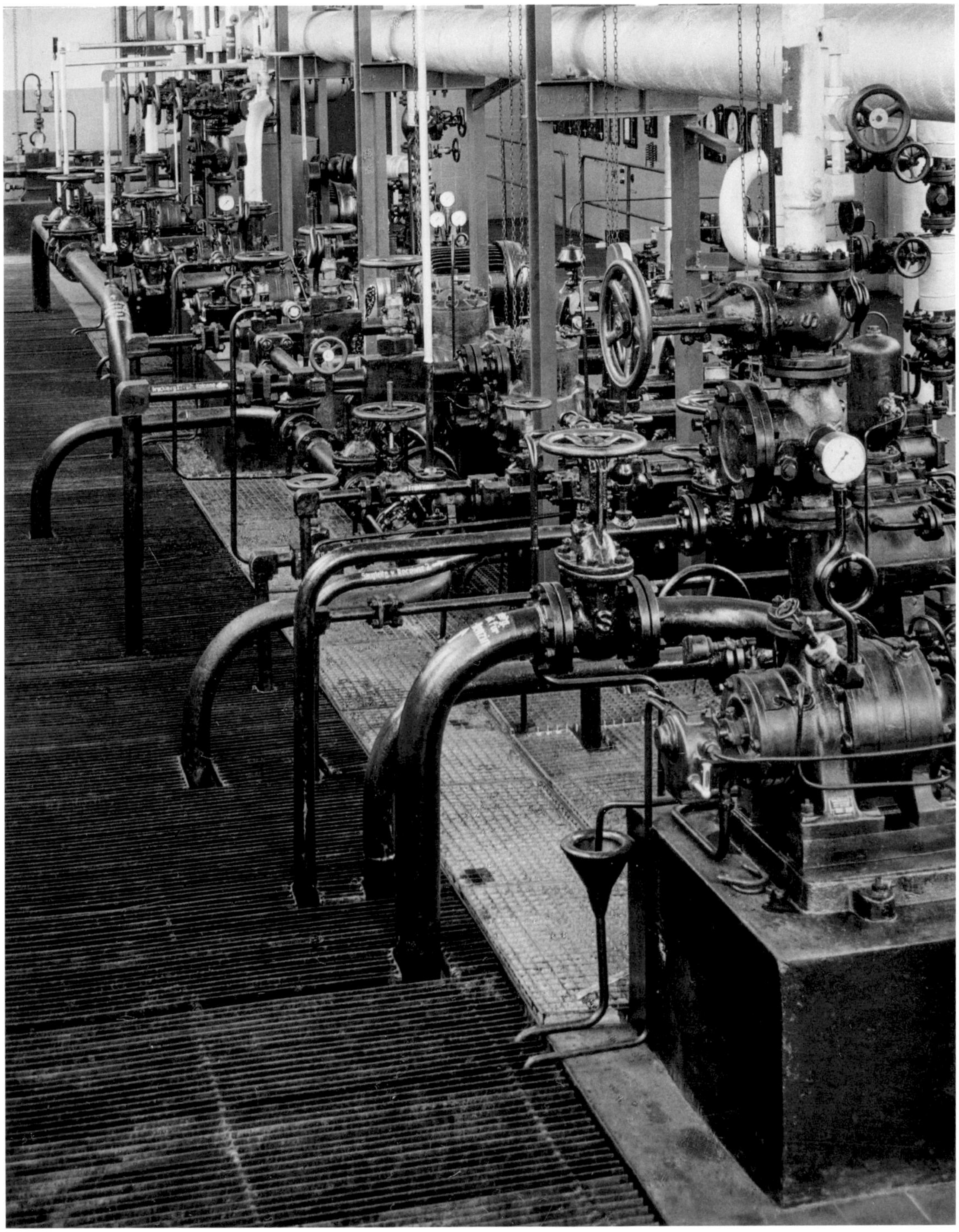

Einsatzpumpen, Detail, um 1938
Operation pumps, detail, c. 1938

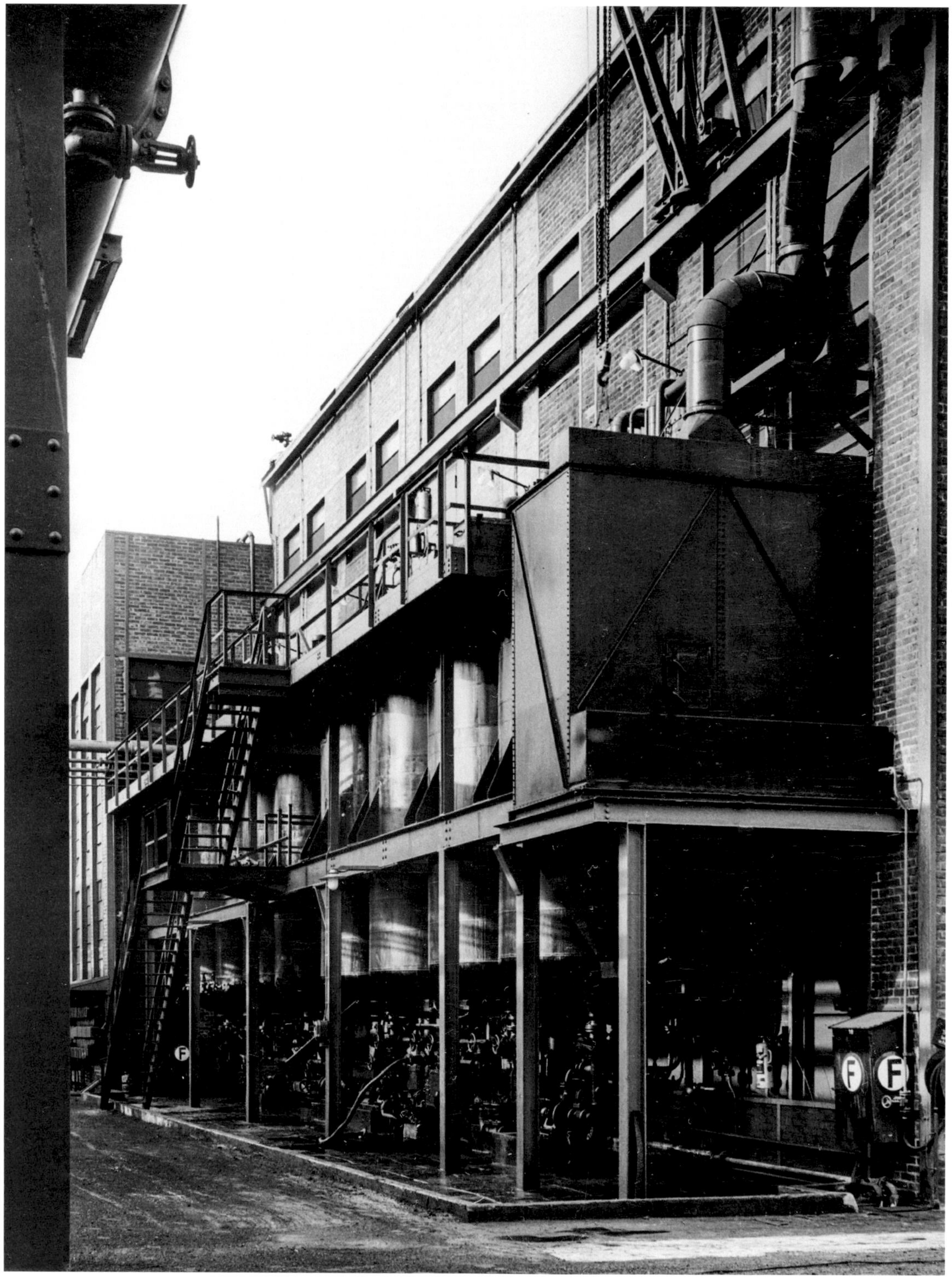

Teilansicht der Fischer-Tropsch-Anlage, um 1938
Partial view of the Fischer-Tropsch plant, c. 1938

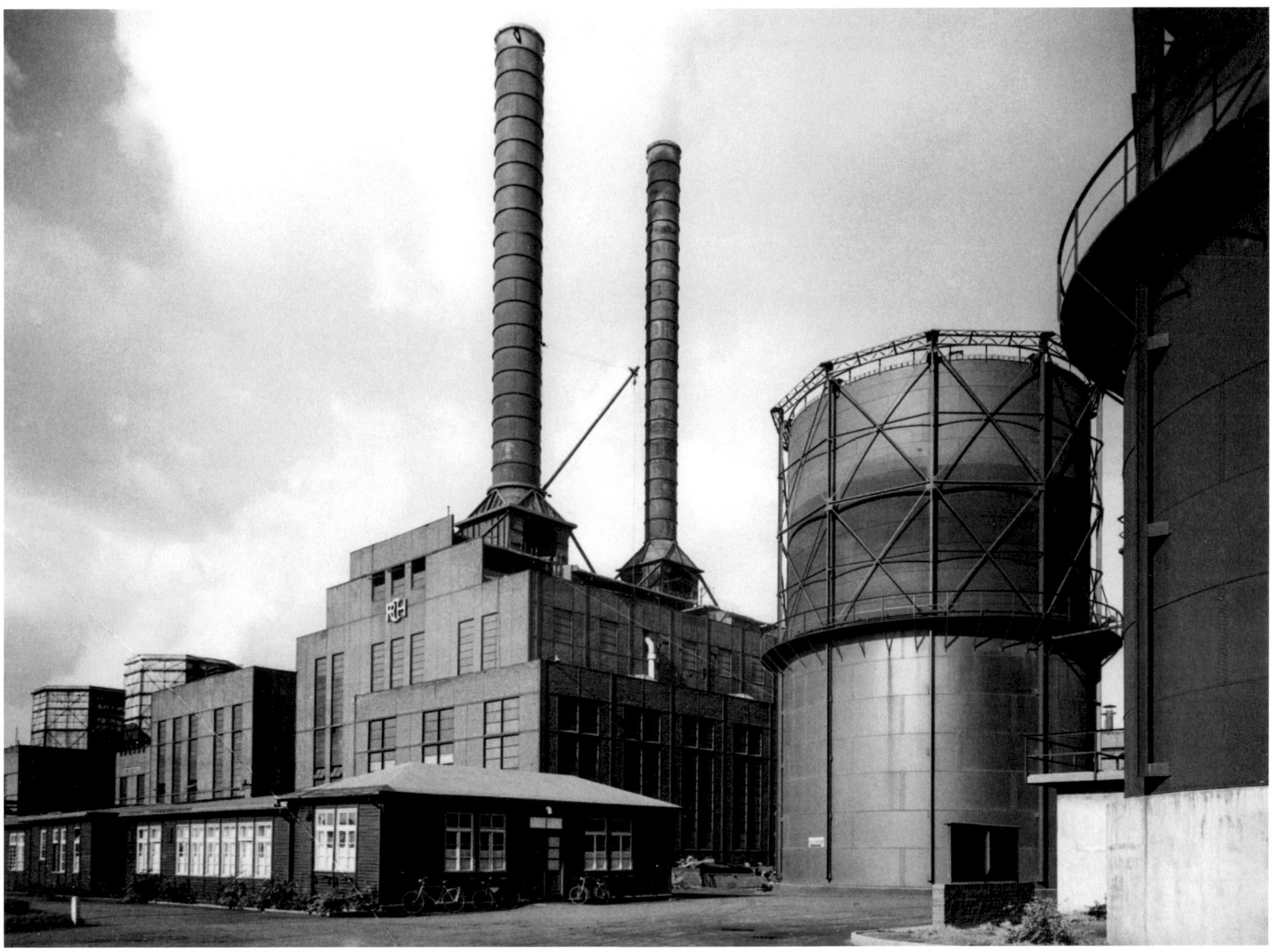

Kraftwerk, um 1938
Power station, c. 1938

Album der Ruhrchemie AG und der Ruhrbenzin AG

33 Bromsilbergelatineabzüge von Albert Renger-Patzsch werden im Format von überwiegend 18 x 24 cm auf kartonstarkem mattem Kodak-Royal-Papier für ein repräsentatives Fotoalbum verwendet, das in einer Kleinstauflage erscheint.

Es misst etwa 36 x 26 cm, ist in grobes ungebleichtes Naturleinen gebunden und mit zwei Buchschrauben geheftet, die außerdem je ein braunes Lederband halten, das über den Buchrücken läuft. Die Logos der beiden Unternehmen, gebildet aus den ineinander verschlungenen Buchstaben RCH und RB, sind auf dem Vorderdeckel befestigt und bestehen aus Metall.

Auf zwei vorangestellten Textseiten werden, datiert auf November 1938, die Unternehmenszwecke beschrieben sowie die Gesellschafter, Vorstände und Aufsichtsräte der Firmen aufgelistet. Mittig ist ein doppelseitiger Lageplan der beiden Unternehmen sowie der Chemischen Fabrik Holten eingefügt.

Auf jeder Bildseite ist ein Abzug auf festem Karton kaschiert. Geschützt werden die Fotografien durch Zwischenblätter aus Pergamin. Die Aufnahmen werden in der Reihenfolge des Albums zusammen mit den dort gedruckten Bildunterschriften wiedergegeben. RS

Ruhrchemie AG and Ruhrbenzin AG photo album

33 gelatine silver bromide prints by Albert Renger-Patzsch are presented mostly in an 18 x 24 cm format on cardboard-thick, matt Kodak Royal paper in a representative photo album and issued as a very limited edition.

It measures c. 36 x 26 cm, is bound in coarse unbleached natural linen and fixed with two binding screws, each with a brown leather band running over the spine. The logos of both companies, formed by the intertwined letters RCH and RB, appear in metal on the front cover.

Two introductory pages, dated November 1938, describe the business purpose and list shareholders, boards and supervisory boards of the two companies. A double-sided site plan of the two companies and the Chemische Fabrik Holten are inserted in the middle pages.

Each print is laminated onto one cardboard page, interleaved with glassine for protection. The photographs are presented in the sequence of the album alongside the printed captions. RS

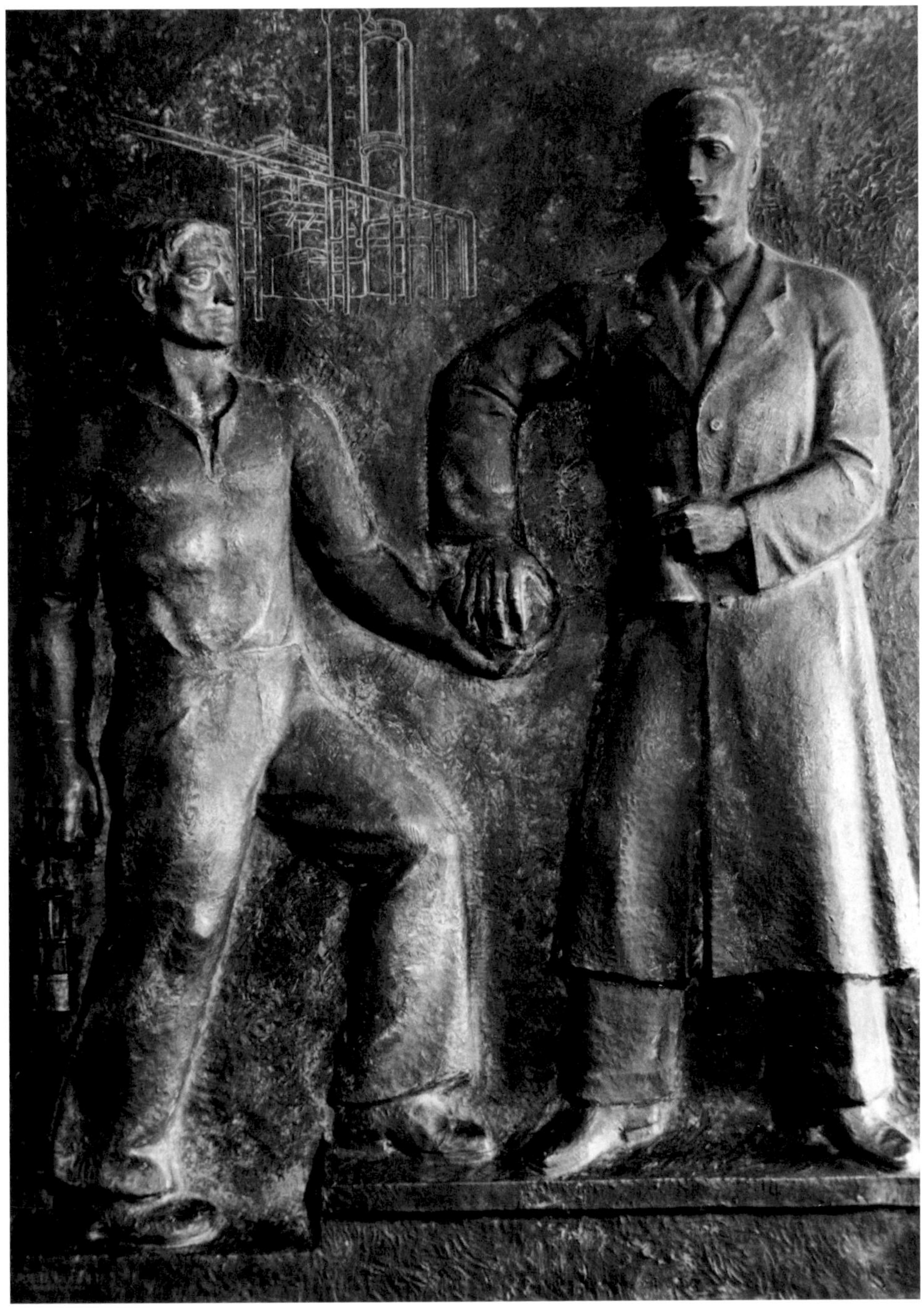

Relief von Josef Daniel Sommer, 1937
Relief by Josef Daniel Sommer, 1937

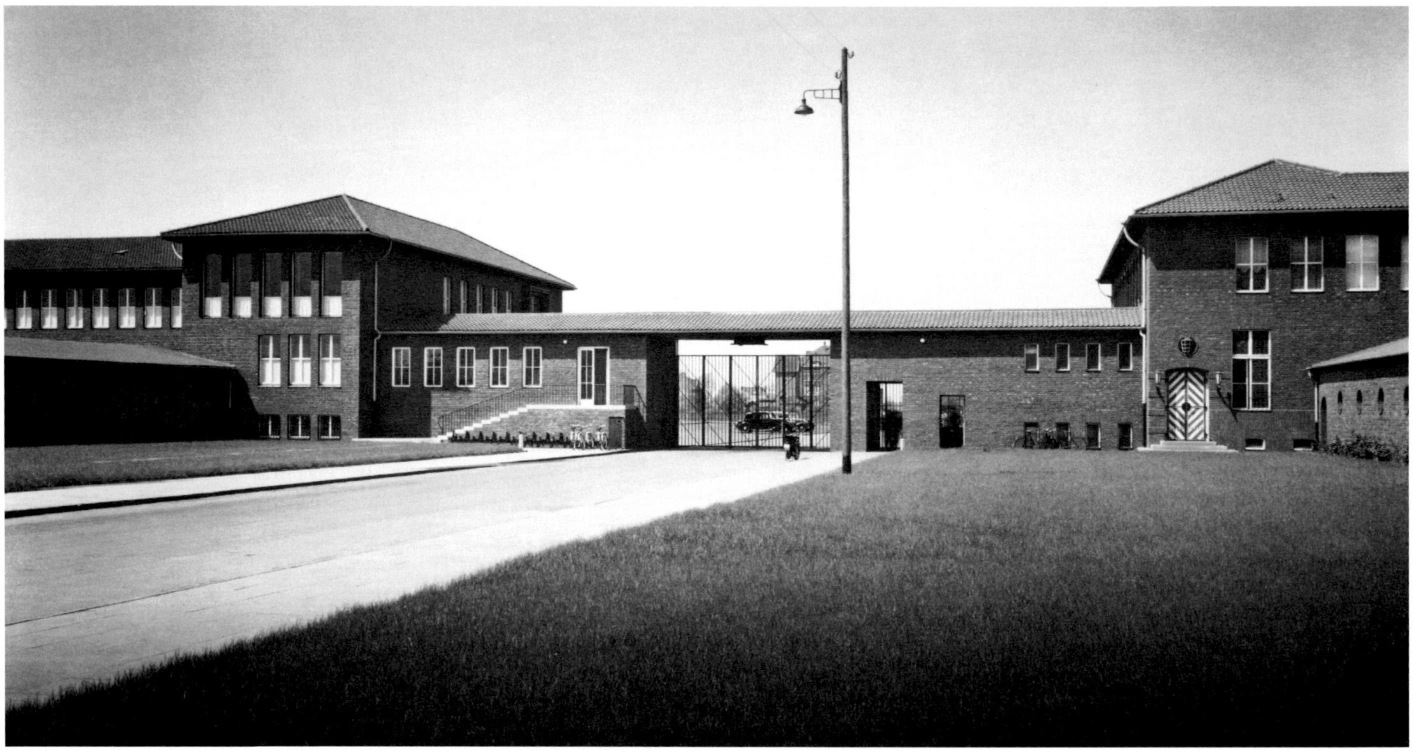

„Werkseingang"
Works entrance

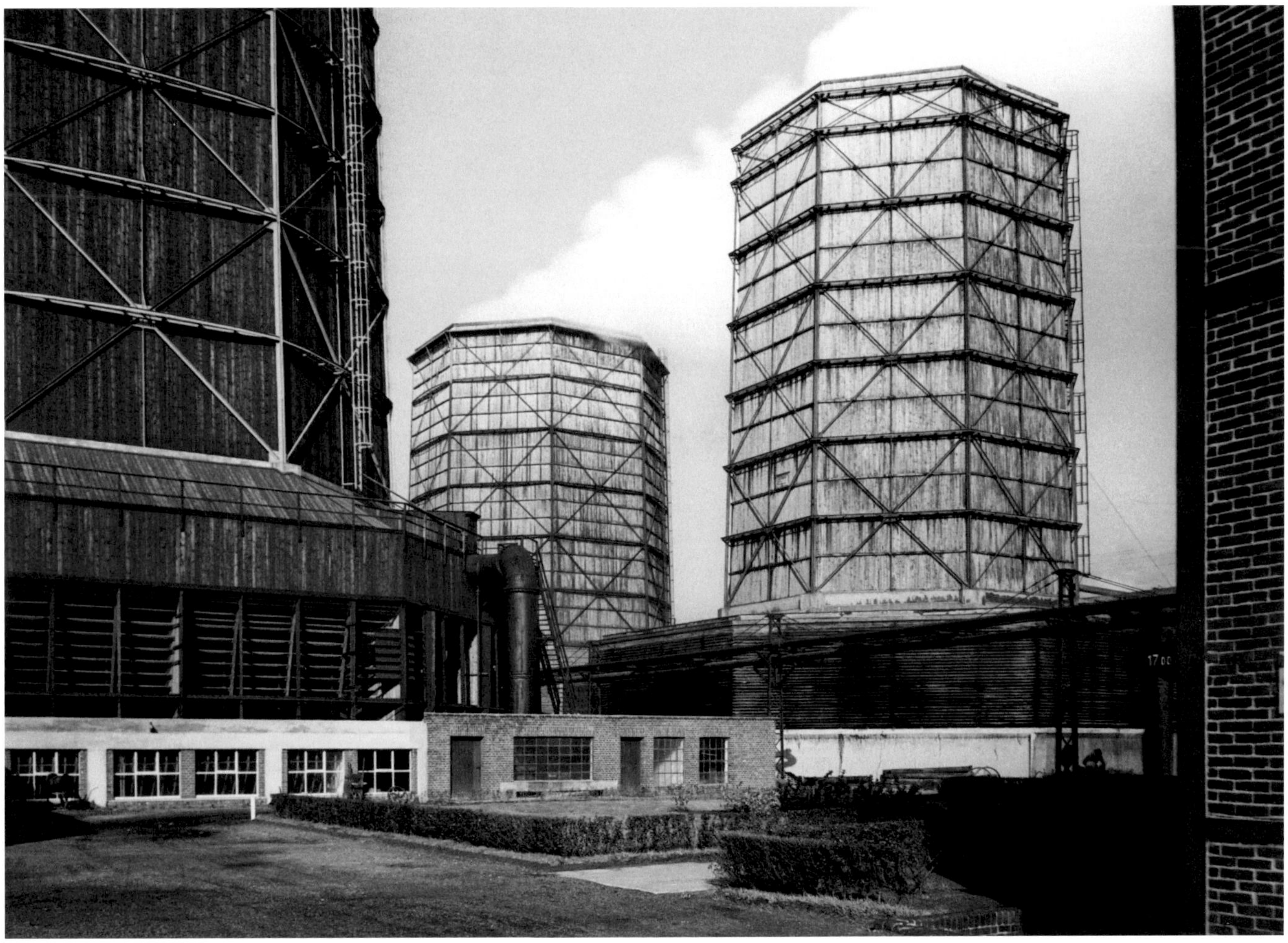

„Kaminkühler“
Cooling towers

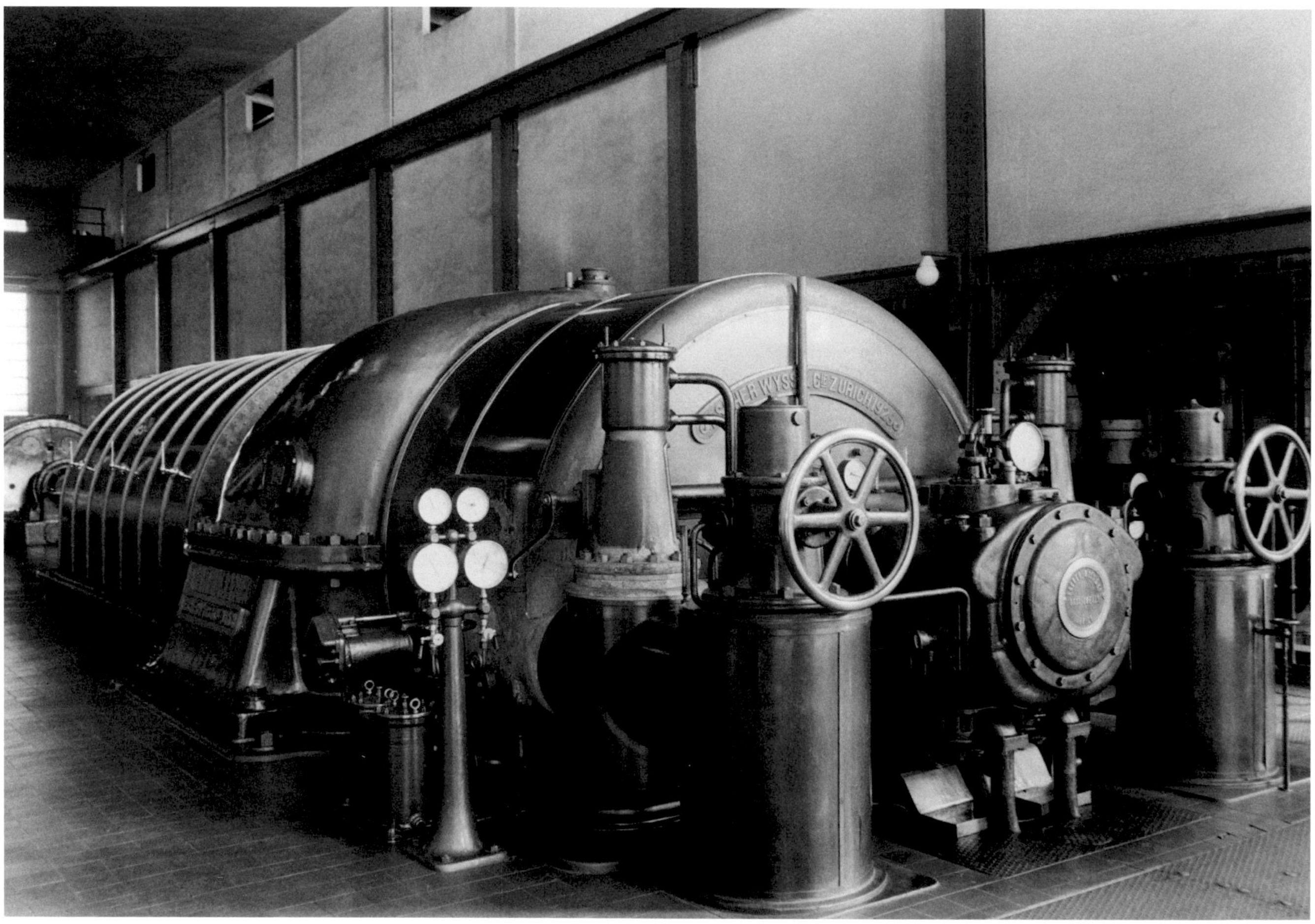

„30 000 KVA Dampfturbine (Kraftwerk)“
30,000 kVA steam turbine (power station)

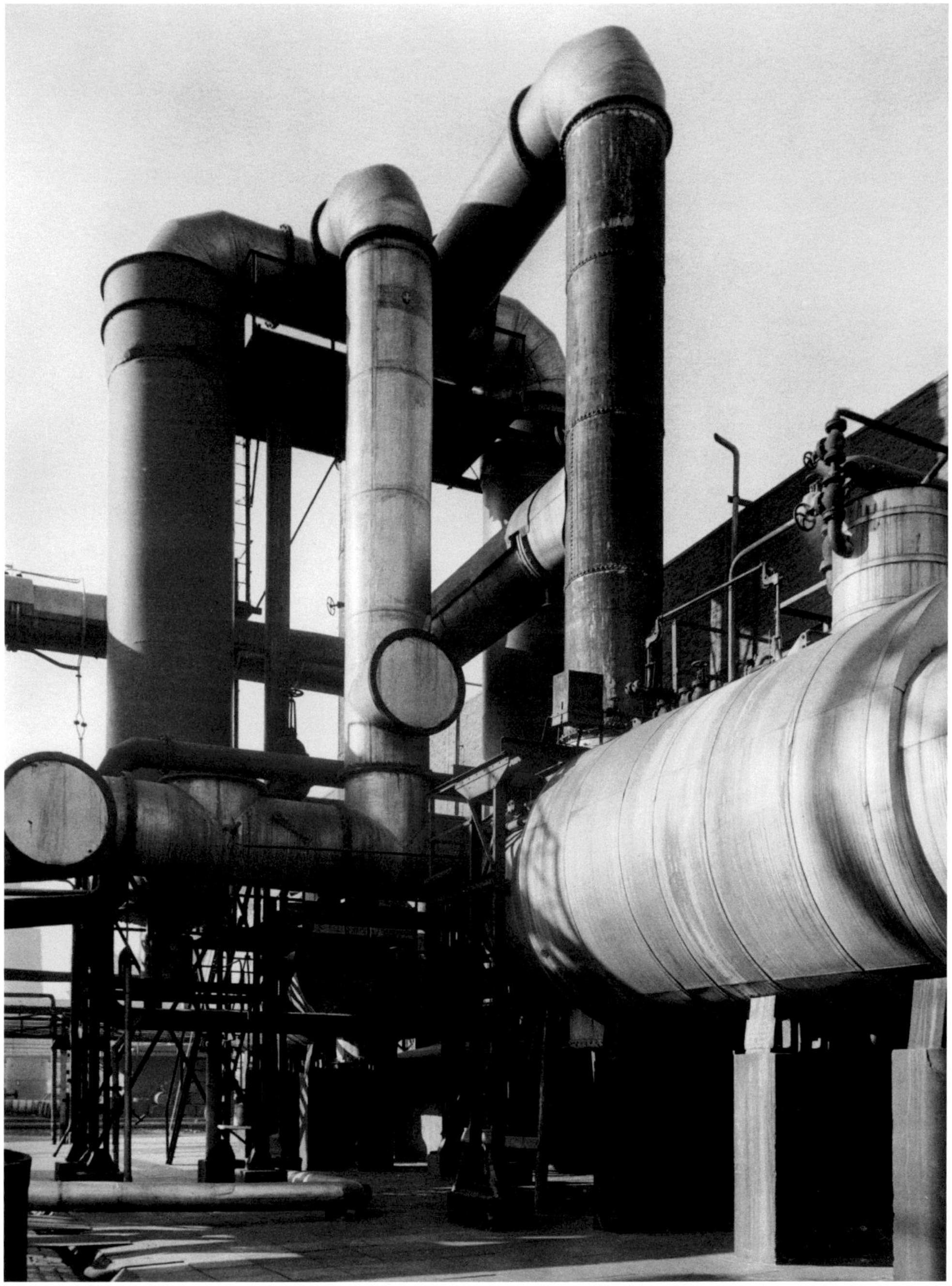

„Salpetersäurebetrieb, Nitrose-Sammelleitung“
Nitric acid plant, nitrous manifold

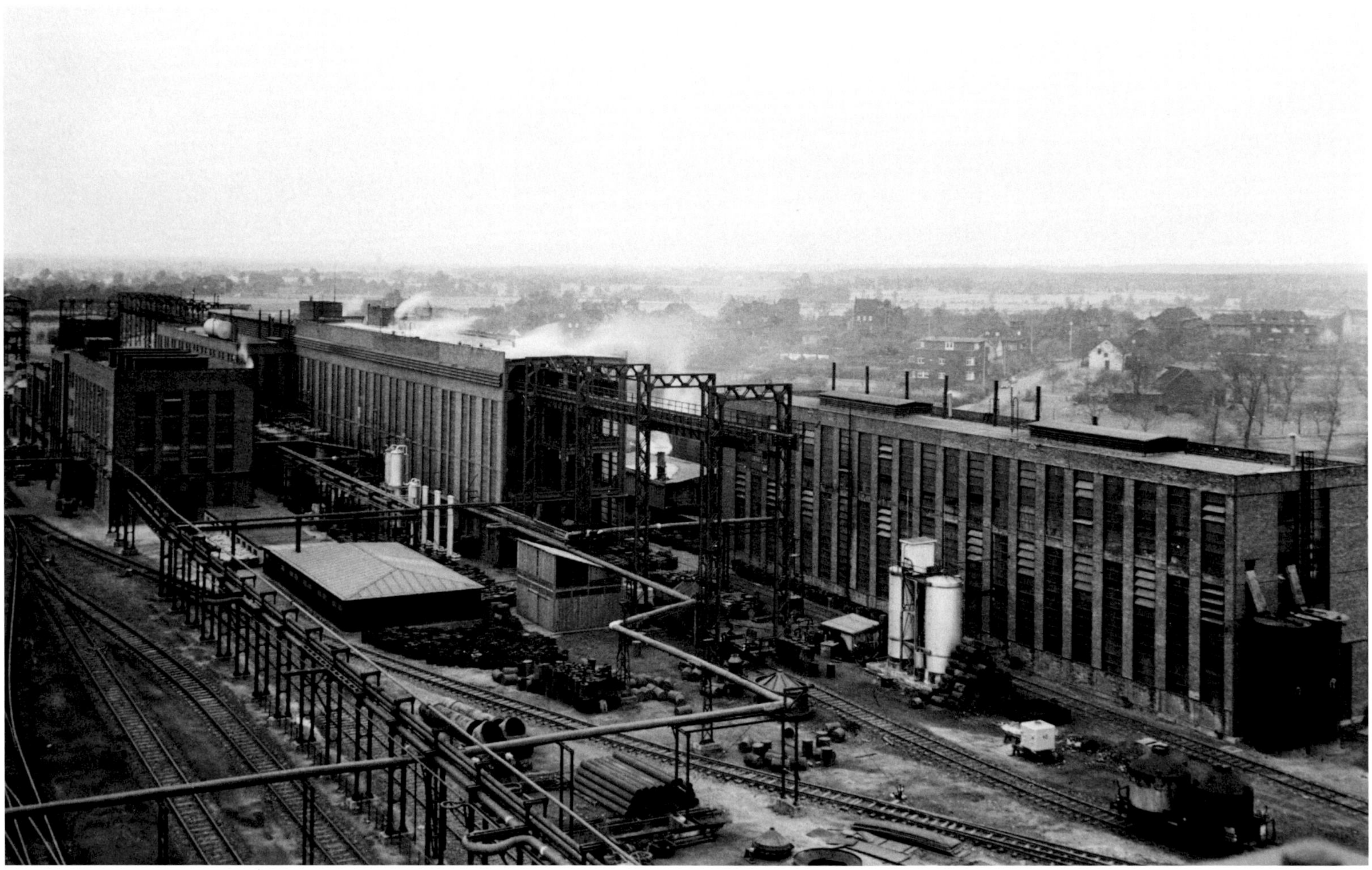

„Katalysatorfabrik“
Catalyst plant

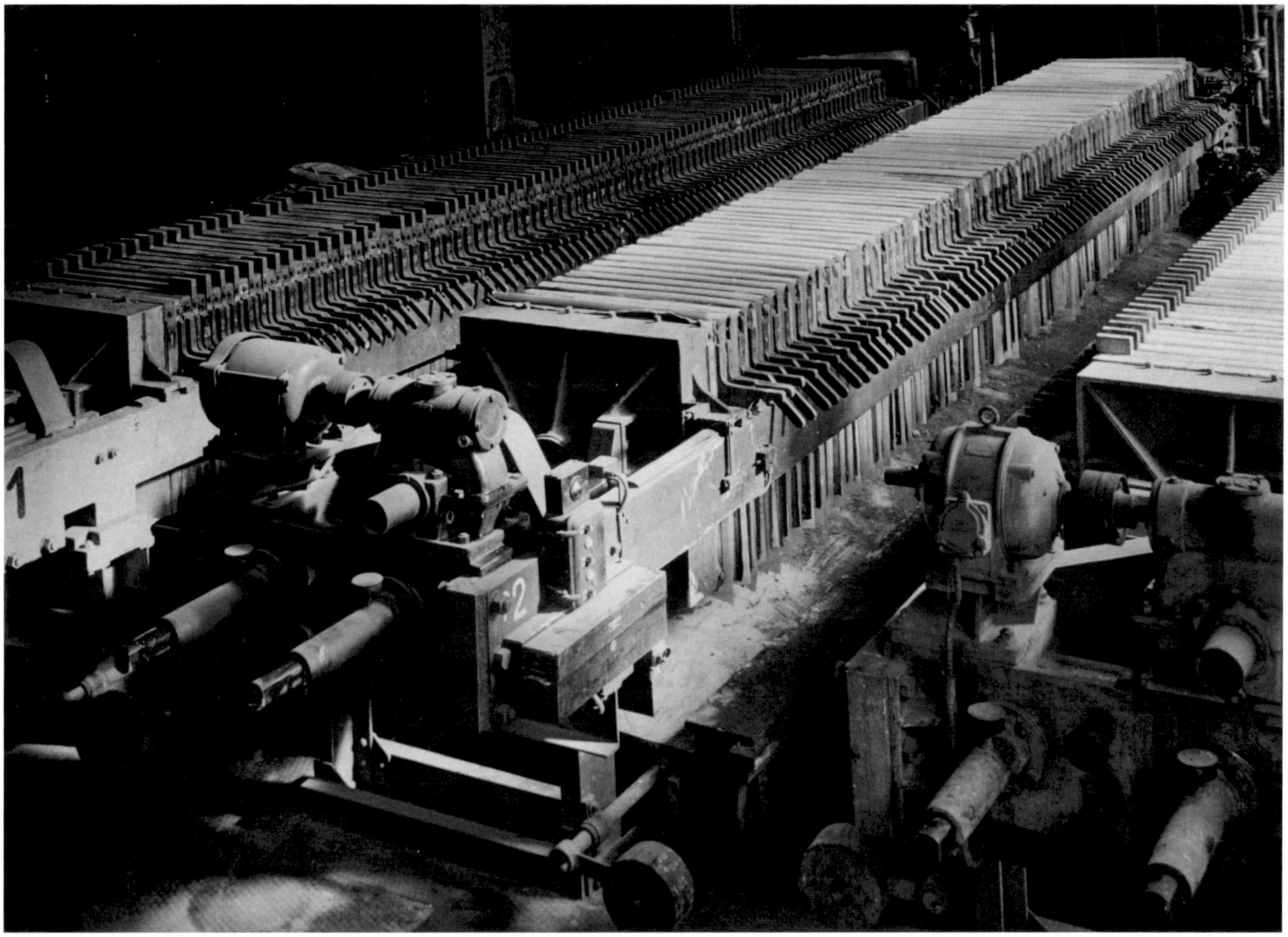

„Katalysatorfabrik, Filterpressen“
Catalyst plant, filter presses

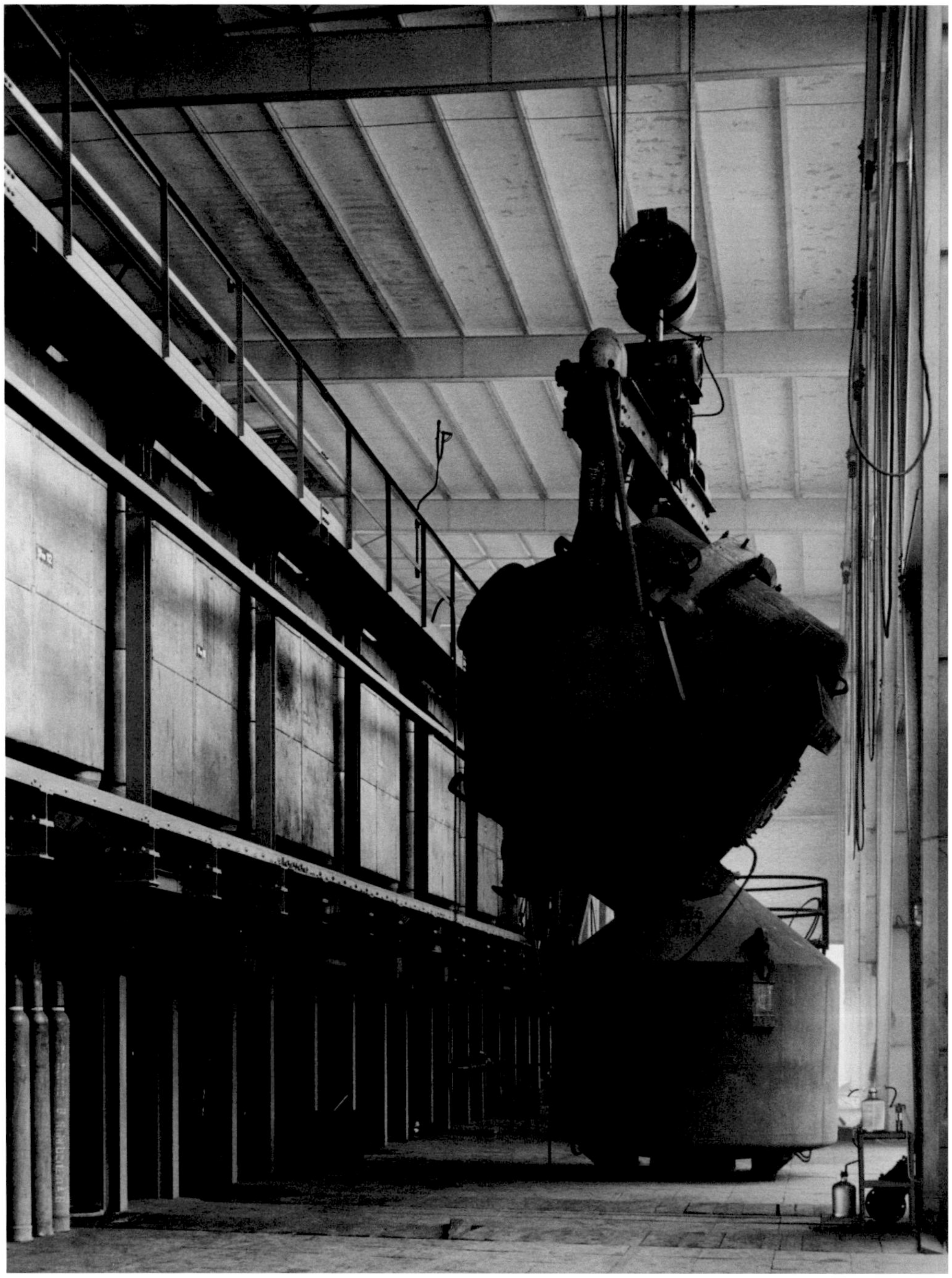

„Normaldrucköfen mit Kontaktkübeln“

Normal pressure furnaces with contact vessel

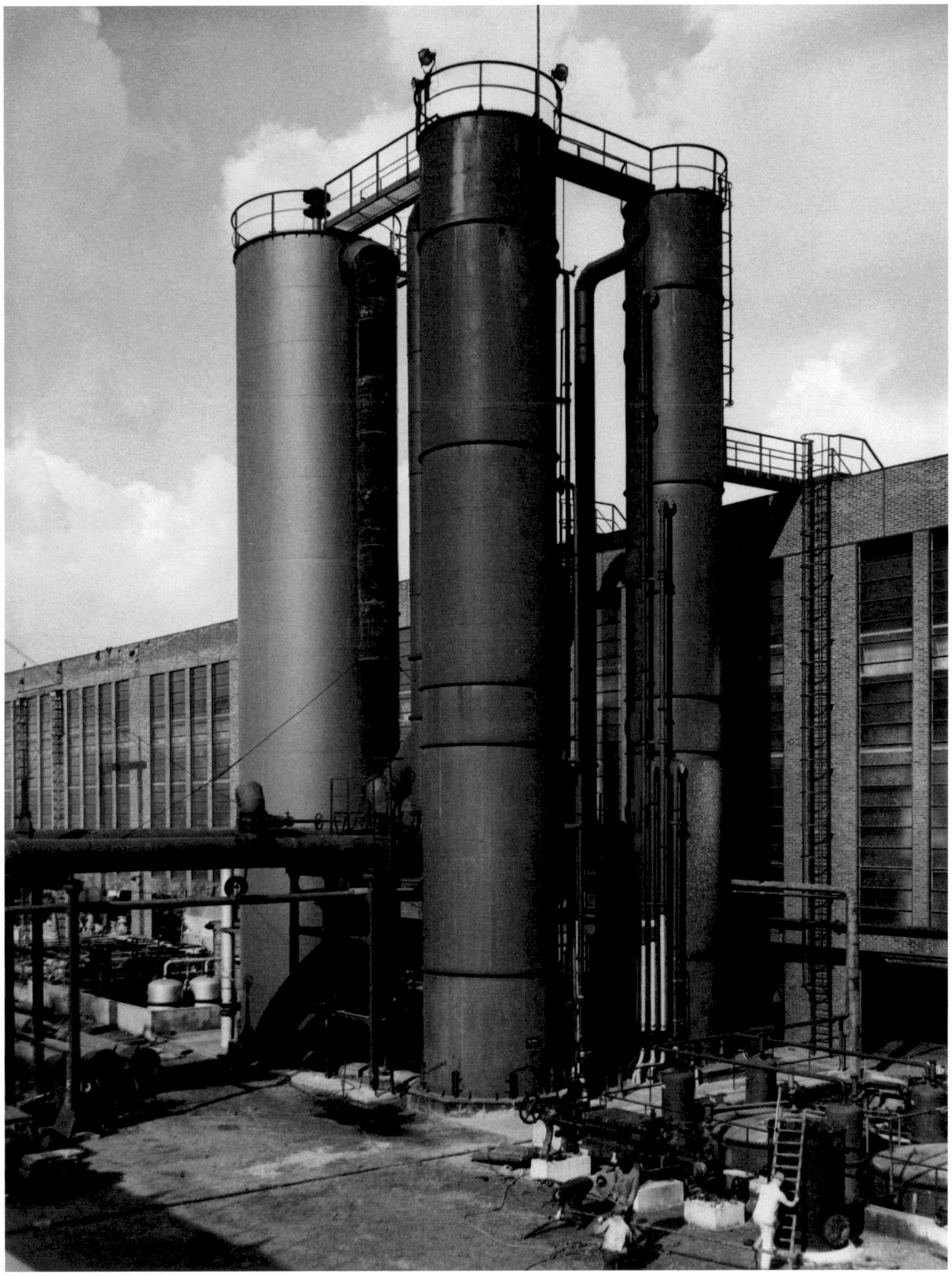

„Kondensation“
Condensation

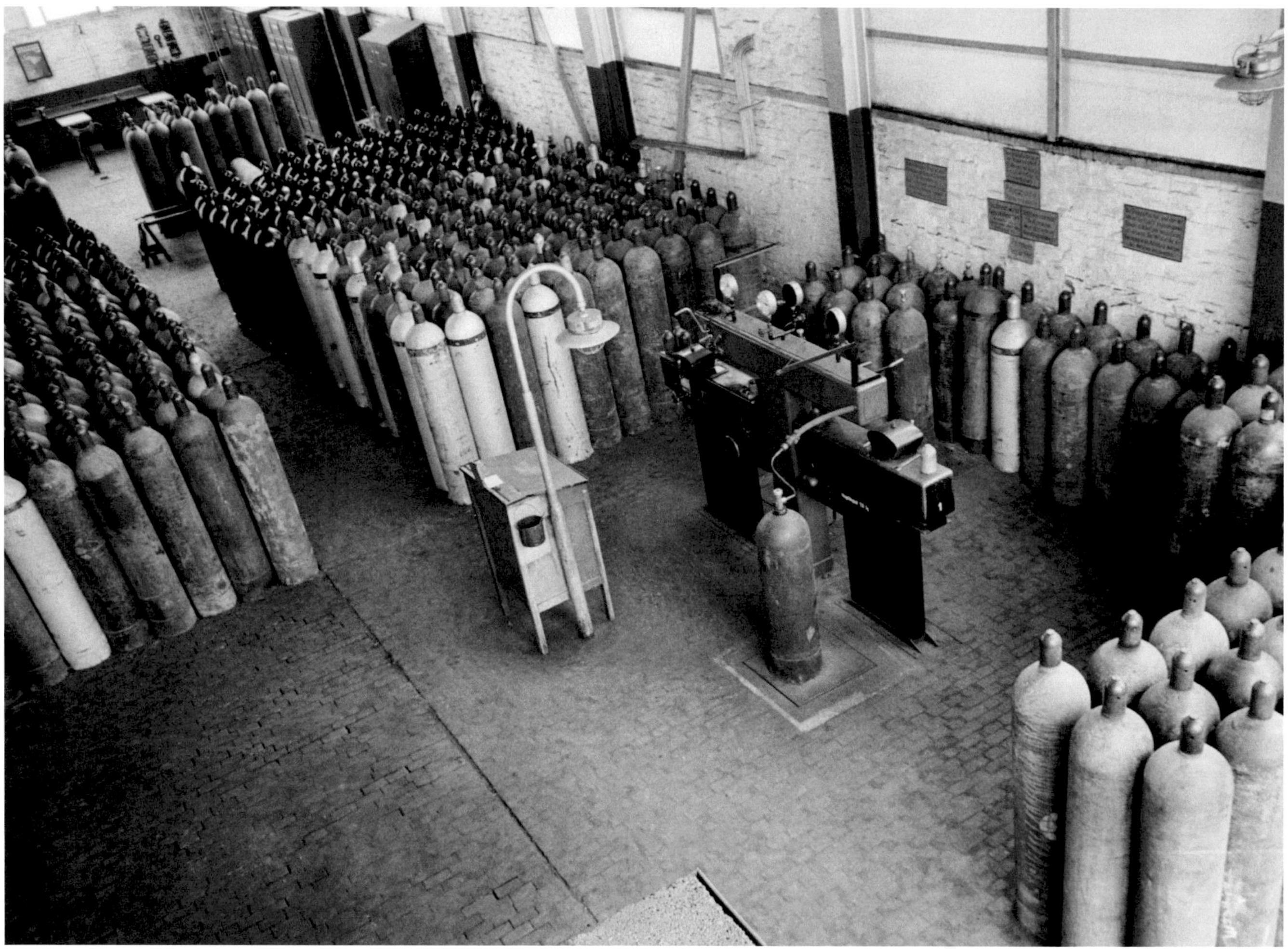

„Gasolabfüllung“
Gas bottling

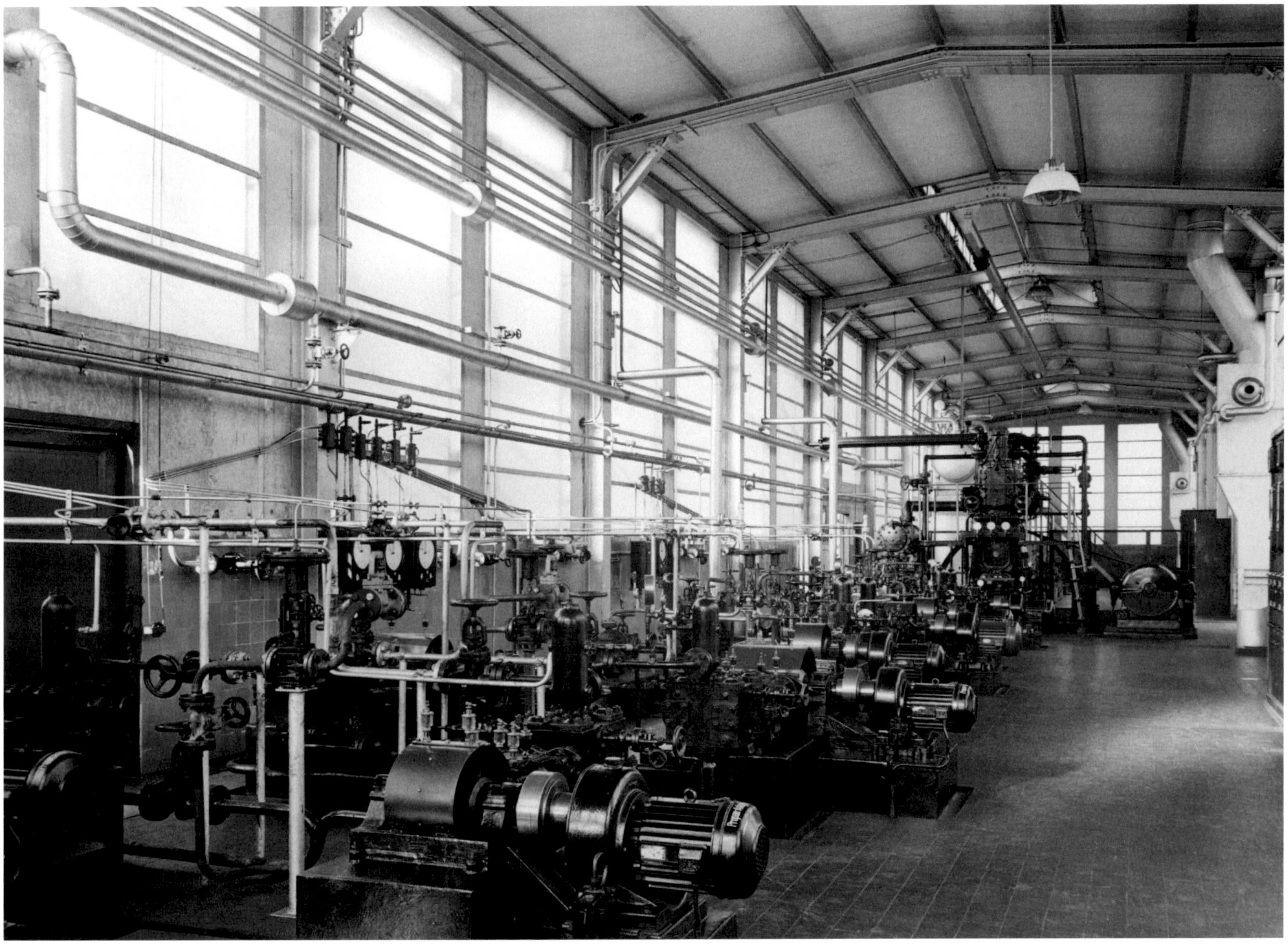

„Destillations-Pumpenhaus“
Distillation pump hall

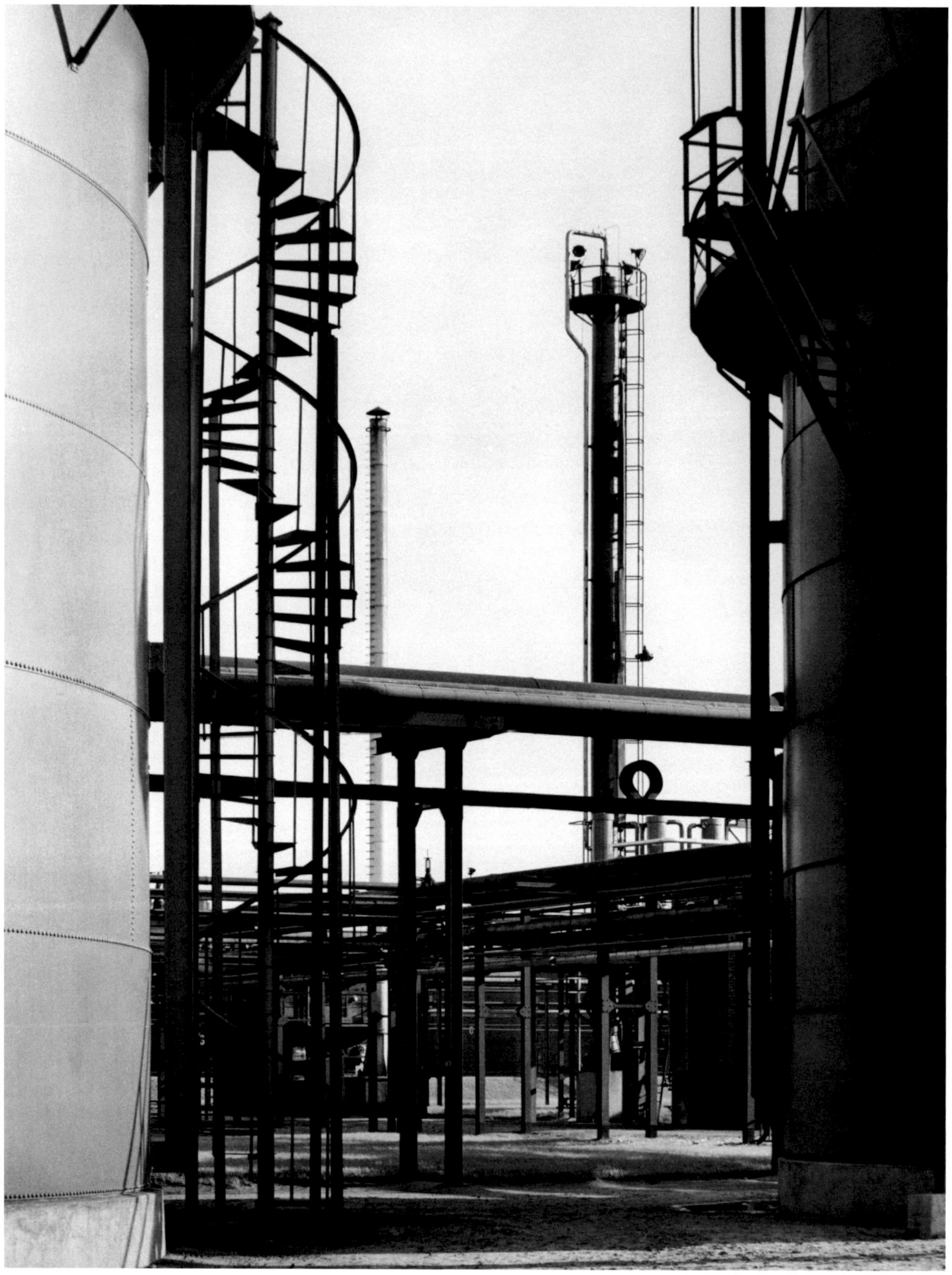

„Oeldestillation“
Oil distillation

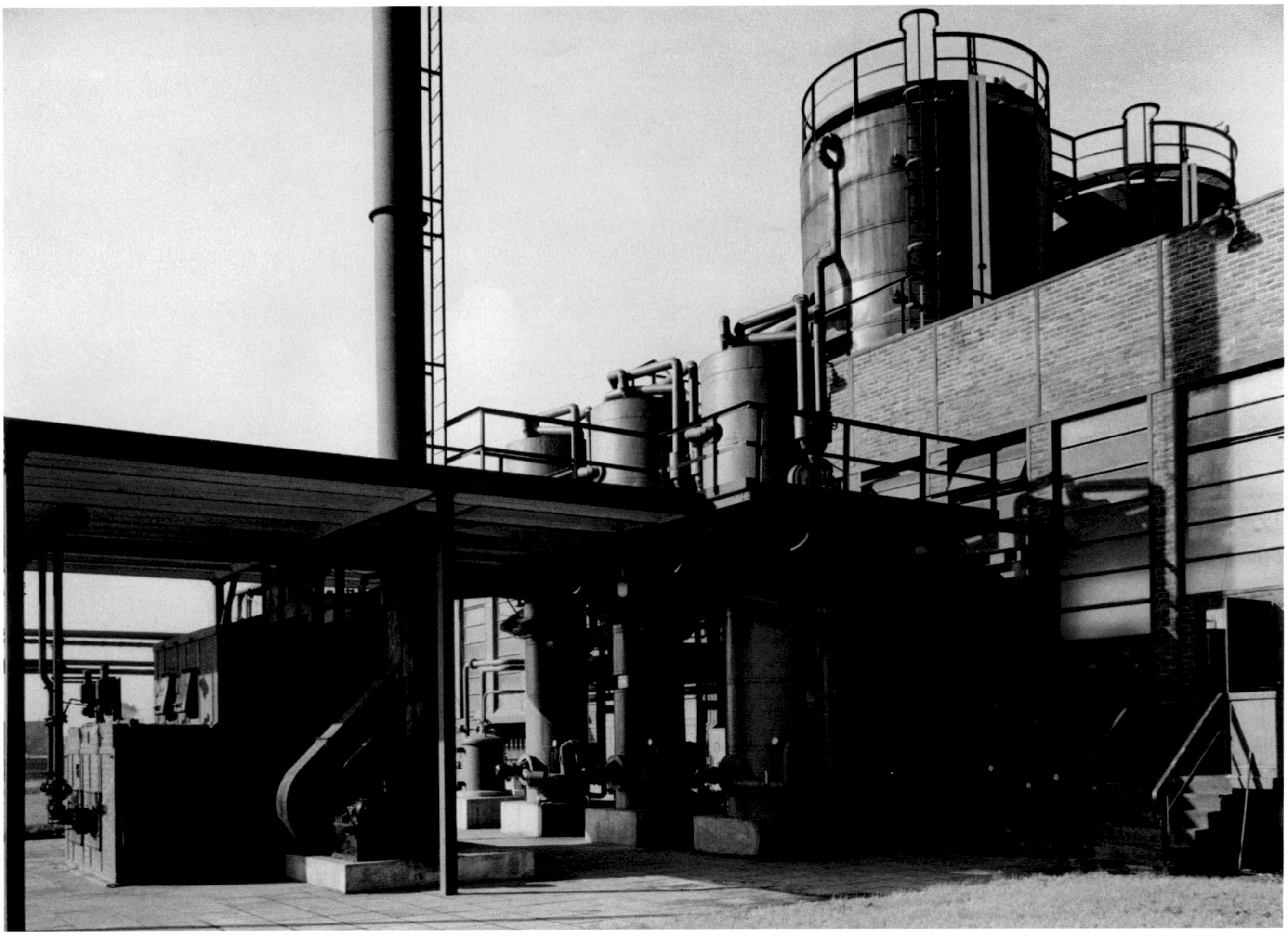

„Paraffinanlage, Vakuumdestillation“
Paraffin plant, vacuum distillation

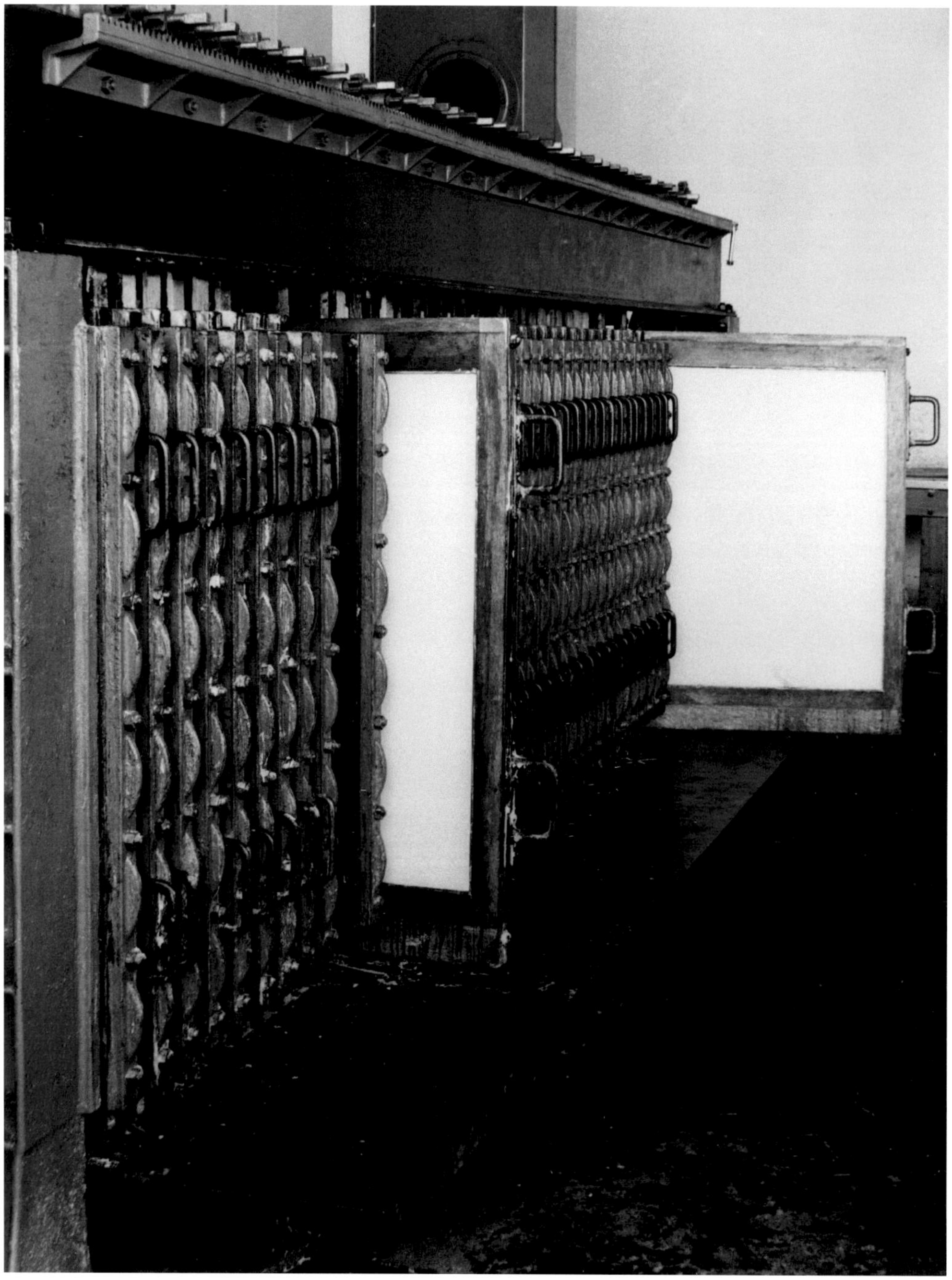

„Paraffinanlage, Kühlpresse für Tafelparaffingewinnung“
Paraffin plant, cooling press for paraffin collection

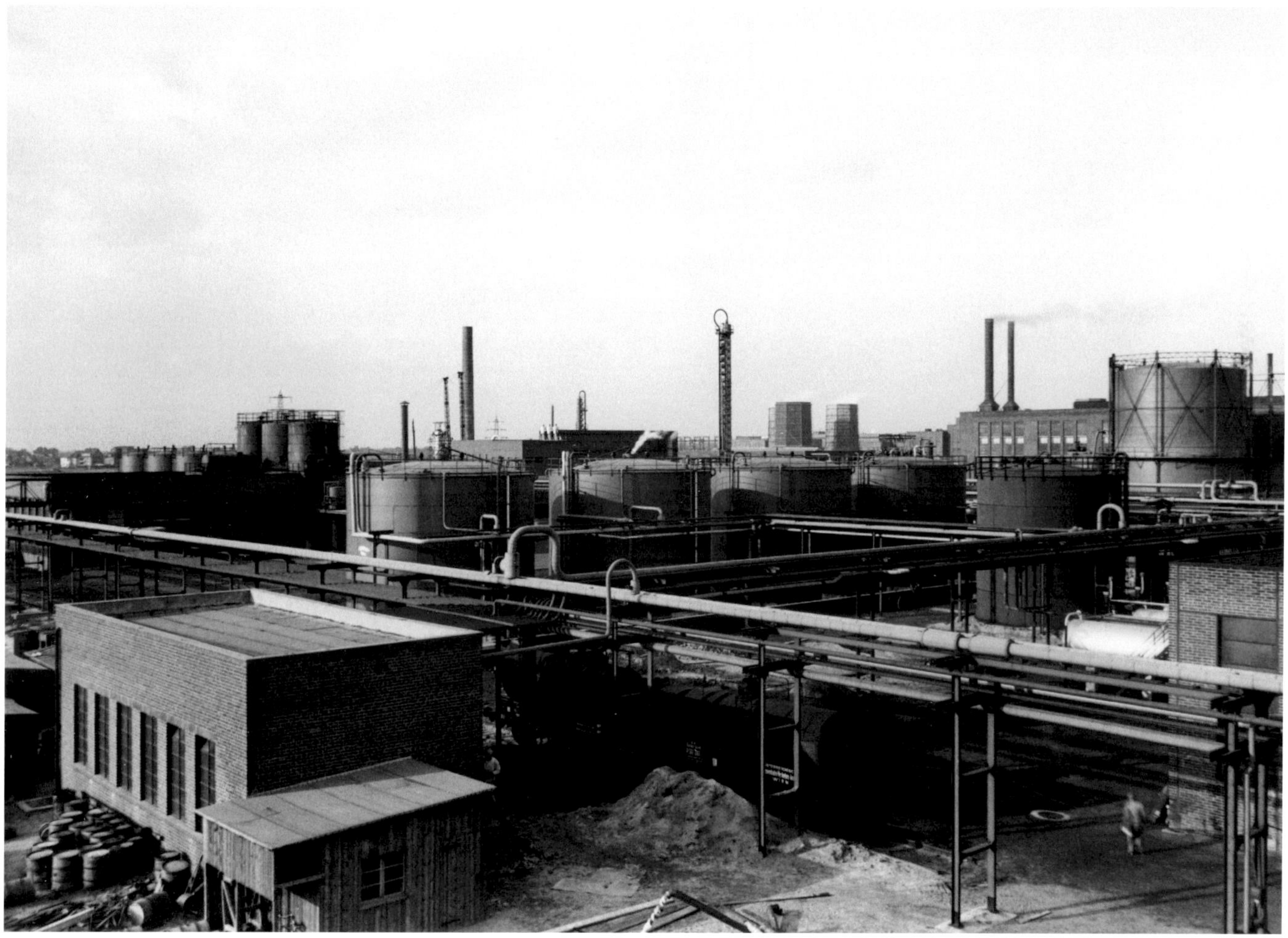

„Gesamtansicht der Benzingroßanlage“
General view of the large-scale gasoline plant

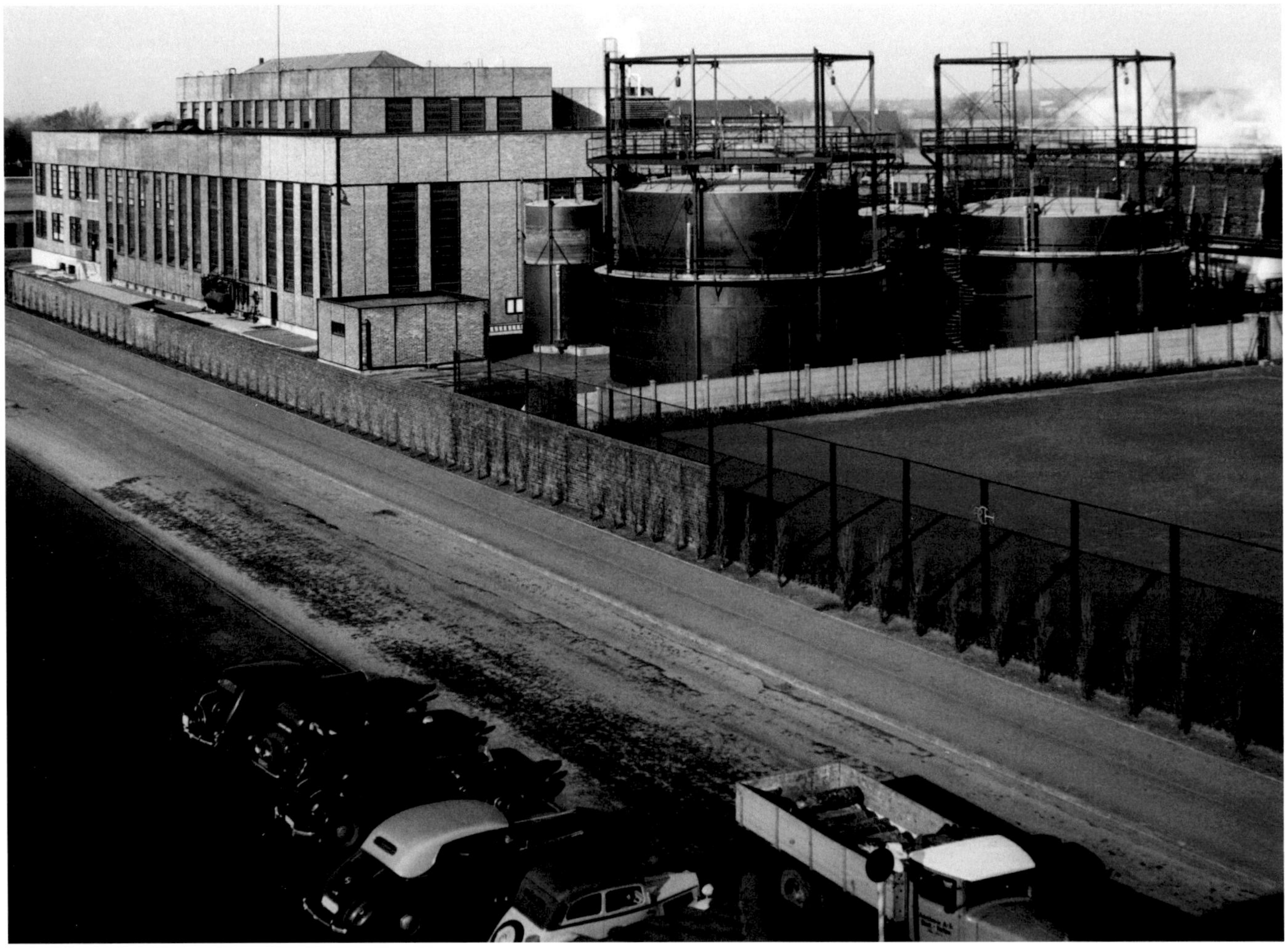

„Chemische Fabrik Holten G. m. b. H."
Chemische Fabrik Holten G. m. b. H.

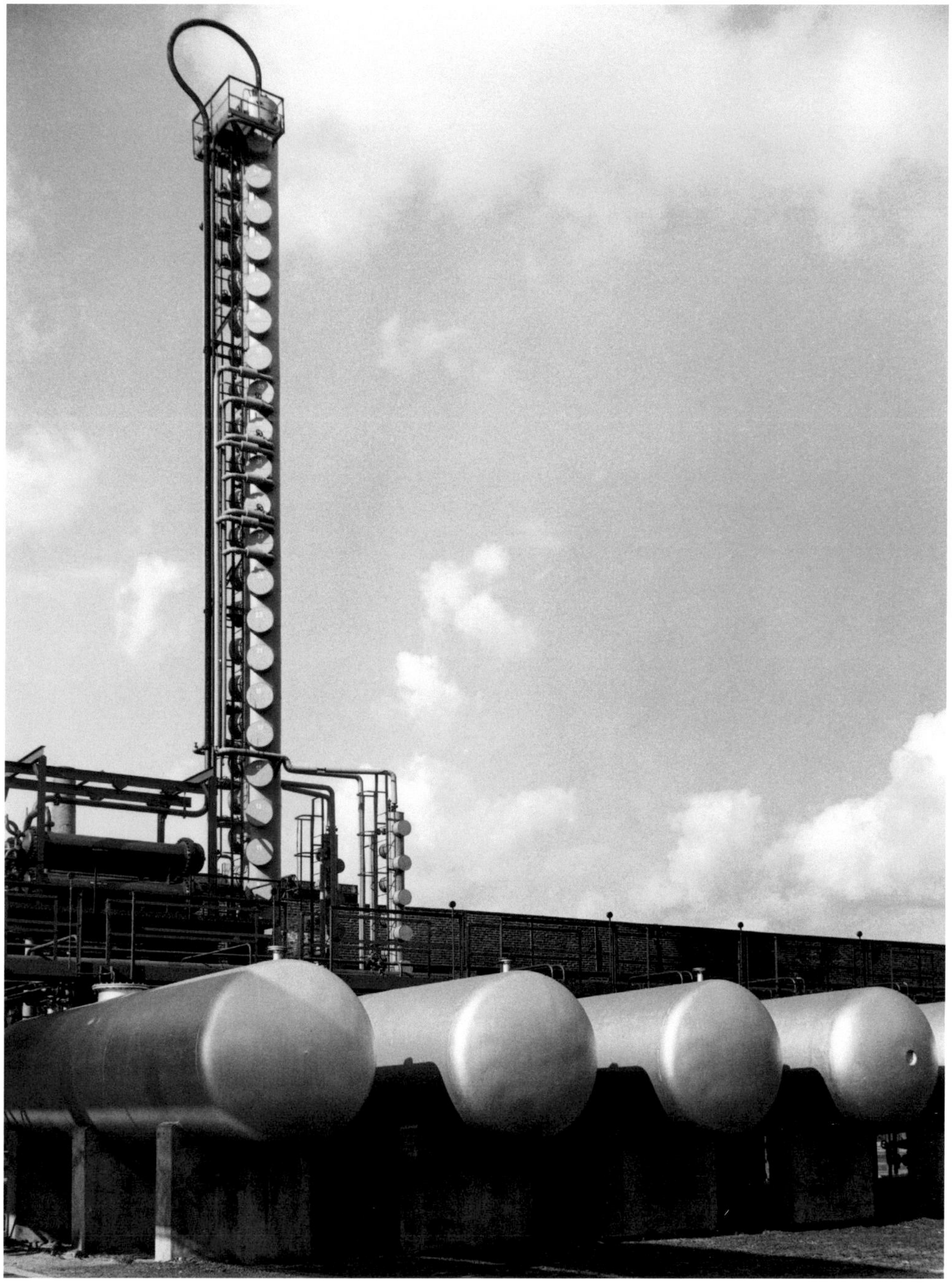

„Neue Benzinstabilisation“
New gasoline stabilisation

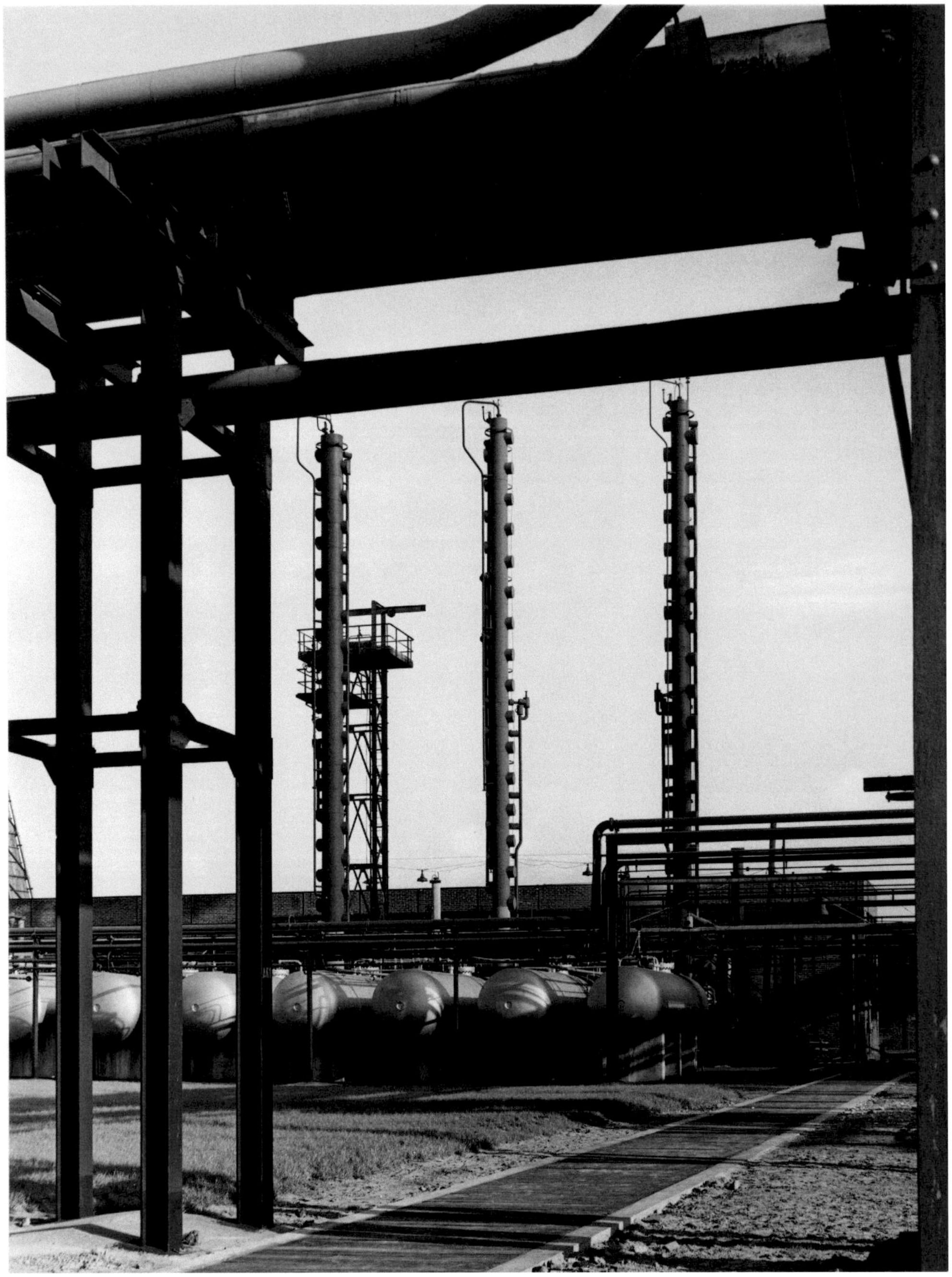

„Alte Benzinstabilisation“
Old gasoline stabilisation

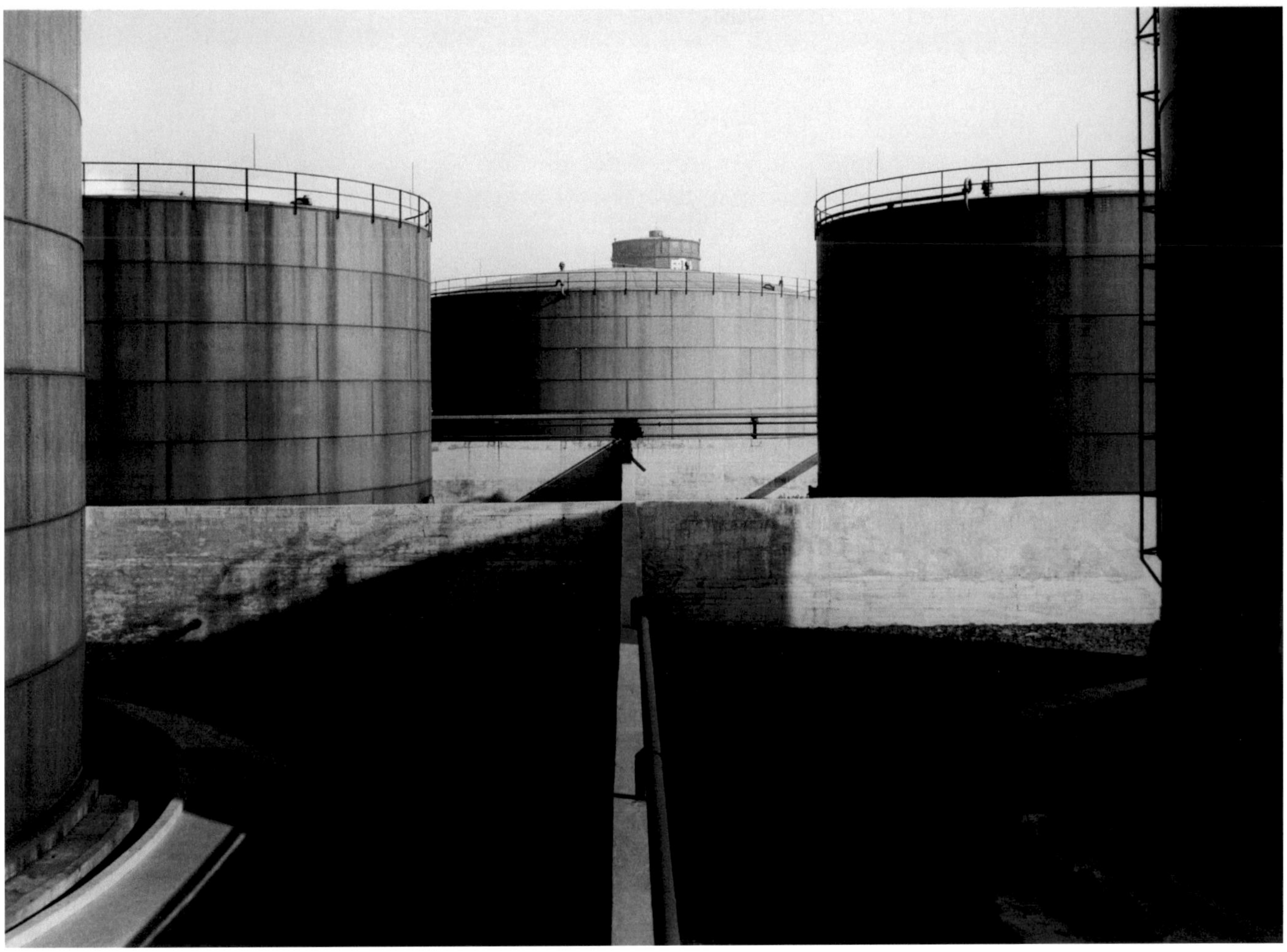

„Teilansicht Tanklager“
Partial view tank farm

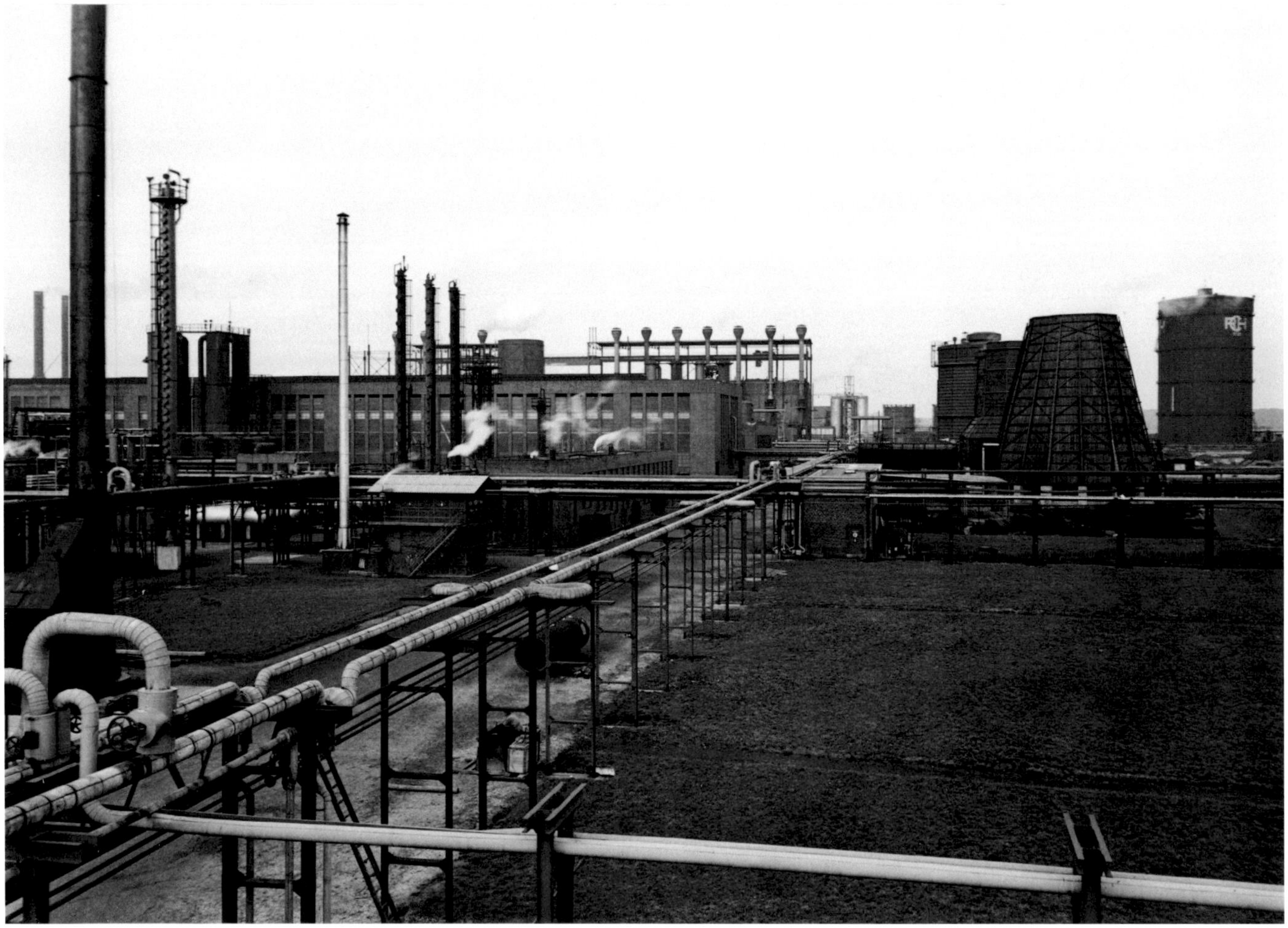

„Gesamtansicht der Benzingroßanlage“
General view of the large-scale gasoline plant

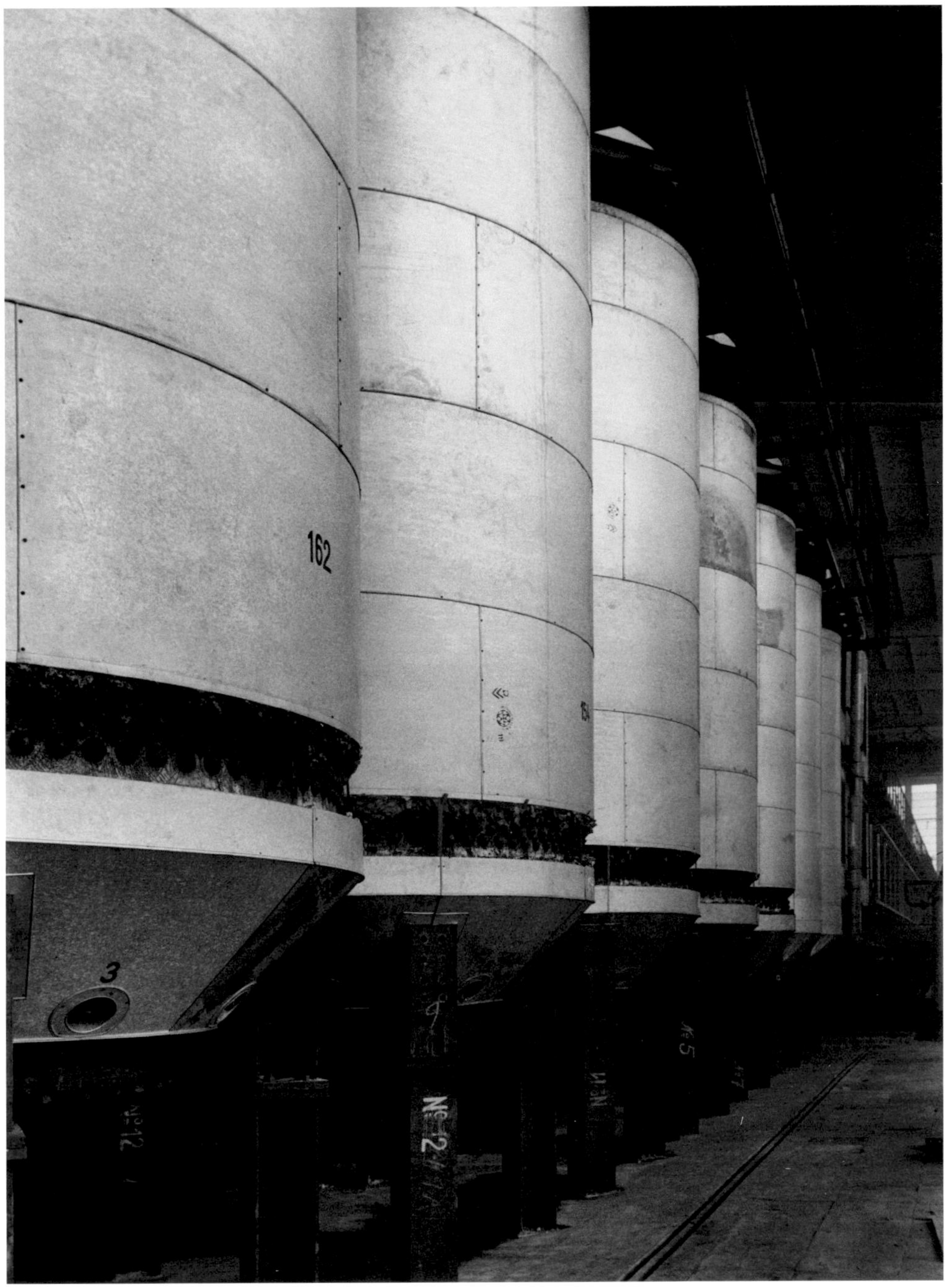

„Öfen der Mitteldruck-Syntheseanlage in der Montage“
Furnaces of the medium-pressure synthesis plant during installation

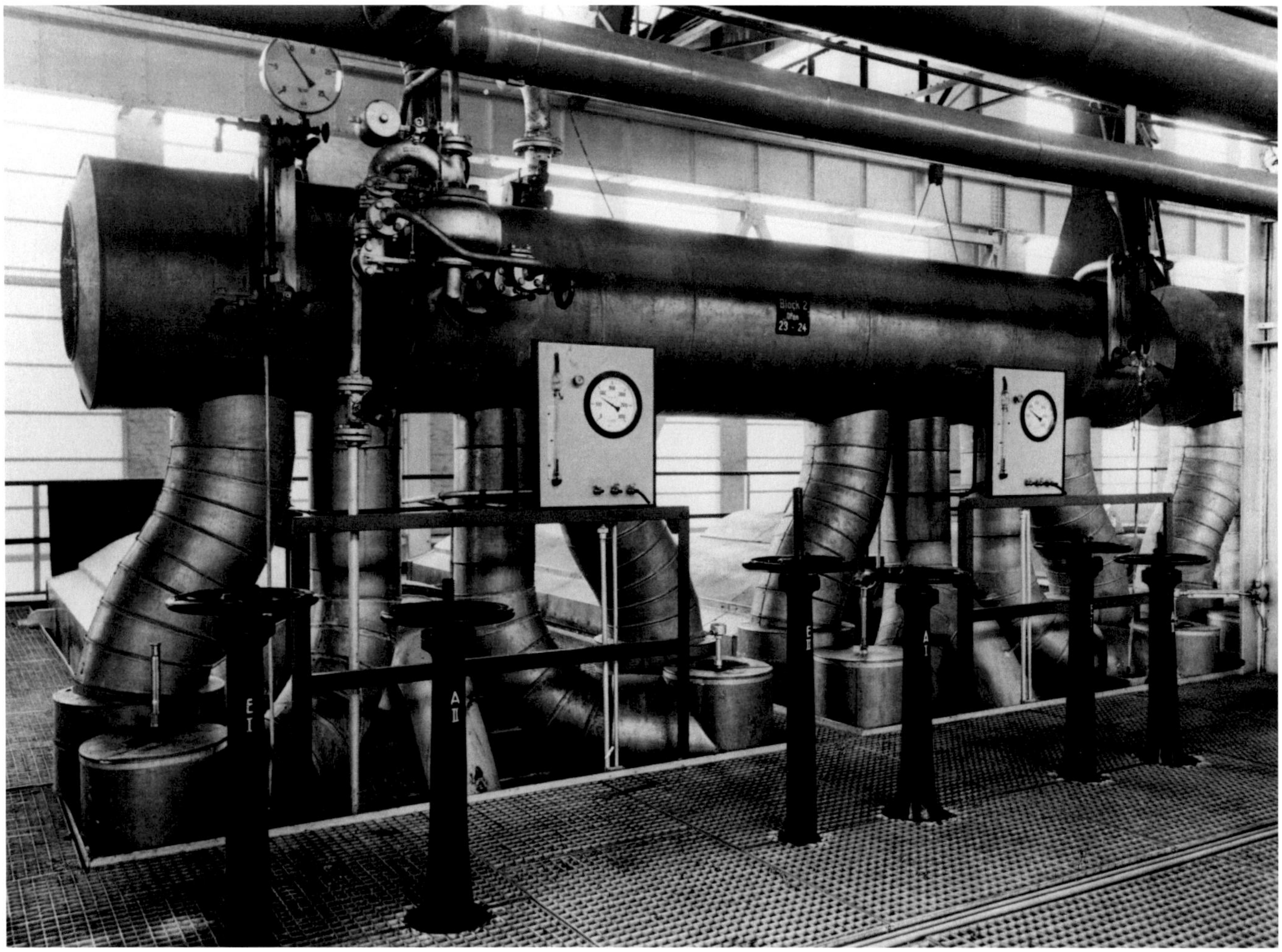

„Kontakt-Oefen, Dampfsammler“
Contact furnaces, steam collector

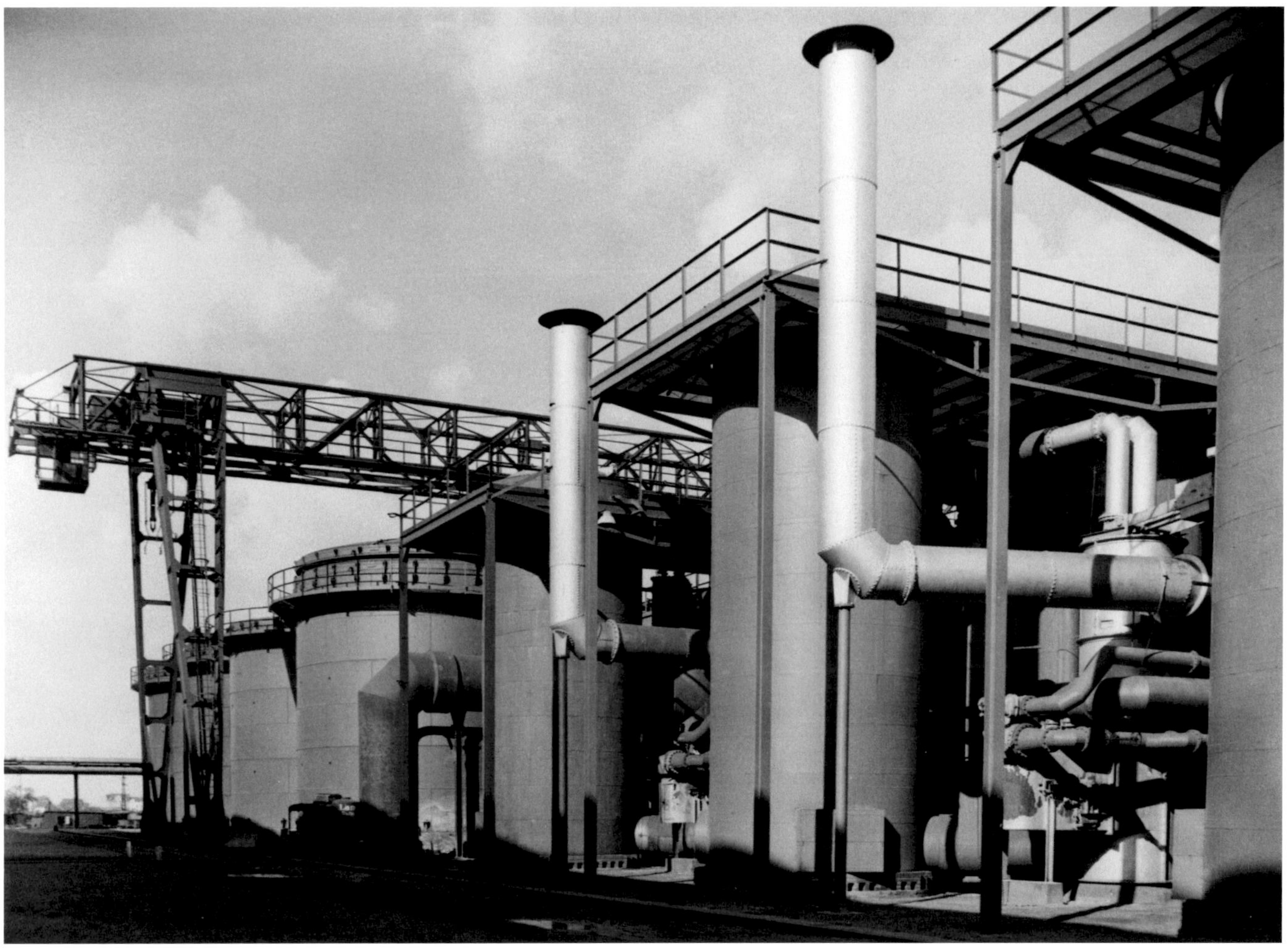

„Schwefelreinigung“
Sulphur purification

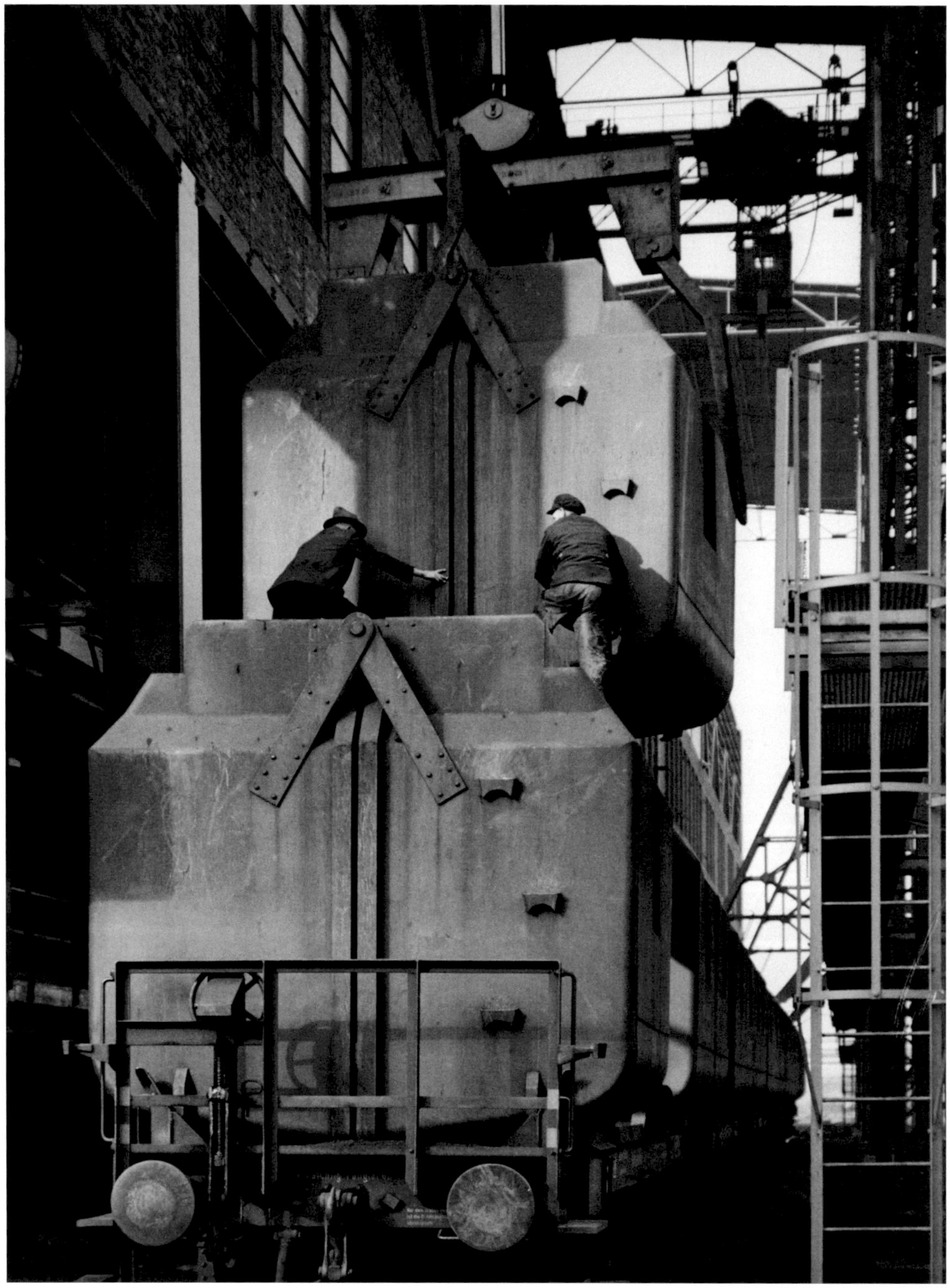

„Generatorenanlage, Klappkübelwagen für die Koksbeschickung"
Generator system, expanding vessel wagon for the coke feed

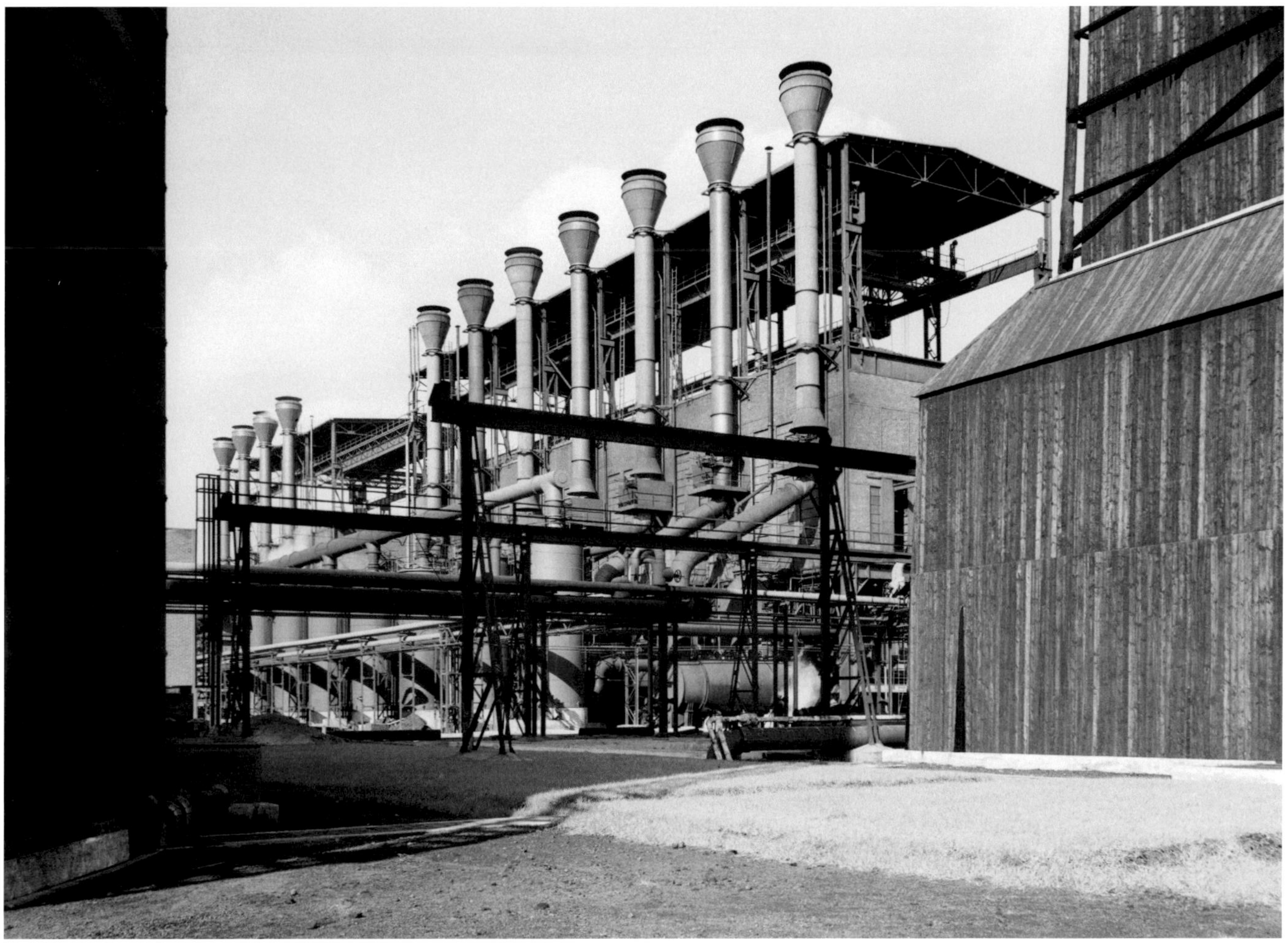

„Wassergasgeneratoren“
Water gas generators

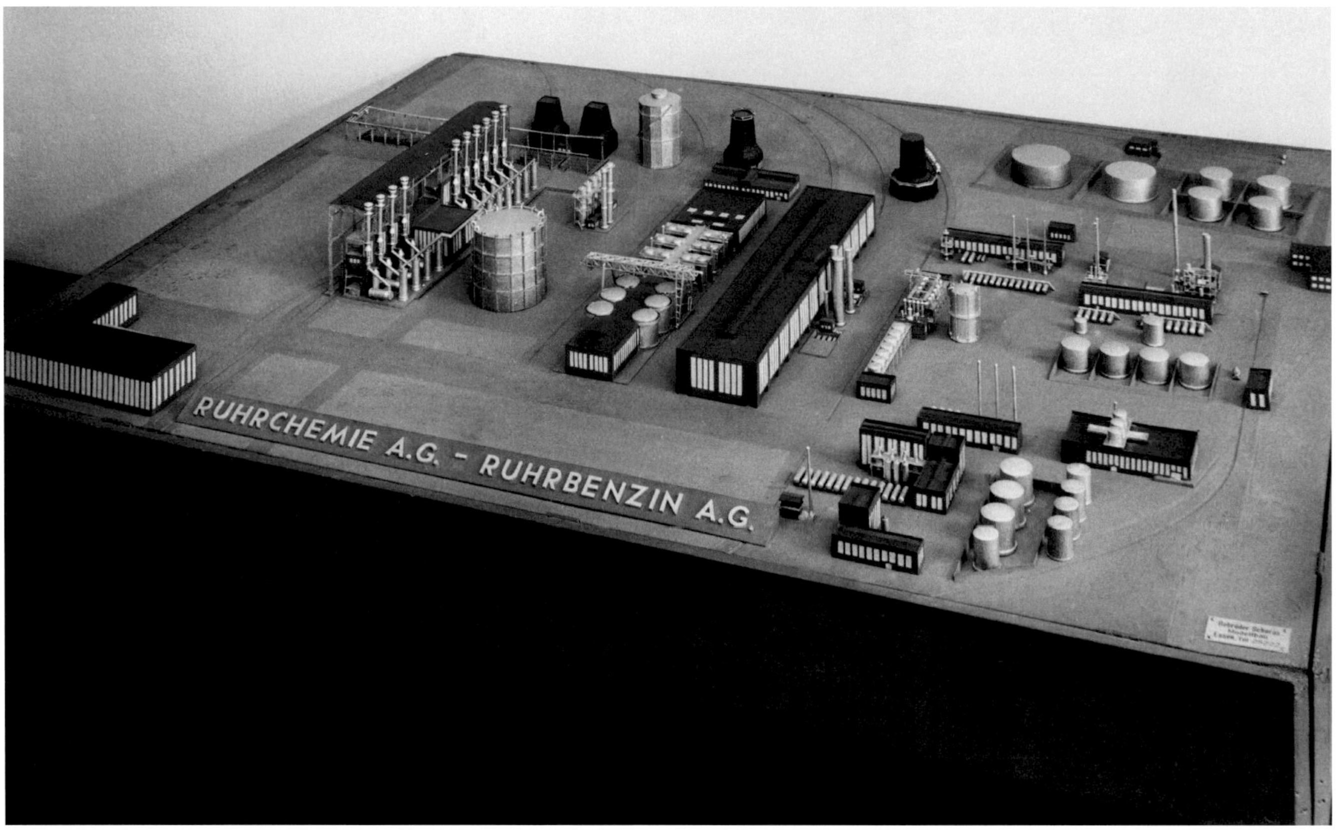

„Modell einer großtechnischen Benzinanlage, Ruhrchemie-Verfahren (Fischer-Tropsch)"
Model of a large-scale gasoline plant, Ruhrchemie method (Fischer-Tropsch)

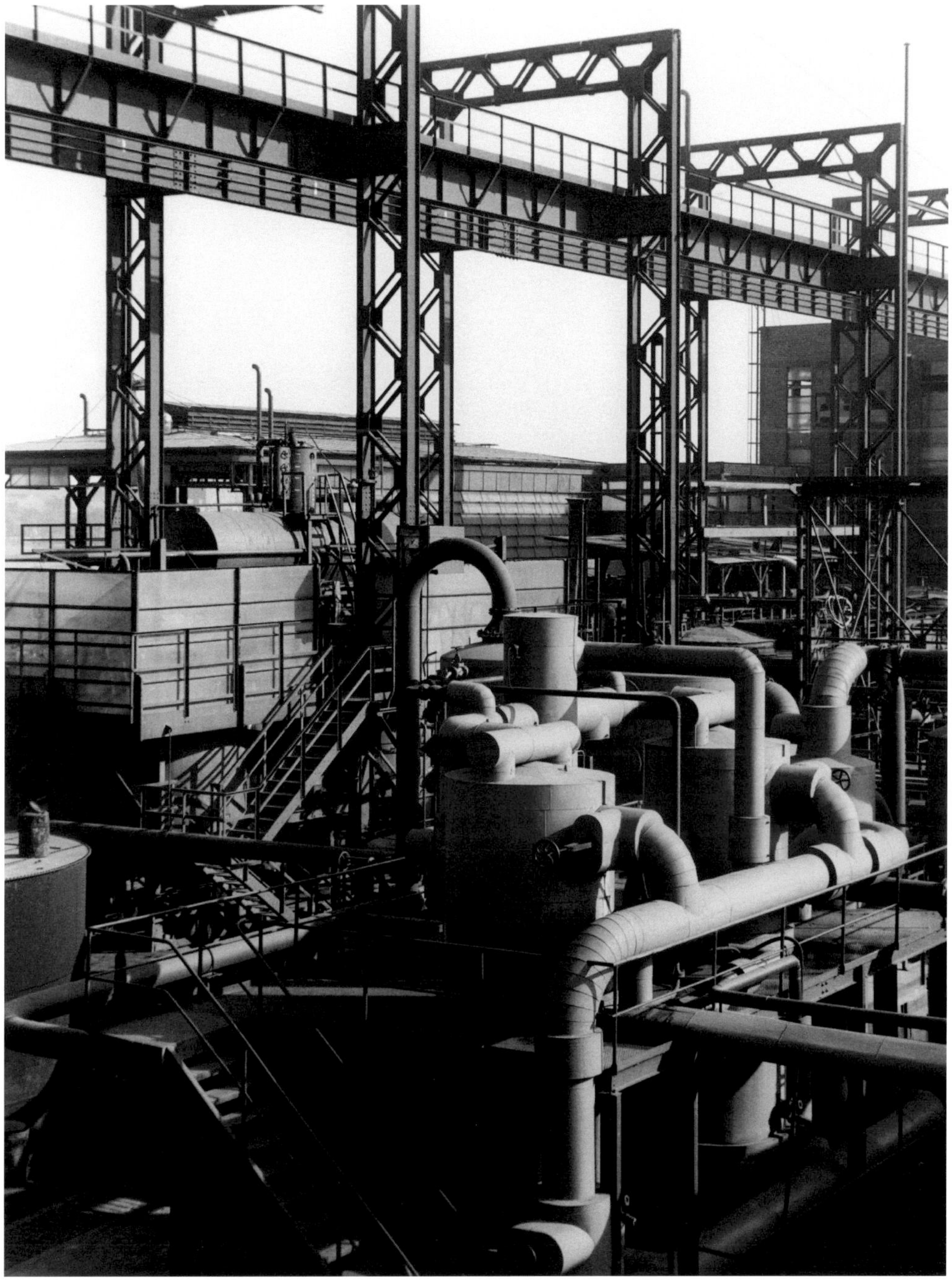

„Katalysatorfabrik, Reduktion“
Catalyst plant, reduction

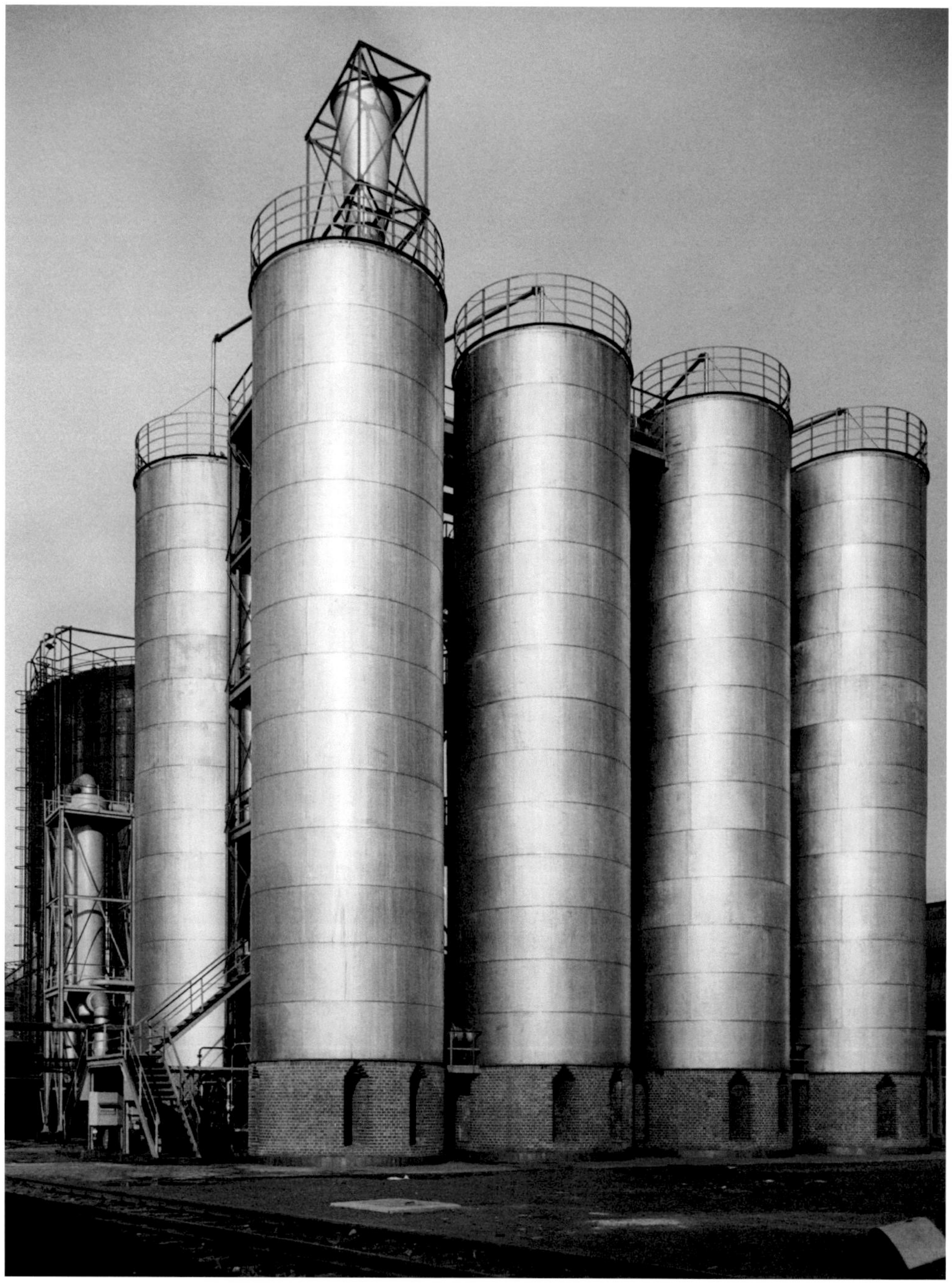

„Salpetersäure-Turmanlage“
Nitric acid tower complex

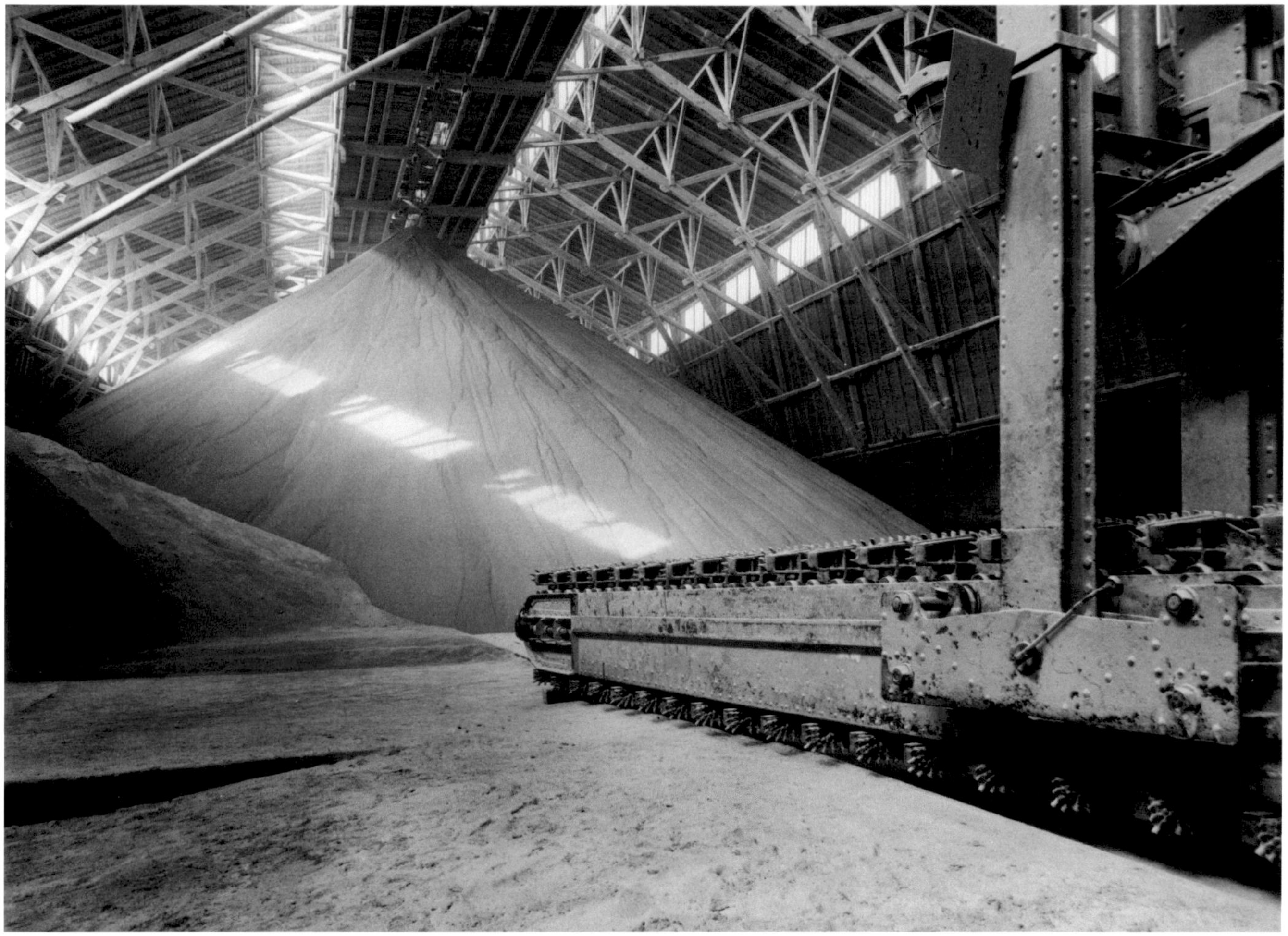

„Düngemittellagerhalle, Kratzer“
Fertiliser warehouse, scraper

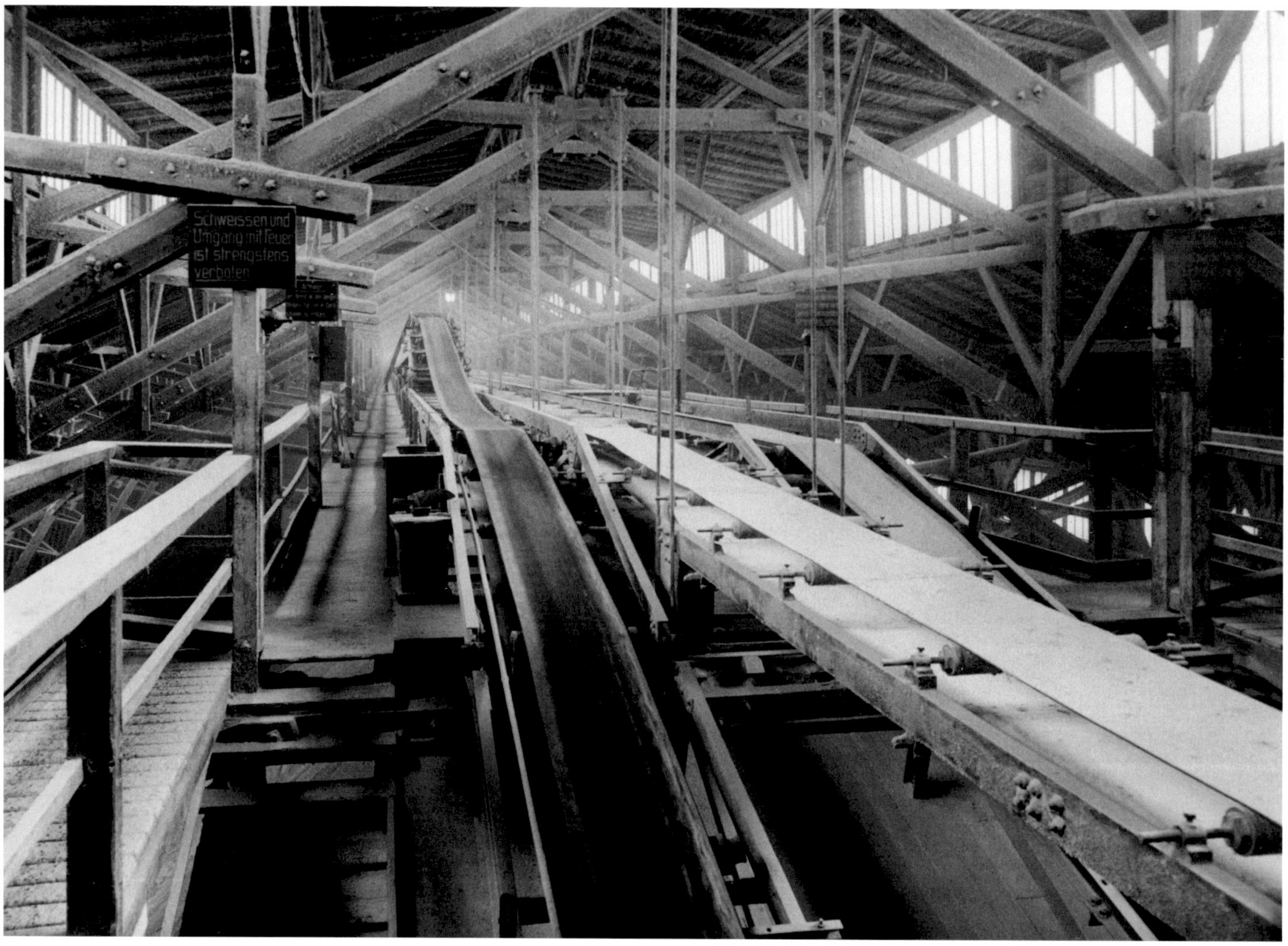

„Düngemittellagerhalle, Einspeicherung“
Fertiliser warehouse, storage

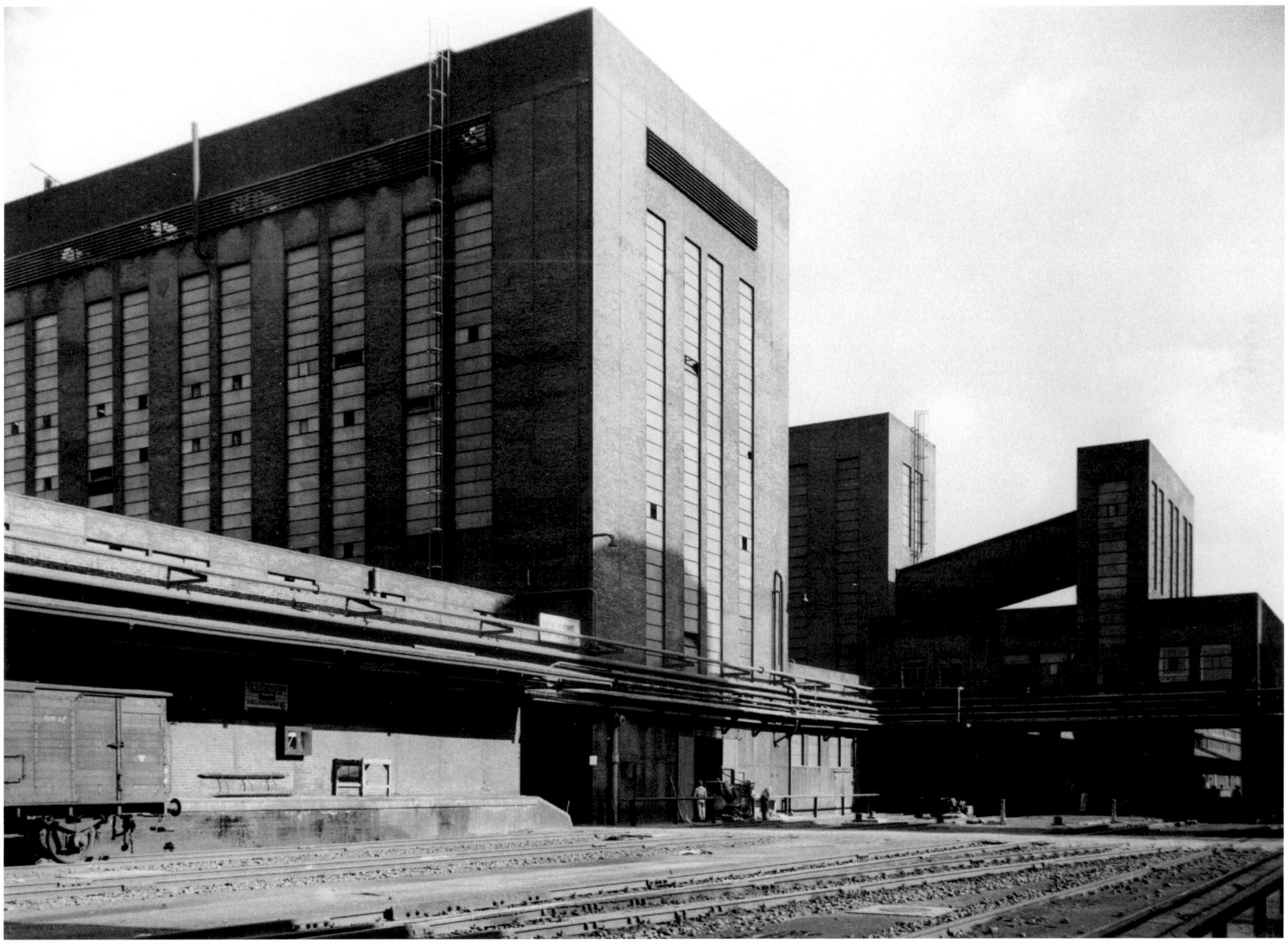

„Verladung, Salzbetrieb“
Loading, salt plant

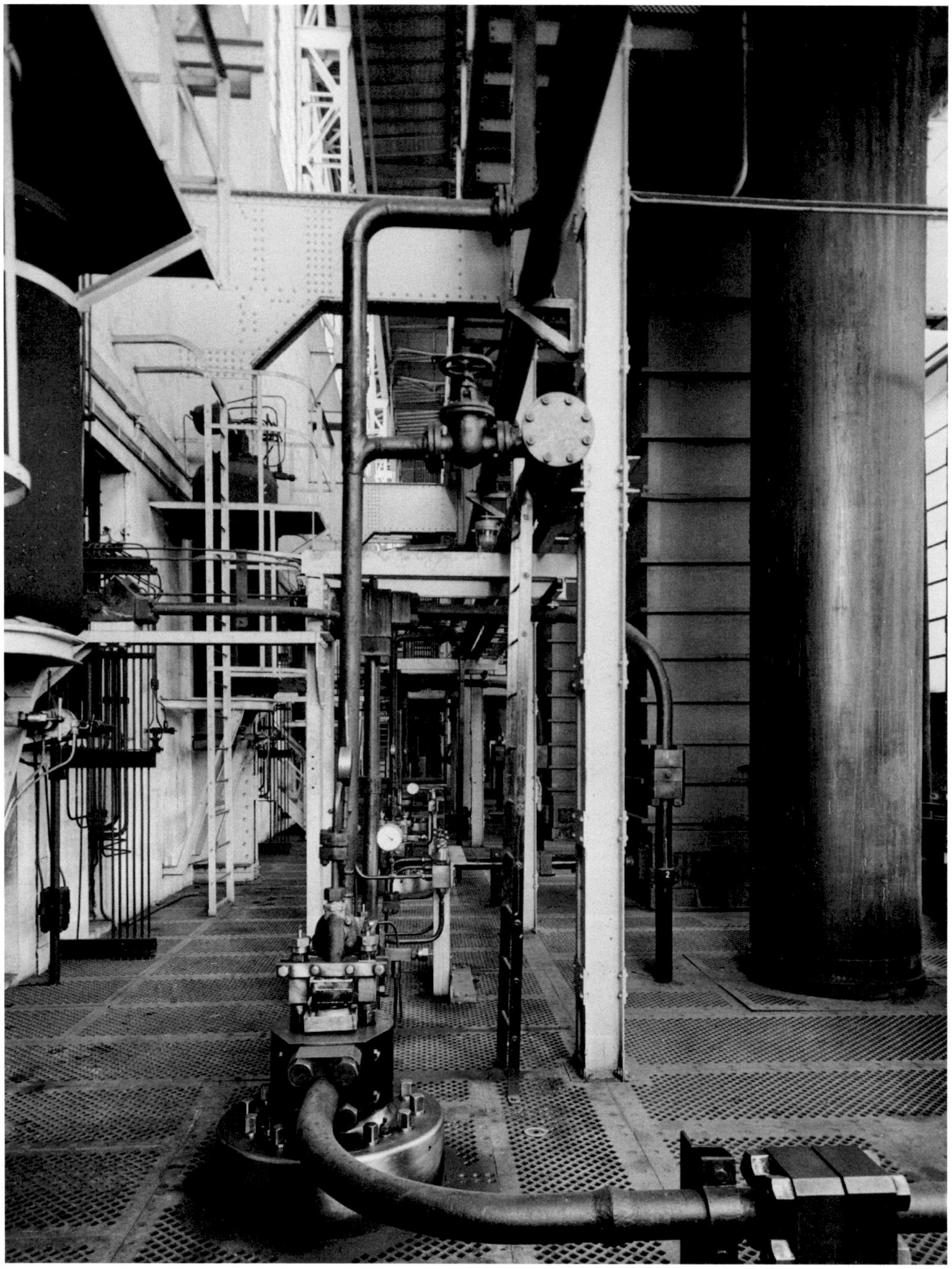

„Casale-Synthese“
Casale synthesis

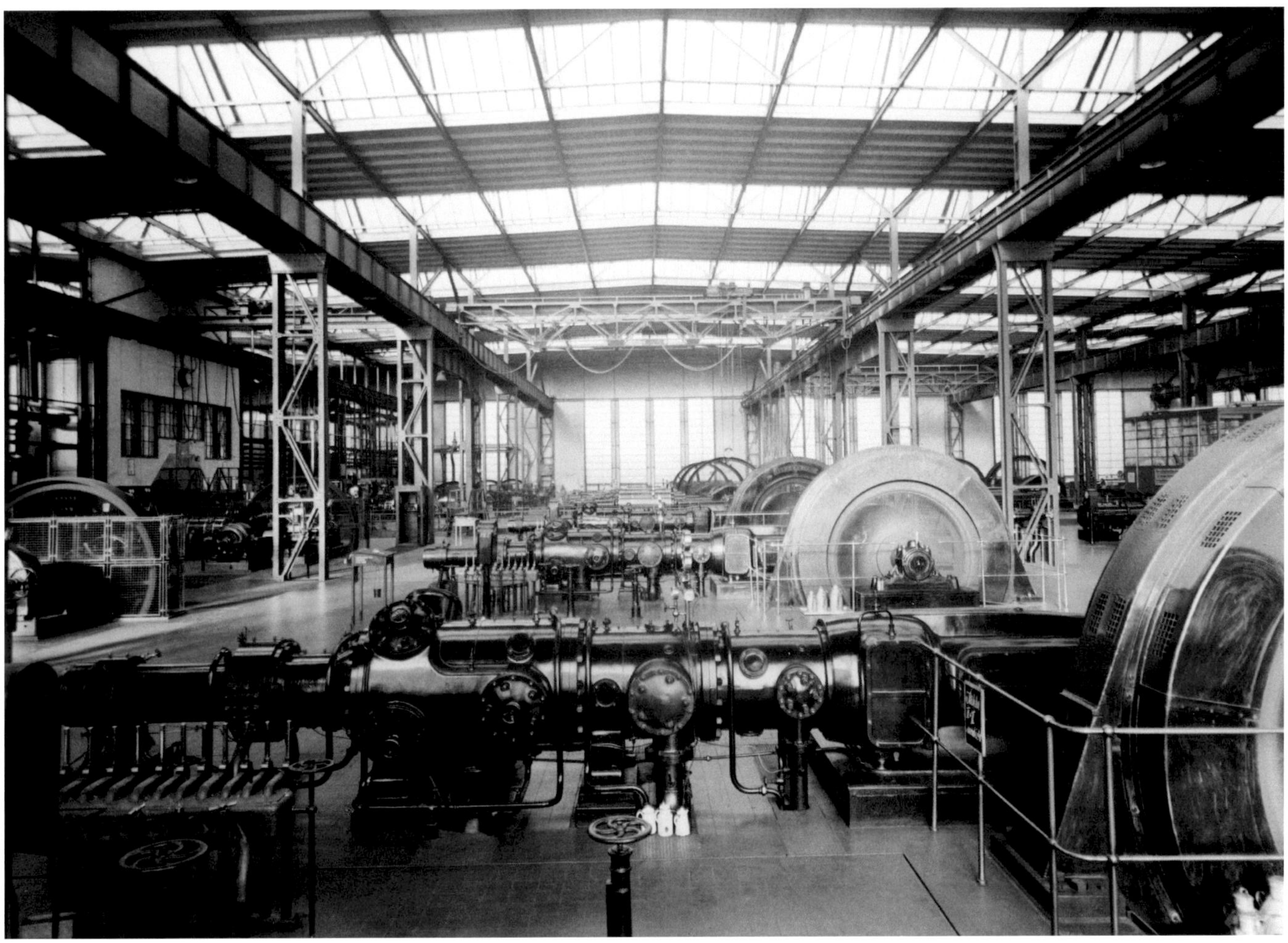

„Kompressorenhaus, Stickstoffkompressoren“

Compressor hall, nitrogen compressors

KARL HUGO SCHMÖLZ

Karl Hugo Schmölz wurde 1917 in Weißenhorn geboren und wurde durch seinen Vater Hugo Schmölz, einem Berufsfotografen, früh fotografisch geschult. Er absolvierte eine Fotografenlehre und führte ab 1938 das Fotostudio seines verstorbenen Vaters fort. Nach dem Zweiten Weltkrieg machte er es sich zur Aufgabe, die Kriegszerstörungen in Köln zu dokumentieren. Gleichzeitig arbeitete er mit Architekten zusammen, die den Wiederaufbau in Köln vorantrieben. Zusammen mit seiner Frau Walde Huth nahm er ab den 50er Jahren Werbeaufträge von Firmen an. Seine Werbeaufnahmen setzten neue Maßstäbe, da sie mit modernen künstlerischen Mitteln die Produkte in erzählerische Kontexte einbetteten. Schmölz setzte sich bis zu seinem Tod im Jahr 1986 aktiv für die Ausbildung von Nachwuchs-Fotografen ein. SH

Karl Hugo Schmölz was born in Weissenhorn in 1917 and received early photographic training from his father Hugo Schmölz, a professional photographer. He completed a photography apprenticeship and took over his father's photographic studio when the latter died in 1938. After the Second World War he was determined to document the destruction wreaked on Cologne and worked with architects who were instrumental in reconstructing the city. In the 1950s, he and his wife Walde Huth worked on advertising contracts for various company, and his photographic shoots set new standards by embedding the products in a narrative context using modern artistic techniques. Schmölz actively stood up for the training of young photographers until his death in 1986. SH

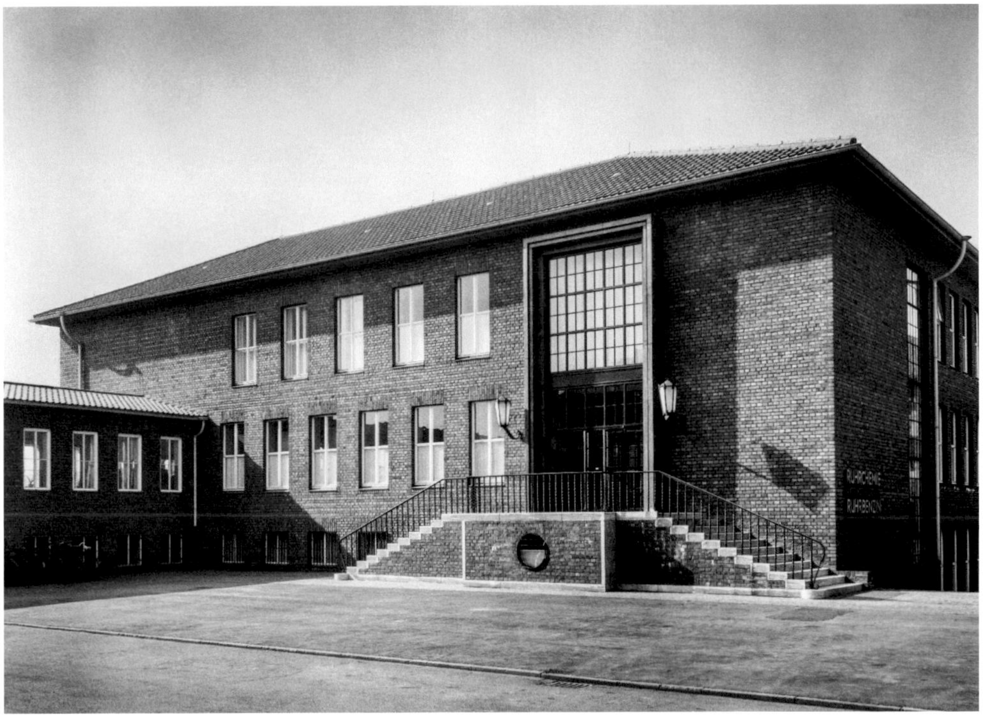

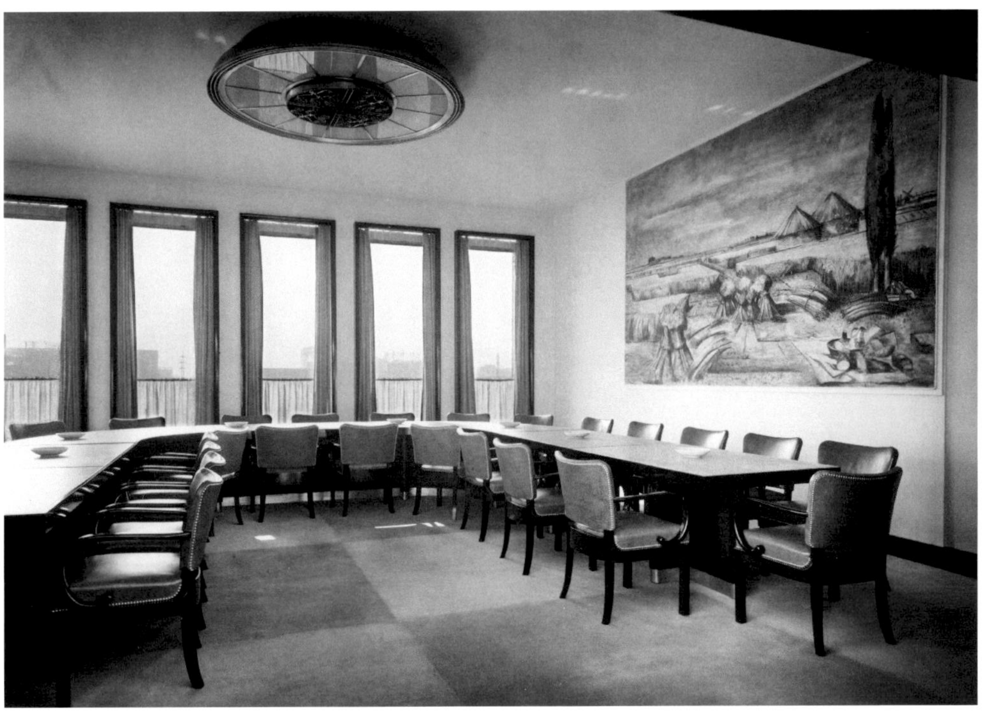

Hauptverwaltung, um 1938
Head office, c. 1938

Sitzungszimmer in der Hauptverwaltung, um 1938
Meeting room in the head office, c. 1938

LUDWIG WINDSTOSSER

Ludwig Windstosser wurde 1921 in München geboren und machte zunächst eine Ausbildung als Mechaniker und Technischer Zeichner. Nach dem Zweiten Weltkrieg absolvierte er eine Fotografenlehre in Stuttgart. Ab 1948 arbeitete er als selbstständiger Fotograf. 1949 wurde er Gründungsmitglied der nur wenige Jahre existierenden „fotoform“, einer Gruppe Fotografen, die sich avantgardistischen Arbeitsweisen in der Fotografie verschrieben hatte. Ebenfalls als Gründungsmitglied wurde Windstosser 1969 tätig, als die „Deutsche Gesellschaft für Photographie (DGPh)“ ins Leben gerufen wurde. Windstossers Werk zeichnet sich vor allem durch die so genannte subjektive Fotografie und durch innovative Techniken aus. 1983 verstarb er in Stuttgart. SH

Ludwig Windstosser was born in Munich in 1921 and initially trained as a mechanic and technical draftsman. After the Second World War, he completed a photography apprenticeship in Stuttgart and worked as a freelance photographer from 1948. In 1949 he became a founding member of “fotoform”, a group of photographers experimenting in avant-garde photographic processes, but which disbanded after only a few years. Windstosser also became a founding member of the “Deutsche Gesellschaft für Photographie” (DGPh) (German Photographic Association) in 1969. Windstosser's work is characterised by “subjective” photography and innovative techniques. He died in Stuttgart in 1983. SH

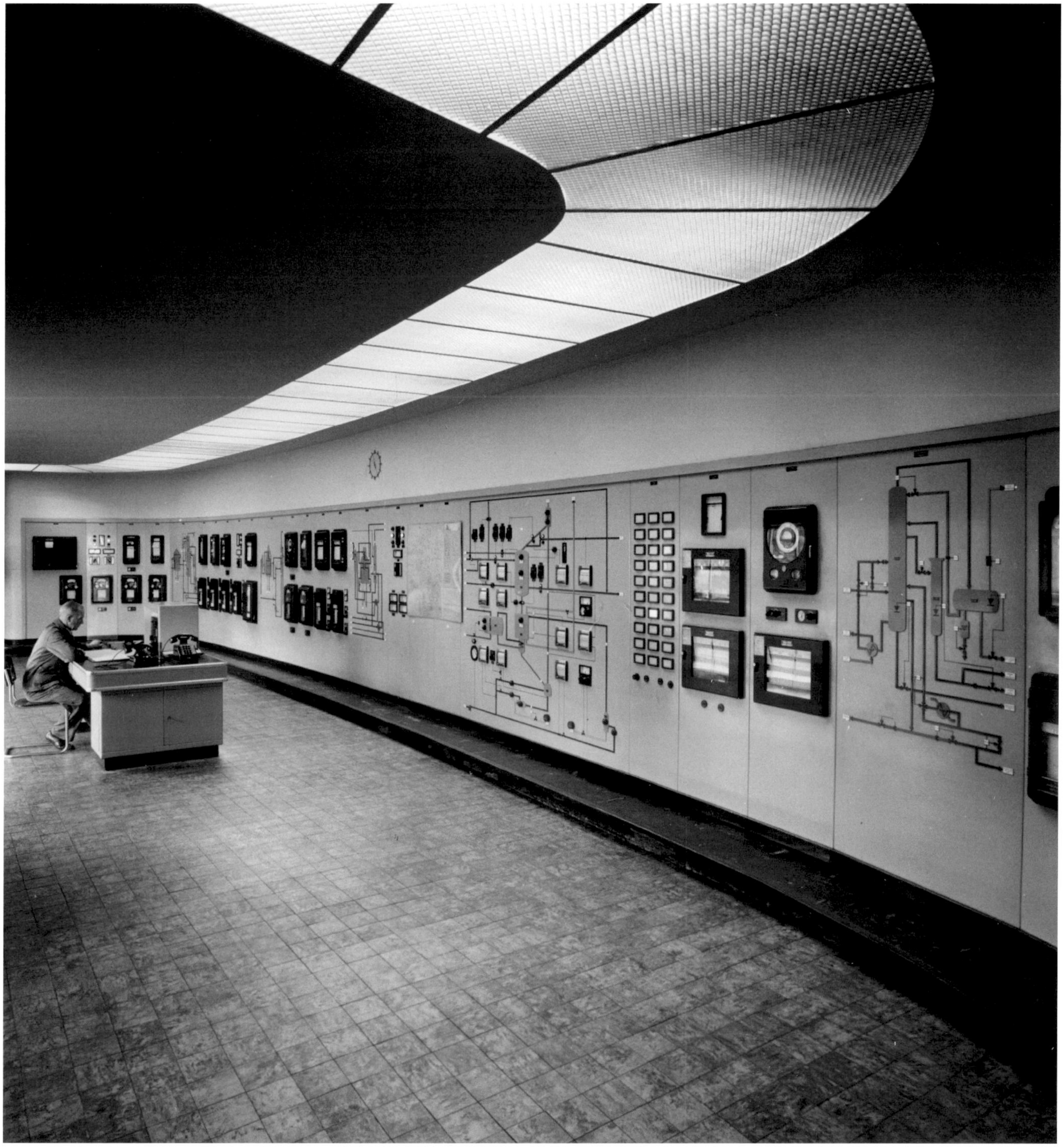

Messwarte, um 1957
Control room, c. 1957

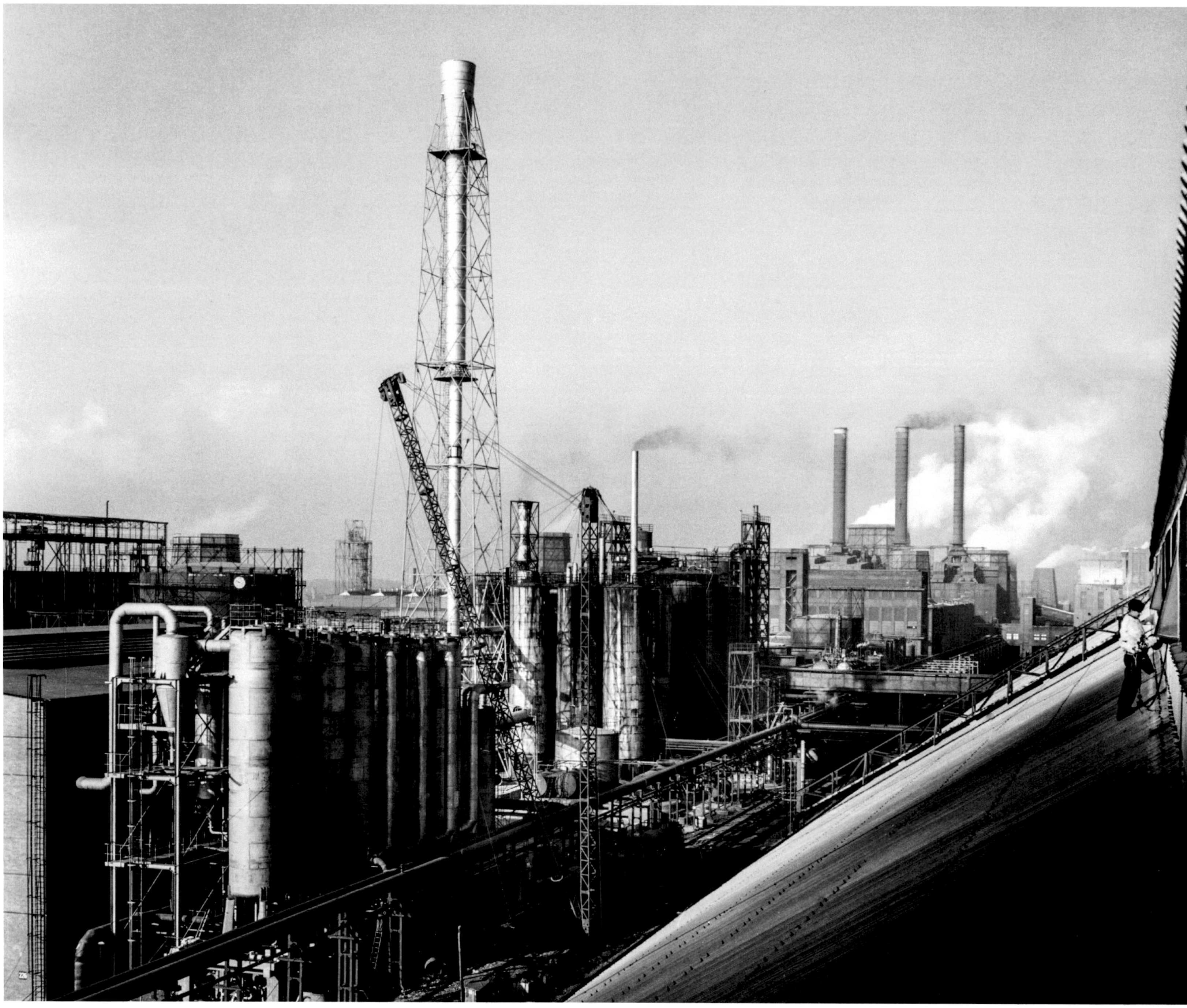

Salpetersäure-Anlage, 1957
Nitric acid plant, 1957

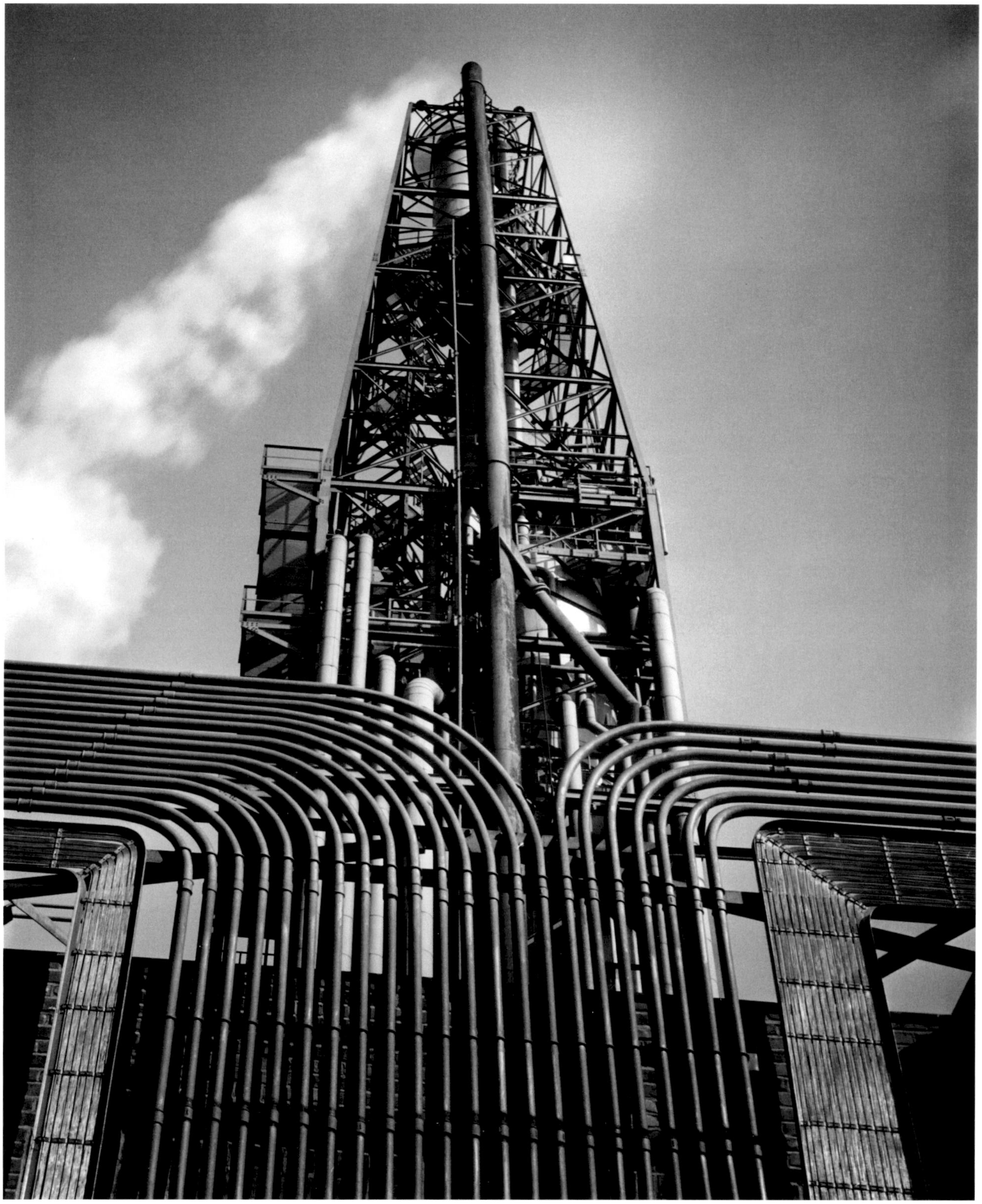

TCC-Turm, um 1957
TCC tower, c. 1957

BERND UND HILLA BECHER

Bernd Becher wurde 1931 in Siegen geboren und studierte zunächst Freie Grafik in Potsdam, bevor er 1956 Düsseldorf als Studienstandort wählte. Während seines Studiums dort lernte er seine spätere Frau Hilla kennen, die nach einer Fotografenlehre in ihrer Heimatstadt Potsdam in Düsseldorf Fotografie studierte. Während Hilla Becher vor ihrem Studium bereits als Werbefotografin gearbeitet hatte, begann Bernd Becher schon früh, vor dem Abriss stehende Bauten zeichnerisch zu dokumentieren. Als Ehepaar setzten sie dieses Konzept fort. 1976 erhielt Bernd Becher eine Professur an der Kunstakademie Düsseldorf. In den kommenden Jahren bis zu Bernd Bechers Tod im Jahr 2007 prägten sie zahlreiche, heute international bekannte Fotografen durch ihre so genannte Becher-Schule. Bernd und Hilla Becher gelang es, durch ihre typologischen, seriellen und dabei stets sachlichen Fotografien von Industriebauten die Allgemeinheit für das Thema des industriegeschichtlichen Erbes zu sensibilisieren. Hilla Becher verstarb 2015 in Düsseldorf. SH

Bernd Becher was born in Siegen in 1931 and initially studied painting in Potsdam before moving to Düsseldorf in 1956 to continue his studies. It was here he met his future wife Hilla, who was studying photography in Düsseldorf after a photography apprenticeship in her hometown of Potsdam. While Hilla Becher had already started work as a commercial photographer before her graduation, Bernd Becher was soon graphically documenting old and dilapidated industrial buildings before they were demolished, and the couple collaborated on the project. In 1976 Bernd Becher started teaching photography at the Kunstakademie Düsseldorf and in the years to Bernd Becher's death in 2007, the couple influenced students through their "Becher school" who later became famous in the world of photography. Bernd and Hilla Becher endeavoured to raise public awareness of an industrial heritage and used typologies to describe their ordered and factual sets of photographs of industrial buildings. Hilla Becher died in 2015 in Düsseldorf. SH

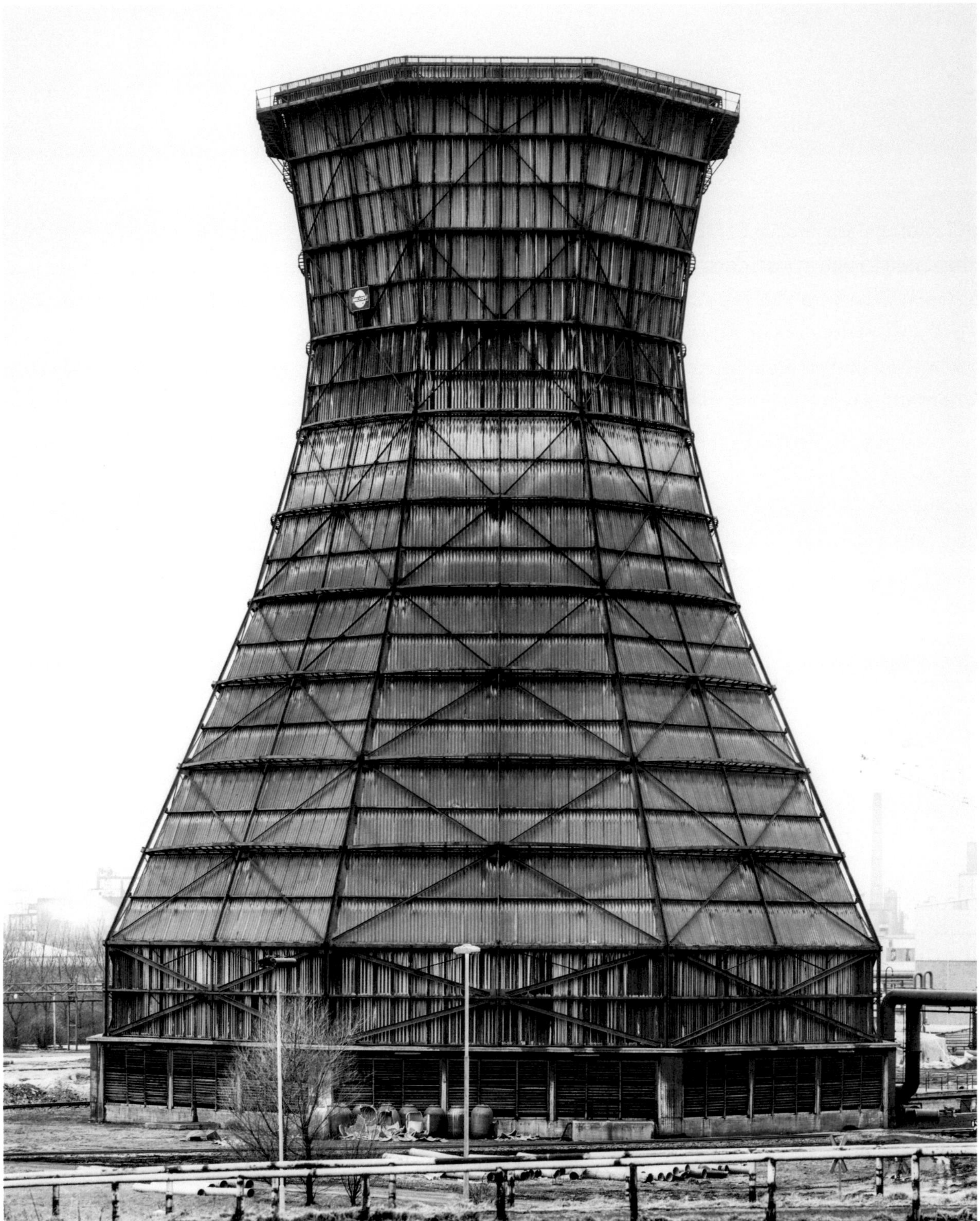

Kühlturm, Ruhrchemie, Oberhausen, Ruhrgebiet, D, 1966
Cooling tower, Ruhrchemie, Oberhausen, Ruhr area, D, 1966

RUDOLF HOLTAPPEL

Rudolf Holtappel wurde 1923 in Münster geboren und begann, unterbrochen durch den Militärdienst im Zweiten Weltkrieg, eine Lehre als Fotograf. Anschließend setzte er diese in München fort, wo er 1950 seine Meisterprüfung ablegte. Ab 1953 arbeitete er als freier Fotograf und war u.a. im Auftrag von Industrieunternehmen dokumentarisch tätig. 1960 zog er nach Oberhausen und widmete sich in seinen Fotografien schwerpunktmäßig der Oberhausener Theaterlandschaft sowie zahlreichen Städteporträts. Kennzeichnend für seine Arbeiten ist der den dokumentarischen Stil ironisch brechende Blickwinkel. Holtappel starb 2013 in Oberhausen. SH

Rudolf Holtappel was born in Münster in 1923. His apprenticeship as a photographer was interrupted by military service during the Second World War. Post-war, he resumed his apprenticeship in Munich, where he passed his master's examination in 1950. From 1953 he worked as a freelance photographer and was commissioned by industrial companies to work as a documentary photographer. He moved to Oberhausen in 1960 and his work focused on the theatre there and numerous city portraits. The ironically broken point of view of the documentary style is a characteristic of his work. Holtappel died 2013 in Oberhausen. SH

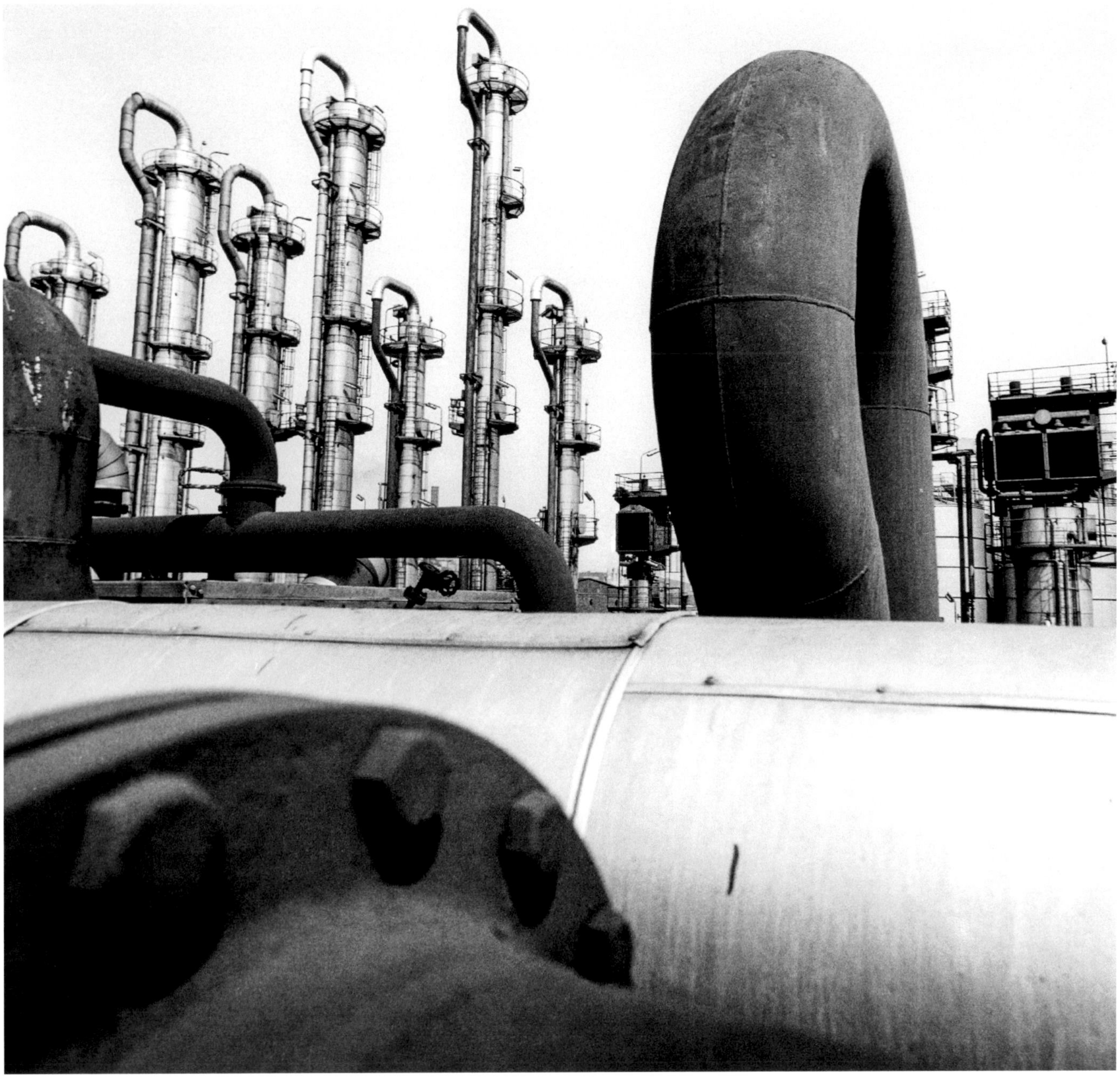

Destillationskolonnen, 1971
Distillation columns, 1971

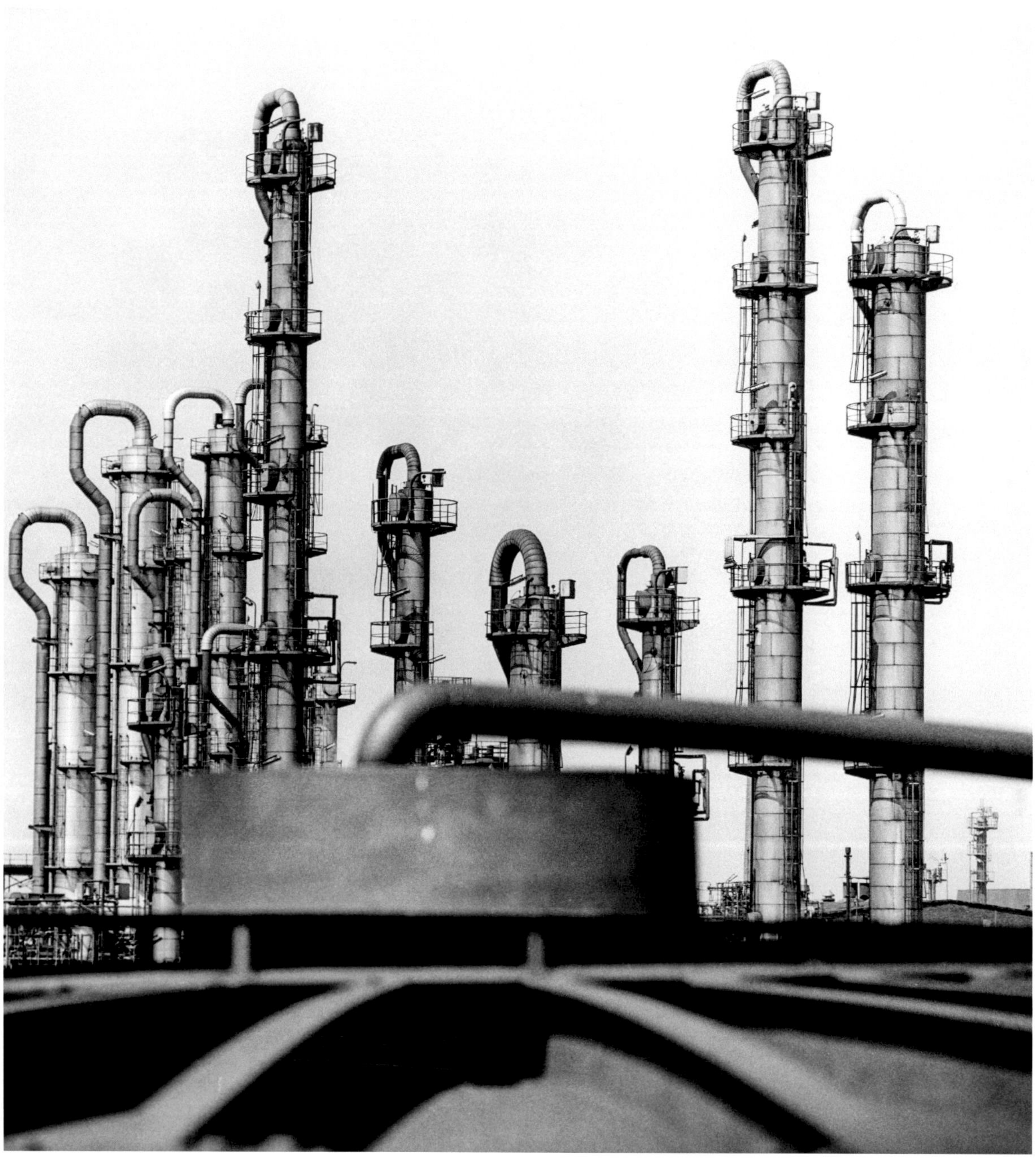

Destillationskolonnen, 1971
Distillation columns, 1971

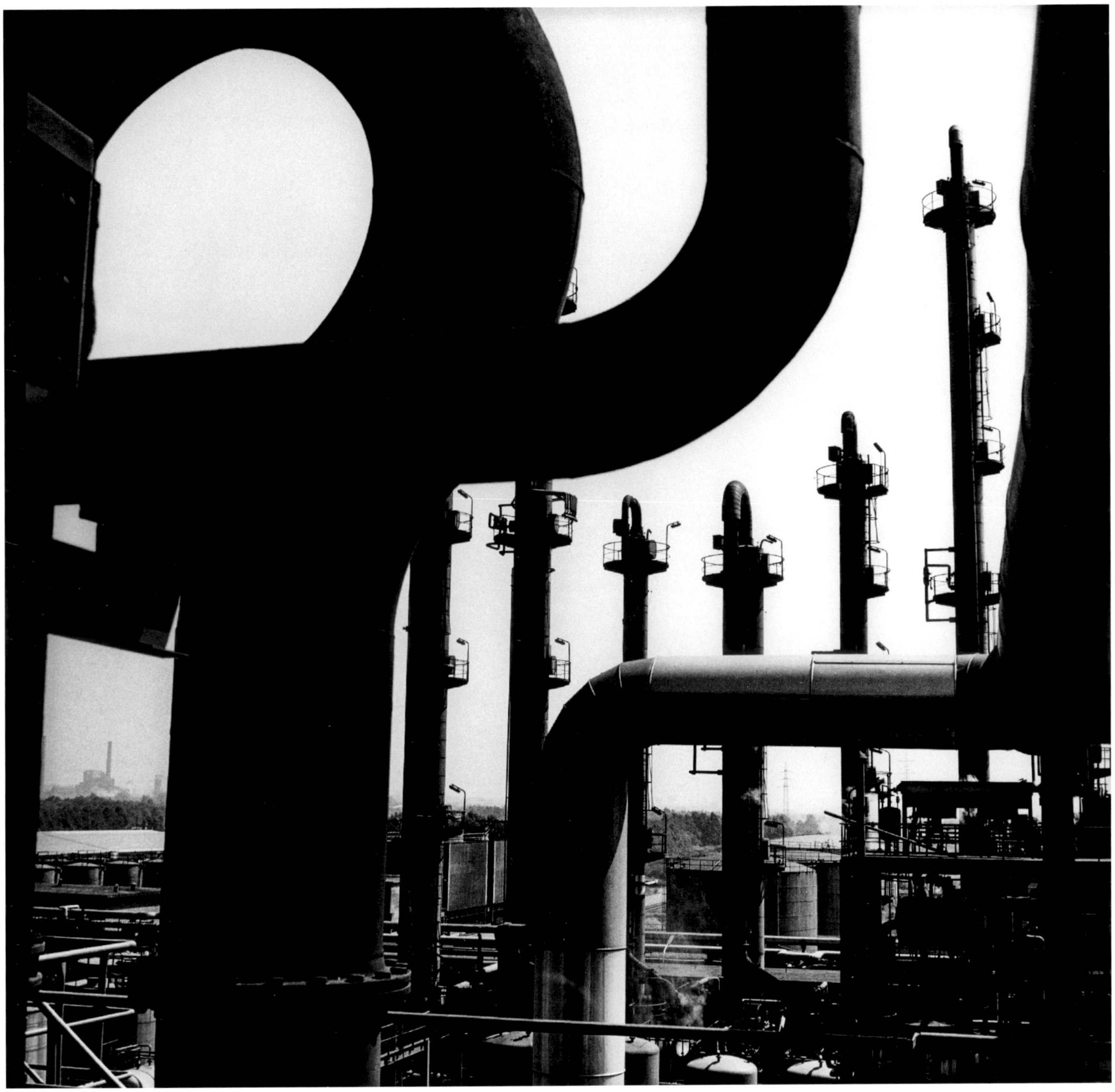

Destillationskolonnen, 1971
Distillation columns, 1971

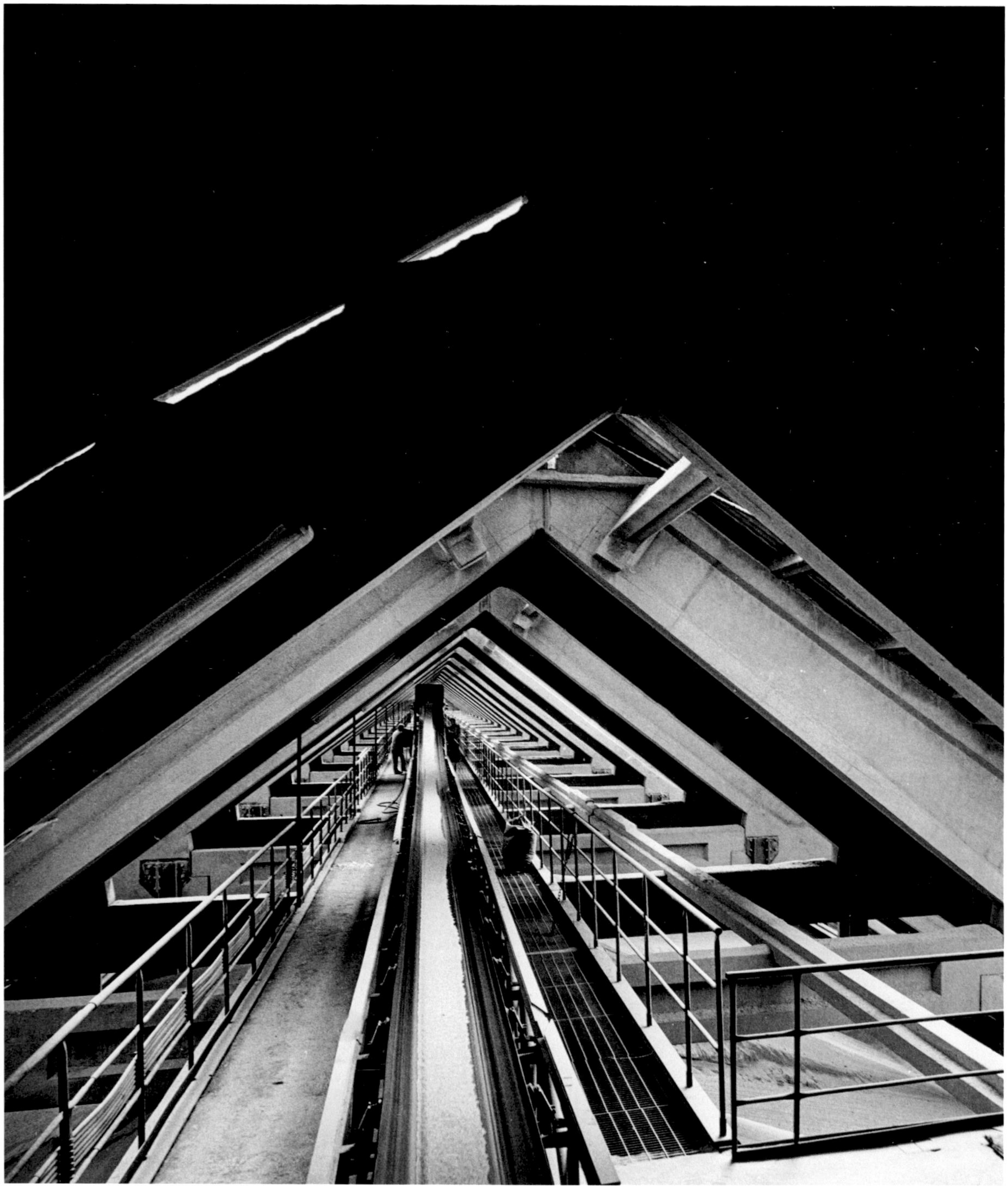

Einspeicherband der Produktlagerhalle, 1971
Storage belt in product warehouse, 1971

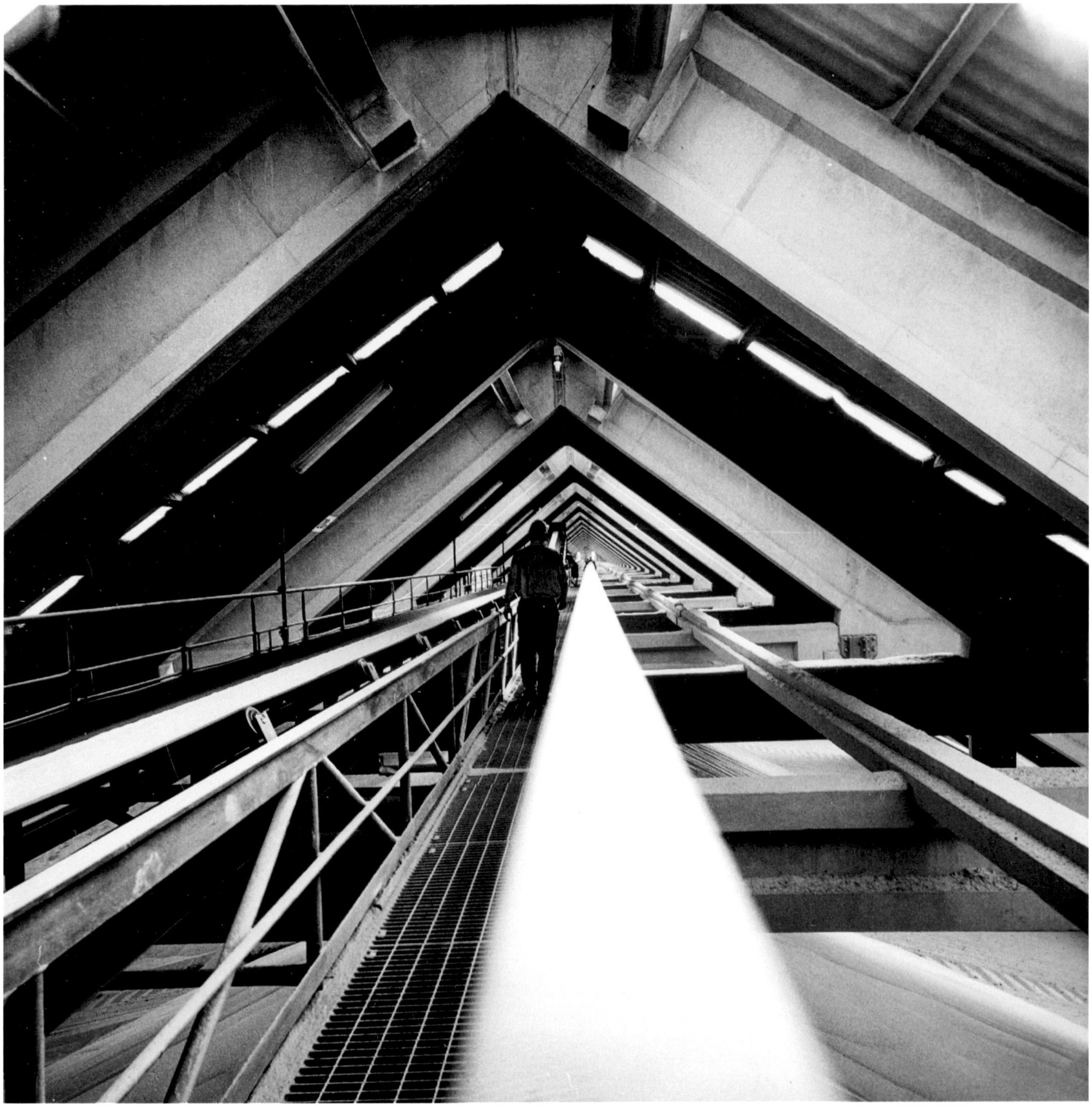

Einspeicherband der Produktlagerhalle, 1971
Storage belt in product warehouse, 1971

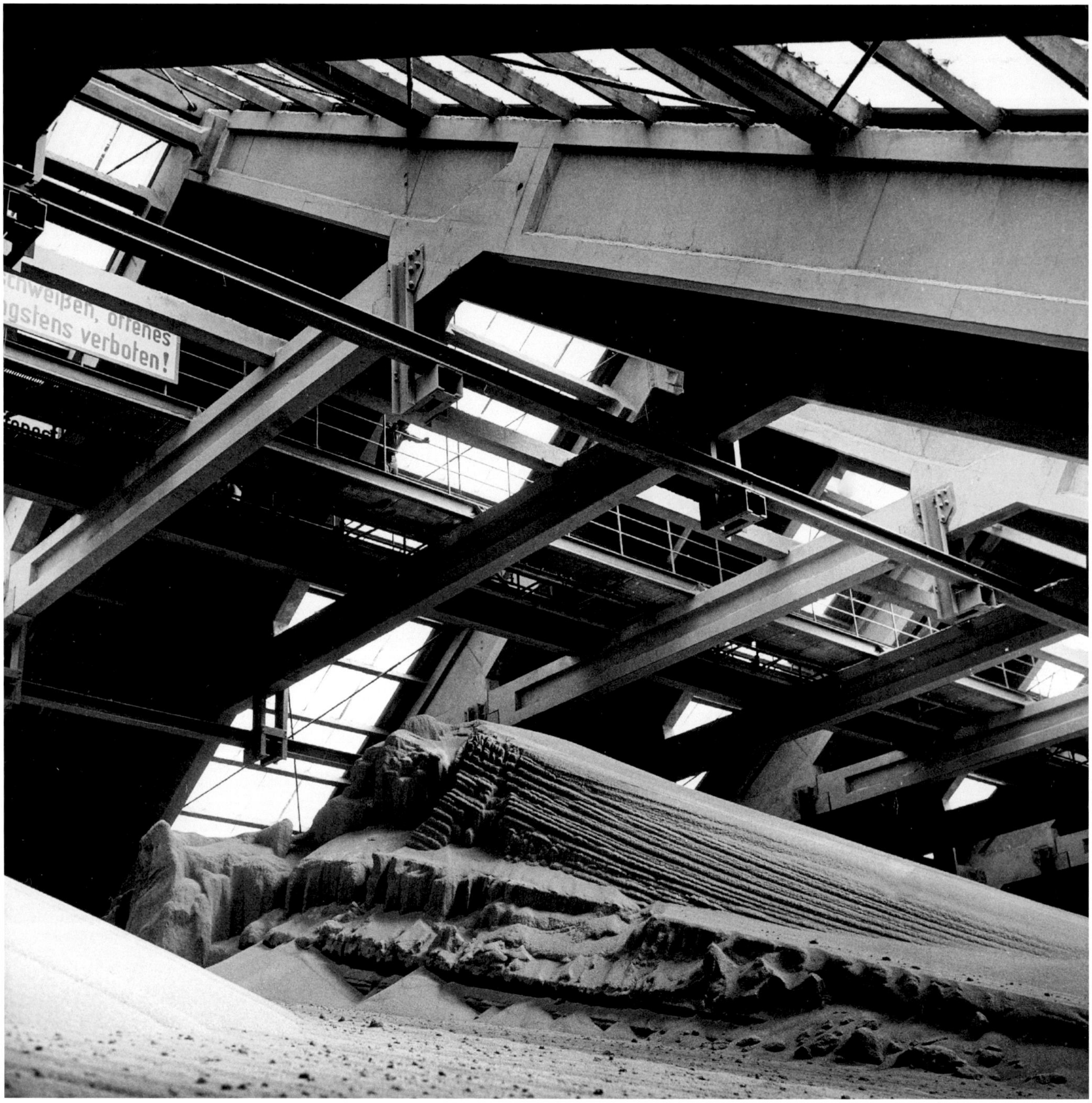

Produktlagerhalle des Volldüngerbetriebs, 1971
Product warehouse for composite fertiliser works, 1971

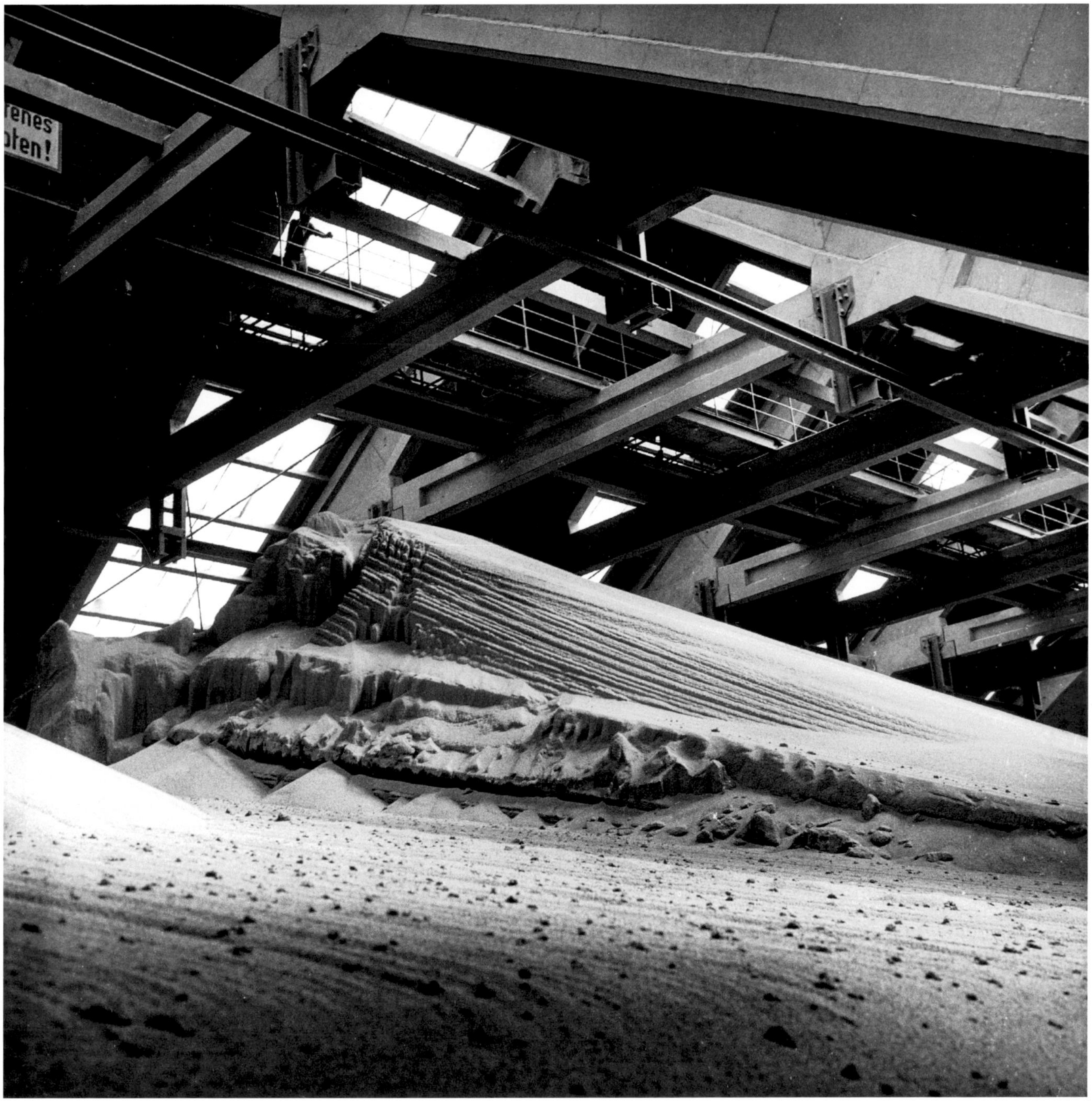

Produktlagerhalle des Volldüngerbetriebs, 1971
Product warehouse for composite fertiliser works, 1971

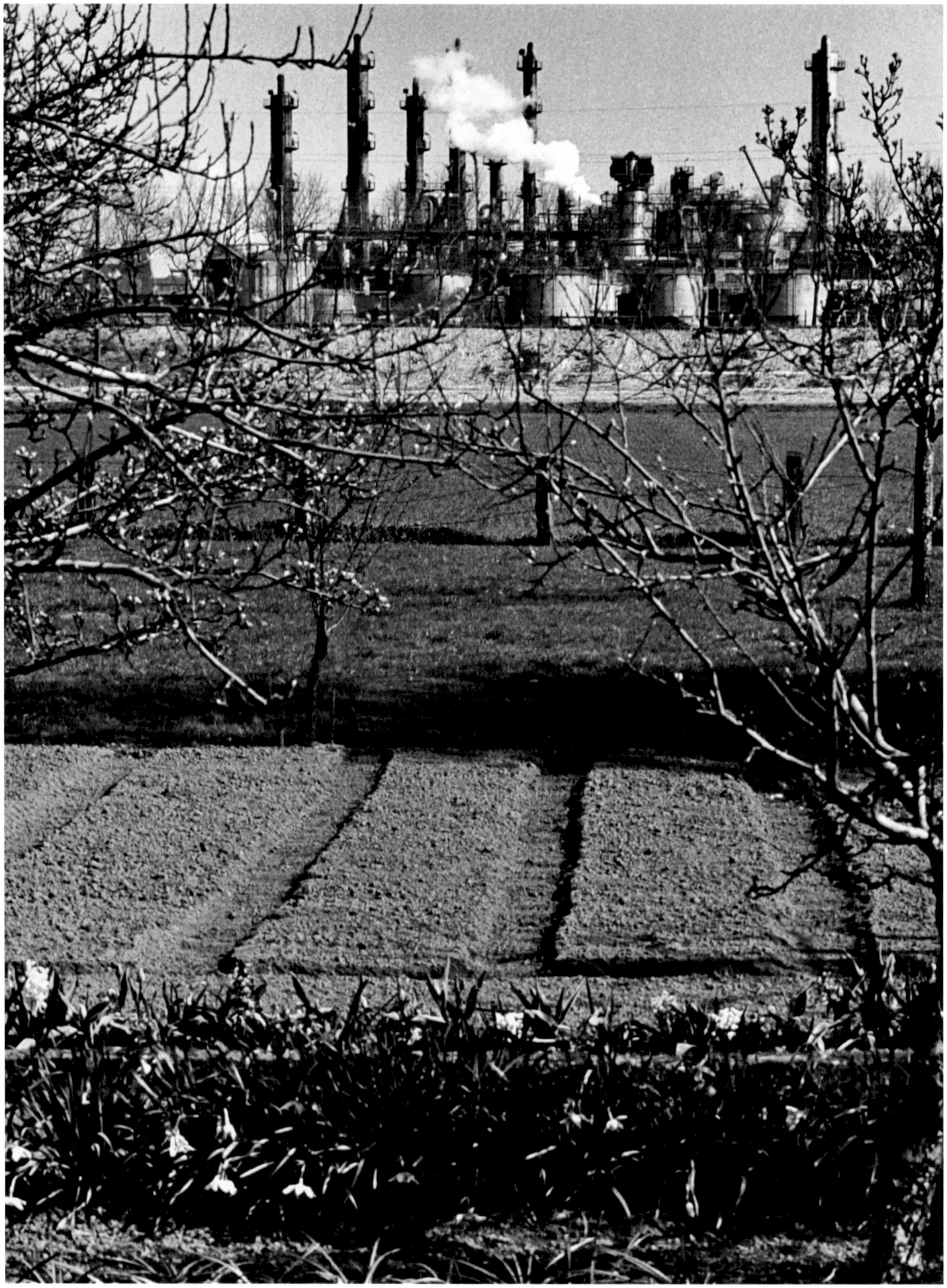

Teilansicht, 1975
Partial view, 1975

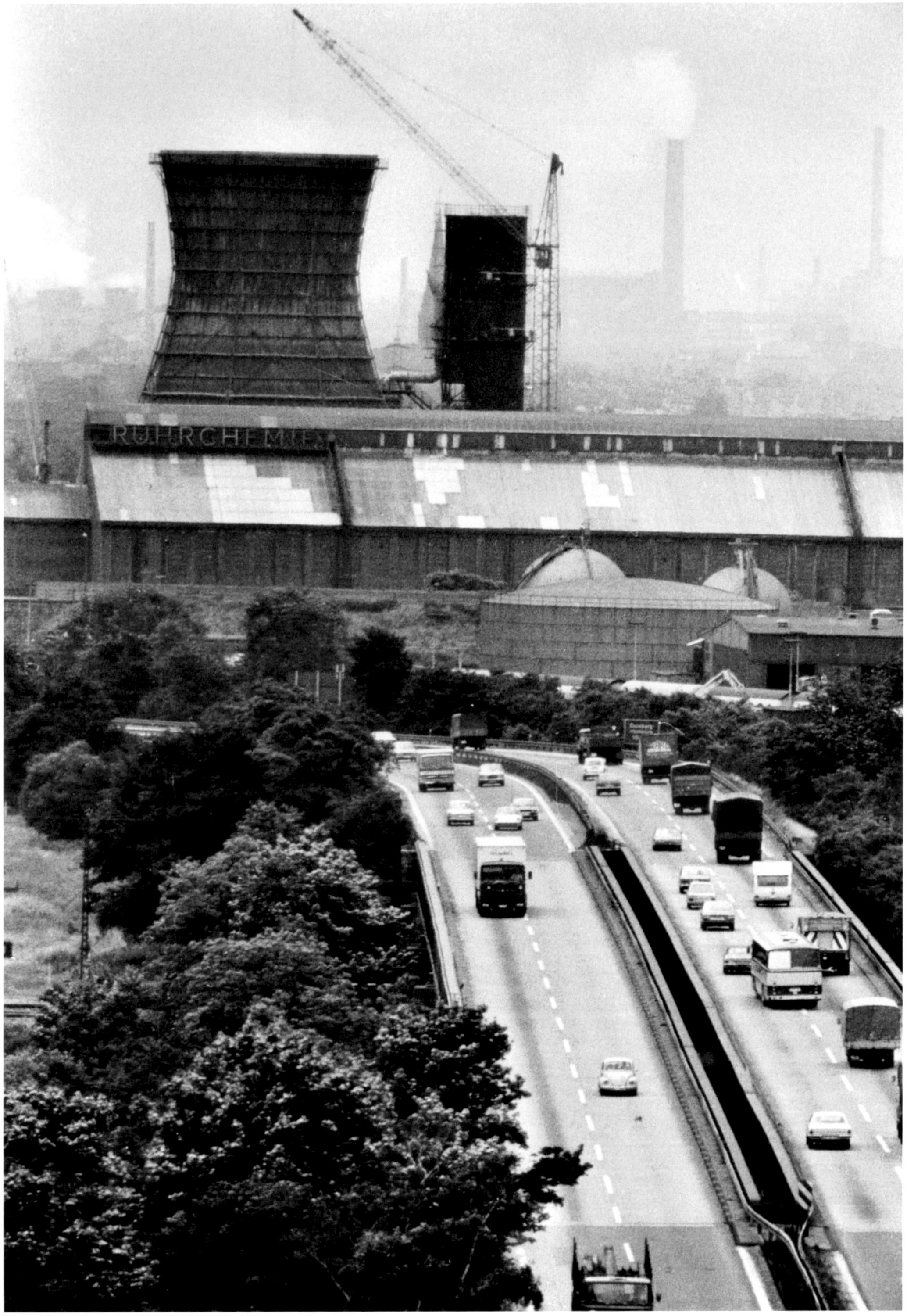

Teilansicht, 1962
Partial view, 1962

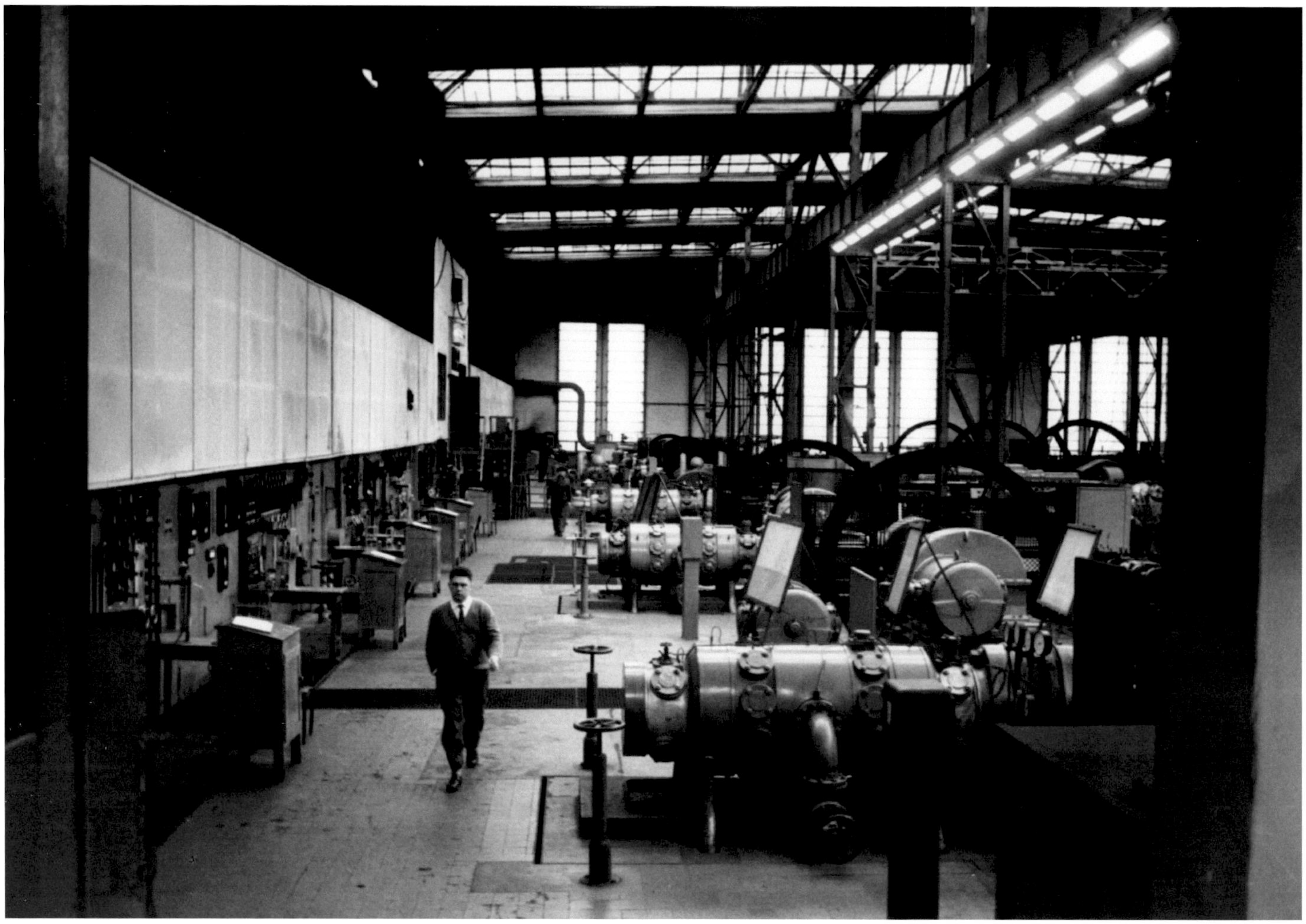

Kompressorenhaus, 1961
Compressor house, 1961

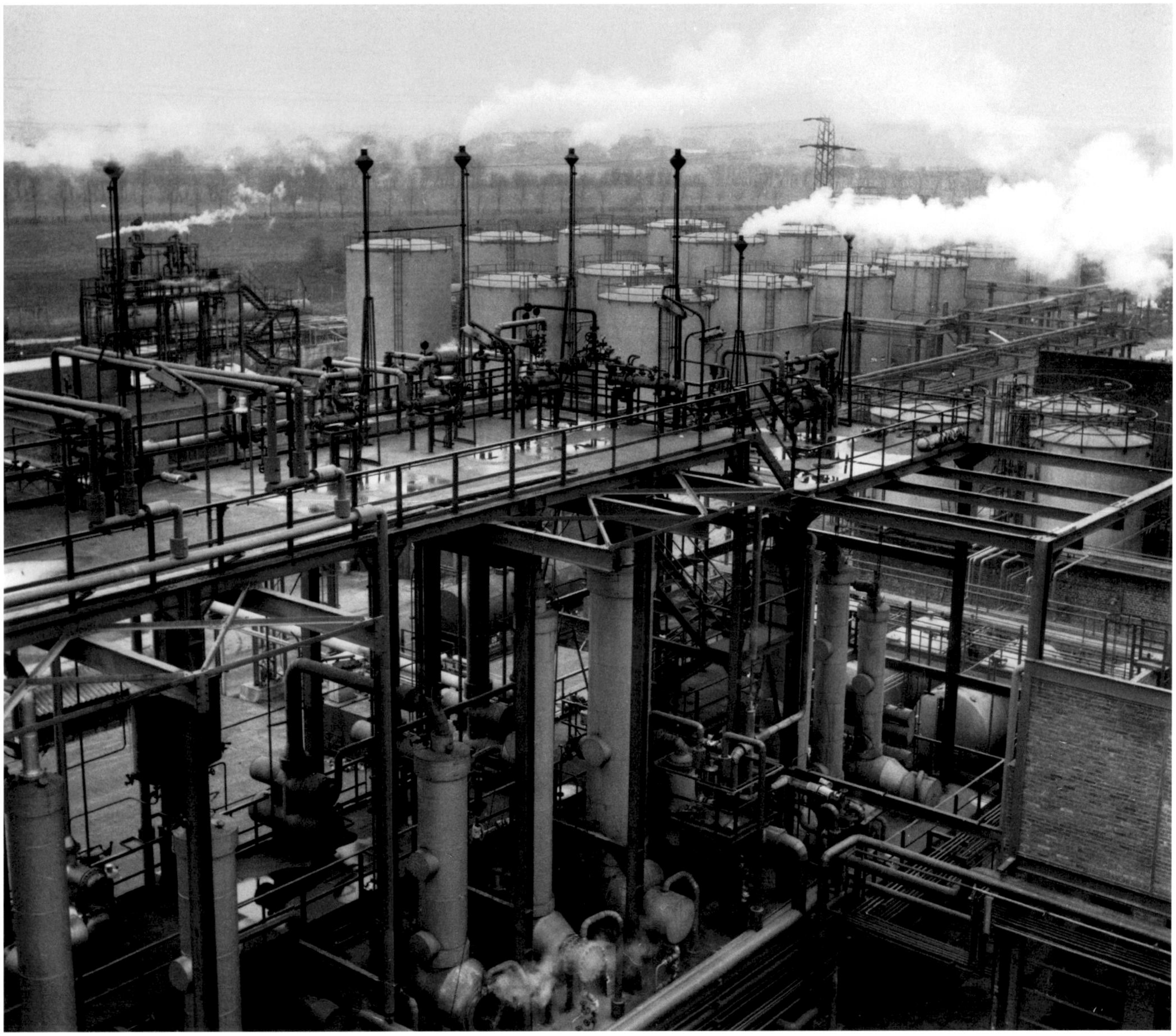

Oxo-Anlage, 1961

Oxo plant, 1961

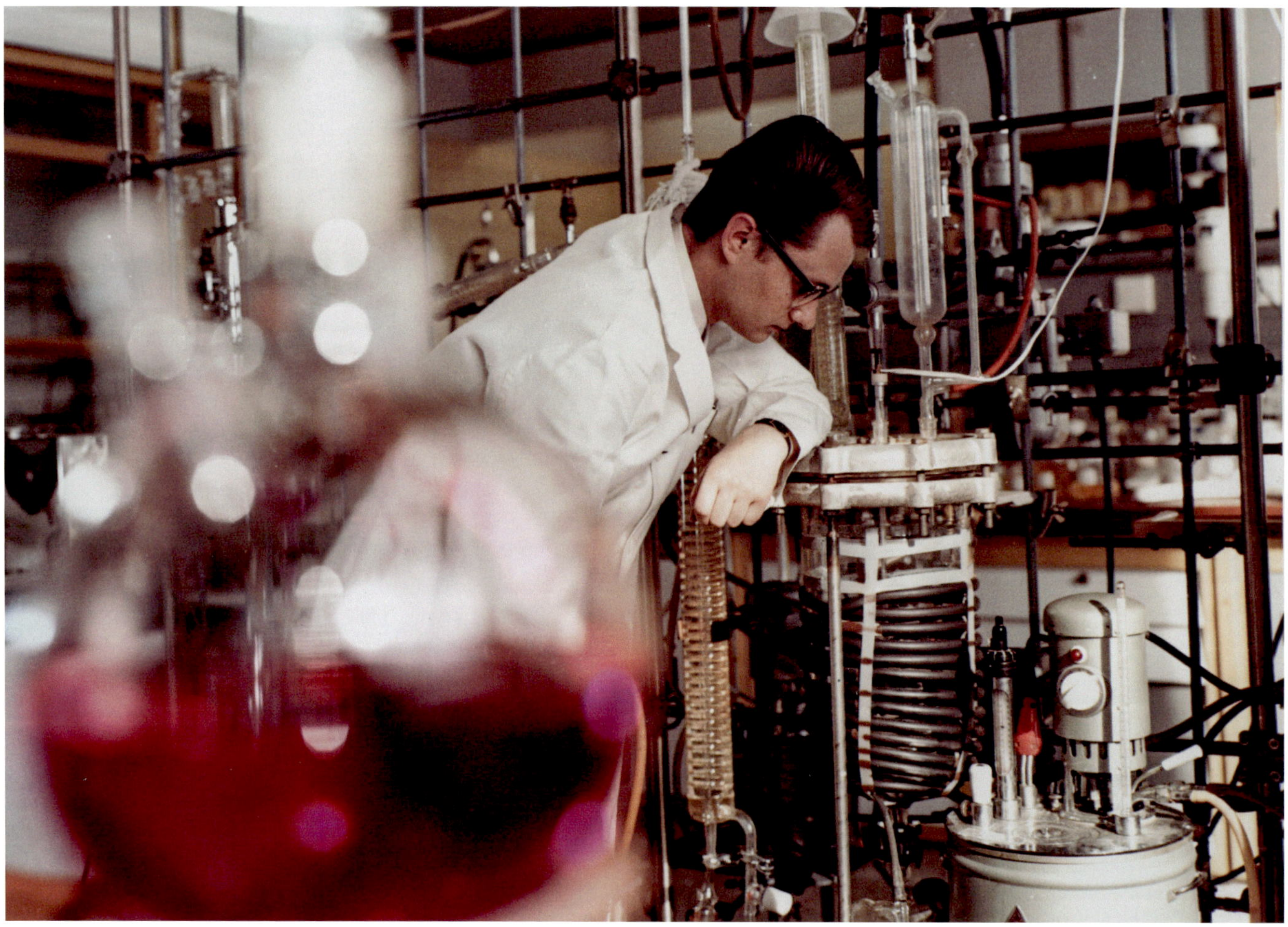

Labor, 1968
Laboratory, 1968

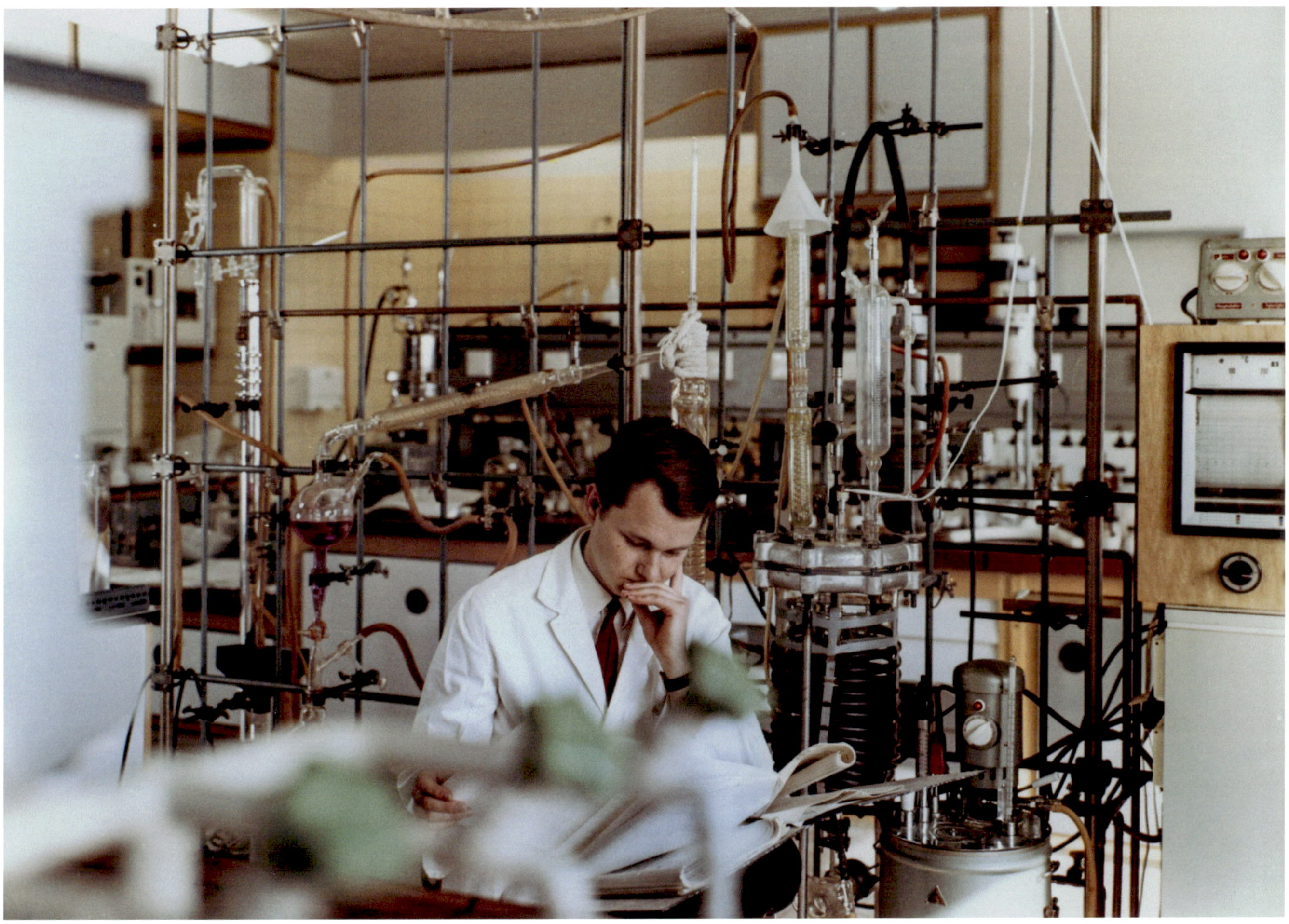

Labor, 1968
Laboratory, 1968

ROBERT HÄUSSER

Robert Häusser wurde 1924 in Stuttgart geboren und absolvierte vor seiner Einberufung in die Wehrmacht ein Volontariat als Pressefotograf. Ab 1949 studierte er Angewandte Kunst in Weimar und nur ein Jahr später folgten mehrere Ausstellungen. 1952 floh er mit seiner Familie nach Westdeutschland und ließ sich in Mannheim nieder. Dort eröffnete er 1957 ein eigenes Fotostudio. Ab 1972 arbeitete er als freier Künstler und nahm immer weniger Auftragsarbeiten an. 1989 wurde er für sein Lebenswerk zum Professor ernannt. Zu Lebzeiten genoss er bereits große Anerkennung. Sein Werk wurde häufig ausgestellt und sein Schaffen in filmischen Dokumentationen präsentiert. Häusser ist vor allem mit seinen kontrastreichen, häufig menschenleeren Schwarzweiß-Fotografien bekannt geworden. Nachdem sich die digitale Fotografie durchgesetzt hatte, zog er sich zurück und starb 2013 in Mannheim. SH

Robert Häusser was born in Stuttgart in 1924 and completed a traineeship as a press photographer prior to his conscription into the German army. From 1949 he studied applied art in Weimar and several exhibitions followed only one year later. In 1952 he fled with his family to West Germany and settled in Mannheim, where he opened his own photographic studio in 1957. He worked as a freelance artist from 1972. From that point on he started to accepted no commissioned work. In 1989 he was awarded the title of professor for his life's work. He enjoyed great recognition during his lifetime, and his work was frequently exhibited and shown in cinema documentaries. Häusser is best known for his high-contrast, often black and white photographs. He retired as digital photography was becoming increasingly widespread and died in Mannheim in 2013. SH

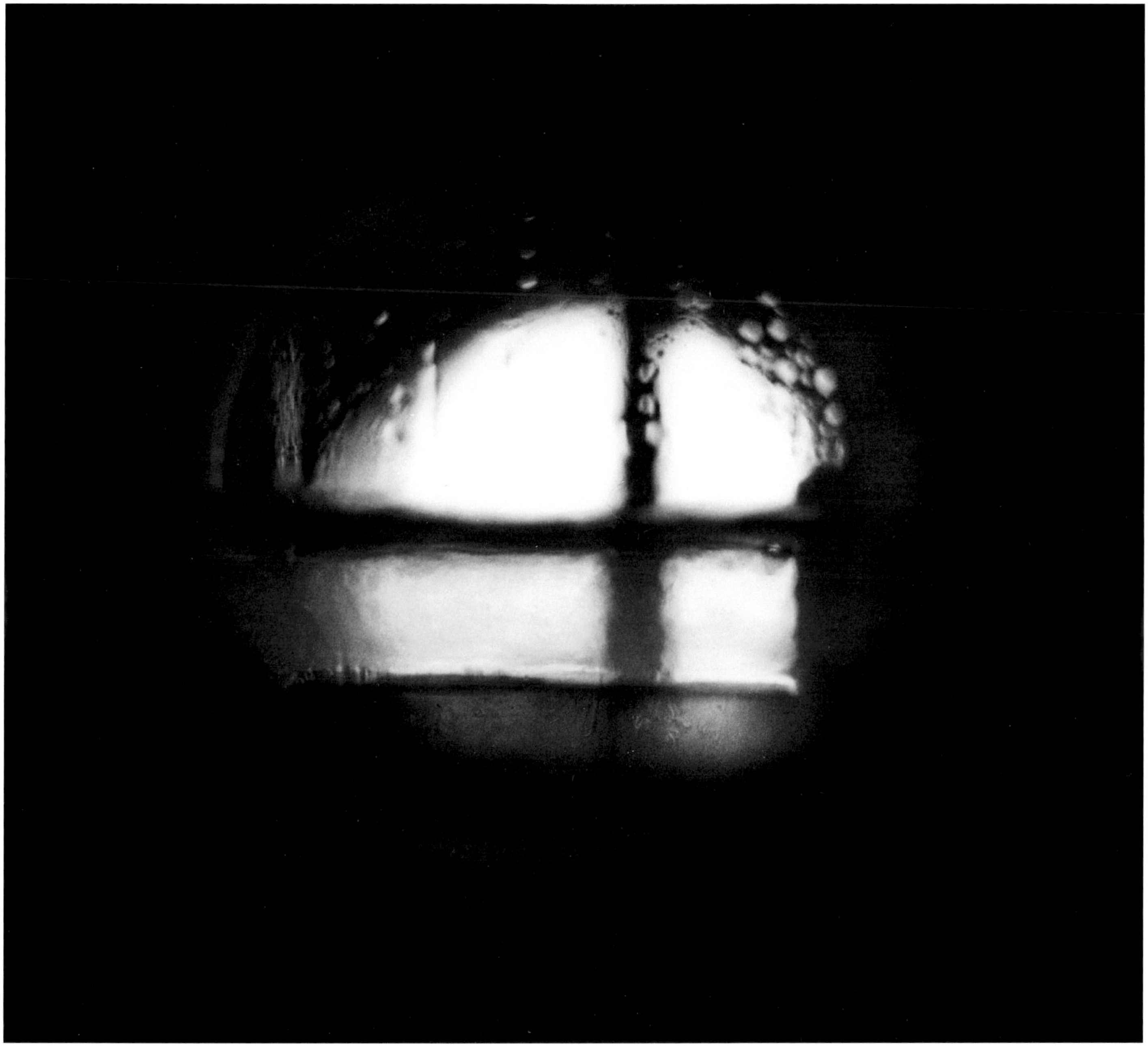

Blick durch das Schauglas eines Oxo-Laborreaktors, 1980er Jahre
View through the inspection glass of an oxo laboratory reactor, 1980s

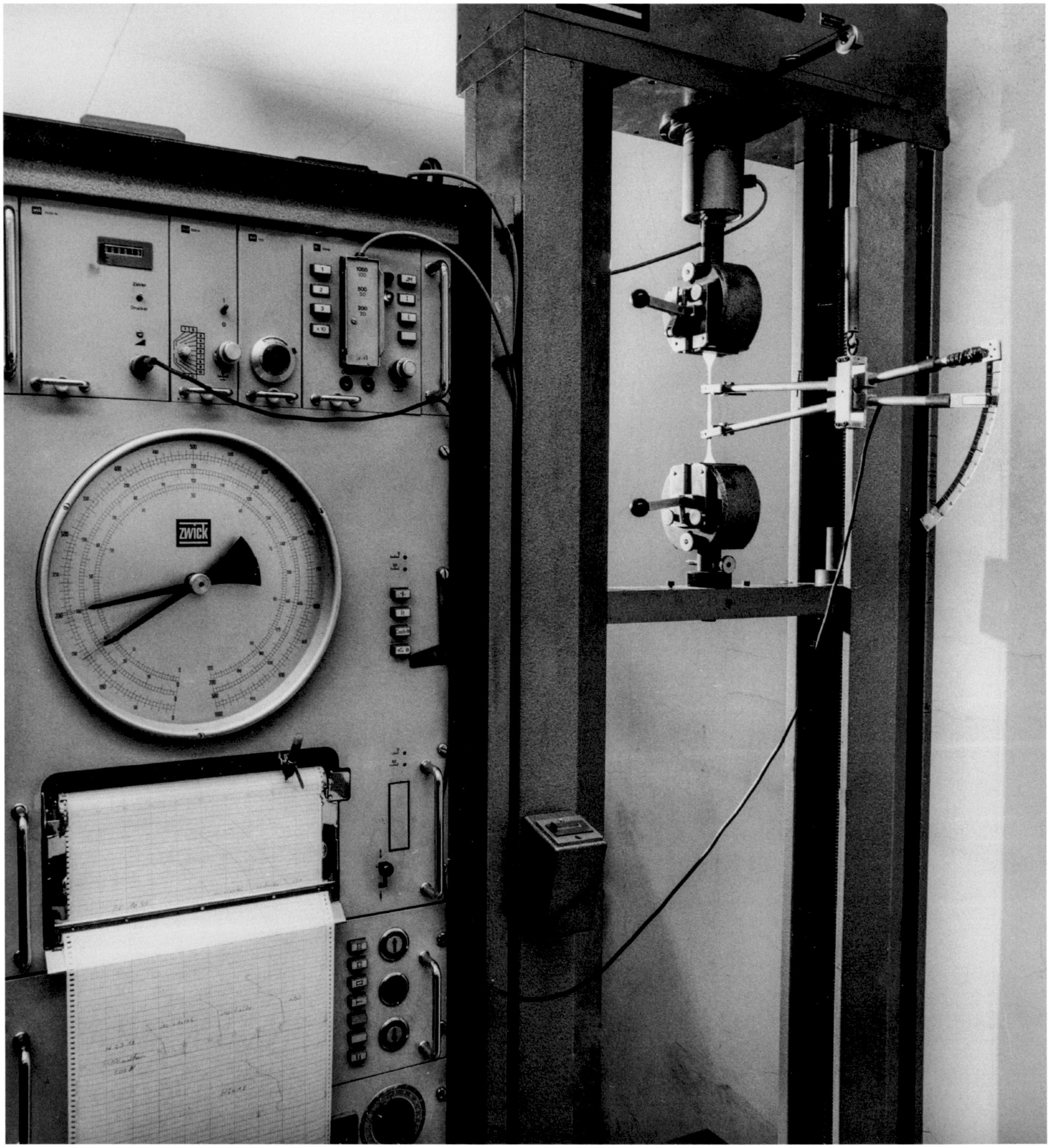

Festigkeitsmessung, 1980er Jahre
Strength testing, 1980s

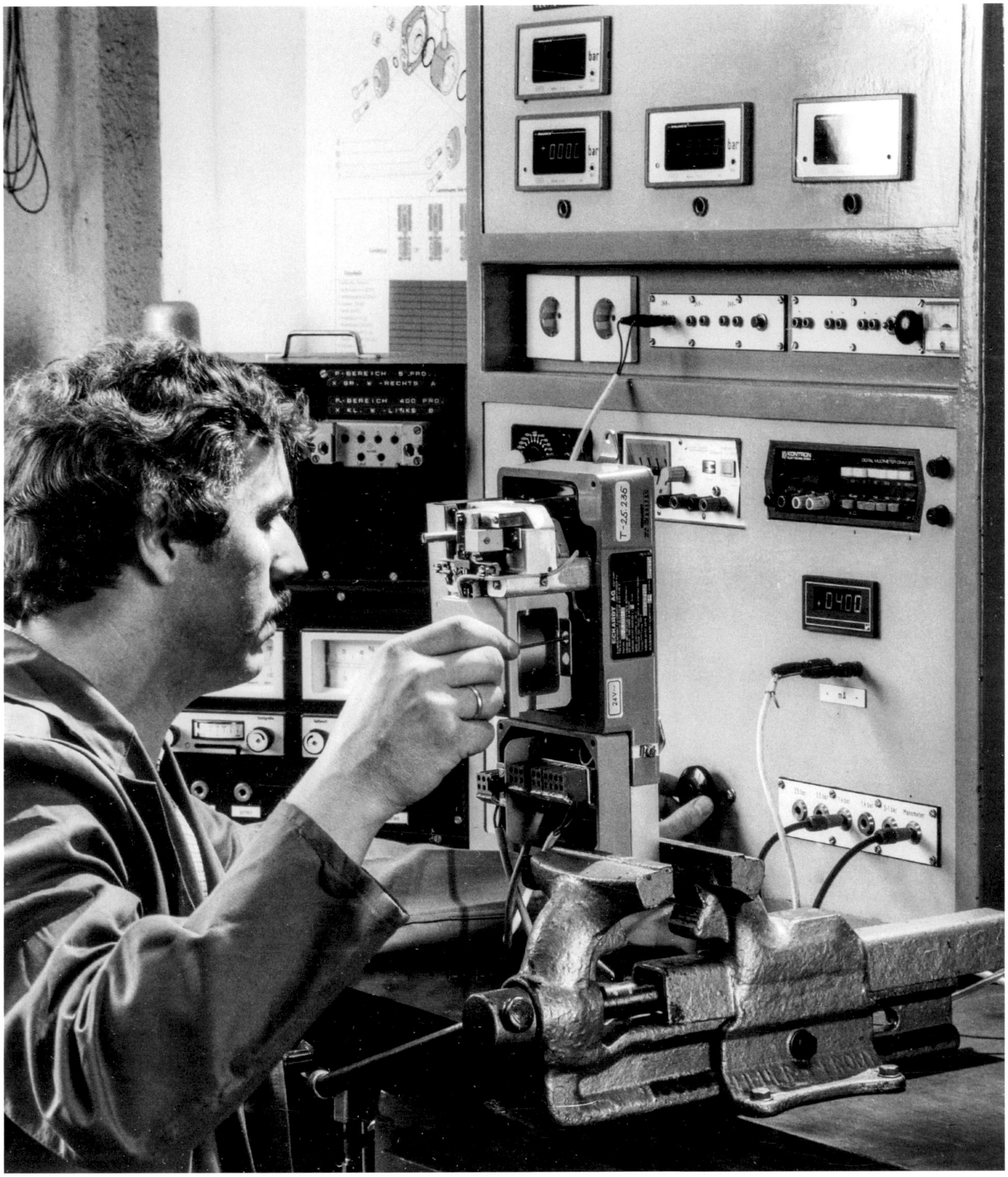

Reparatur einer Messeinrichtung, 1980er Jahre
Repairing a measuring device, 1980s

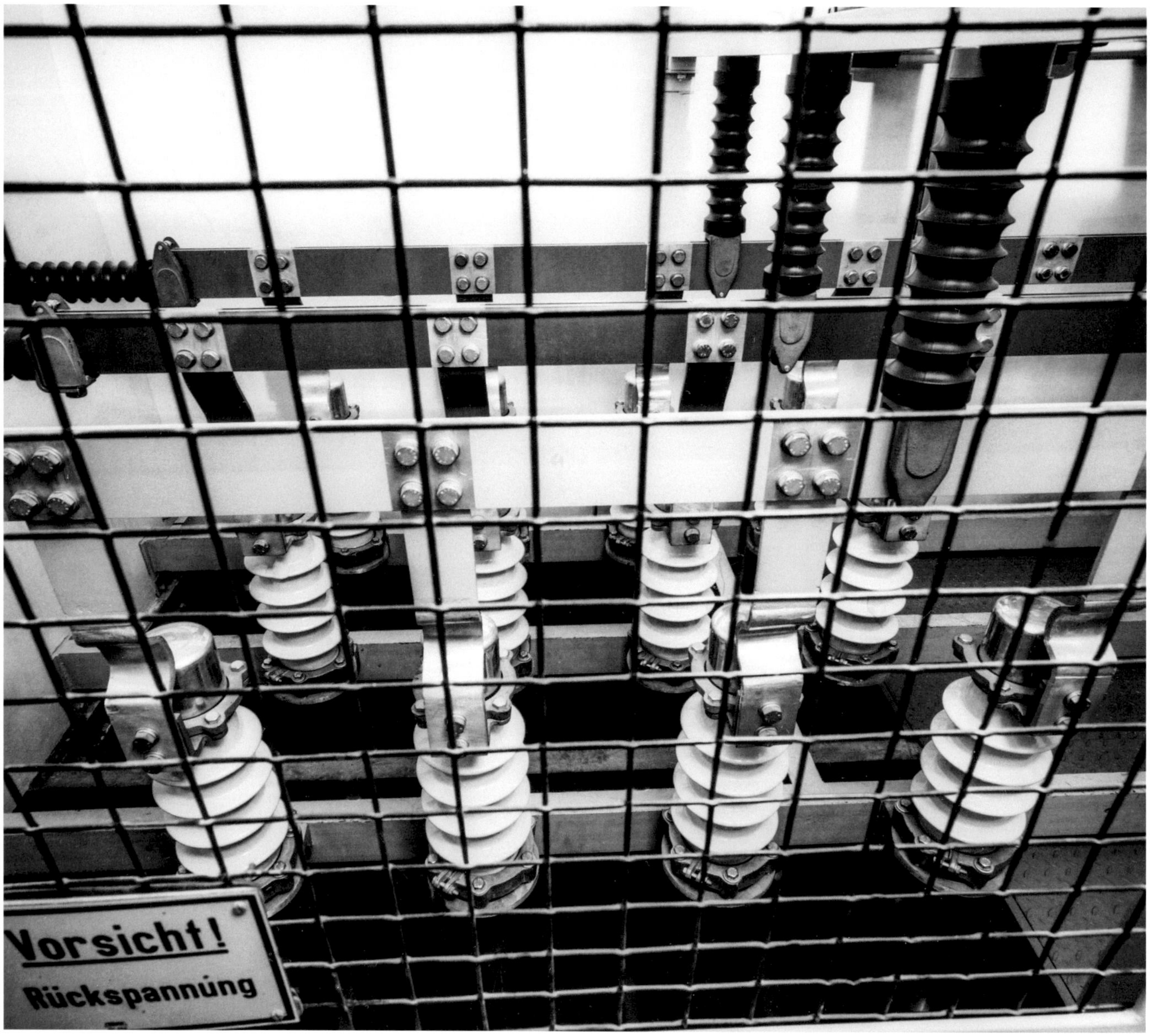

Kabelanschlussraum, 1980er Jahre
Cable connection area, 1980s

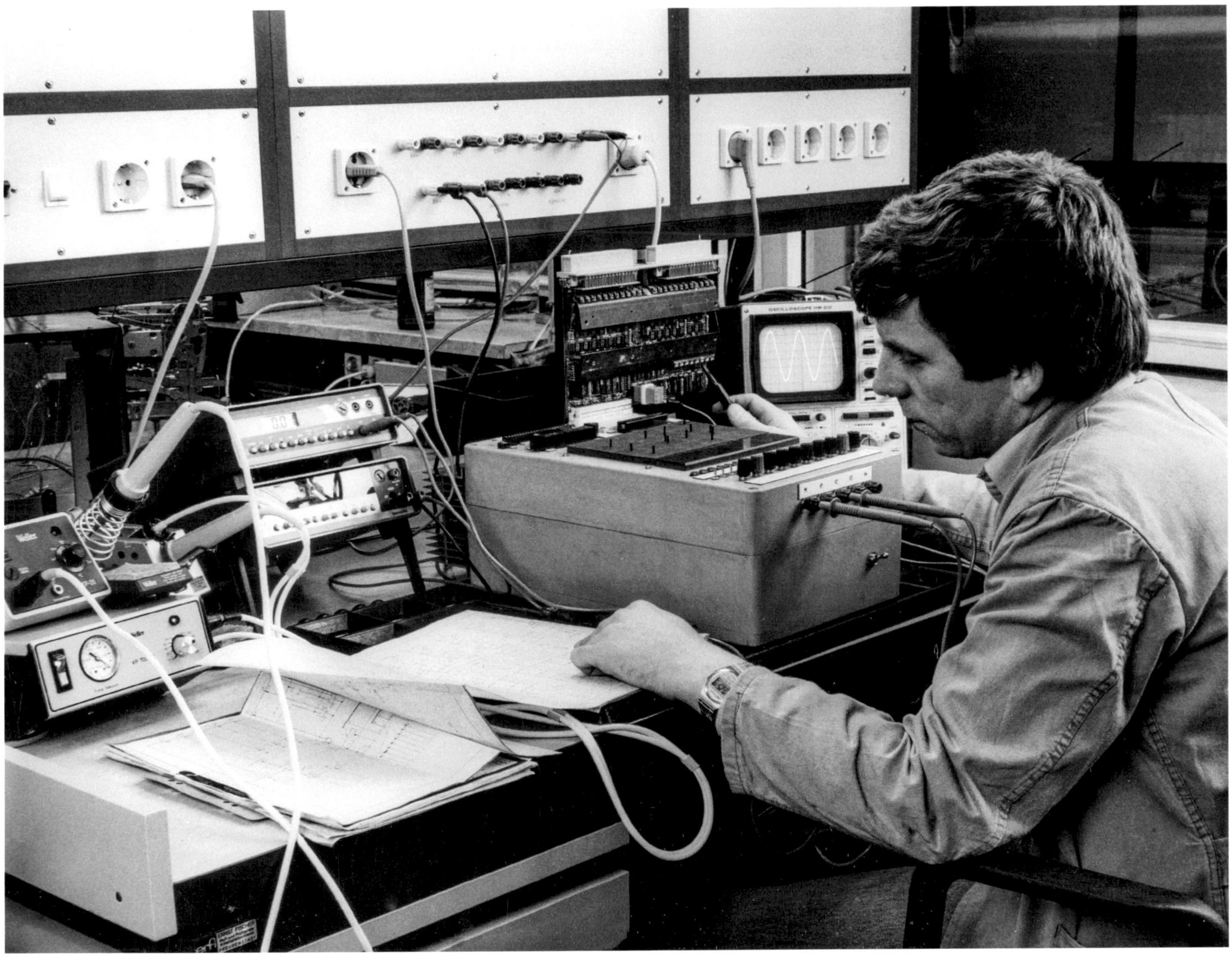

Eichung von Messinstrumenten, 1980er Jahre
Calibrating measuring instruments, 1980s

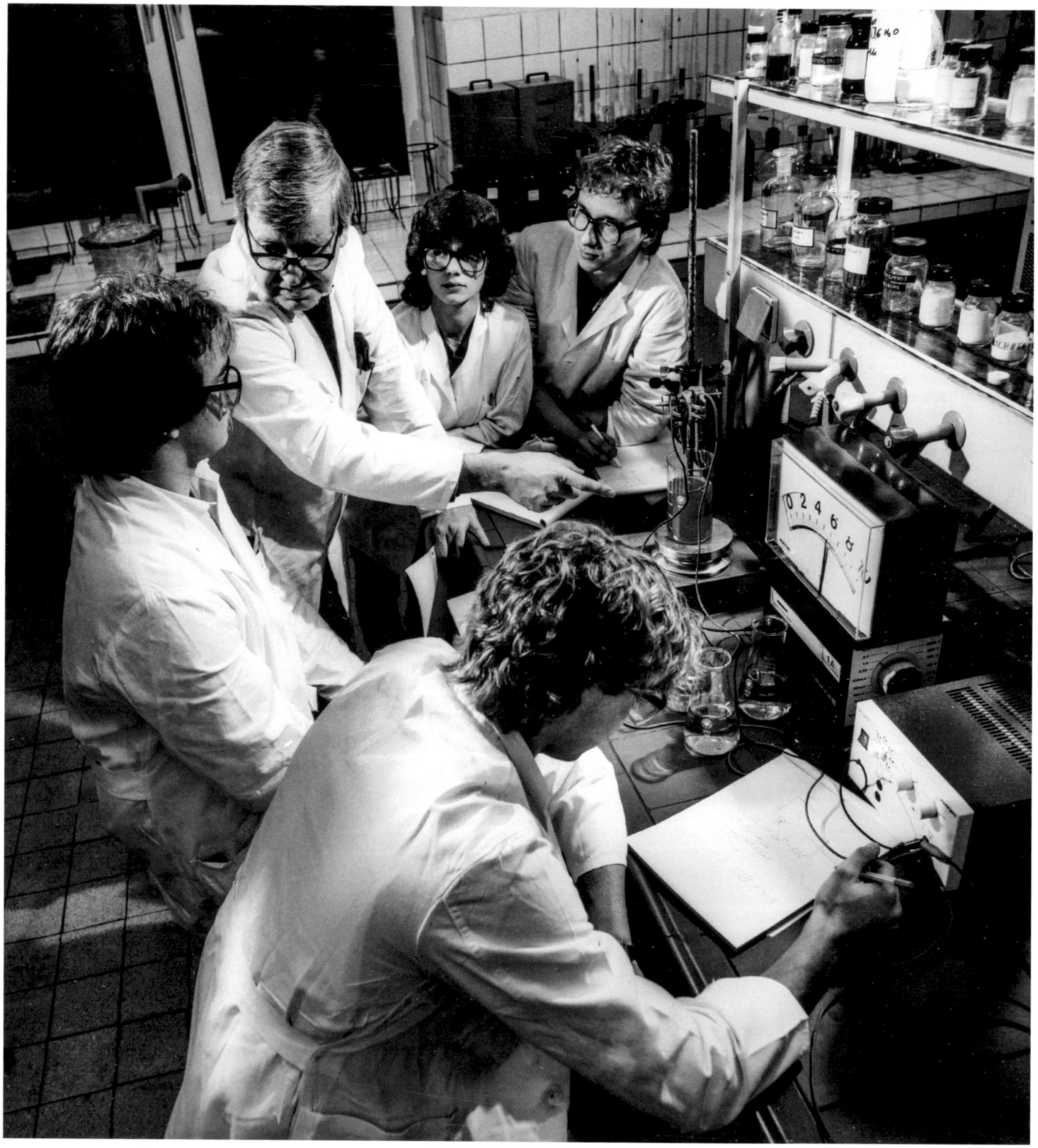

Ausbildung von Laboranten, 1980er Jahre
Training of laboratory technicians, 1980s

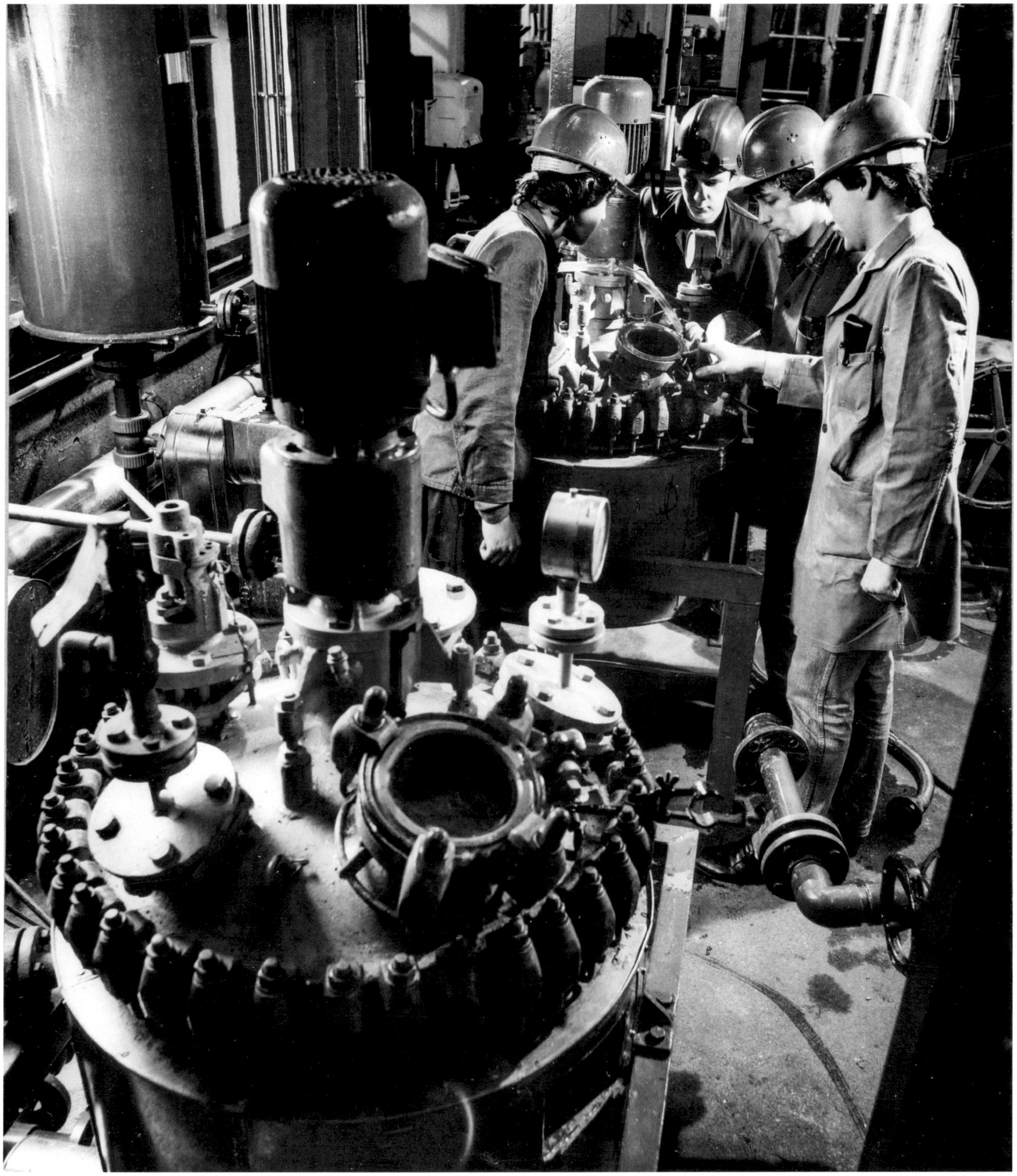

Ausbildung von Chemikanten, 1980er Jahre
Training of chemical technicians, 1980s

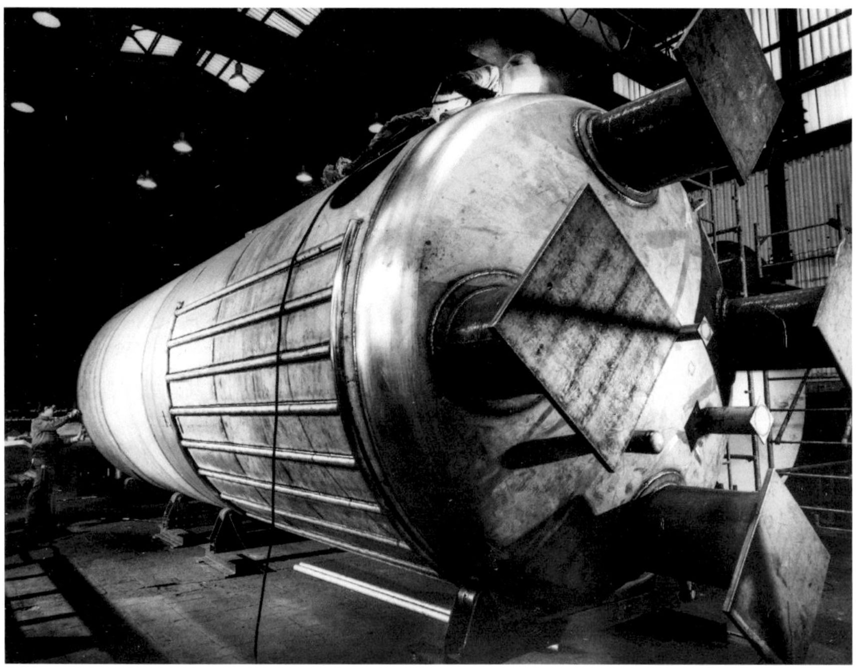

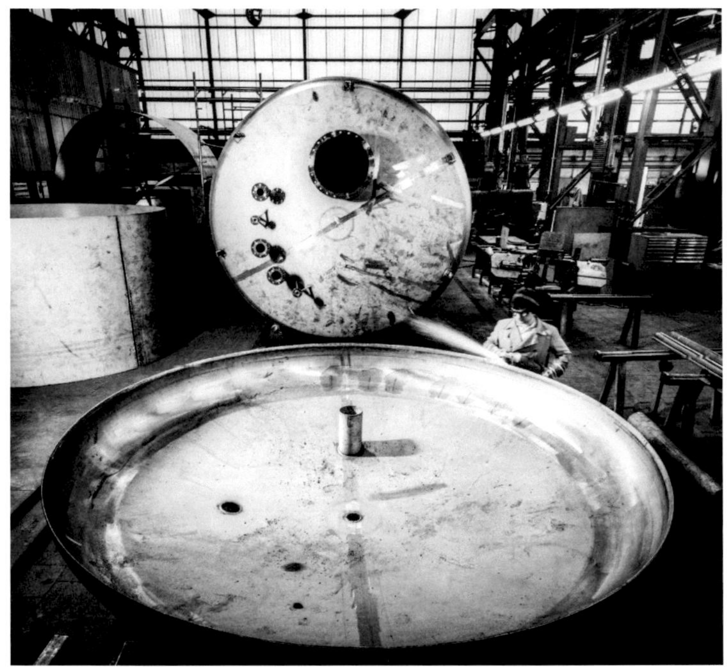

Vorlagenanfertigung, 1980er Jahre
Master production, 1980s

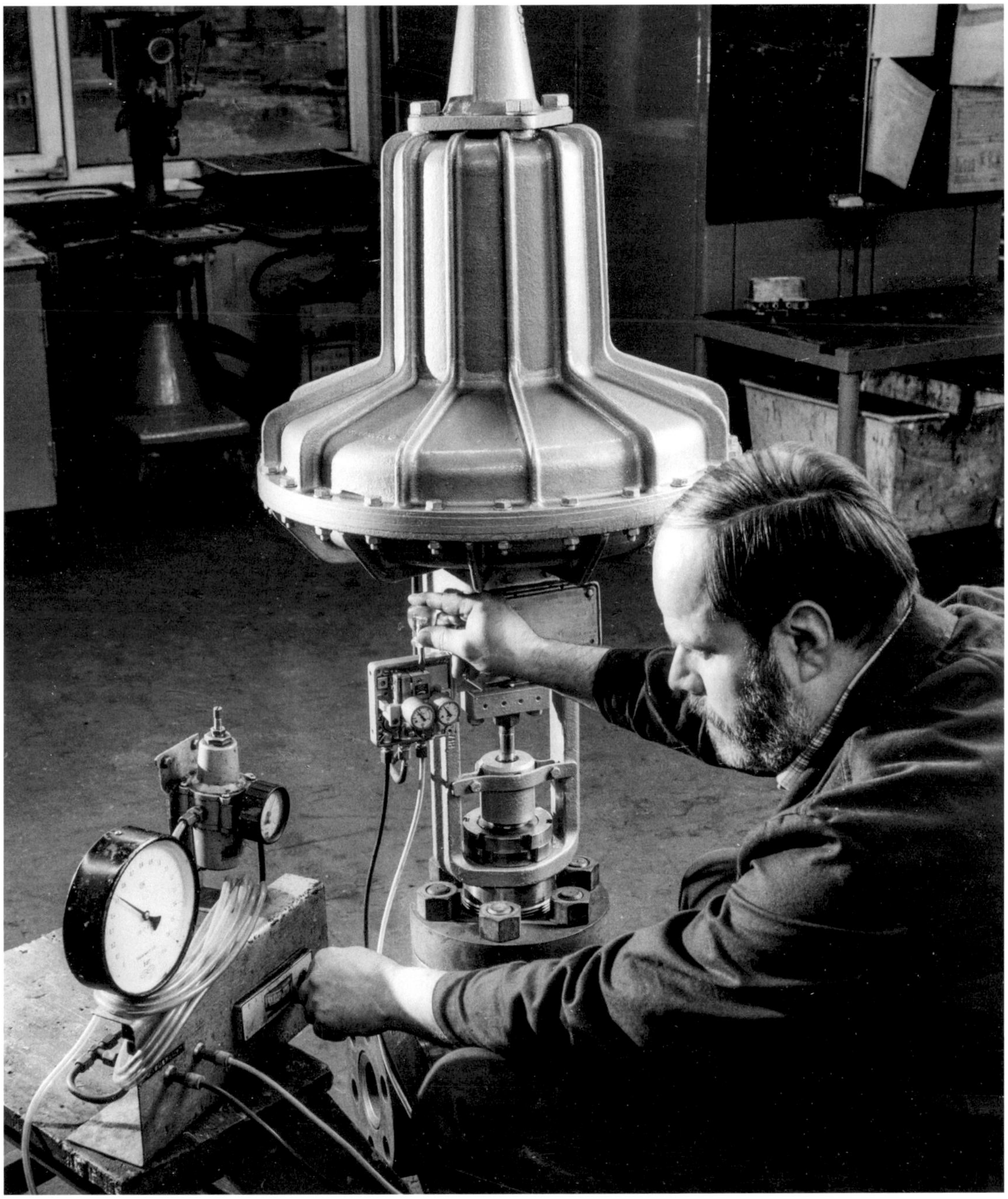

Einstellen eines Regelventils, 1980er Jahre
Calibrating a control valve, 1980s

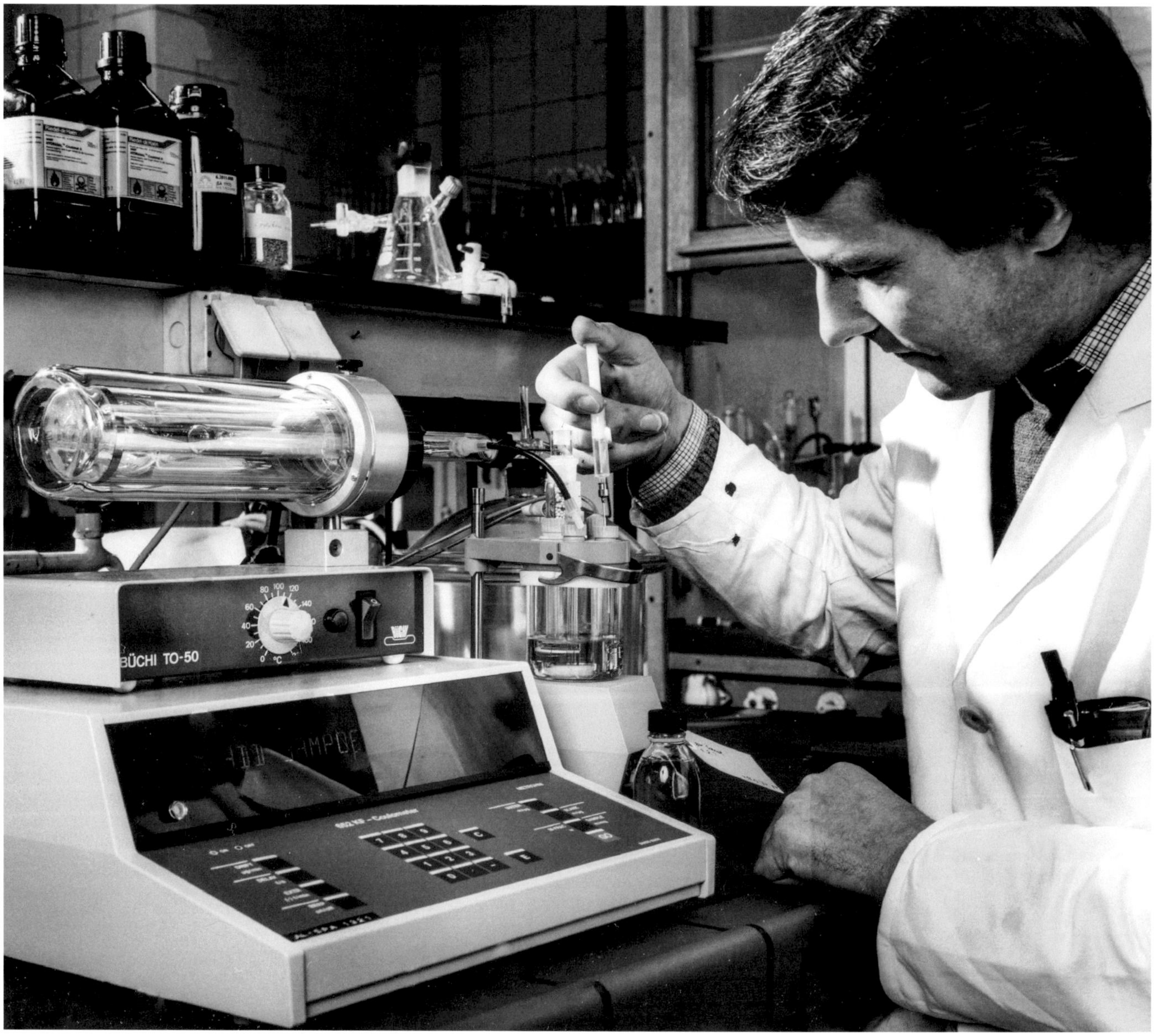

Labor, 1980er Jahre
Laboratory, 1980s

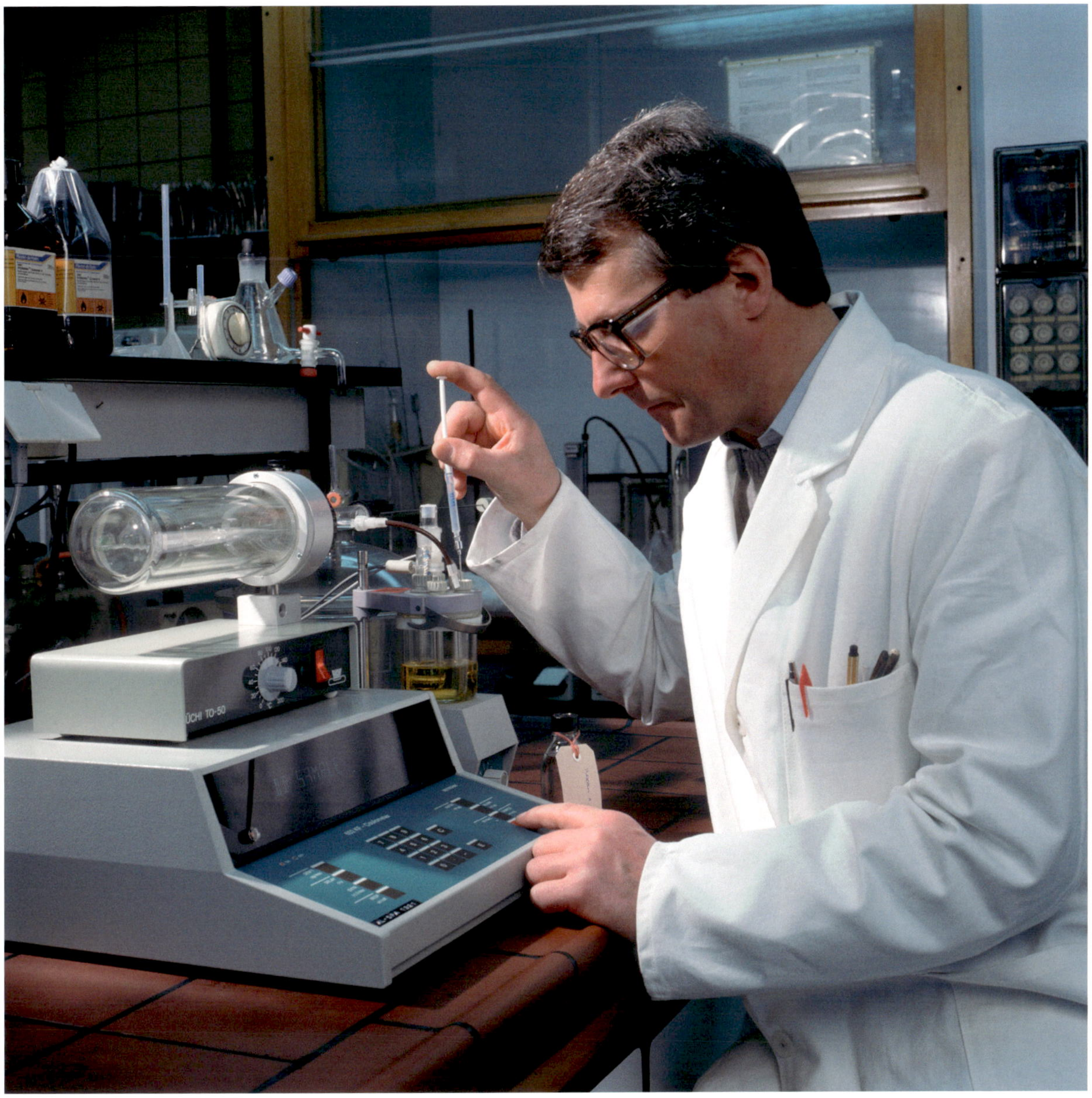

Labor, 1980er Jahre
Laboratory, 1980s

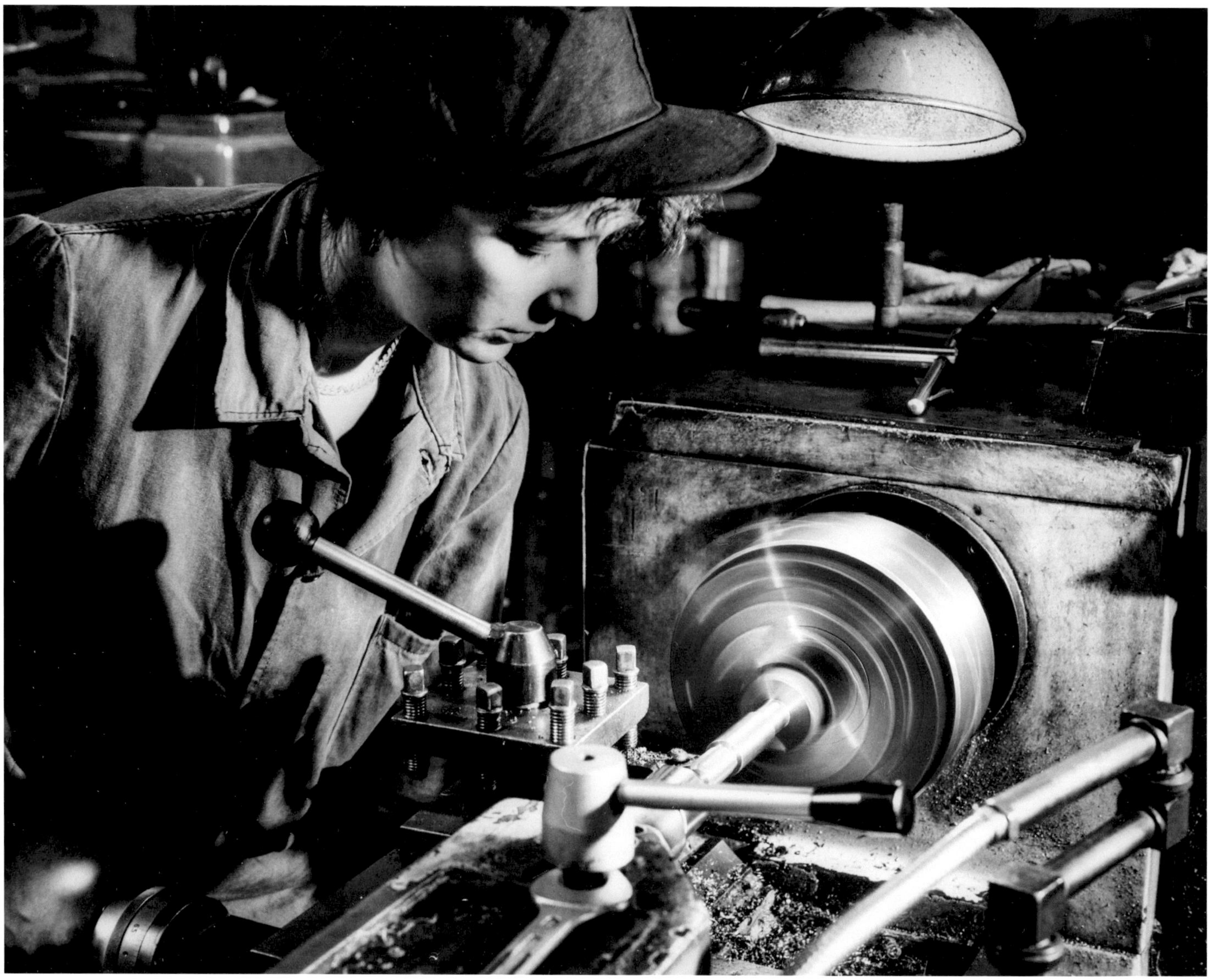

Dreherin, 1980er Jahre
Lathe operator, 1980s

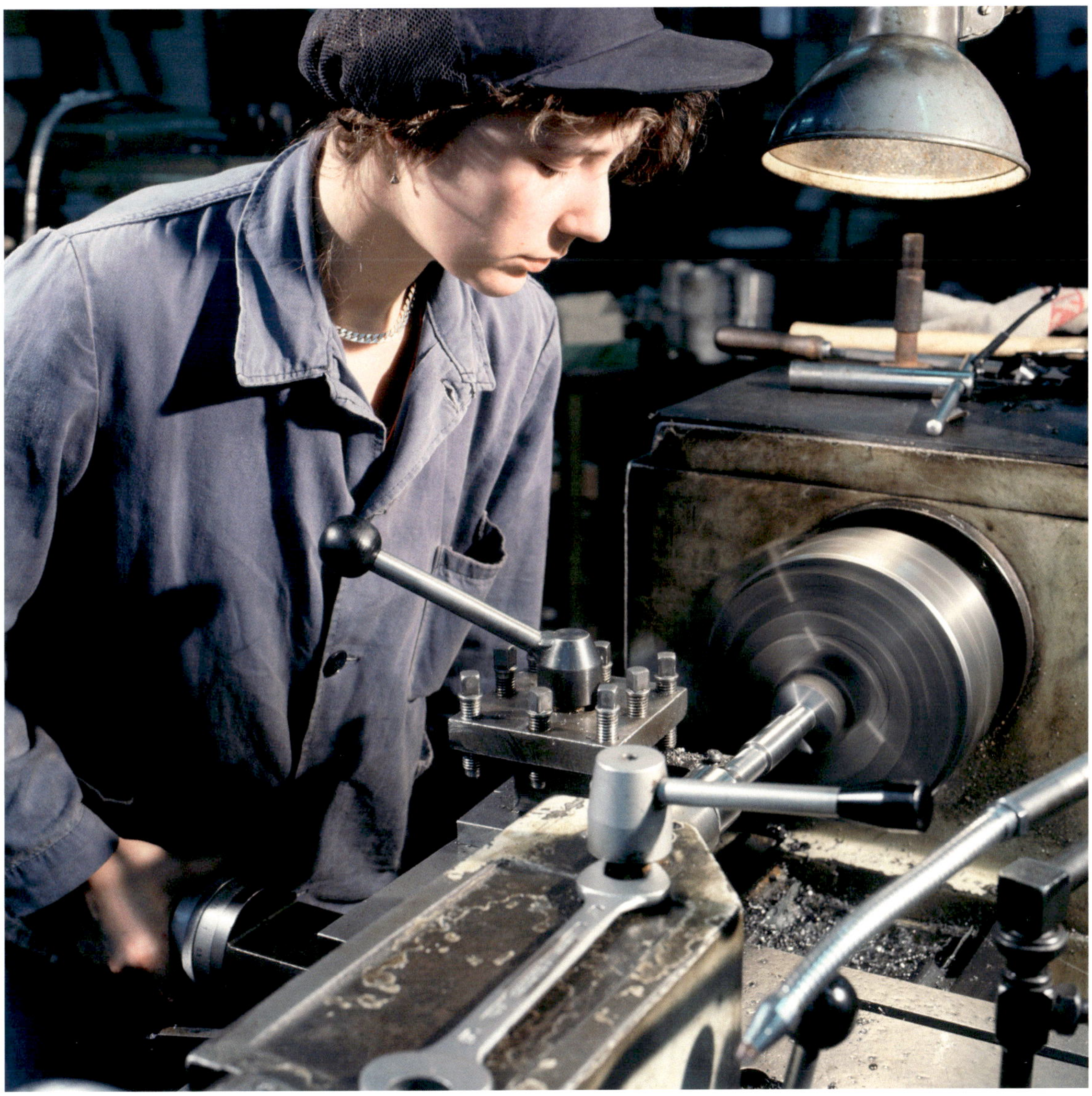

Dreherin, 1980er Jahre
Lathe operator, 1980s

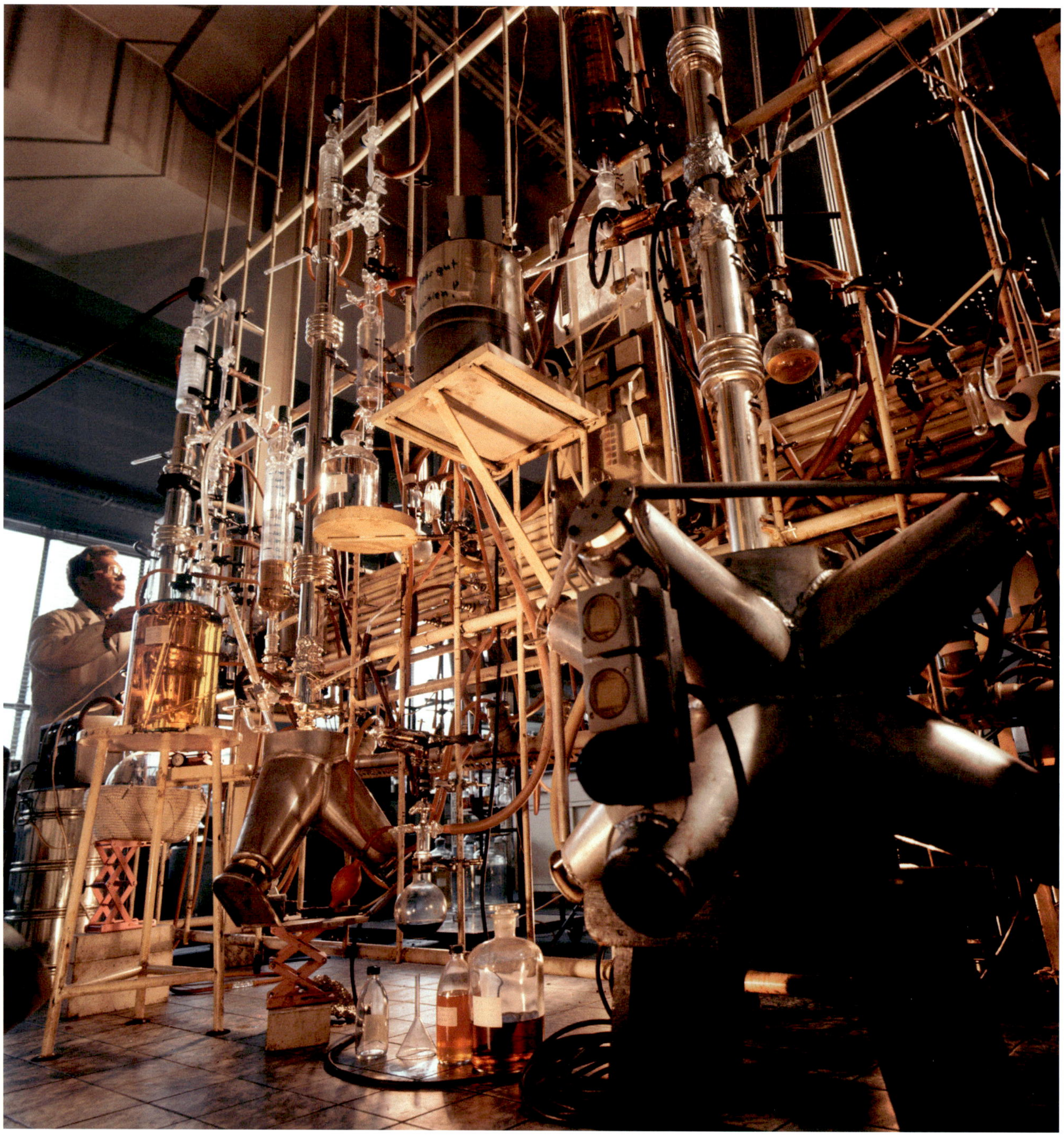

Labor, 1980er Jahre, bei der Aufnahme warmtonig gefiltert
Laboratory, 1980s, taken with a warm filter

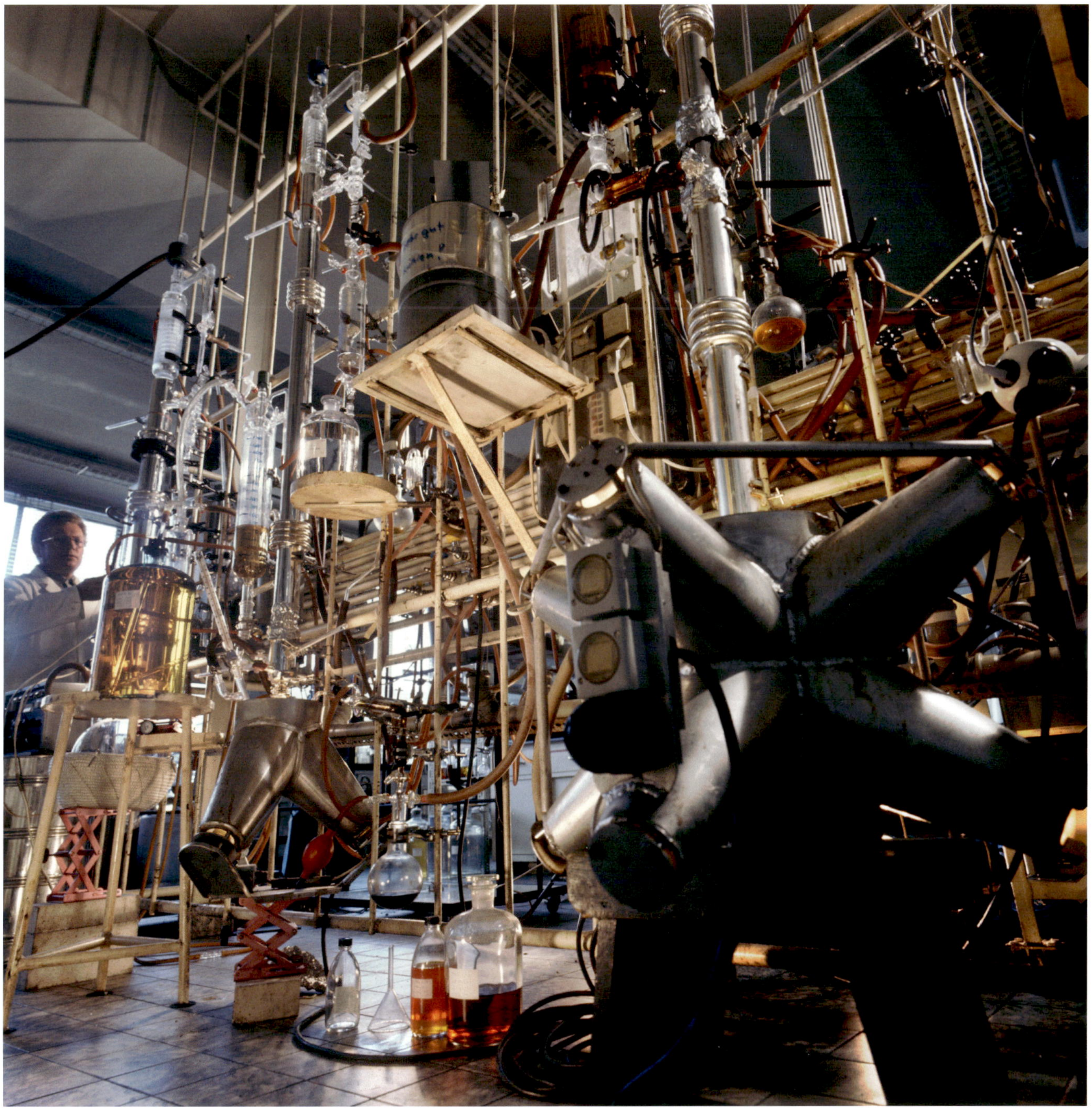

Labor, 1980er Jahre, bei der Aufnahme kalttonig gefiltert
Laboratory, 1980s, taken with a cool filter

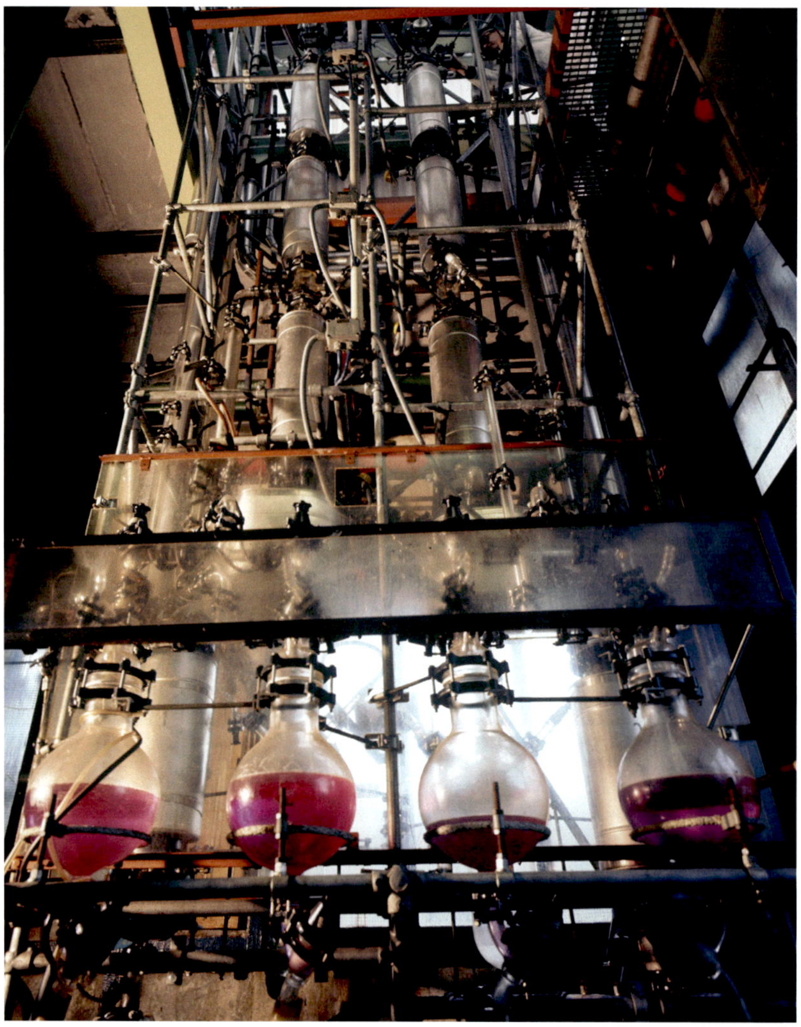

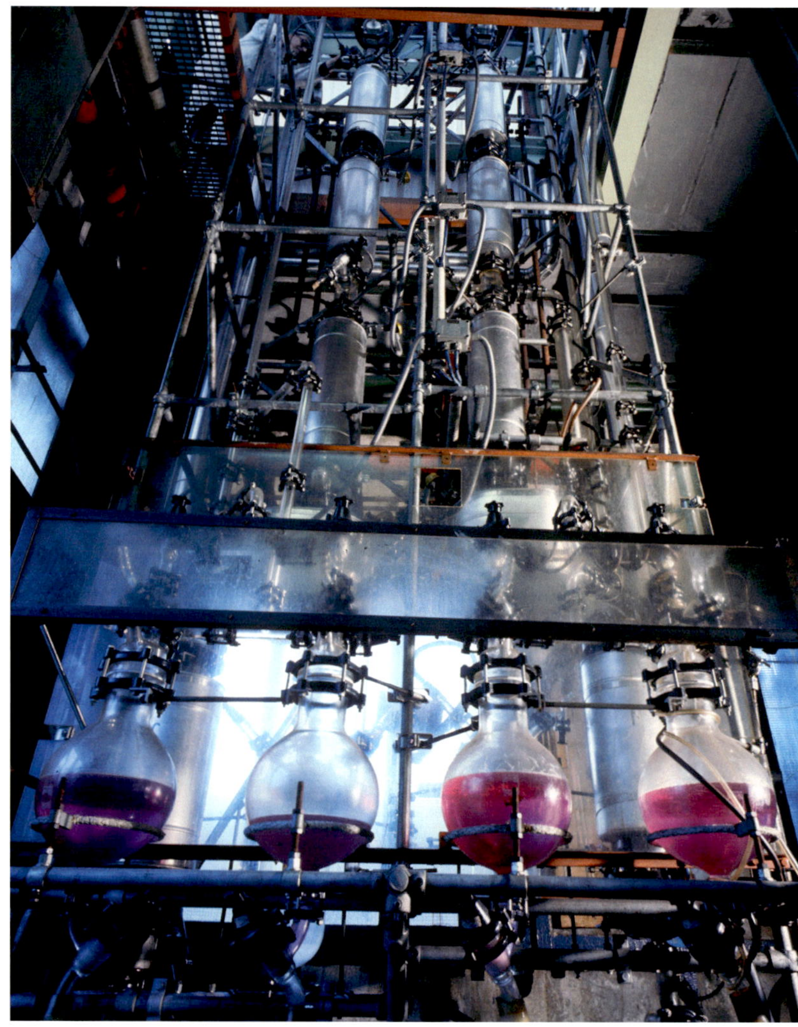

Versuchskolben, 1980er Jahre, bei der Aufnahme warmtonig gefiltert
Test flask, 1980s, taken with a warm filter

Versuchskolben, 1980er Jahre, bei der Aufnahme kalttonig gefiltert
Test flask, 1980s, taken with a cool filter

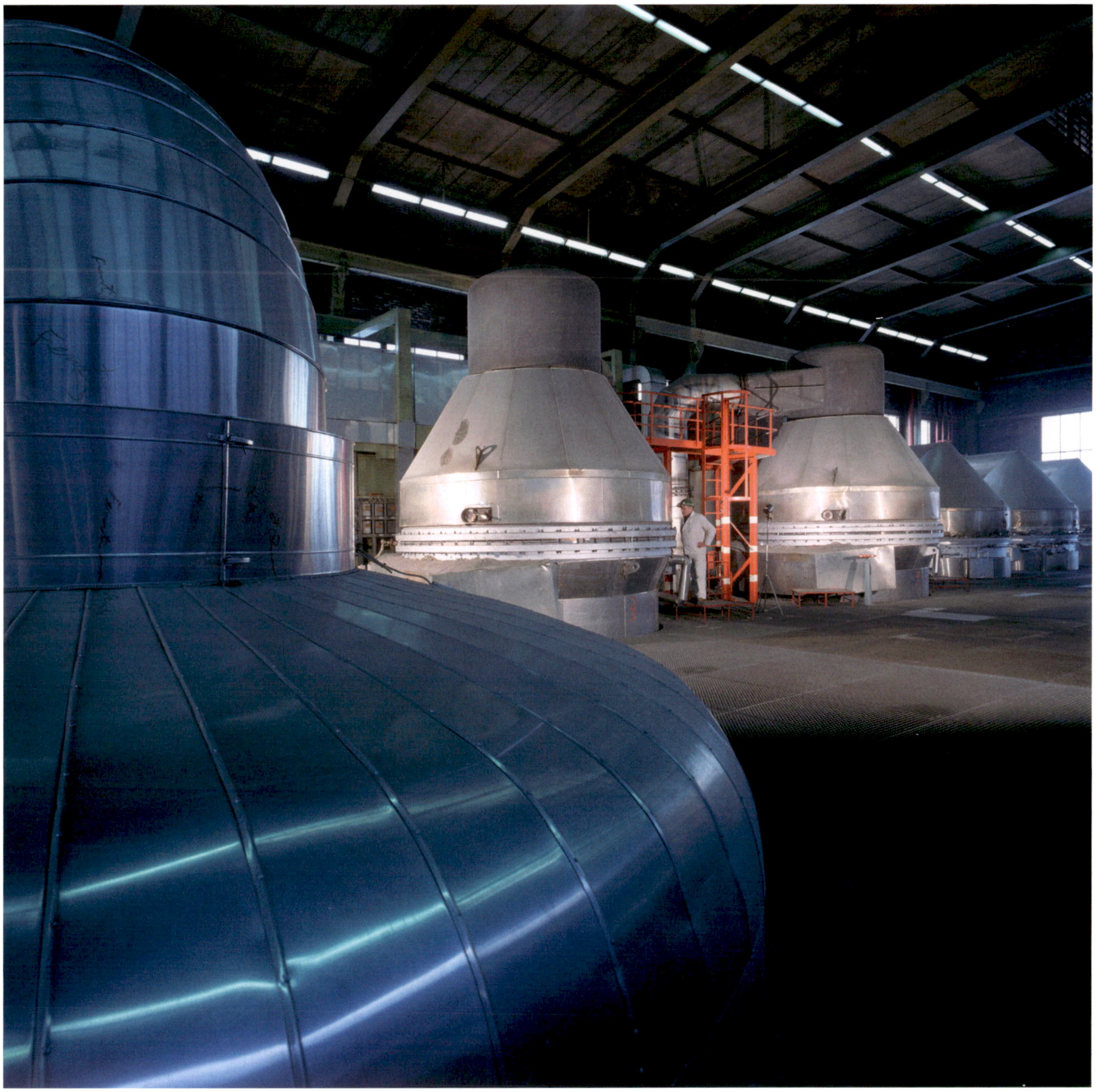

Salpetersäurebetrieb, 1980er Jahre
Nitric acid plant, 1980s

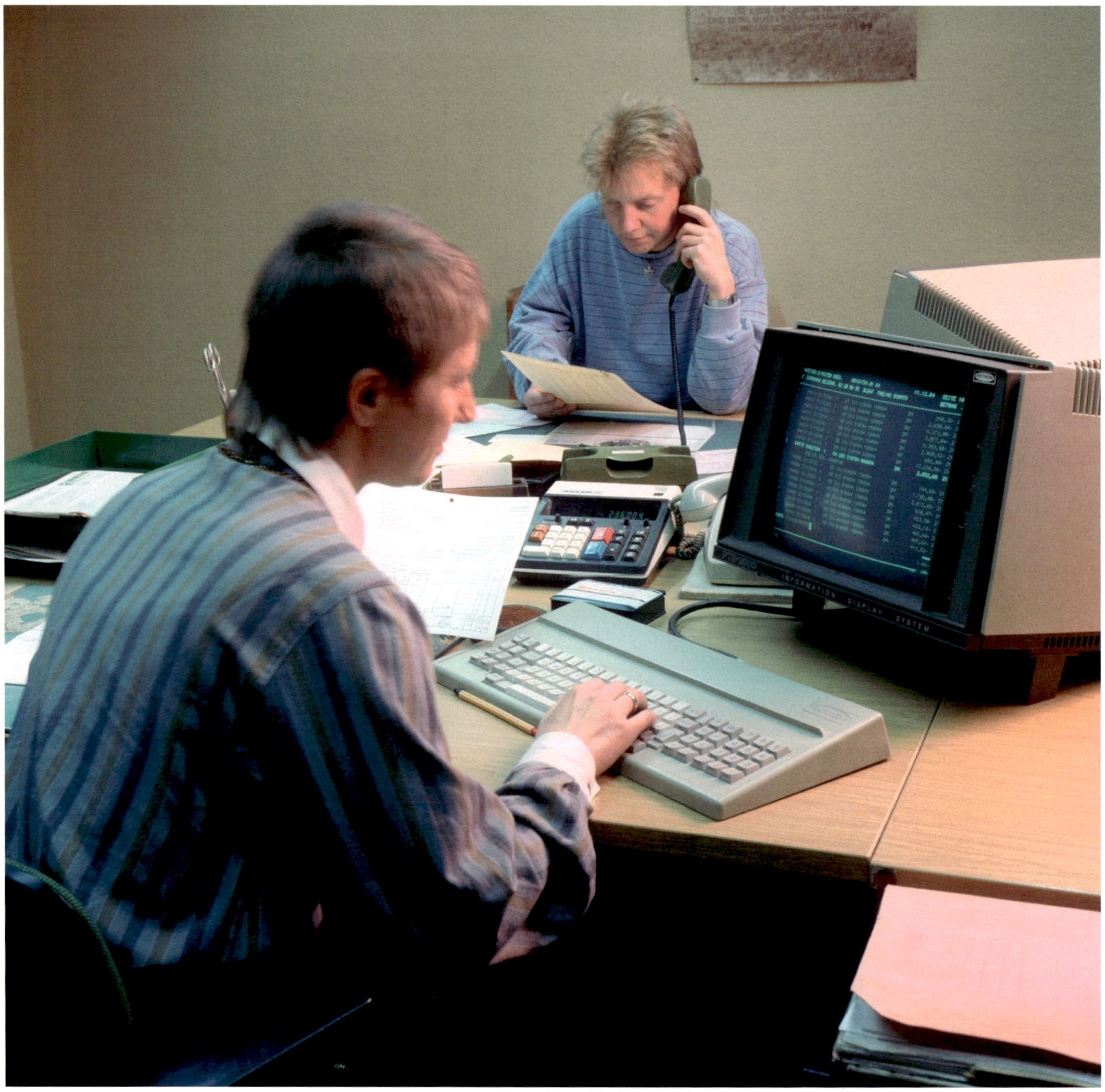

Verwaltung, 1980er Jahre
Administration, 1980s

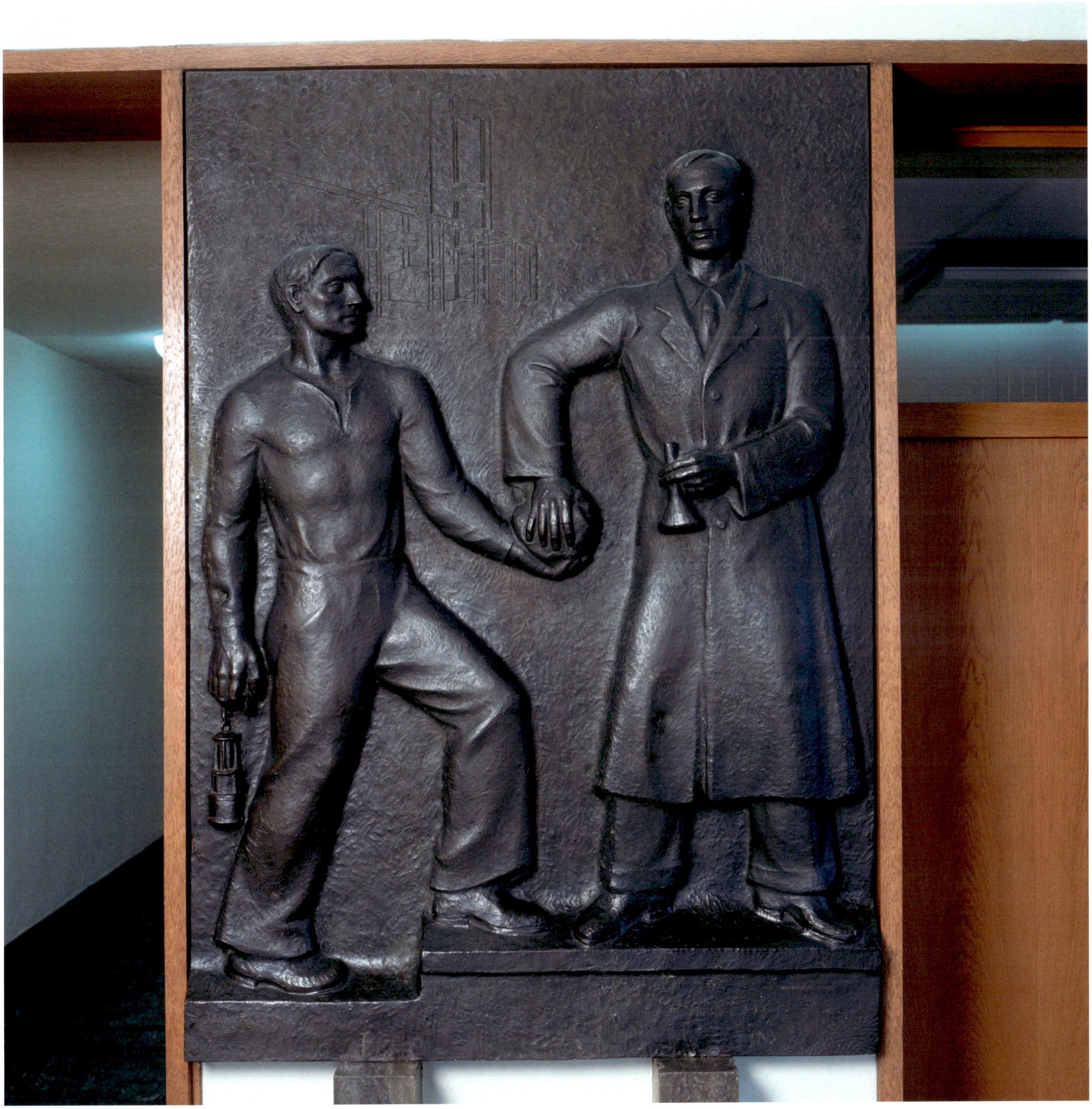

Relief von Josef Daniel Sommer (1937), 1980er Jahre
Relief by Josef Daniel Sommer (1937), 1980s

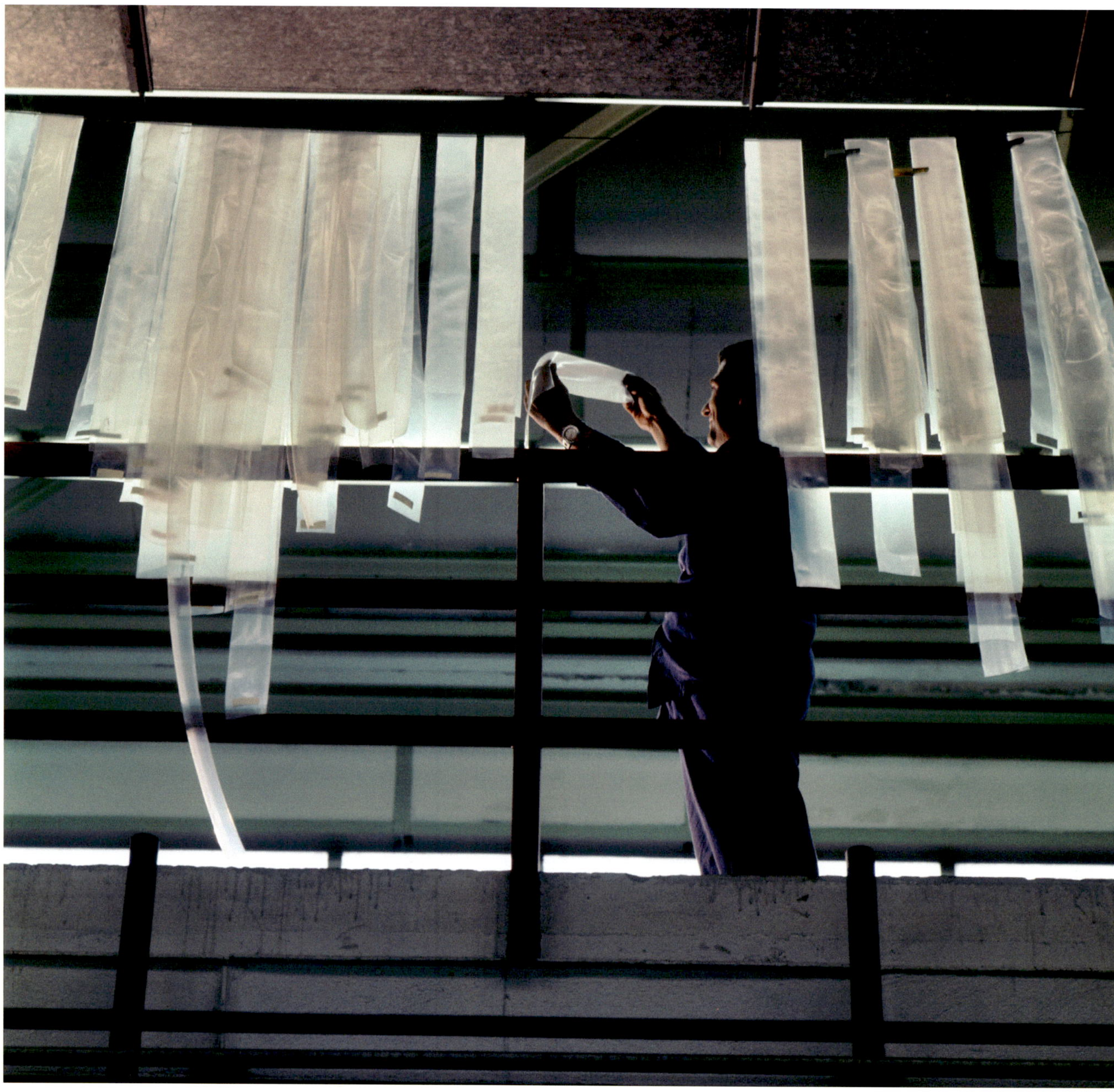

Beurteilung von Versuchsprodukten, 1980er Jahre
Evaluating trial products, 1980s

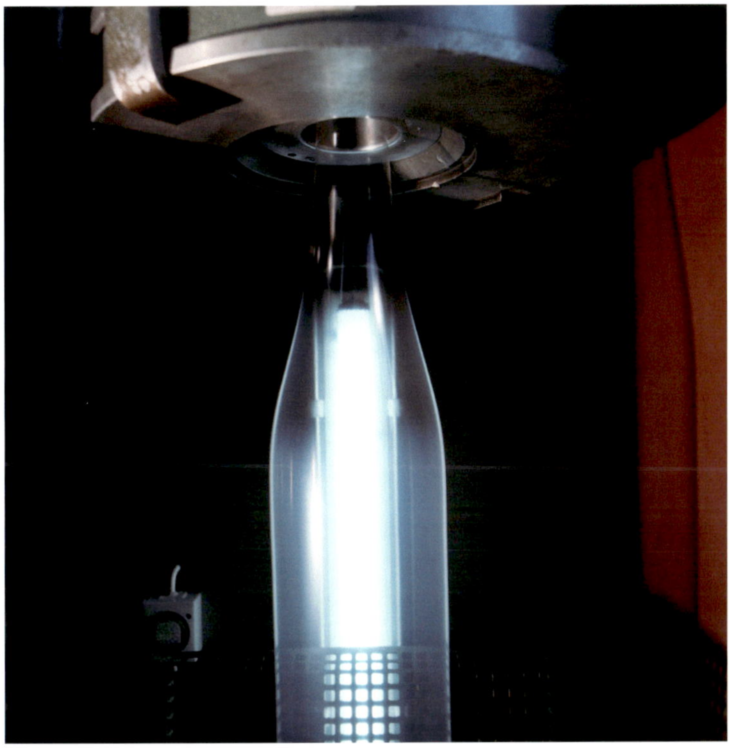

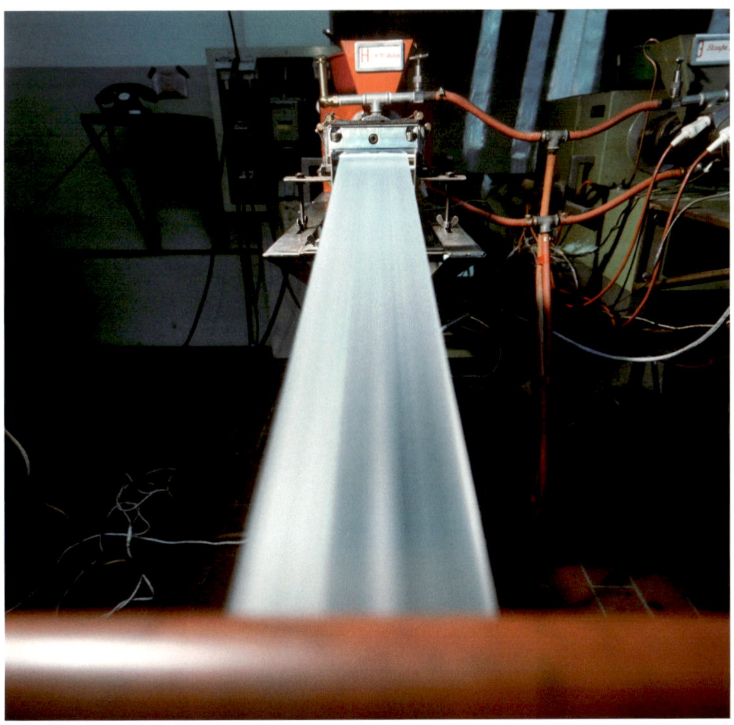

Folienherstellung, 1970er Jahre
Foil production, 1970s

Folienherstellung, 1980er Jahre
Foil production, 1980s

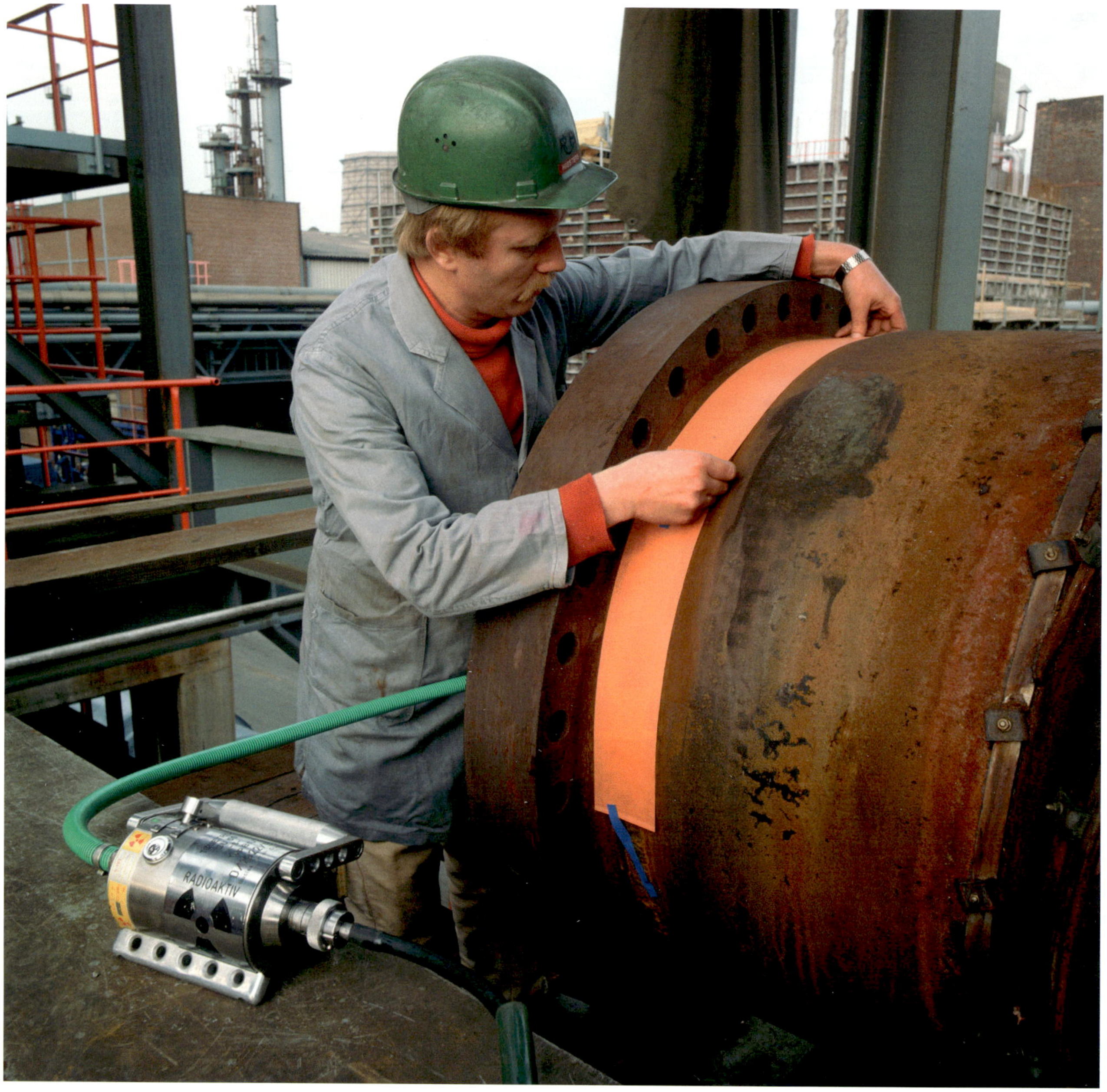

Überprüfung von Schweißnähten, 1980er Jahre
Inspecting weld seams, 1980s

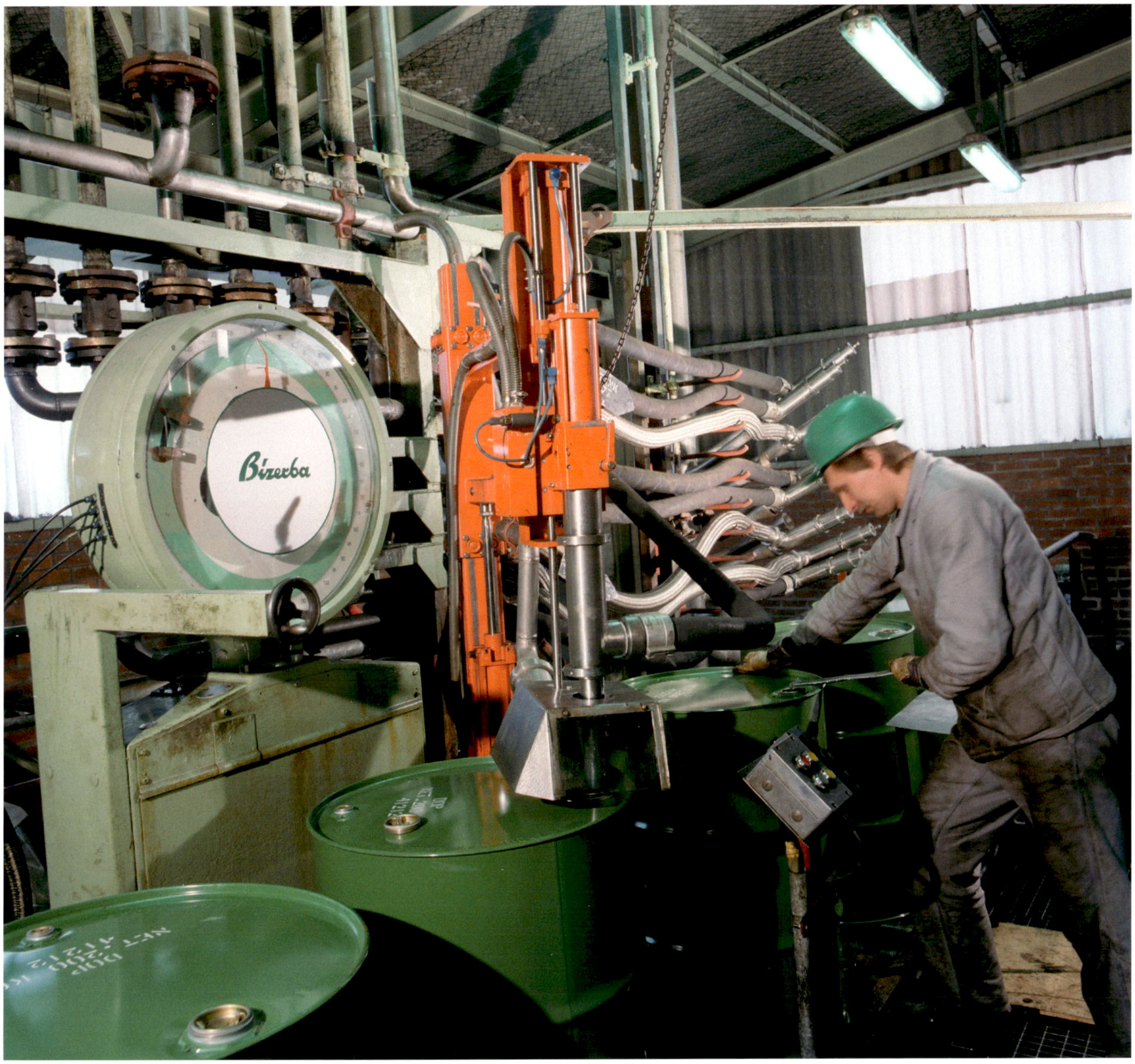

Verladung von Produkten, 1980er Jahre

Loading products, 1980s

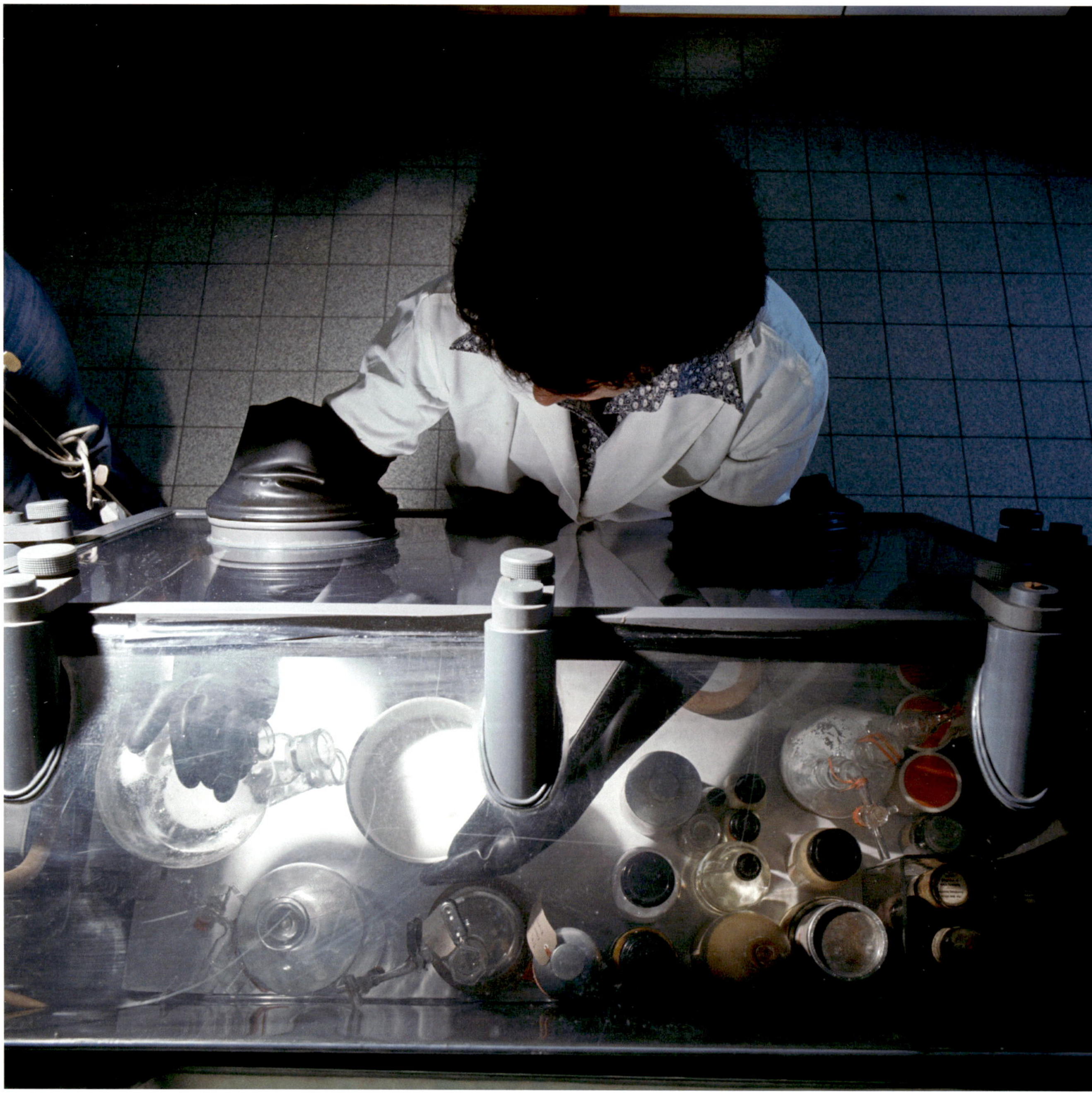

Arbeit in der Stickstoffkammer, 1970er Jahre
Working in the nitrogen chamber, 1970s

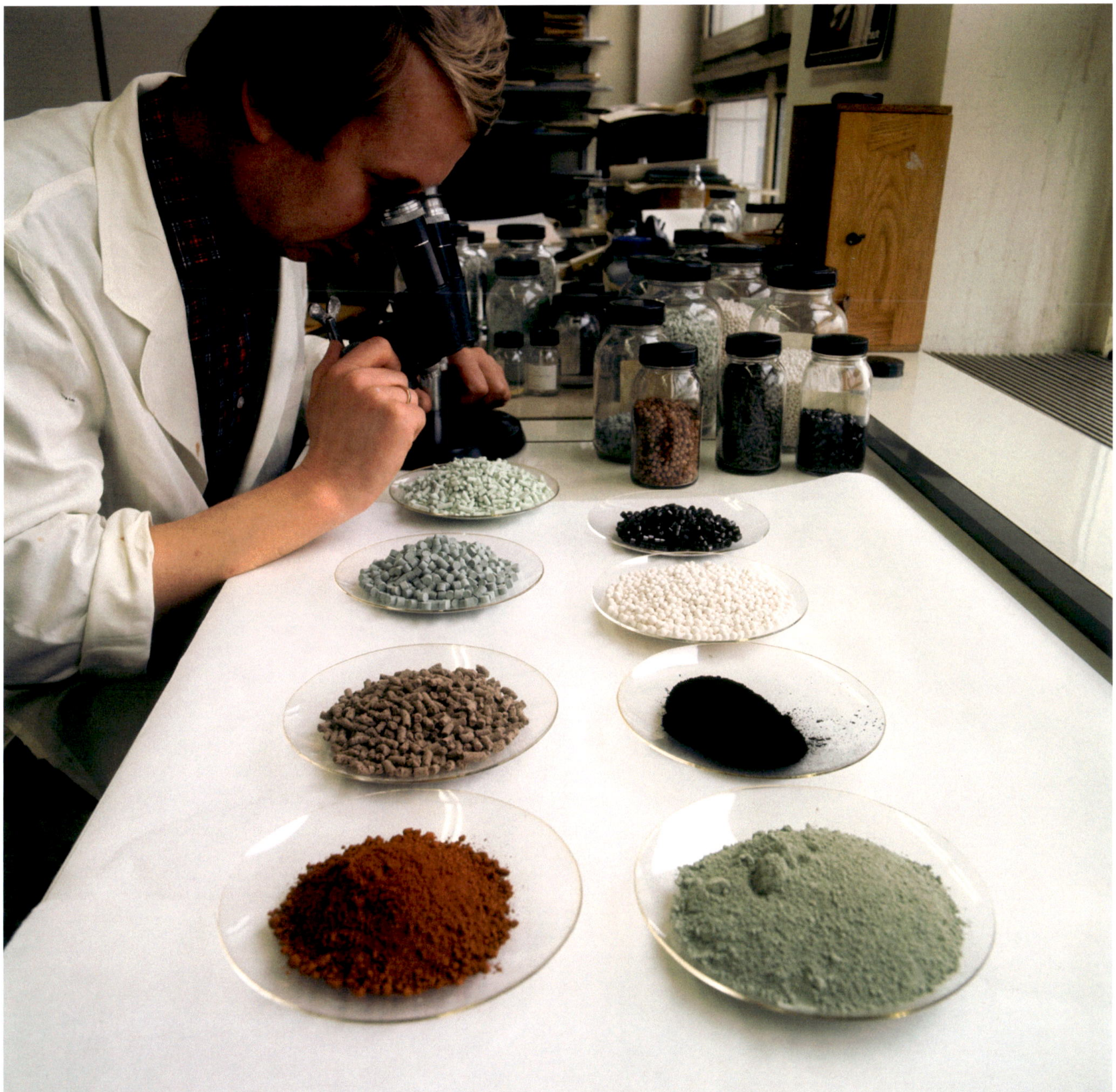

Prüfung von Katalysatoren, 1970er Jahre
Catalyst testing, 1970s

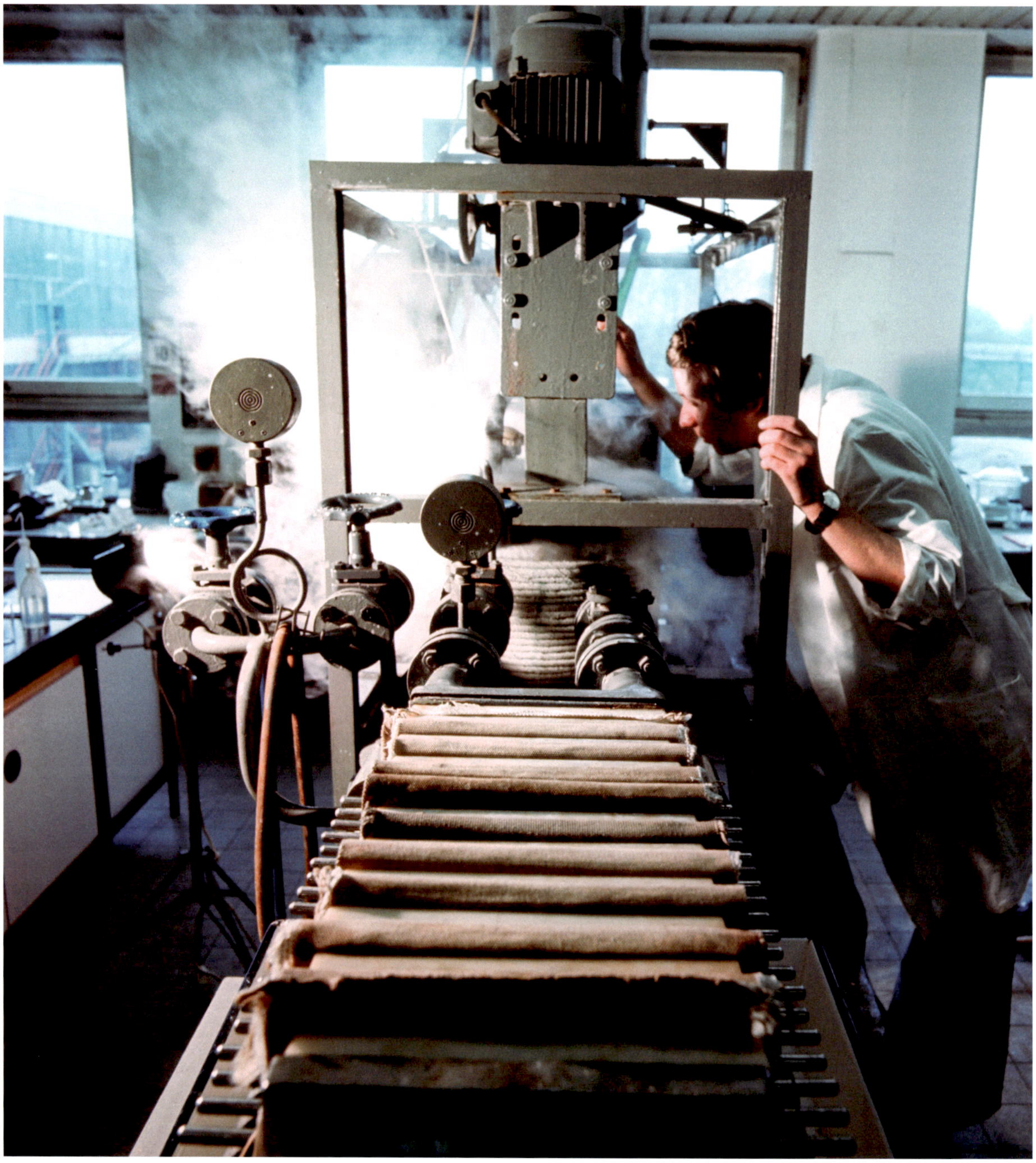

Filterpresse für Katalysatoren, 1970er Jahre
Filter press for catalysts, 1970s

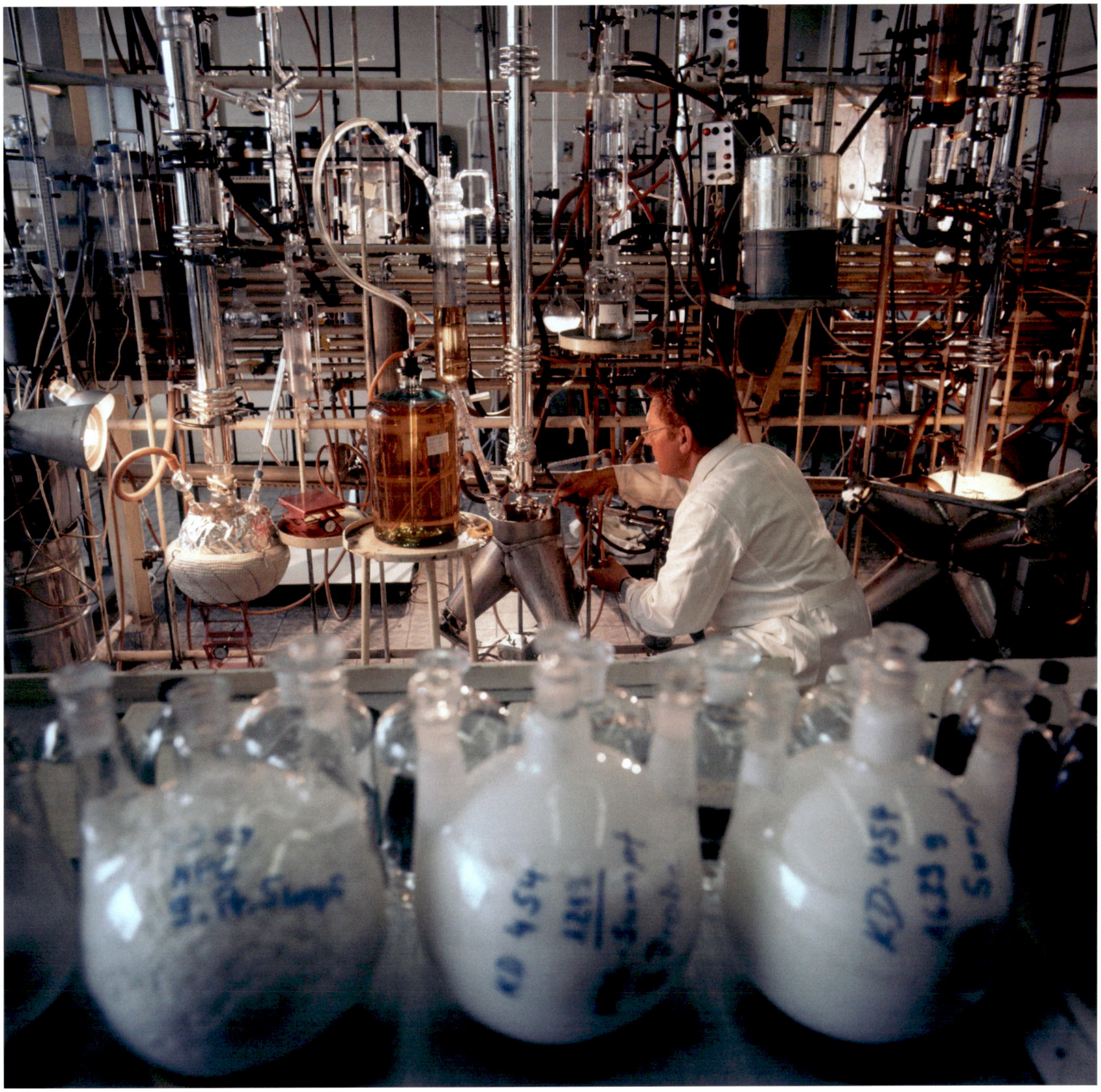

Destillation im Labormaßstab, 1970er Jahre
Destillation in the laboratory scale, 1970s

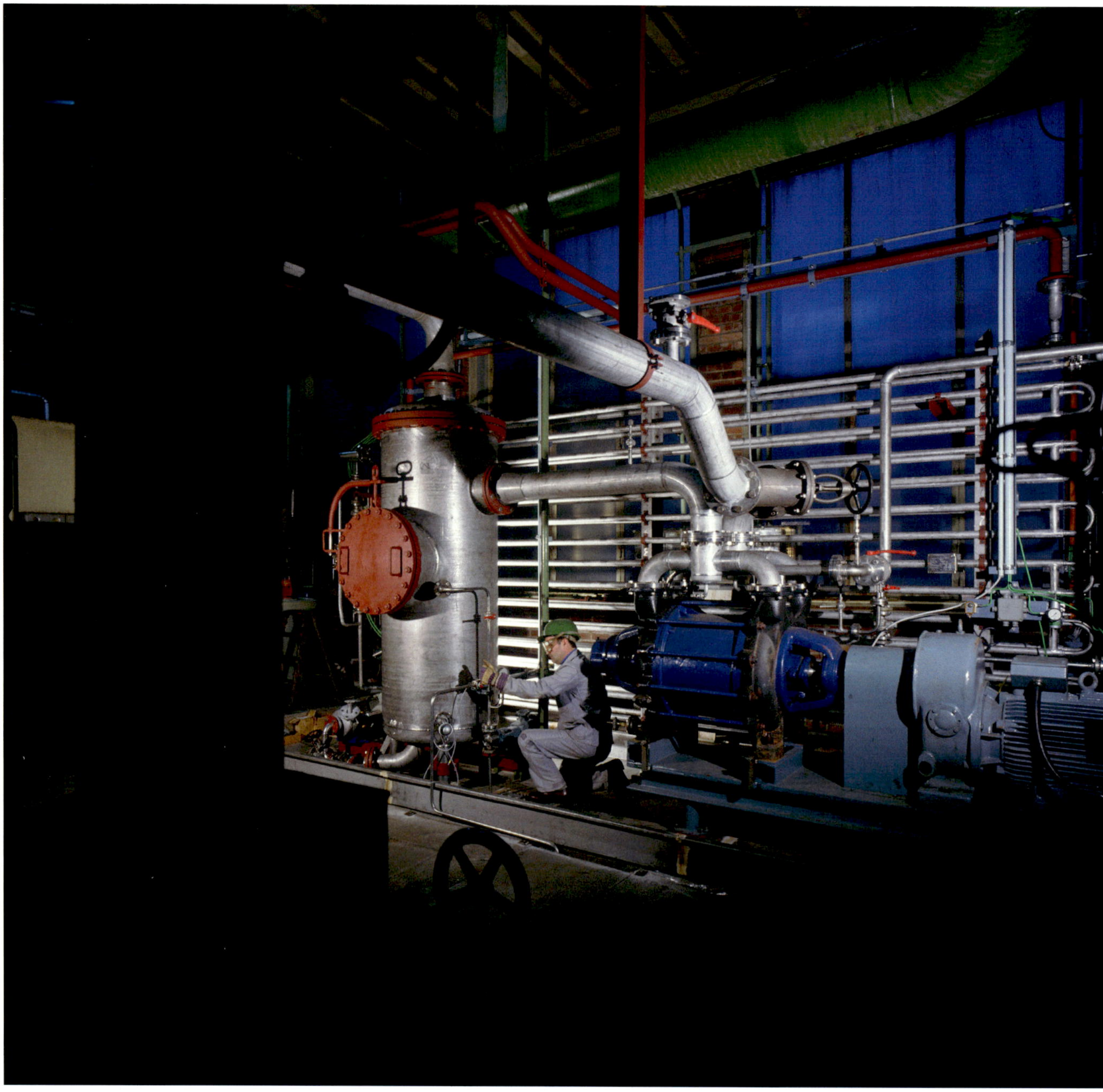

Nitrosylschwefelsäure-Versuchsanlage, 1980er Jahre
Nitrosylsulphuric acid test plant, 1980s

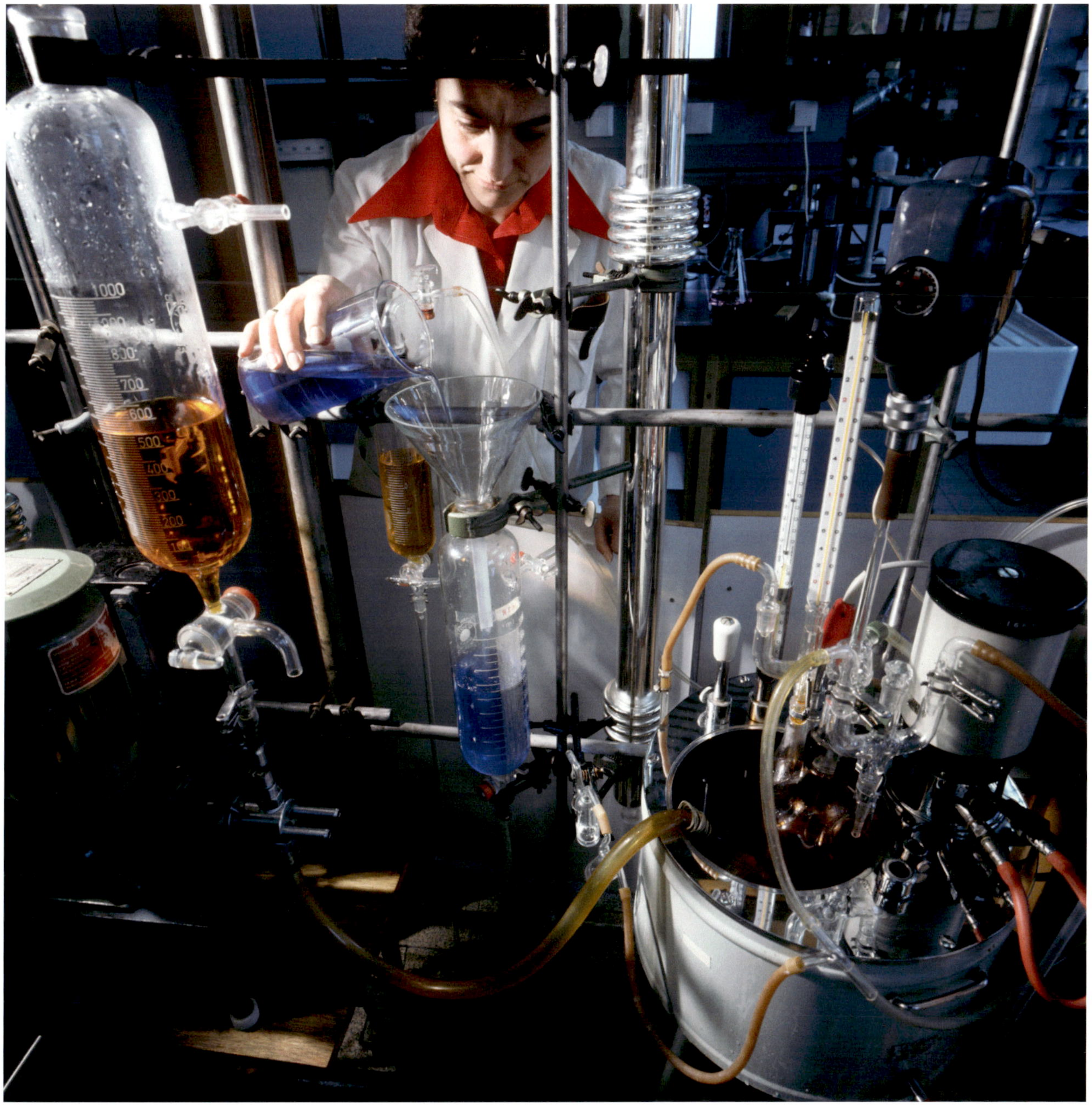

Oxo-Forschung, 1980er Jahre
Oxo research, 1980s

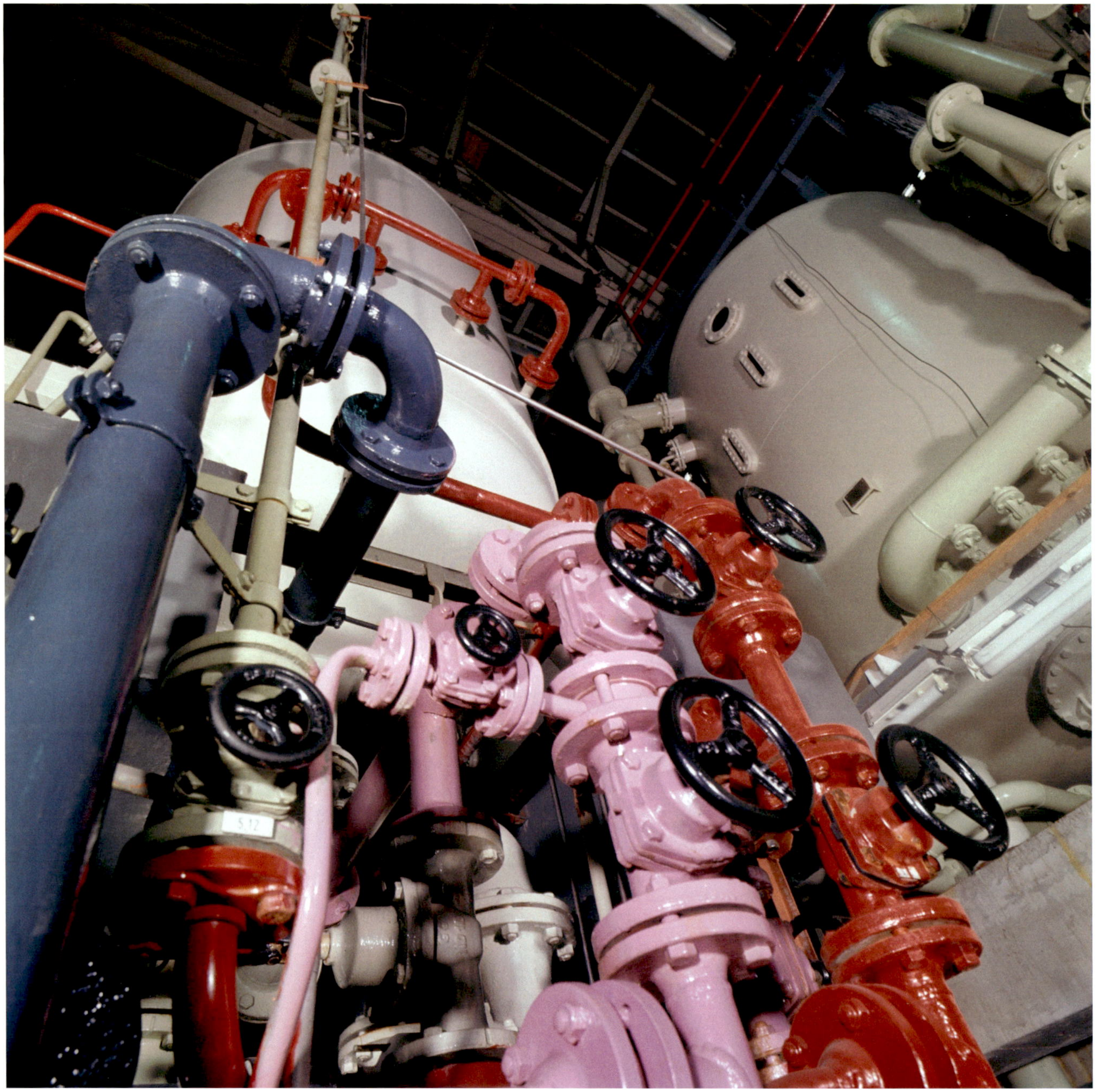

Forschungstechnikum, 1970er Jahre
Research technical centre, 1970s

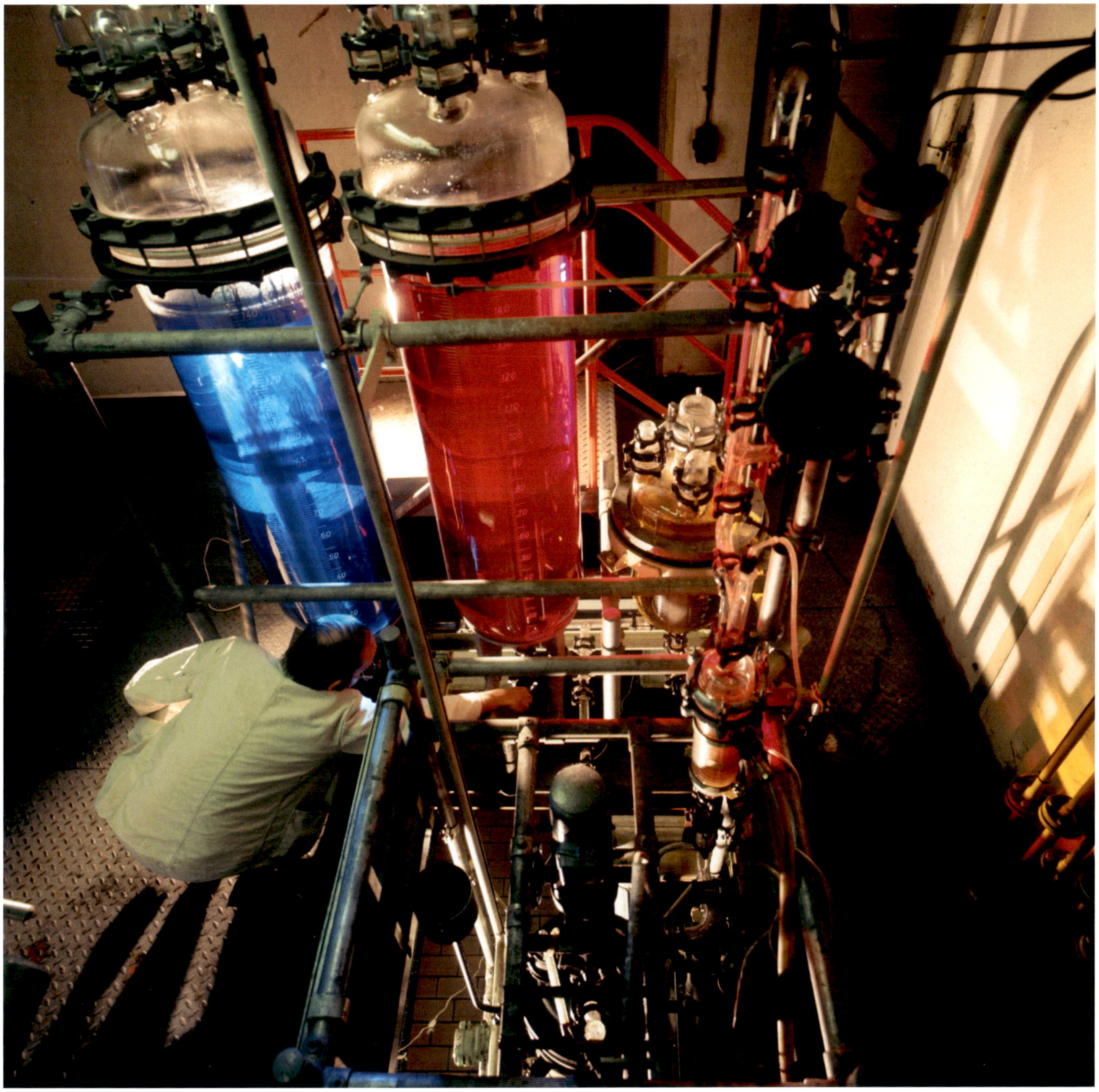

Technikum, 1970er Jahre
Pilot plant, 1970s

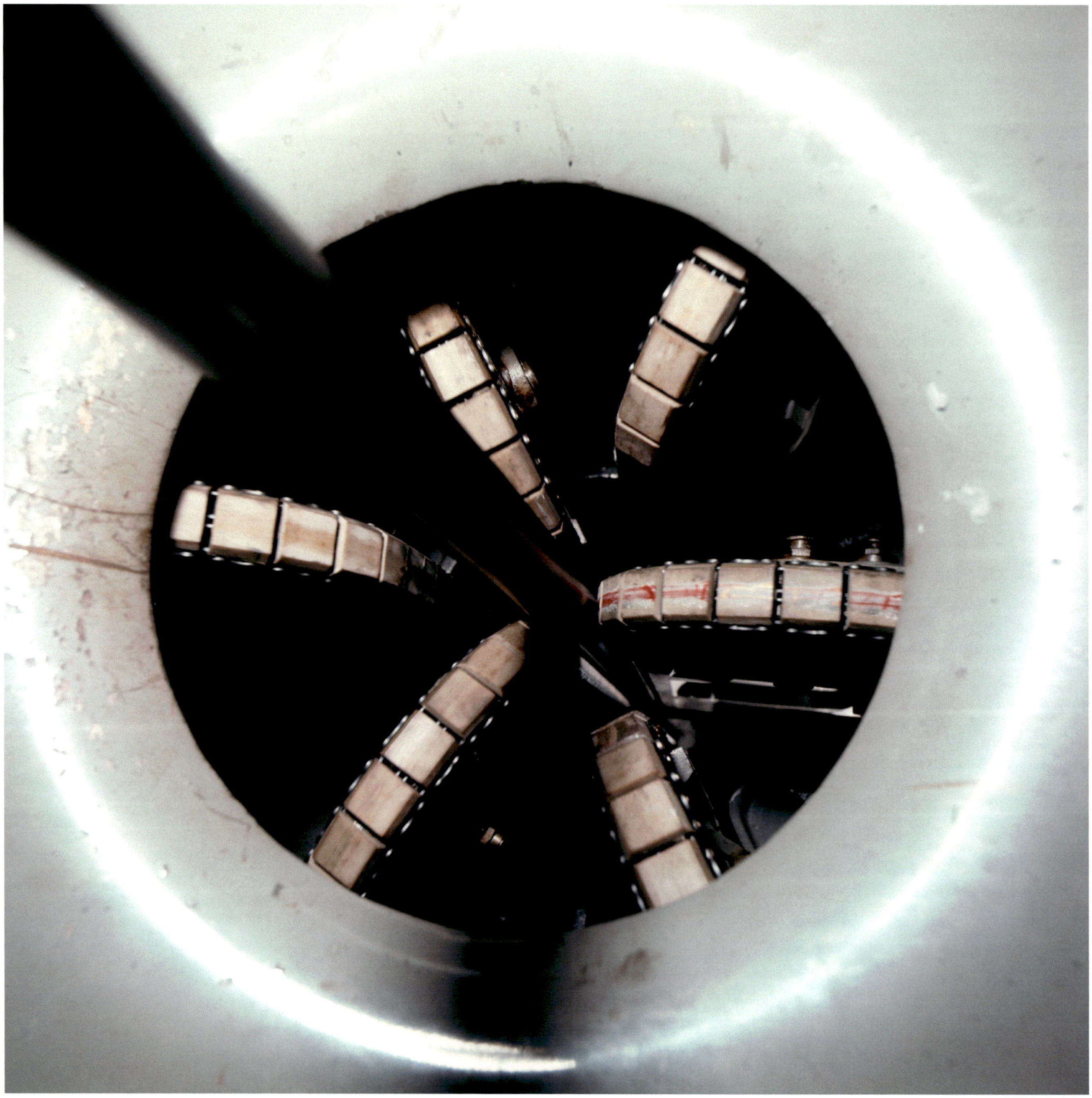

Herstellung von Rohren, 1970er Jahre
Pipe production, 1970s

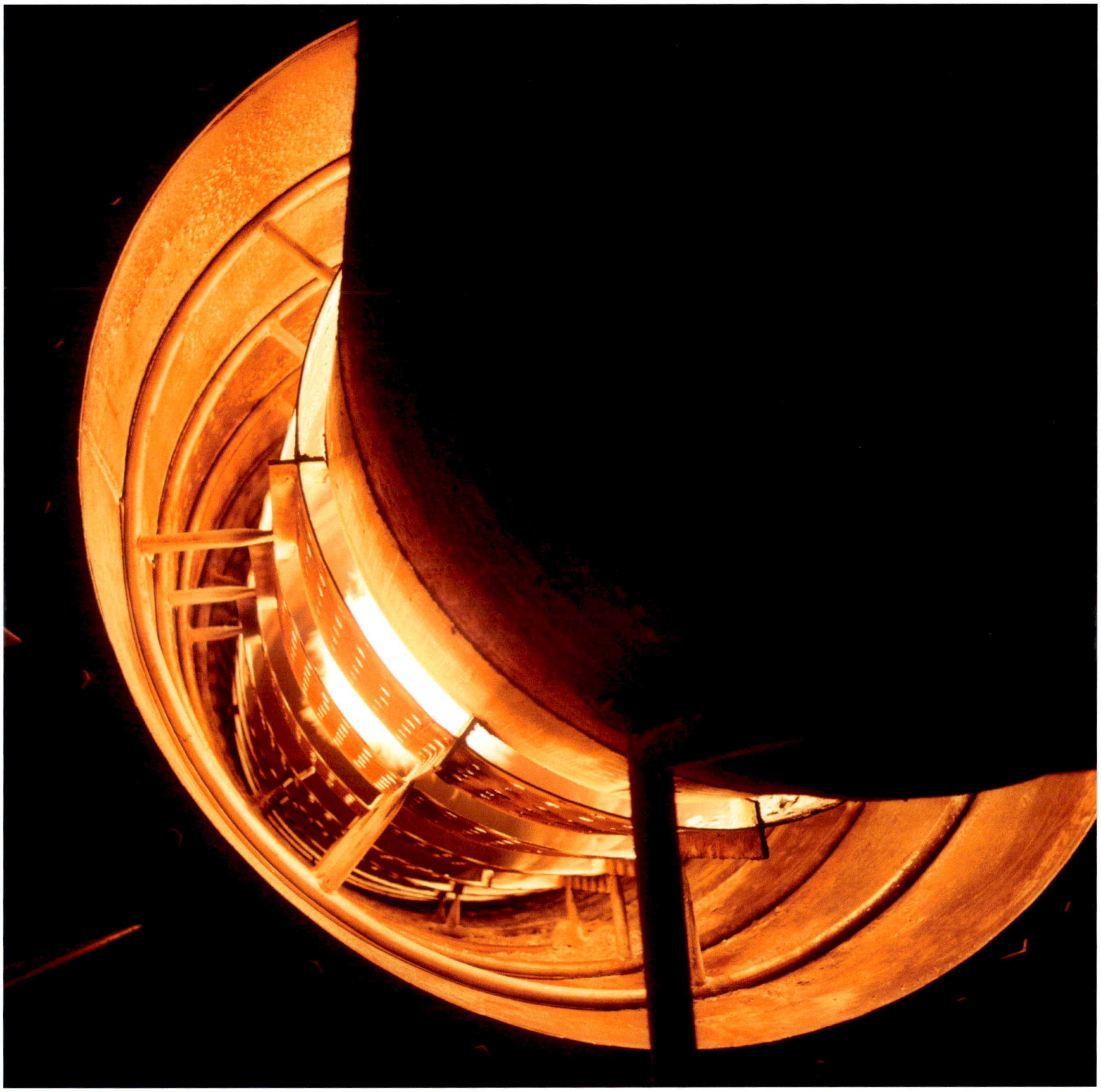

Brennkammer des Granulattrockners, 1980er Jahre
Combustion chamber of the granulate dryer, 1980s

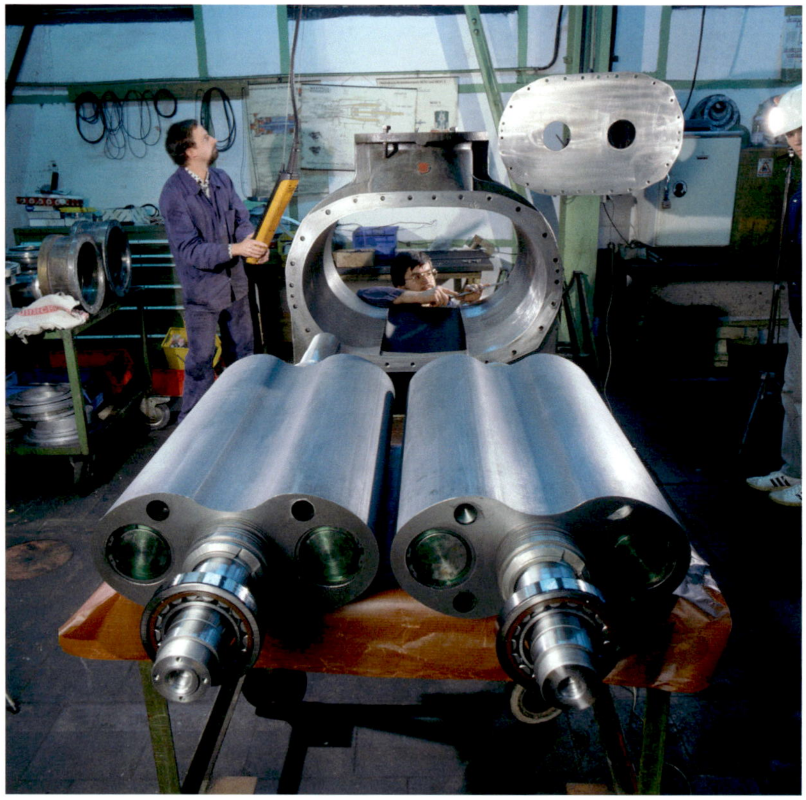

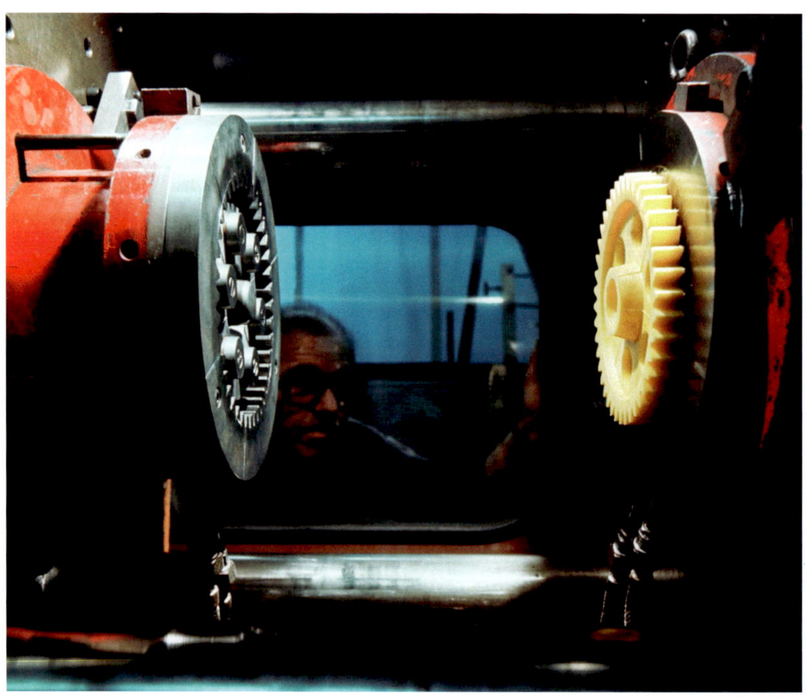

Reparaturen an einem Gasverdichter, 1980er Jahre
Repairing a gas compressor, 1980s

Herstellung von Zahnrädern, 1970er Jahre
Gear production, 1970s

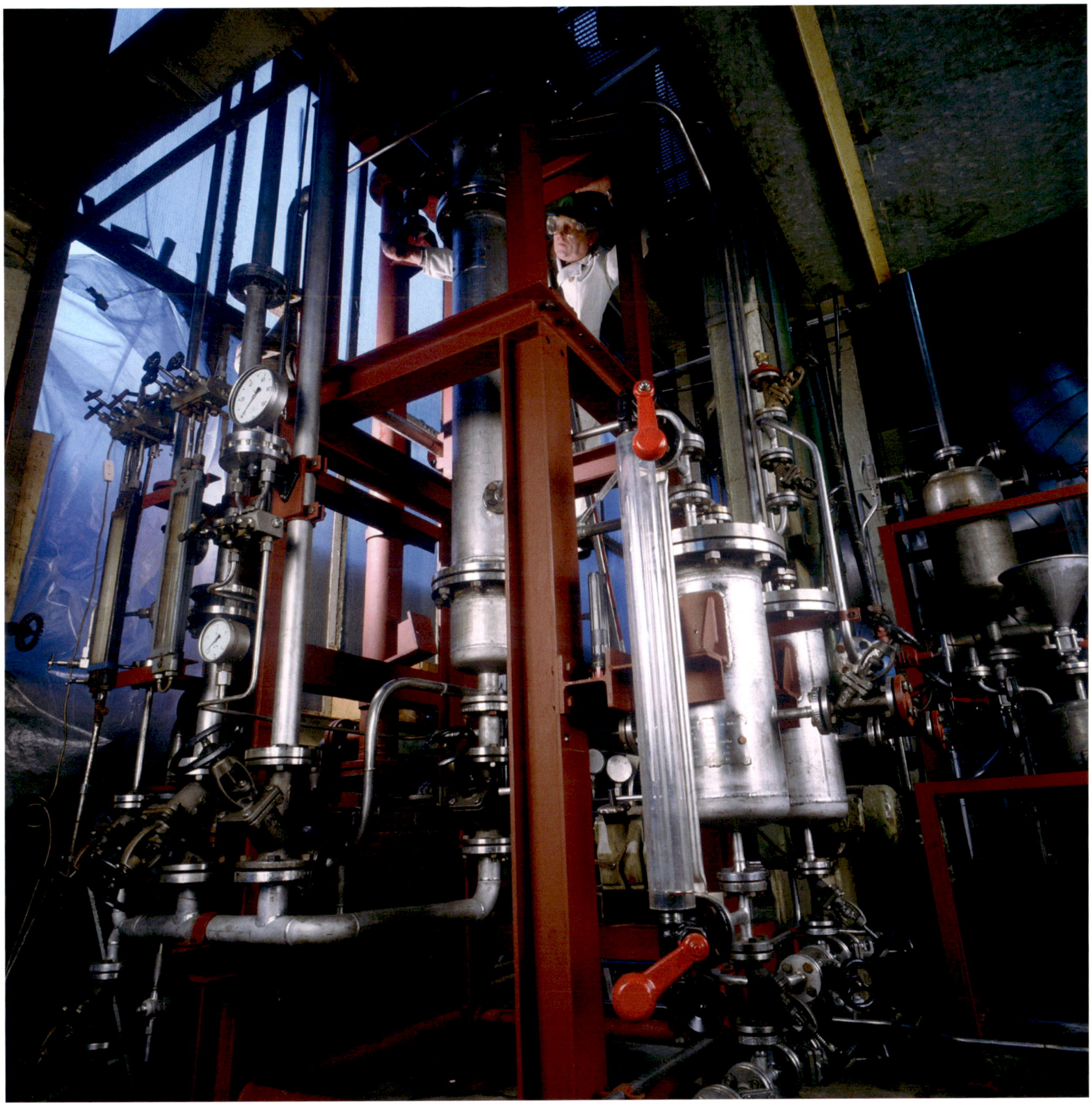

Versuchsanlage, 1980er Jahre
Test plant, 1980s

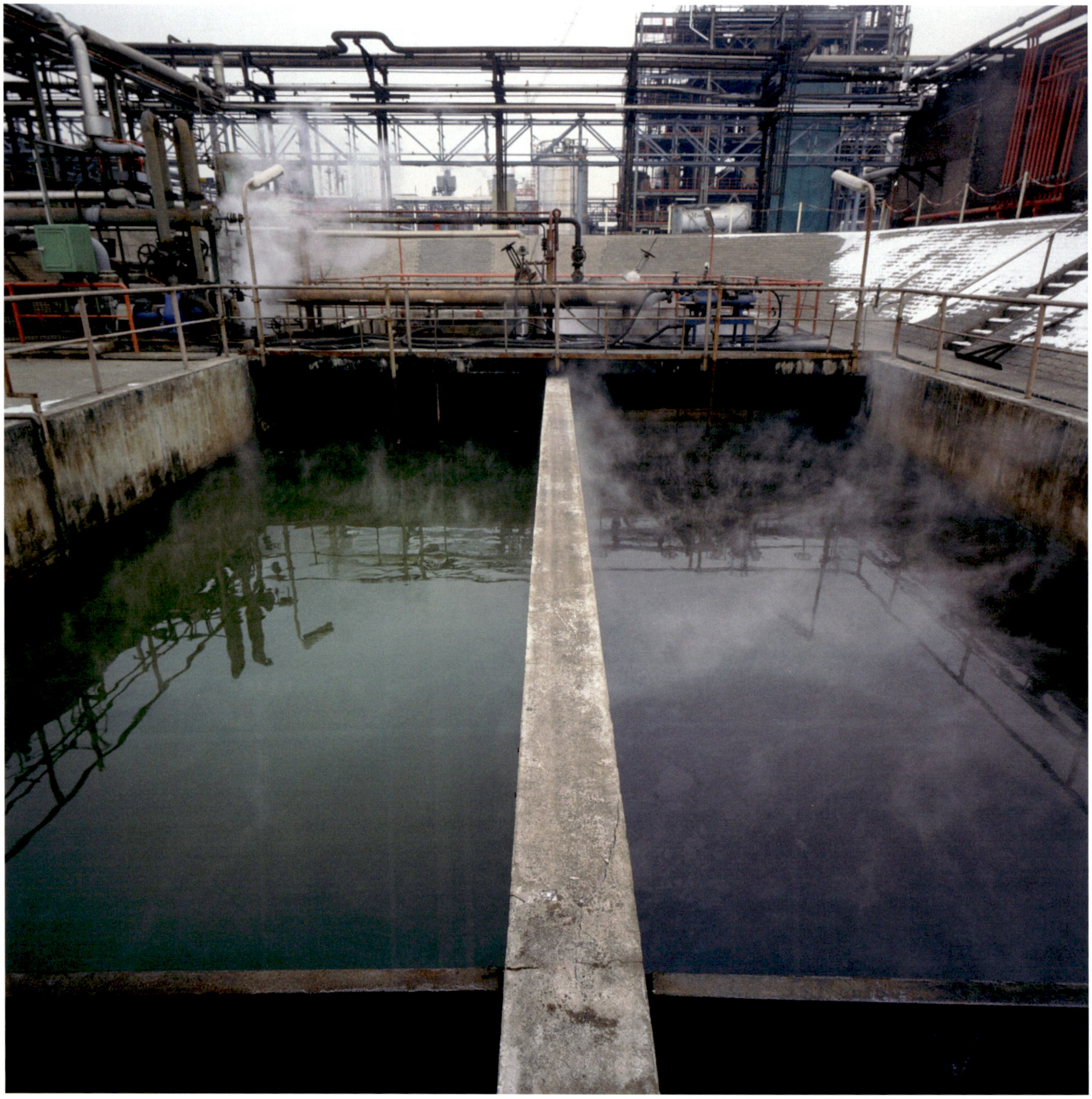

Kläranlage, 1980er Jahre
Wastewater treatment plant, 1980s

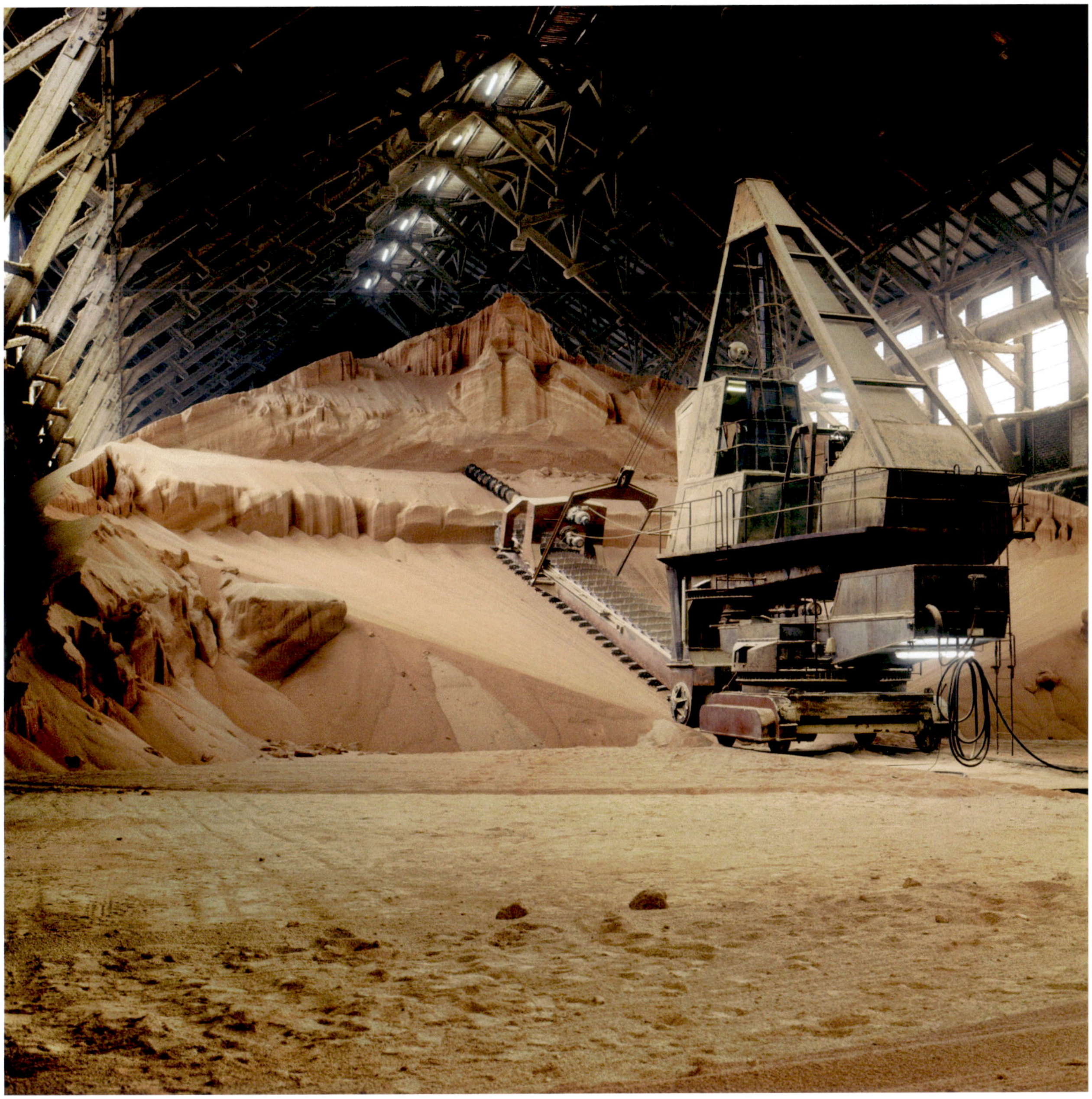

Düngemittellagerhalle mit Kratzer, 1970er Jahre
Fertiliser warehouse with scraper, 1970s

JOACHIM SCHUMACHER

Joachim Schumacher wurde 1950 in Saarbrücken geboren. 1971 absolvierte er ein Praktikum bei Karl Hugo Schmölz, welchem er von 1972 – 1977 ein Studium der Visuellen Kommunikation mit Schwerpunkt Fotografie in Essen anschloss. Seit 1980 ist er als selbstständiger Fotograf tätig und gilt als Chronist der Ruhrgebietslandschaft. Seit 2011 lebt und arbeitet er in Gelsenkirchen. 2015 wurde er in die Deutsche Fotografische Akademie berufen.

SH

Joachim Schumacher was born in 1950 in Saarbrücken. In 1971 he completed an internship with Karl Hugo Schmölz and studied visual communication in Essen from 1972–1977 with a focus on photography. He started working as a freelance photographer in 1980 and is considered a chronicler of the landscape of the Ruhr area. He has been living and working in Gelsenkirchen since 2011 and was appointed to the German Photographic Academy in 2015.

SH

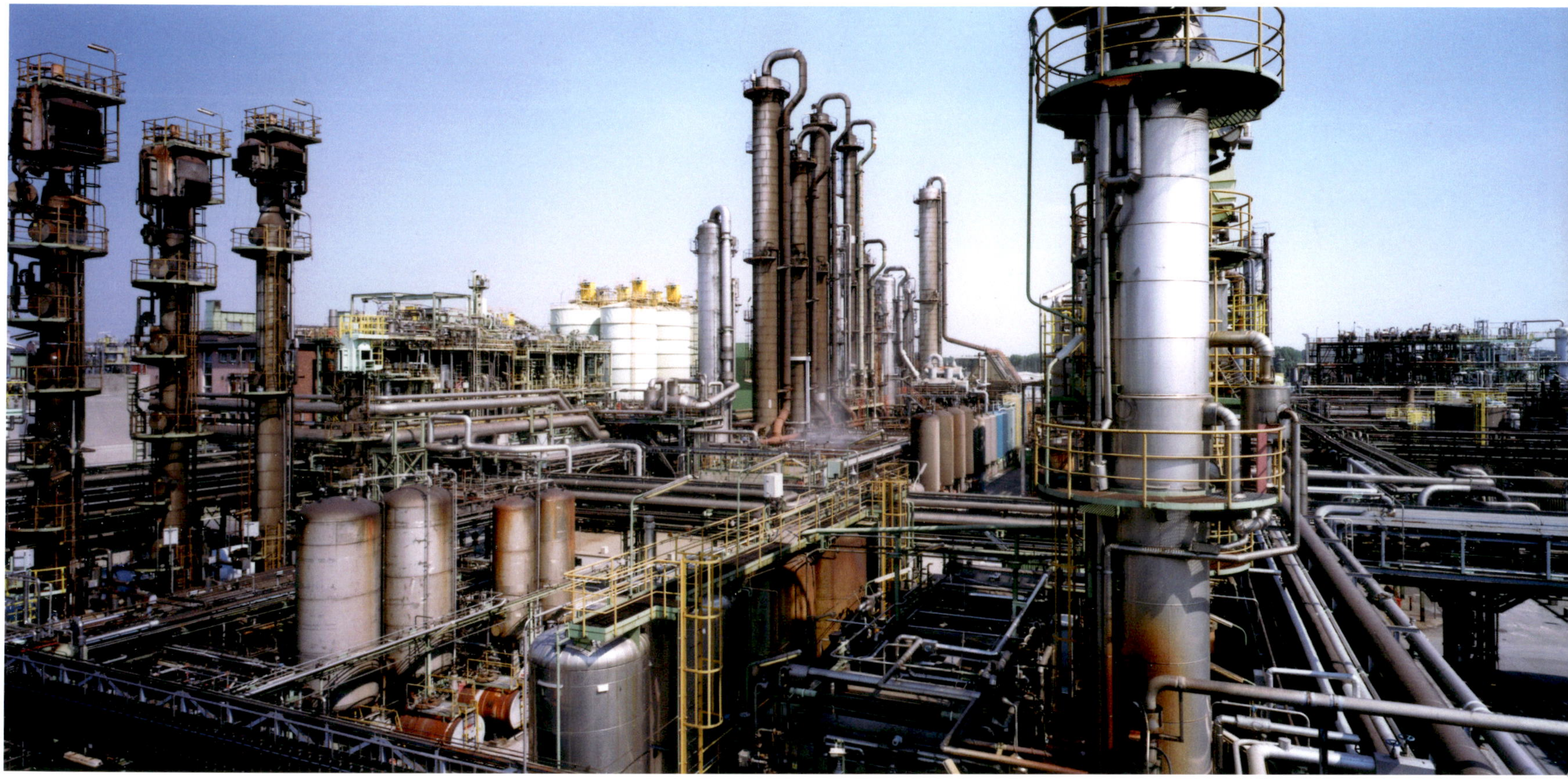

Anlagen der Celanese GmbH, 2002
Plant, Celanese GmbH, 2002

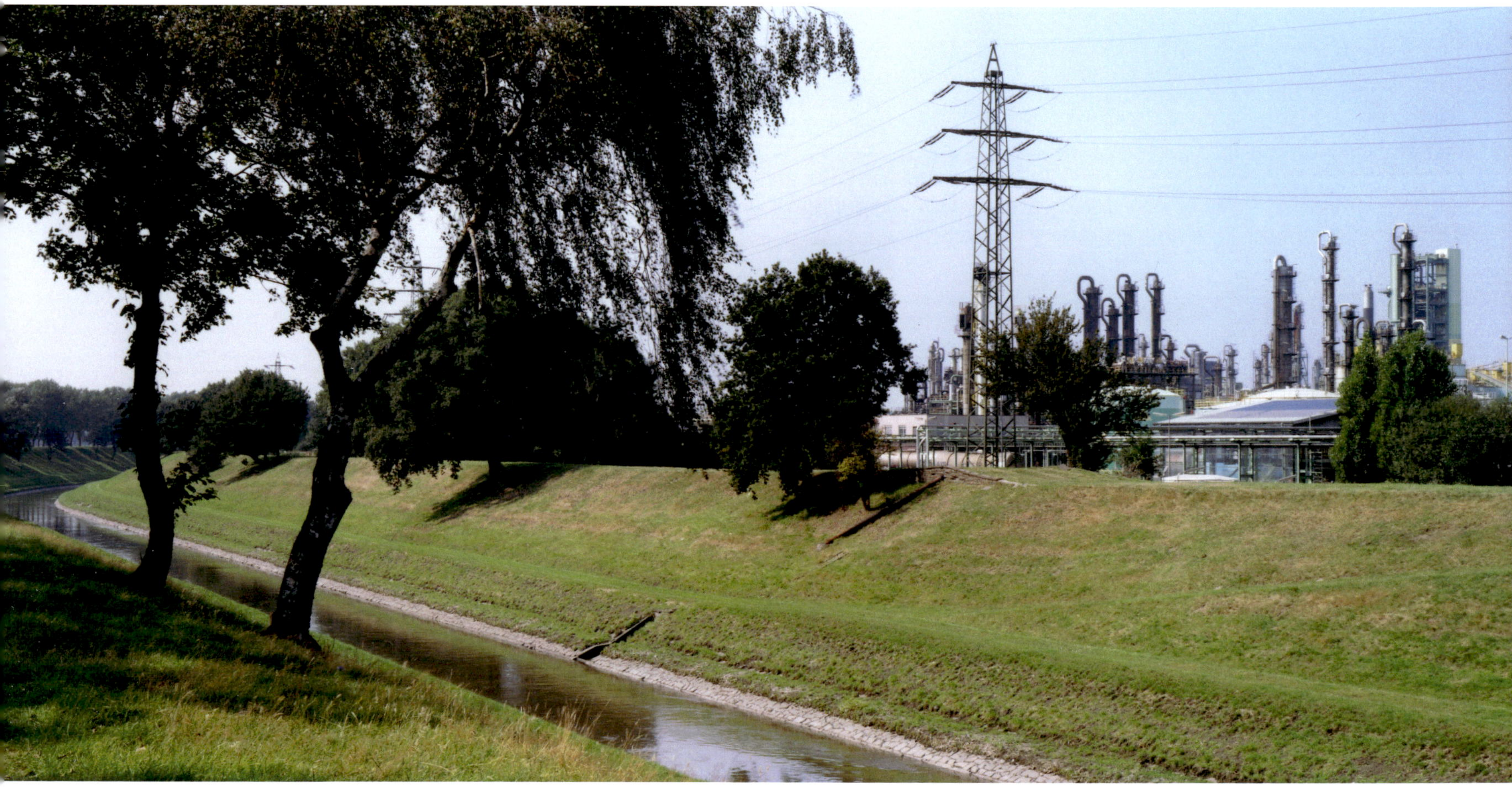

Ansicht vom Emscherufer, 2002
View from the banks of the Emscher, 2002

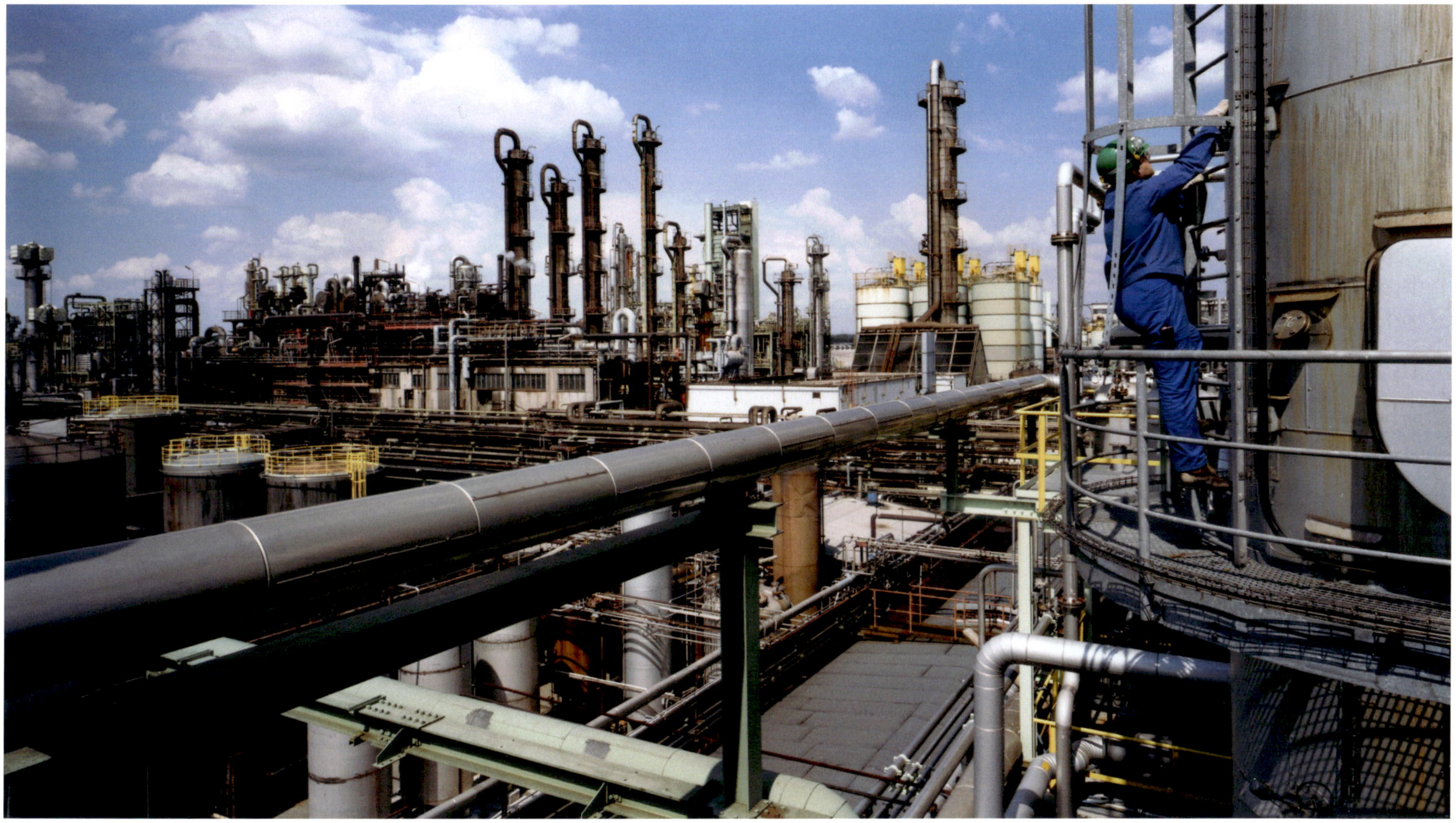

Anlagen der Celanese GmbH, 2002
Plant, Celanese GmbH, 2002

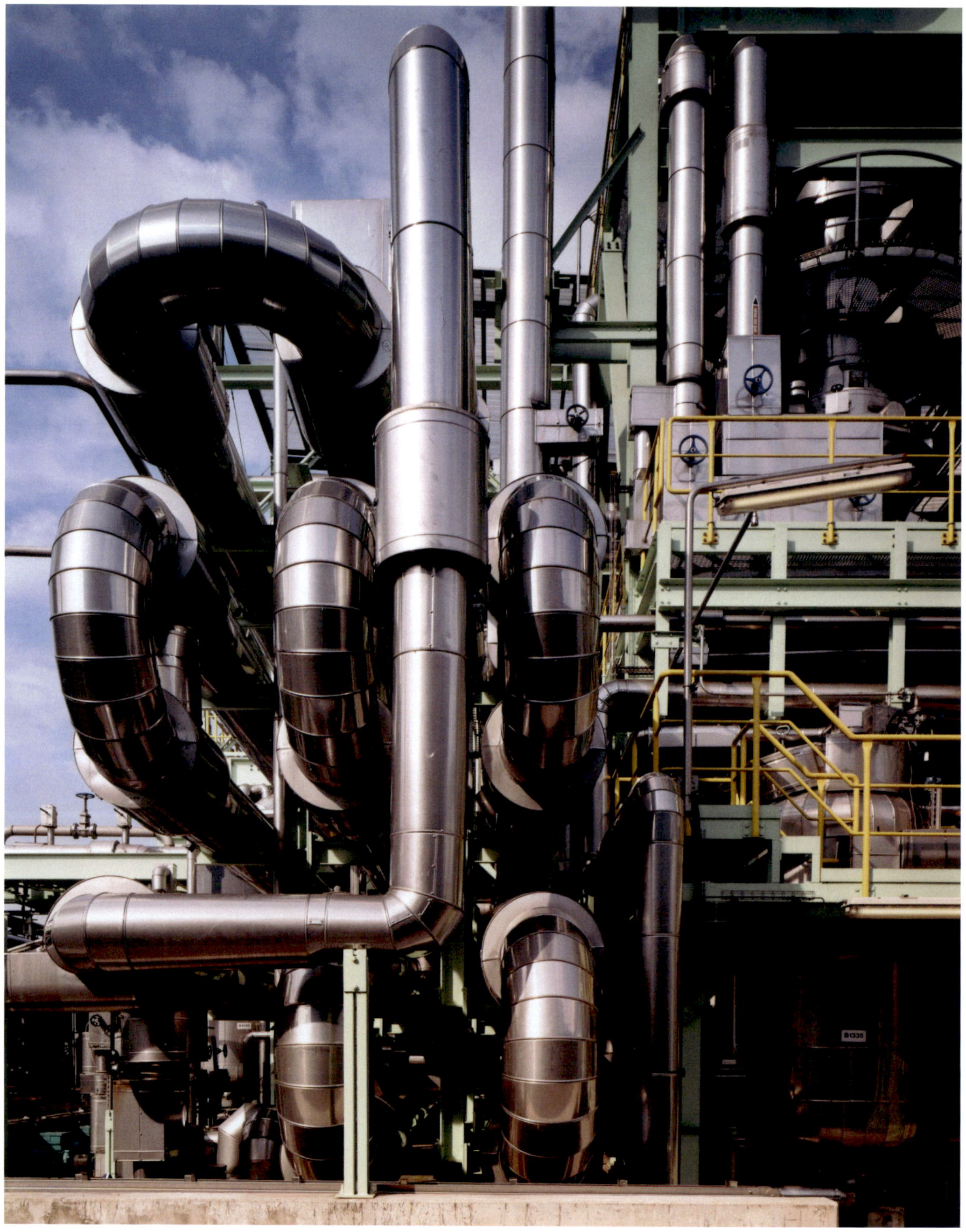

COC-Anlage, 2002
COC plant, 2002

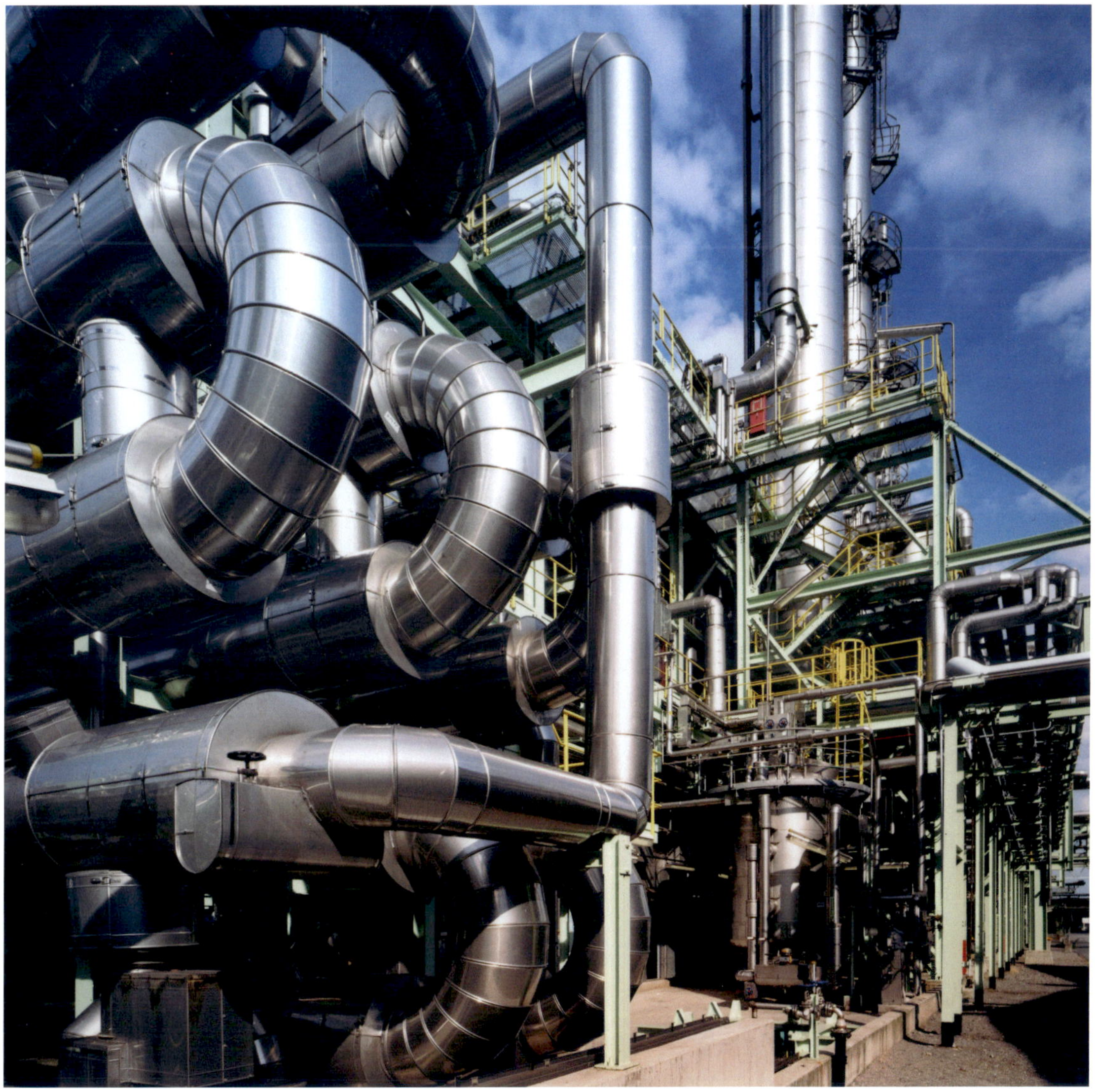

COC-Anlage, 2002
COC plant, 2002

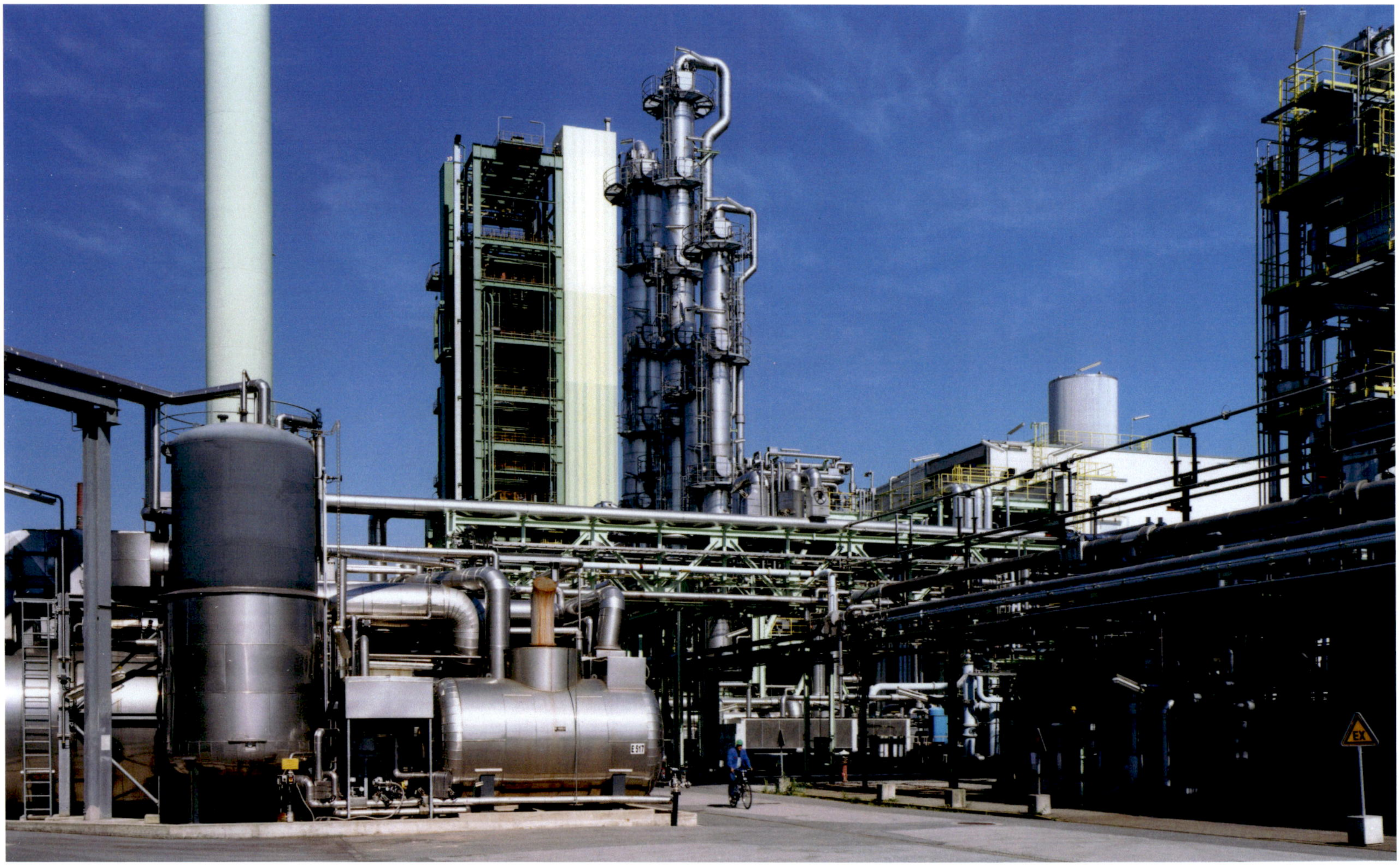

Synthesegas-Anlage Ruhr (SAR), 2002
Syngas plant Ruhr (SAR), 2002

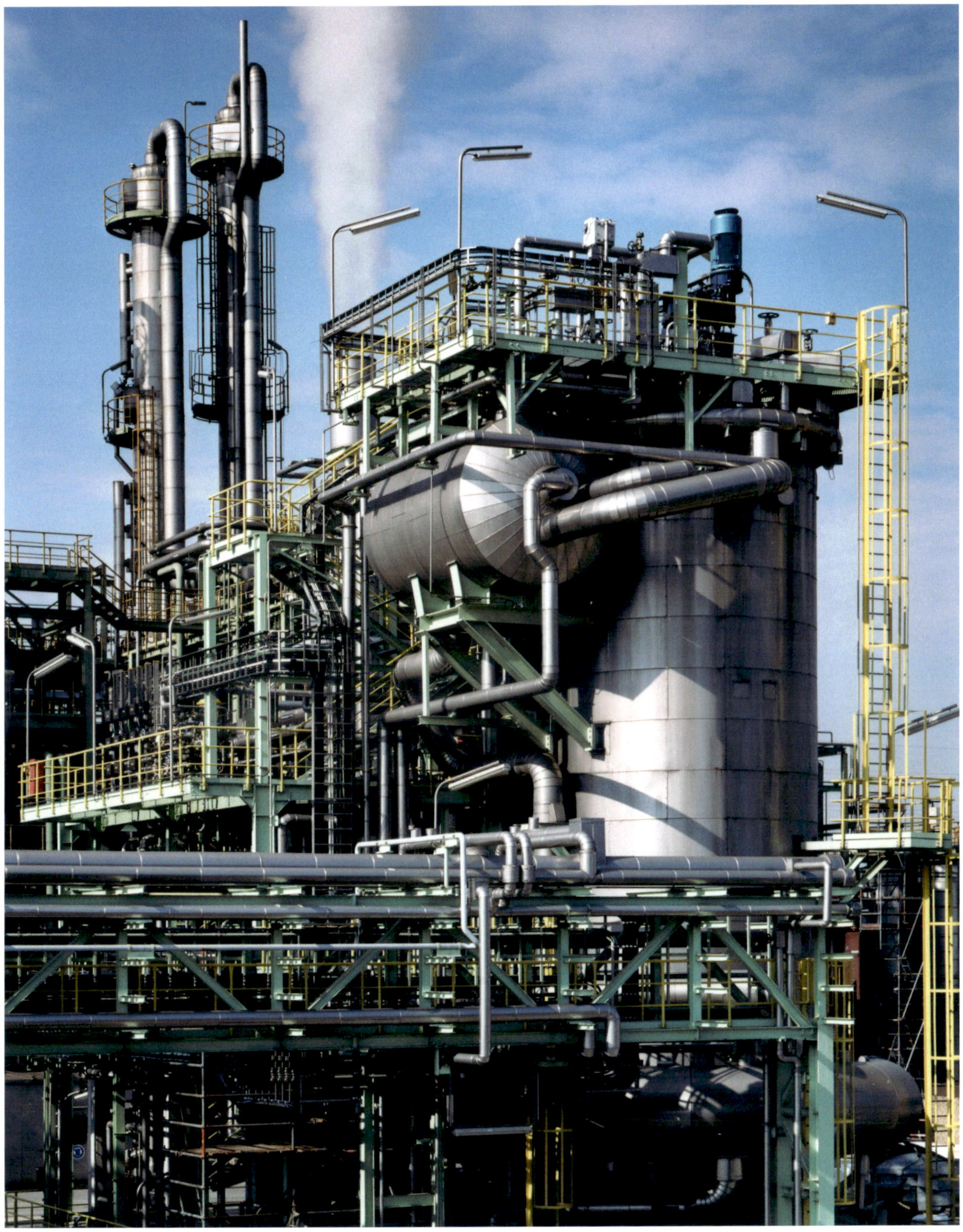

Niederdruck-Rhodium-Anlage, 2002
Low-pressure rhodium plant, 2002

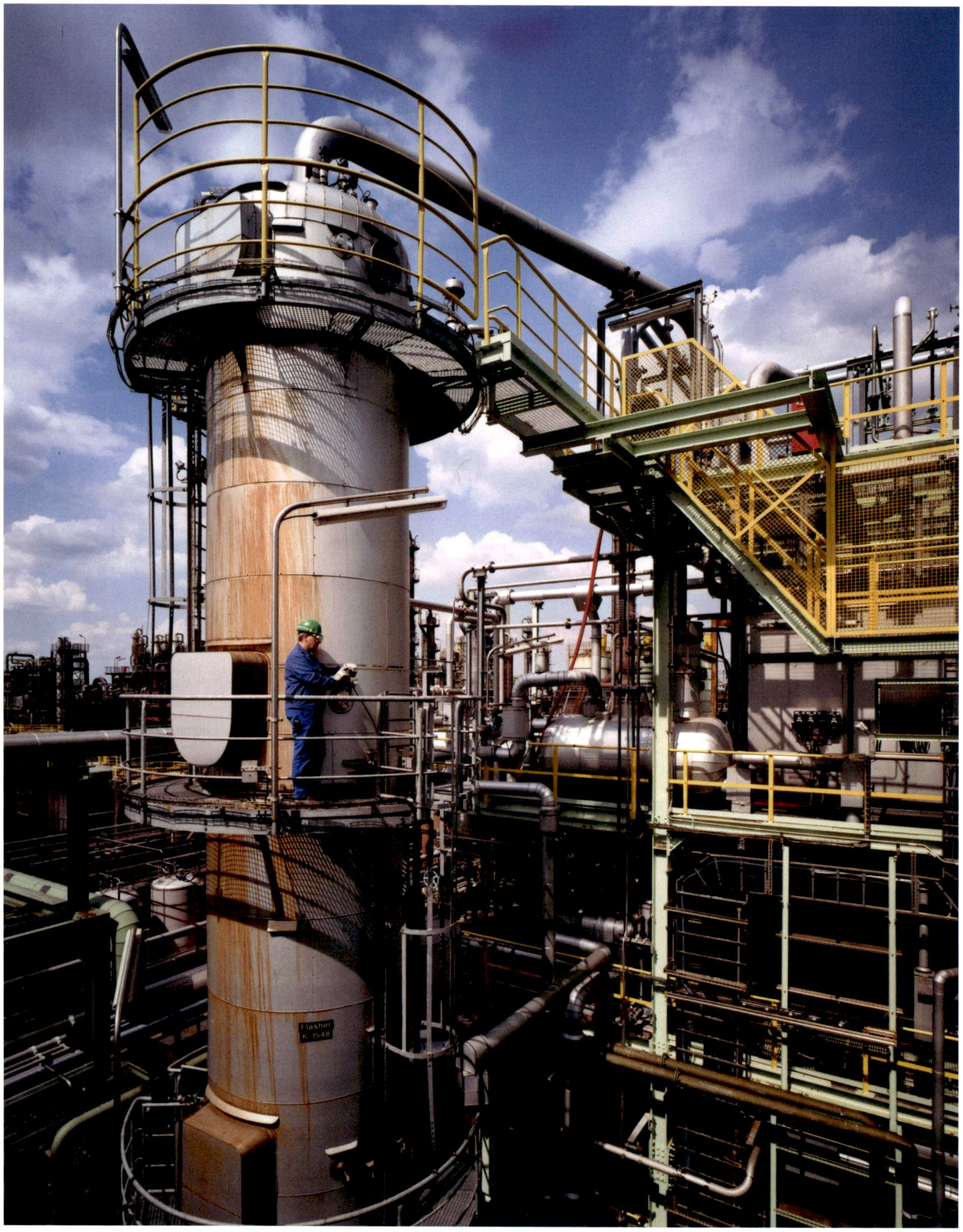

Inspektionsarbeiten an einer Kolonne, 2002

Inspection work on a column, 2002

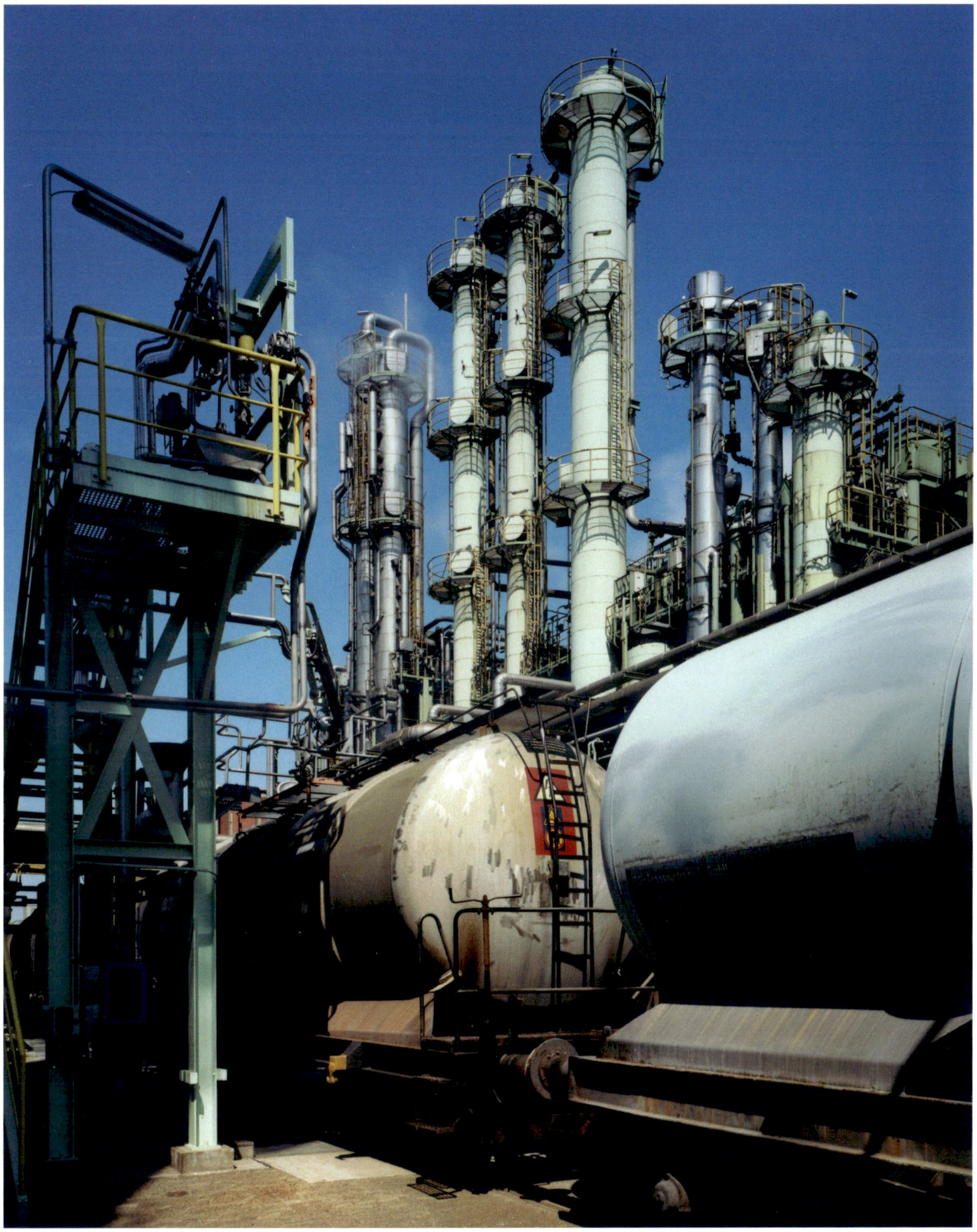

Verladung von Produkten, 2002
Loading products, 2002

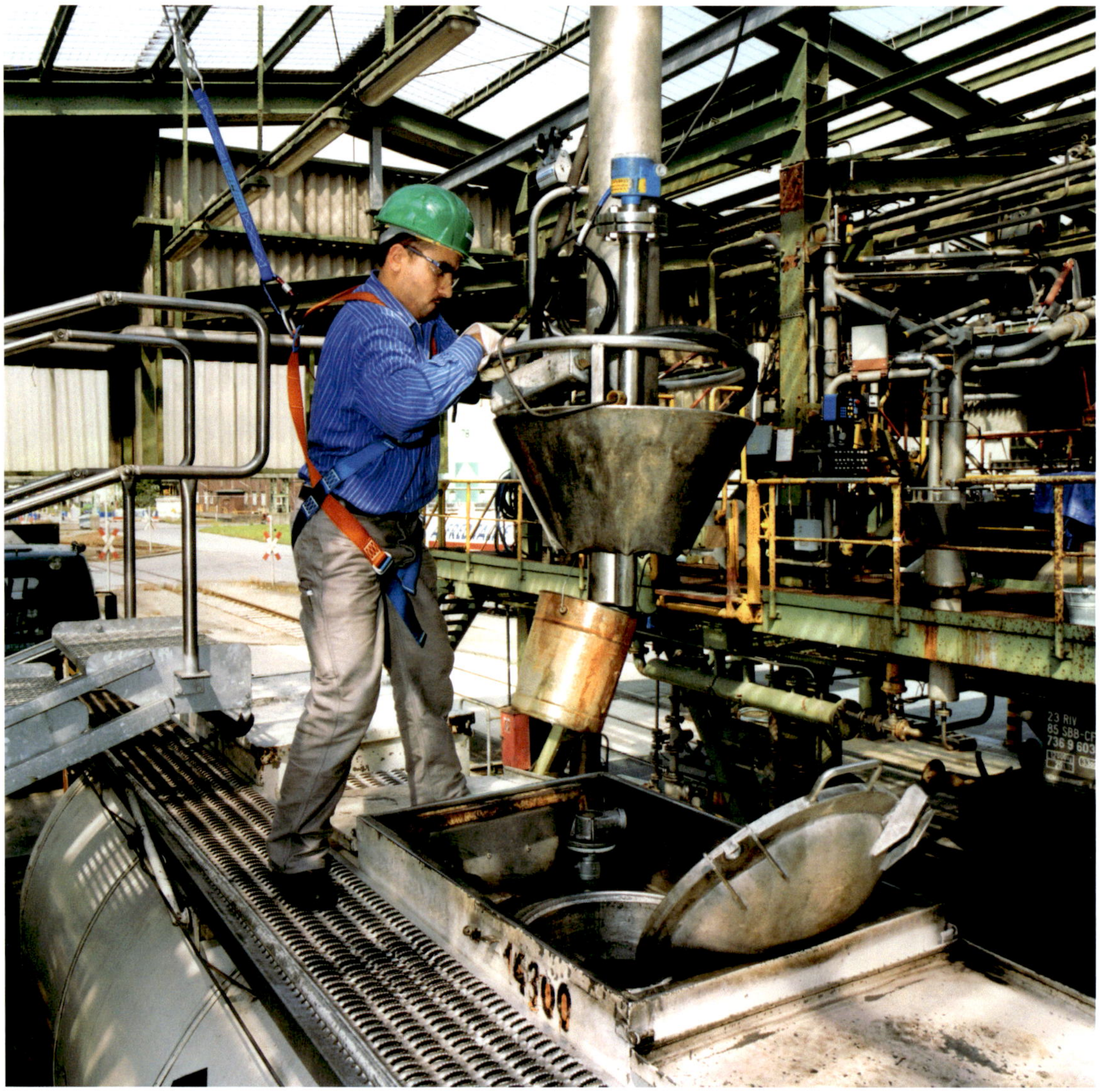

Abfüllen von Produkten, 2002
Filling products, 2002

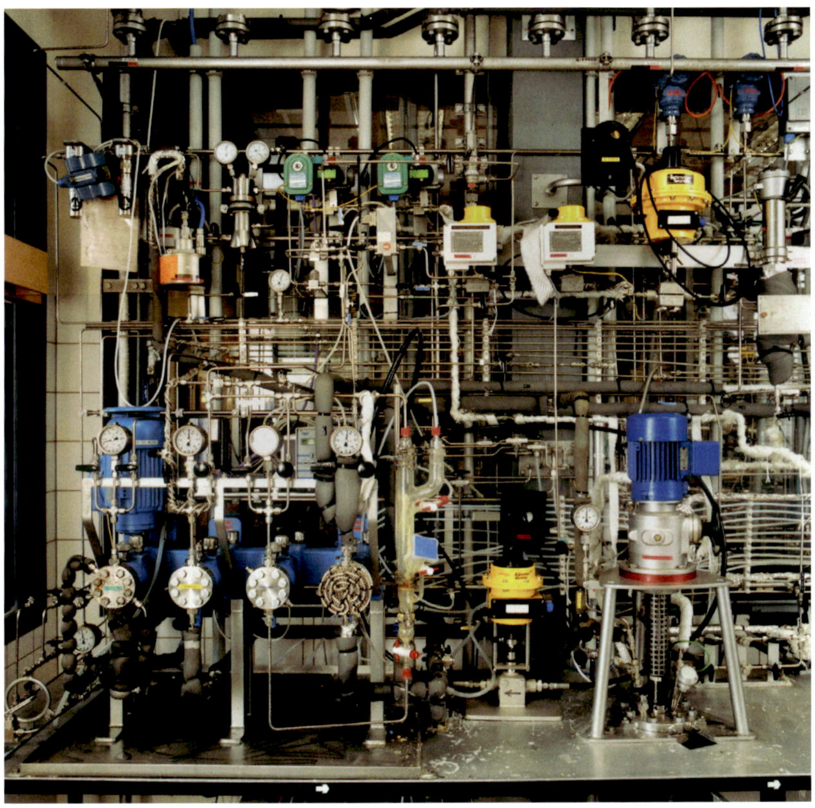

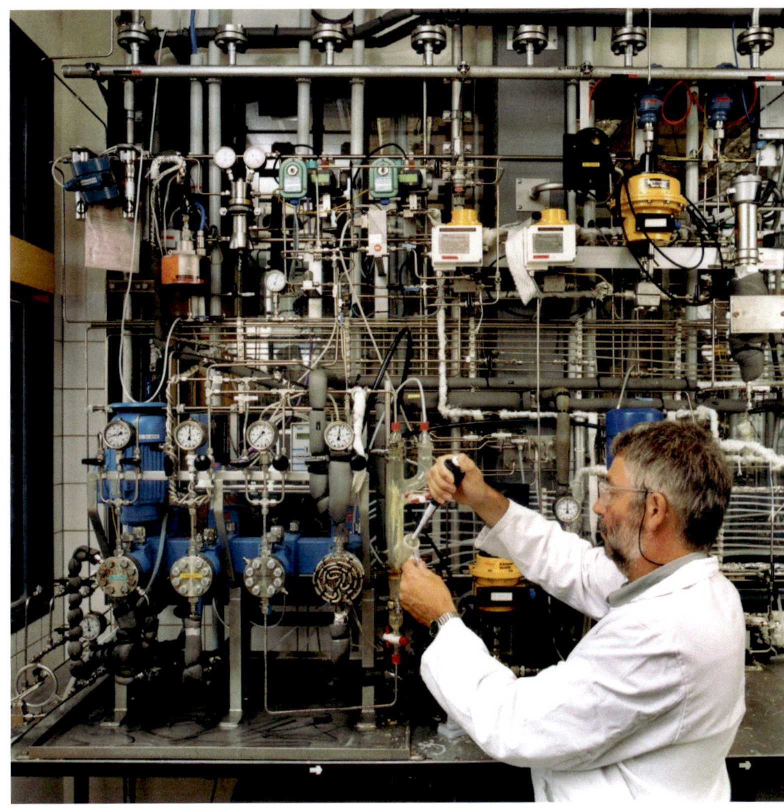

Versuchseinrichtung, 2002
Experimental facility, 2002

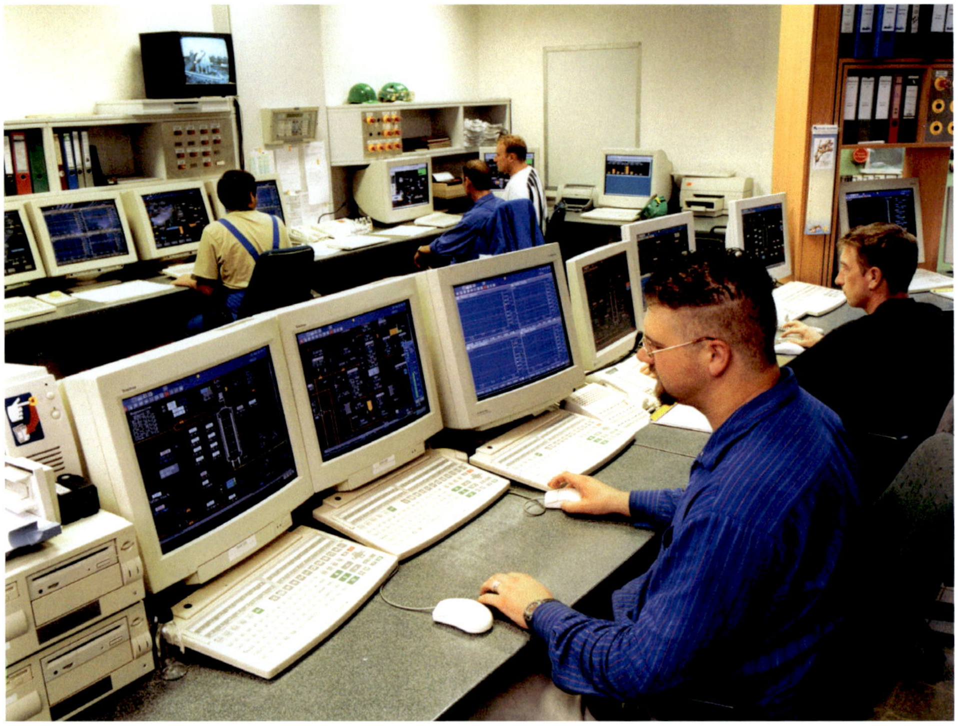

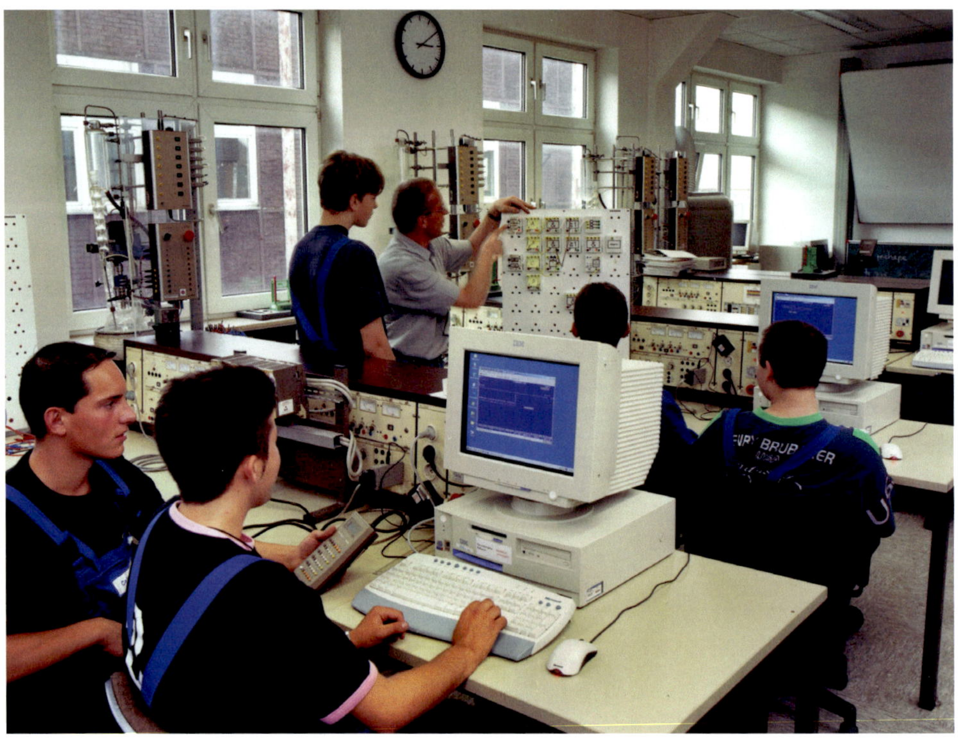

Oxo-Messwarte, 2002
Oxo control room, 2002

Elektro-, Mess- und Regeltechnik-Ausbildung, 2002
Electrical, measuring and control technology training, 2002

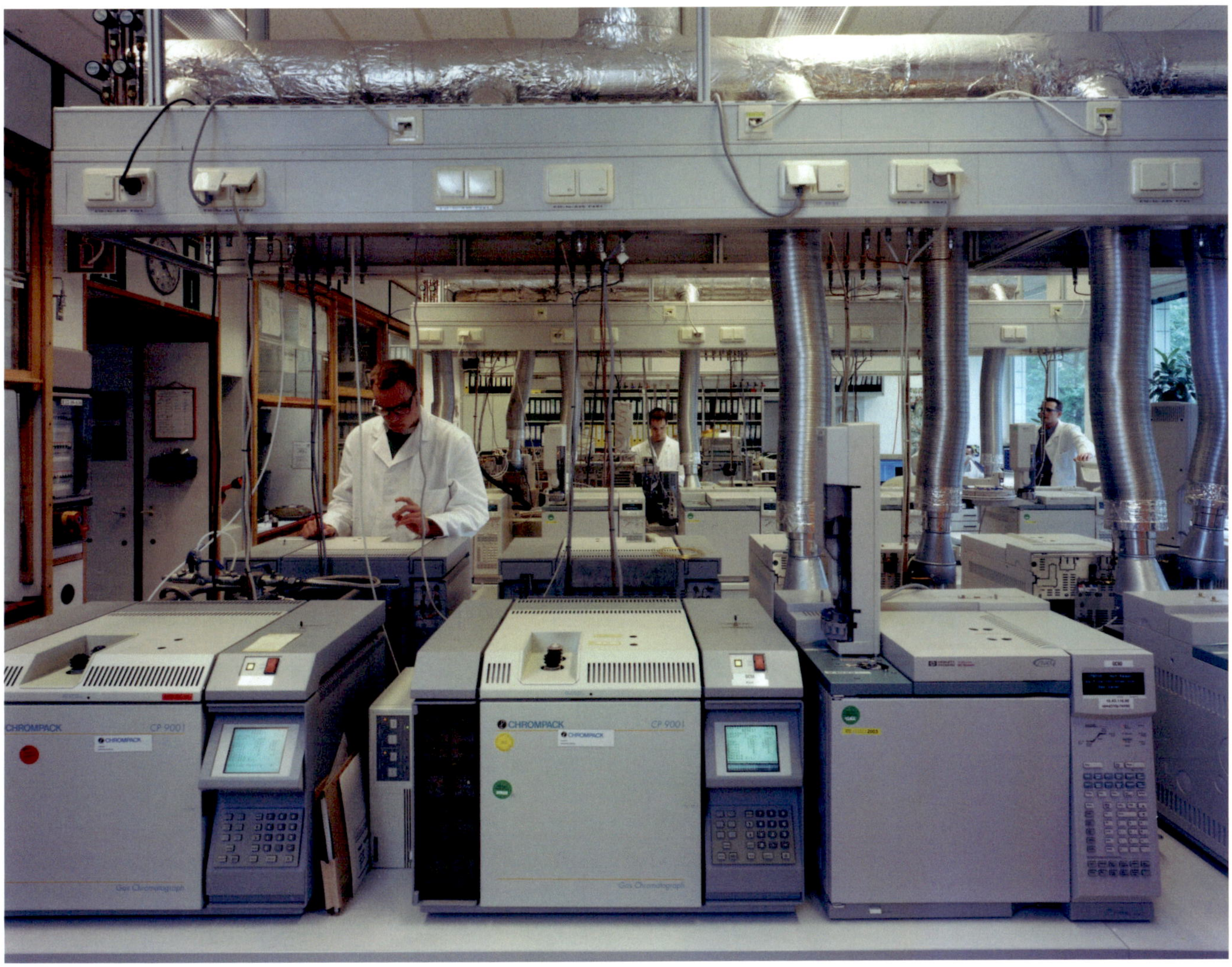

Labor für Gaschromatografie, 2002
Laboratory for gas chromatography, 2002

HERMANN DORNHEGE

Hermann Dornhege wurde 1955 in Herne geboren. Nach seinem Studium des Bildjournalismus und der Zeitschriftengestaltung in Dortmund und Wuppertal zwischen 1977 und 1981 arbeitete er als freischaffender Bildjournalist für zahlreiche internationale Magazine. Von 1986 bis 1990 gestaltete er als Redaktionsfotograf das FAZ-Magazin. Ab 1990 führten ihn Auftragsarbeiten großer Firmen um die Welt. Seine Arbeiten sind sehr grafisch und haben dadurch bisweilen einen abstrakten Charakter. Seit 2003 ist er Professor an der FH Münster (School of Design), wo er Fotografie lehrt. Dornhege betreibt außerdem ein Fotostudio in Münster. SH

Hermann Dornhege was born in 1955 in Herne. After studying photojournalism and magazine design in Dortmund and Wuppertal from 1977–1981, he worked as a freelance photojournalist for numerous international magazines. From 1986–1990 he was the photographic editor for the Frankfurter Allgemeine Zeitung magazine. He has received commissions from major companies around the world since 1990, and his work is extremely graphic and often abstract in nature. He is a professor at the FH Münster (School of Design), where he lectures in photography. Dornhege also has his own photographic studio in Münster. SH

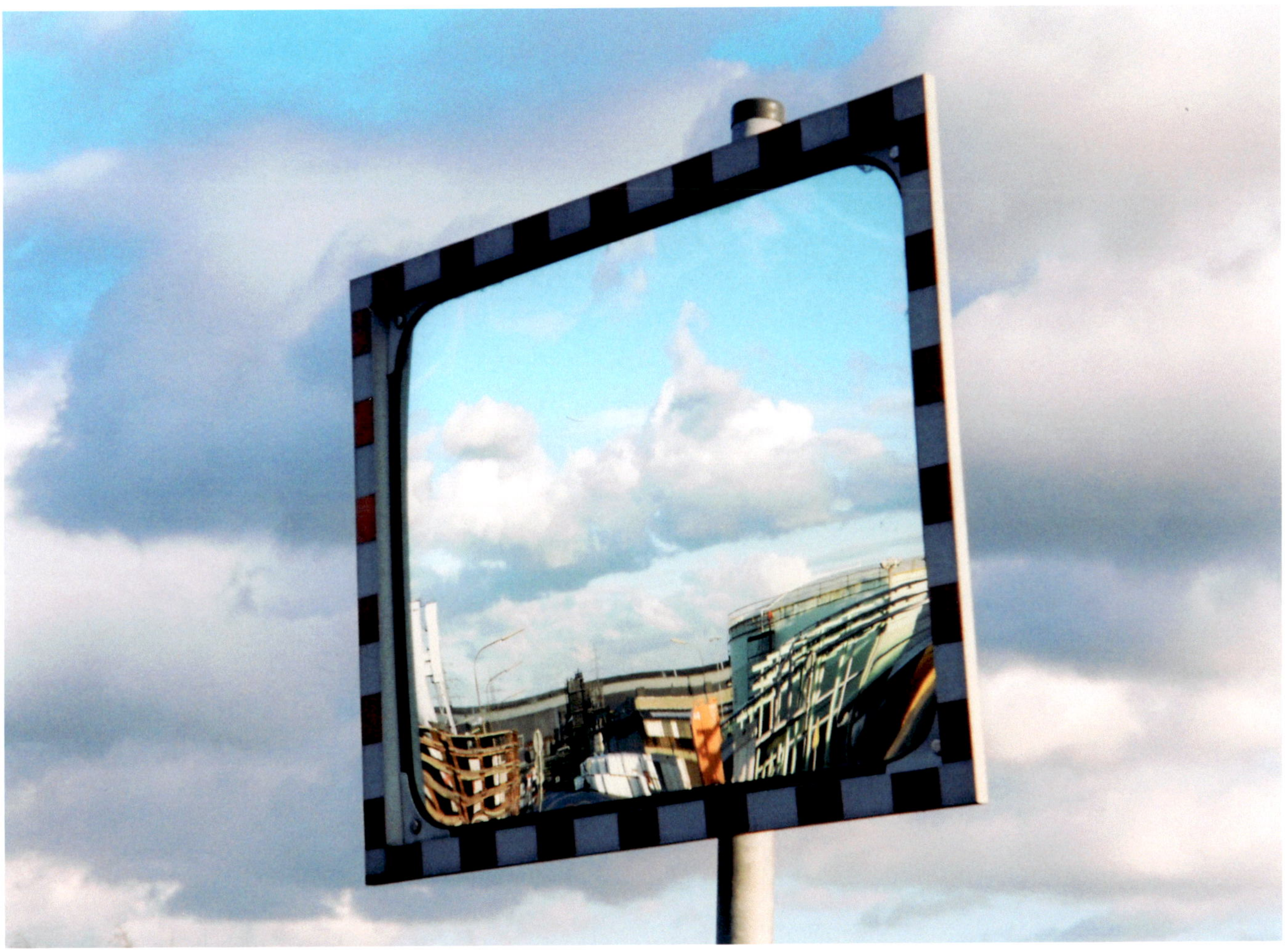

Verkehrsspiegel, 2002

Traffic mirror, 2002

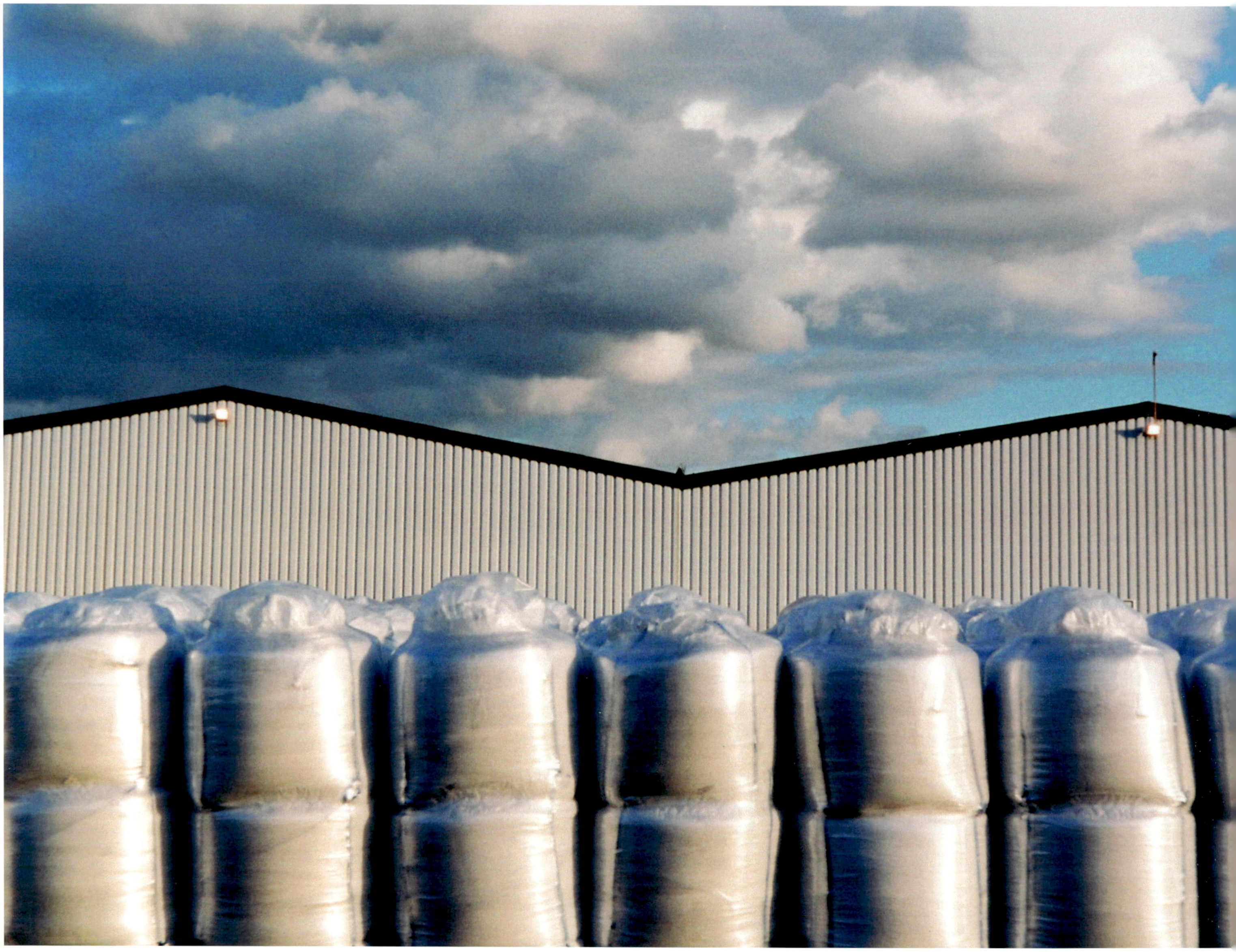

Bigbags mit Polyäthylen, 2002
Big bags of polyethylene, 2002

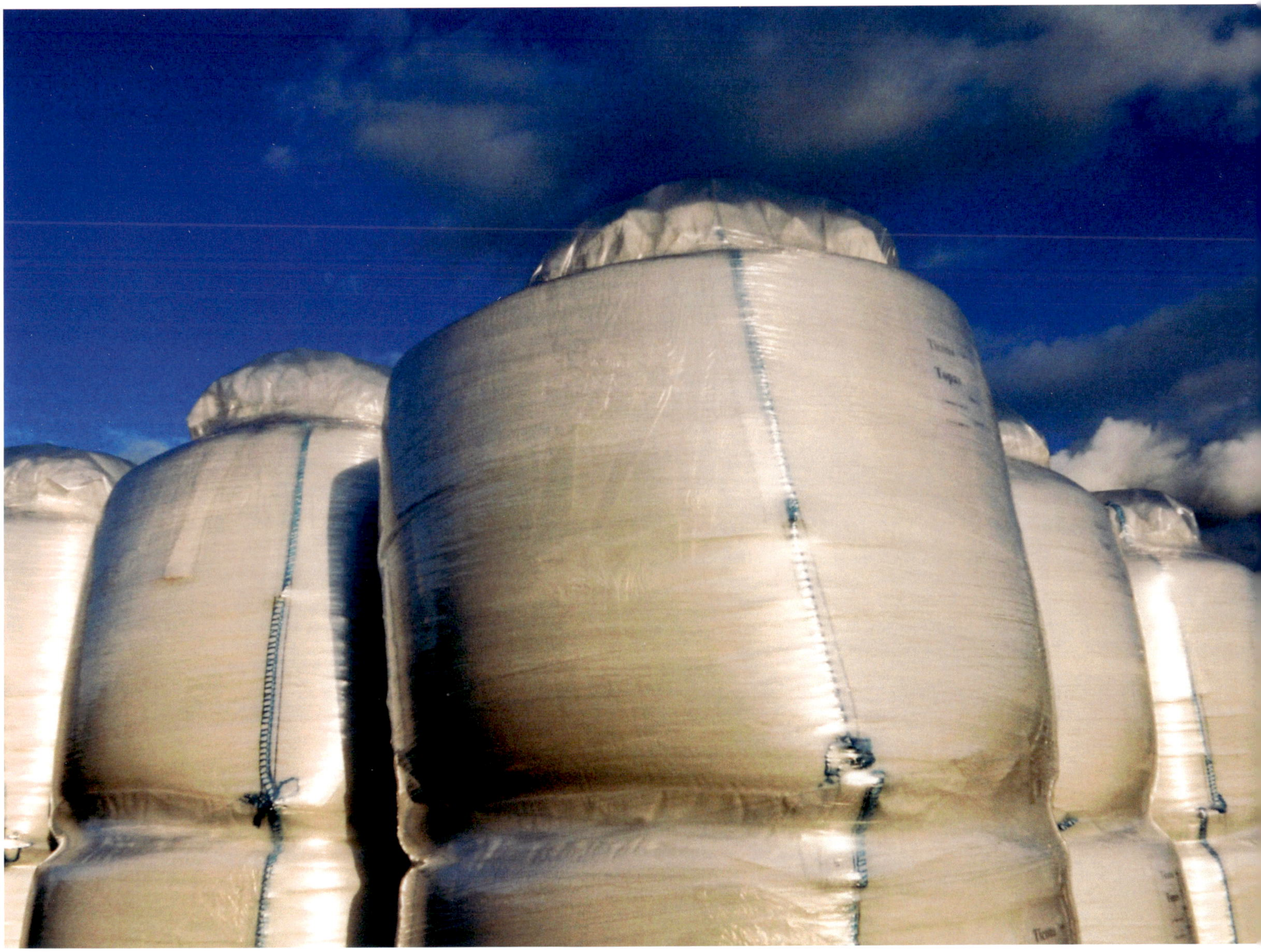

Bigbags mit Polyäthylen, 2002

Big bags of polyethylene, 2002

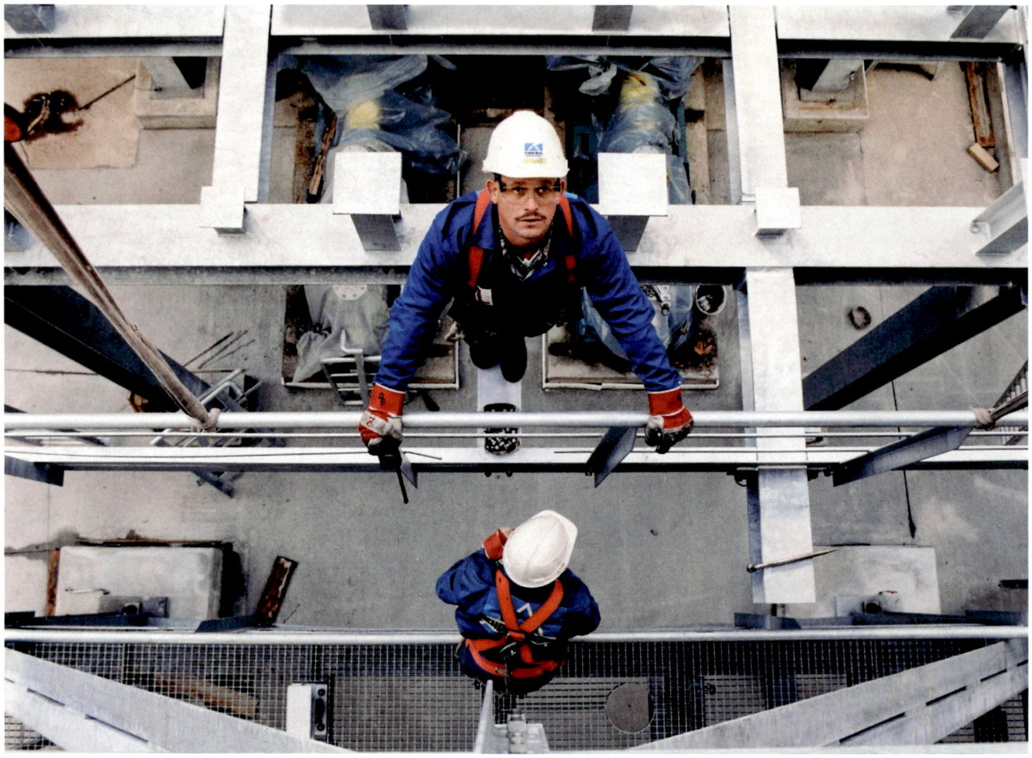

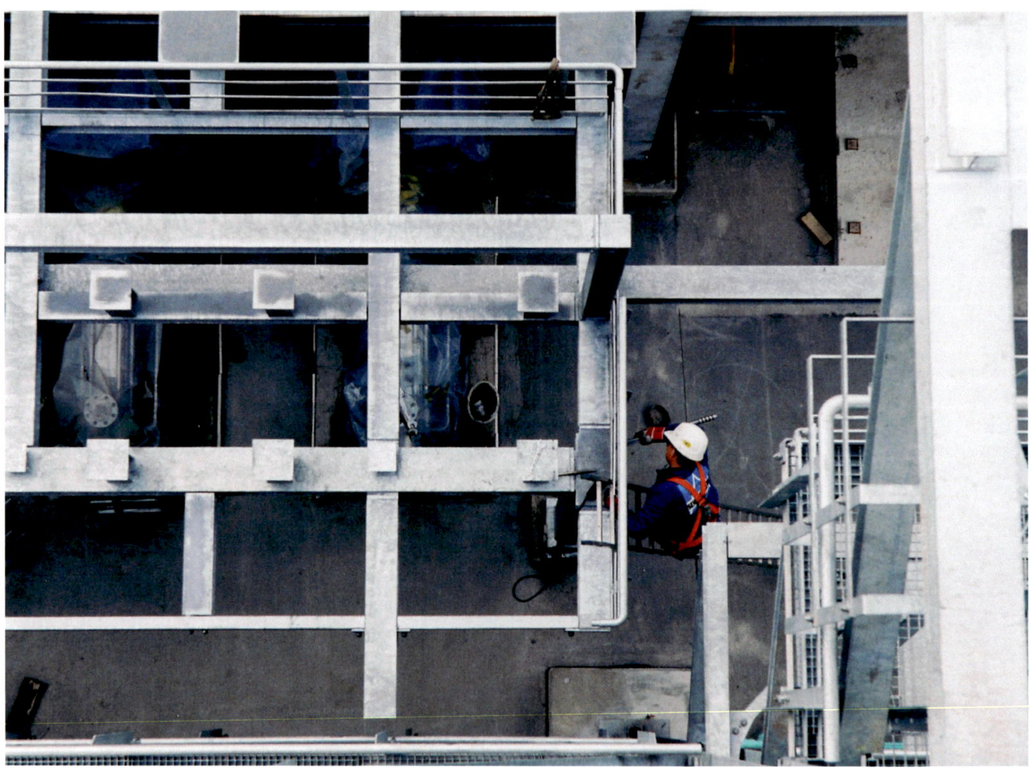

Bau der Synthesegas-Anlage Oberhausen (SAO), 2002
Construction of the syngas plant Oberhausen (SAO), 2002

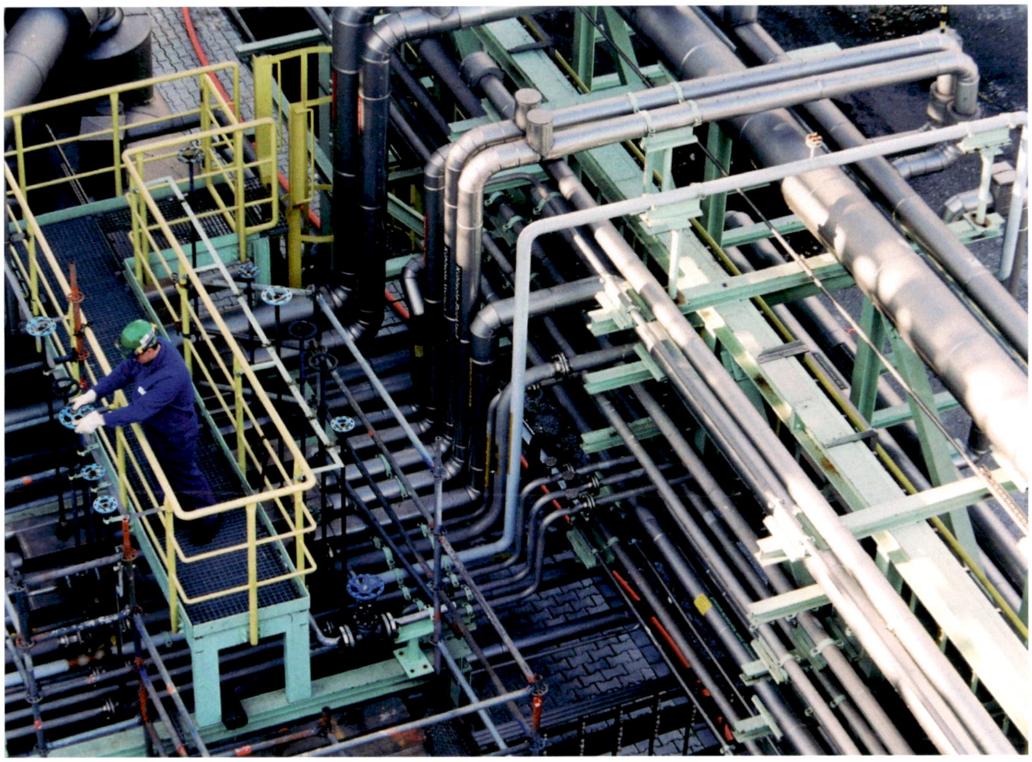

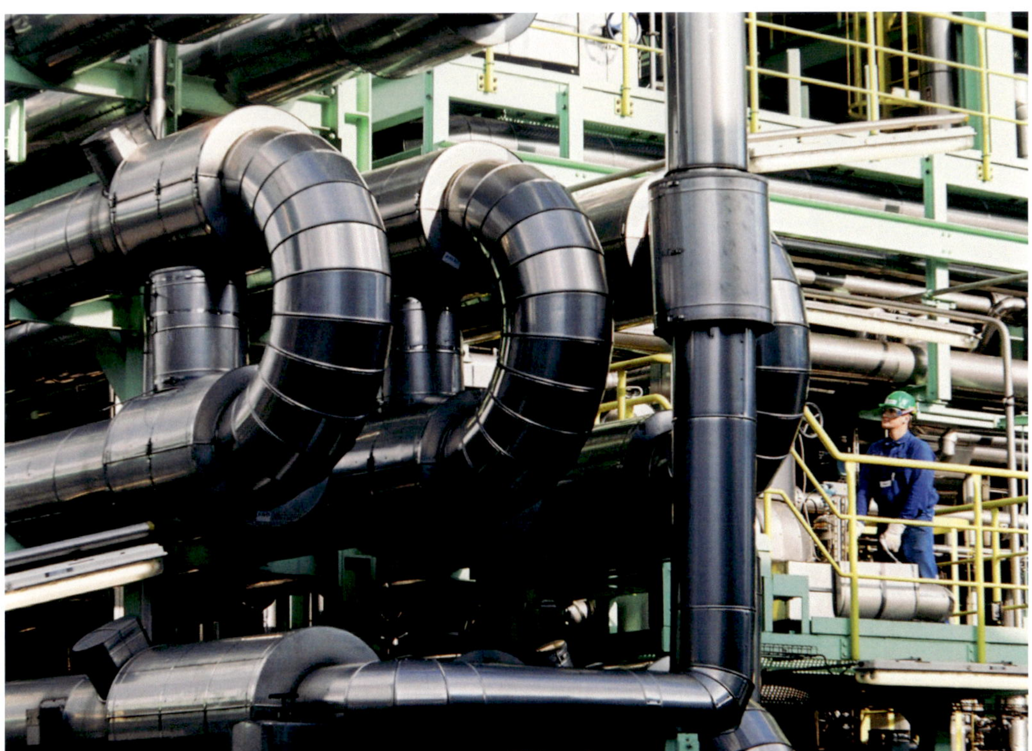

COC-Anlage, 2002
COC plant, 2002

CHRISTIAN DIEHL

Christian Diehl wurde 1970 in Kassel geboren und arbeitet seit dem Abschluss seines Studiums der Fotografie in Dortmund als freiberuflicher Fotograf. Zudem hält er seit 2006 Lehrveranstaltungen an diversen Universitäten ab. Sein Werk wurde bereits in mehreren Einzel- und Gruppenausstellungen gezeigt und mit Preisen ausgezeichnet. Sowohl die Industrie- als auch die Naturfotografie, die in ihrer Fokussierung auf Details neue und überraschende Zugänge ermöglicht, gehört zu seinen Arbeitsschwerpunkten. Diehl lebt und arbeitet in Dortmund. SH

Christian Diehl was born in 1970 in Kassel, and worked as a freelance photographer after completing his photography studies in Dortmund. He has also taught at various universities since 2006. His work has been exhibited in several solo and group exhibitions and has won numerous prizes. His subject matter is mainly industrial and nature photography, and he focuses on detail to enable him to explore new and surprising approaches. Diehl lives and works in Dortmund. SH

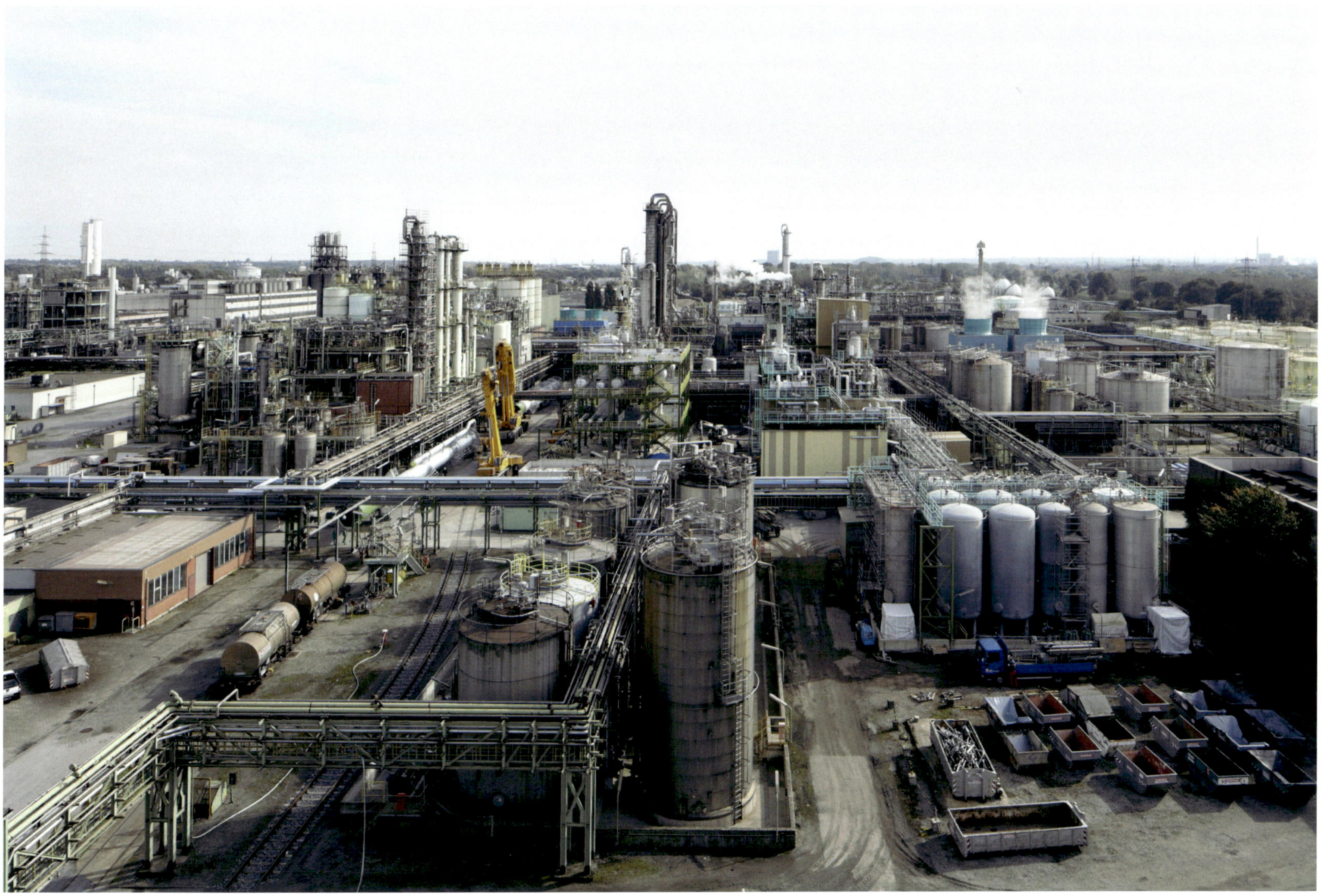

Gesamtansicht, 2012
General view, 2012

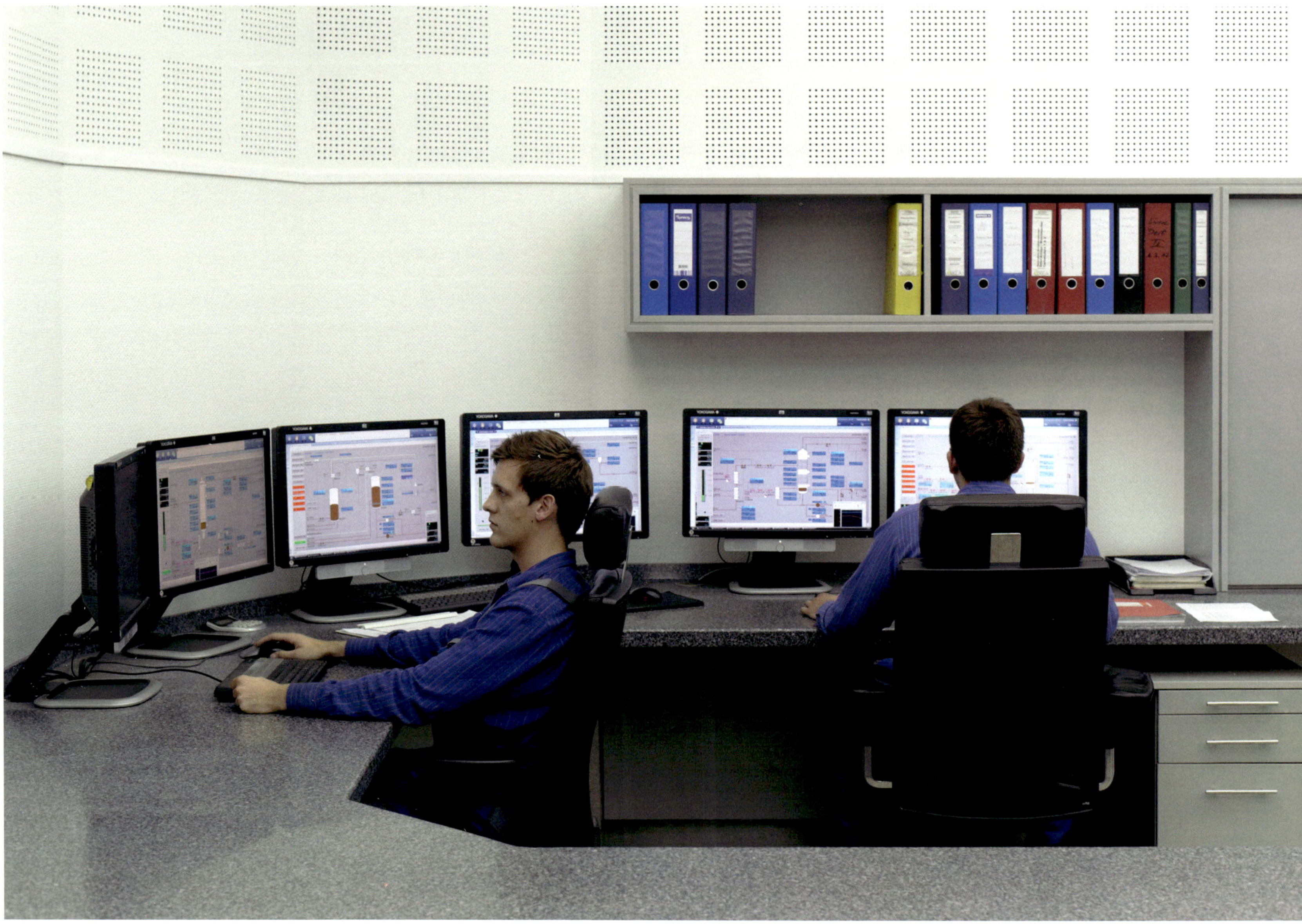

Carbonsäure-Messwarte, 2012
Carboxylic acid control room, 2012

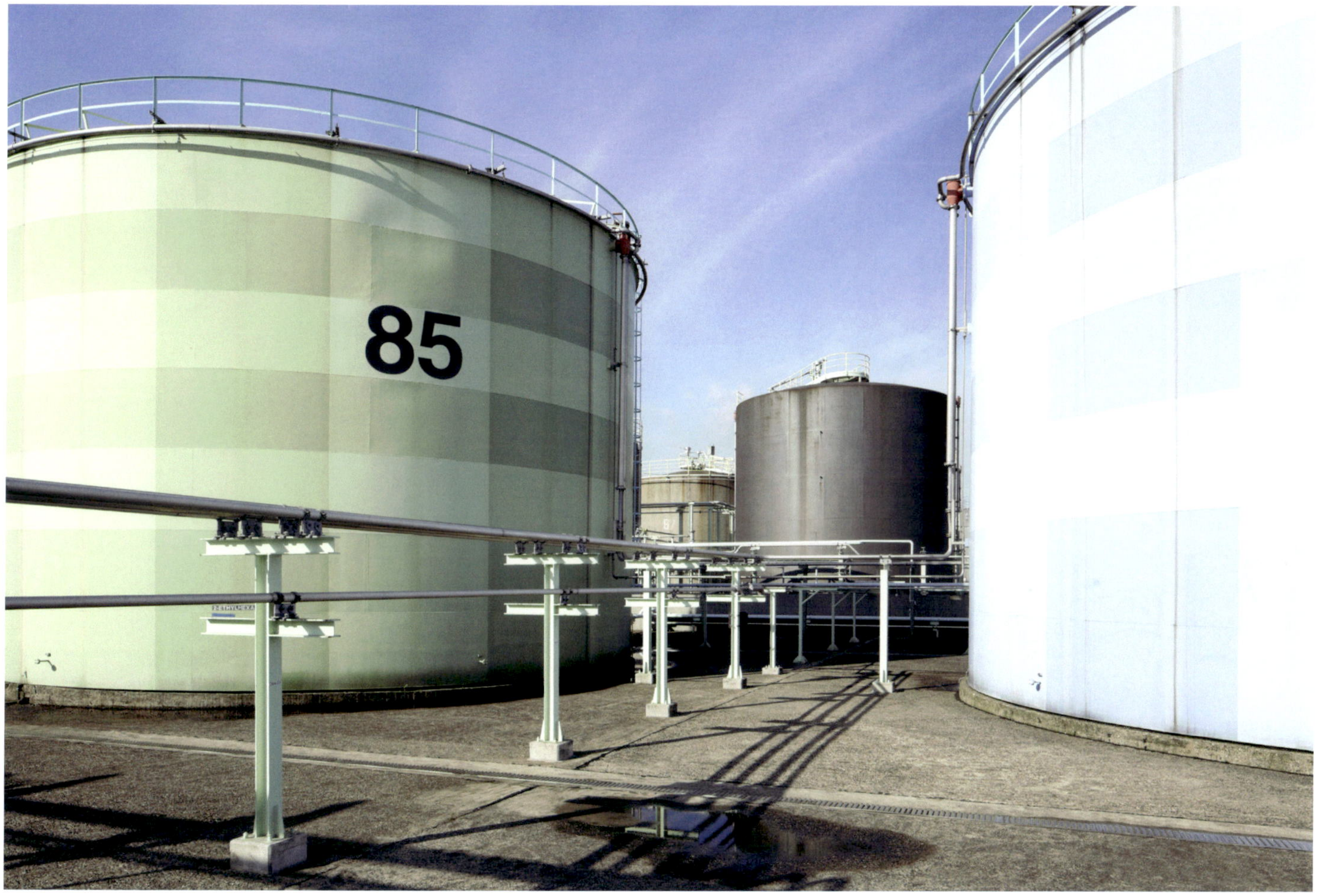

Tanklager, 2012

Tank farm, 2012

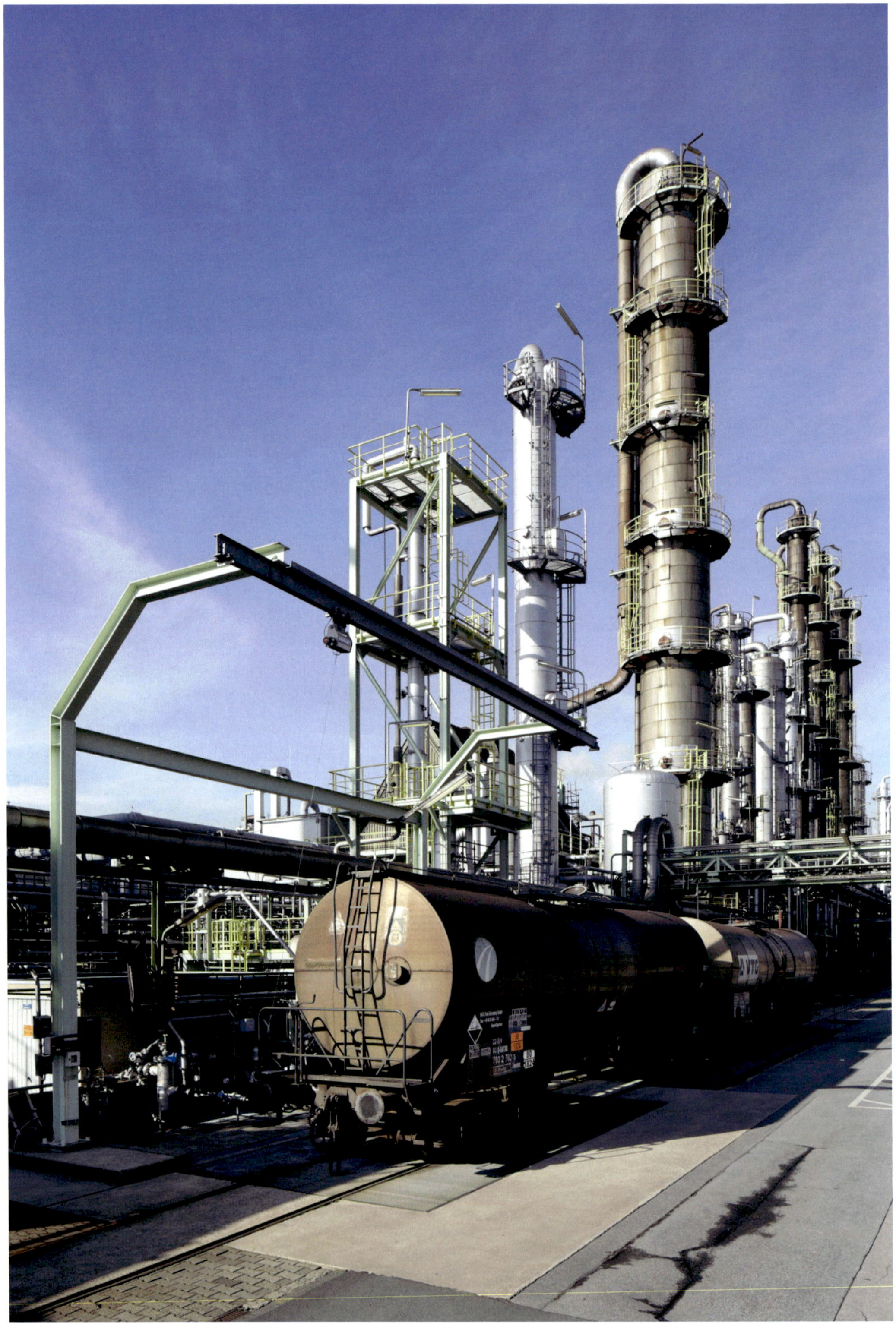

Kesselwagen vor der Verladestation, 2012
Tank wagon in front of the loading station, 2012

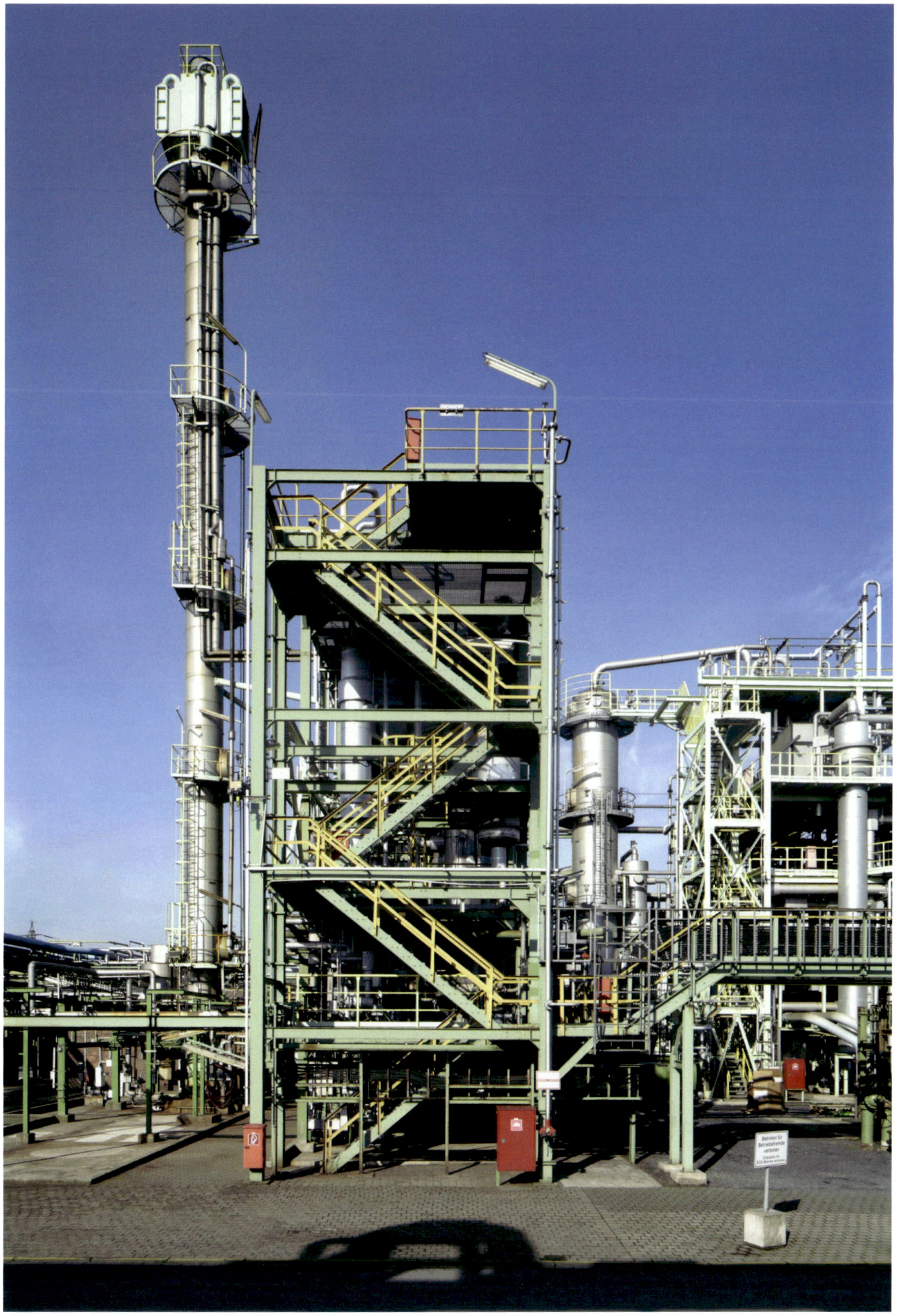

Oxo-Anlage, Reaktor 3, 2012

Oxo plant, reactor 3, 2012

RUHRCHEMIE AG: STOFFWECHSEL

RUHRCHEMIE AG: METABOLISM

Manfred Rasch / Guido Frey

In den vergangenen 90 Jahren war die Geschichte der Stadt Oberhausen eng mit der Historie der Ruhrchemie verbunden. So wurden der Rohstoff Kohle und Produkte aus der Kokerei als Einsatzstoffe für die Chemie verwendet – für den Nordwesten der Stadt bedeutete die Ruhrchemie Lohn und Arbeit.

Die Anfänge der Ruhrchemie: Herstellung von Düngemitteln

1927 vereinbarte eine kleinere Gruppe von Mitgliedern des einflussreichen Rheinisch-Westfälischen Kohlen-Syndikats (RWKS) die Gründung der Kohlechemie AG. Geschäftszweck war die chemische Verwertung des Kokereigases, insbesondere zur Erzeugung von Stickstoffverbindungen für den expandierenden Düngemittelmarkt. Man entschied sich für das von dem Italiener Luigi Casale entwickelte Ammoniak-Verfahren, nach dem schon mehrere industrielle Anlagen in Europa produzierten. Auf Wunsch von nordamerikanischen Bankiers änderte der Aufsichtsrat den Namen der Firma in Ruhrchemie AG, um eine 4-Millionen-Dollar-Anleihe besser im US-amerikanischen Markt platzieren zu können.

Die Bauarbeiten für die Ruhrchemie begannen im Februar 1928 in Oberhausen-Holten, in der Nähe der Gutehoffnungshütte und ihrer Kokereien. Dies ermöglichte einen preiswerten Bezug des Kokereigases, das als Rohstoff diente. Die Anlage zur Herstellung von Düngemitteln ging im Mai 1929 in Betrieb. Sie übertraf die vorgesehene Leistungsfähigkeit bereits Anfang 1930 um 20 bis 25 Prozent. Dass selbst während der Weltwirtschaftskrise keine Betriebsverluste entstanden, hatte das Unternehmen seiner von Anfang an gut ausgestatteten eigenen Forschungs- und Entwicklungsabteilung zu verdanken. Ihr war es

Over the past 90 years, the history of the city of Oberhausen has been inextricably linked to the history of Ruhrchemie. For example, the raw material coal and products from the coking plant were used to fuel the chemical industry, and Ruhrchemie meant wages and employment for the north-west of the city.

The beginnings of Ruhrchemie: the manufacture of fertilisers

In 1927, a group of members of the influential Rheinisch-Westfälisches Kohlen-Syndikat founded Kohlechemie AG. The commercial objective was the chemical use of coke oven gas, in particular to produce nitrogen compounds for the expanding fertiliser market. They opted for the ammonia process developed by Italian Luigi Casale, which was already being used for production in several industrial plants in Europe. At the request of North American bankers, the supervisory board changed the name of the company to Ruhrchemie AG to enable them to place a $4 million bond more effectively on the US market.

Construction work for Ruhrchemie started in February 1928 in Oberhausen-Holten near the Gutehoffnungshütte (a major coal, steel and engineering company based in Oberhausen in the Ruhr area) and its coking plants, which enabled Ruhrchemie to obtain low-cost coke oven gas, which served as a raw material. The fertiliser production plant was commissioned in May 1929 and, in early 1930, exceeded its anticipated capacity by 20–25%. The company avoided operating losses, even during the global economic crisis, due to its early and extensive investment in its research and development departments and was soon able to develop its own catalysts (substances that induce or influence chemical reactions, but which in themselves

innerhalb kurzer Zeit gelungen, eigene Katalysatoren zu entwickeln – also Stoffe, die chemische Reaktionen herbeiführen oder beeinflussen, selbst aber unverändert bleiben. Außerdem gelang es, Druck und Temperatur des Hochdruck-Casale-Verfahrens zu senken. Dies trug wesentlich zur Leistungssteigerung der Anlage und Senkung der Prozesskosten bei.

Erweiterung des Werkes: Vom Treibstoff bis hin zur Oxo-Synthese

Gleichzeitig suchte die Forschungsabteilung nach einem zweiten „Standbein" für das Unternehmen. Man entschied sich, Glykol (Anwendungen: Frostschutzmittel, Lösemittel) aus im Kokereigas enthaltenem Ethylen (Anteil 30 bis 35 Prozent) durch Oxidation und Zugabe von Wasser herzustellen. Das seit Dezember 1929 mit der Th. Goldschmidt AG und IG Farben betriebene Gemeinschaftsunternehmen erhielt den Namen Chemische Fabrik Holten GmbH.

Anfang der 30er Jahre wurde nach einer weiteren lukrativen Erweiterung für das Produktspektrum der Ruhrchemie gesucht. Die politisch getriebene Absicht, Treibstoffe inländisch herzustellen, bot dafür die Gelegenheit. Der Aufsichtsrat erwarb 1935 die Generallizenz für das Fischer-Tropsch-Verfahren vom Kaiser-Wilhelm-Institut für Kohlenforschung (KWI) in Mülheim an der Ruhr. Das Fischer-Tropsch-Verfahren diente der Herstellung von Treibstoffen und anderen flüssigen Produkten aus Kohle. Der Vorteil bestand darin, dass kleinere Anlageneinheiten gebaut werden konnten, so dass der Kapitalaufwand und damit auch das unternehmerische Risiko für die Betreiber deutlich geringer waren als bei anderen diskutierten Verfahren. 1935 gründete die Ruhrchemie AG zur Realisierung des Vorhabens die Ruhrbenzin AG. Die Forschungsabtei-

remain unchanged). It was also possible to lower the pressure and temperature of the high-pressure Casale process, which made a significant contribution to improving the performance of the plant and reducing process costs.

Expansion of the plant: from fuel to oxo synthesis

Meanwhile, the research department was looking for a second "pillar" for the company and opted to produce glycol (for applications including antifreezing agent and solvents) from the ethylene contained in the coke oven gas (30–35%) using oxidation and the addition of water. The joint venture, which started operations in December 1929 with Th. Goldschmidt AG and IG Farben, was called Chemische Fabrik Holten GmbH.

After another lucrative expansion in the early 1930s, Ruhrchemie sought another addition to its product portfolio, and an opportunity arose in the demand for domestic fuels, which was also politically motivated. In 1935, the Supervisory Board acquired the general licence for the Fischer-Tropsch process from the Kaiser Wilhelm Institute for Coal Research (KWI) in Mülheim an der Ruhr. The Fischer-Tropsch process was used to produce fuels and other liquid products from coal. The advantage here was that smaller plant units could be built so that the capital expenditure, and therefore the entrepreneurial risk for the operators, was significantly lower than for other processes discussed at the time. In 1935, Ruhrchemie AG founded Ruhrbenzin AG to develop this project, and the Ruhrchemie AG research department was tasked with developing numerous process phases and suitable industrial catalysts. The Ruhrbenzin AG Fischer-Tropsch plant had a capacity of 25,000 tons annually and was commissioned in late July 1936. The start of the war saw intensive expansion and an

lung der Ruhrchemie AG musste zahlreiche Verfahrensschritte und geeignete industrielle Katalysatoren entwickeln. Das Fischer-Tropsch-Werk der Ruhrbenzin AG mit einer Kapazität von 25.000 Tonnen pro Jahr ging Ende Juli 1936 in Betrieb. Mit Kriegsbeginn setzte ein intensiver Ausbau verbunden mit einer umfassenden Modernisierung der Ruhrchemie AG ein. Das Werk erhielt eine zweite 25.000 Tonnen pro Jahr umfassende Ausbaustufe. Damit konnte auch Lizenznehmern des Fischer-Tropsch-Verfahrens das modifizierte Mitteldruck-Verfahren des Kohlenforschungsinstituts vorgeführt werden. Für die verstärkten eigenen Forschungsaktivitäten warb die Ruhrchemie AG Otto Roelen vom KWI ab. Ende 1937 entdeckte er eher zufällig eine Aldehyd-Synthese bei Hochdruck, die Oxo-Synthese. Darunter versteht man die Herstellung von Aldehyden durch Umsetzung von Olefinen mit Wasserstoff und Kohlenmonoxid. Das Verfahren wurde 1938 patentiert. Aldehyde waren schon damals ein Zwischenprodukt für die Herstellung von Waschmitteln, Seifen und Lösungsmitteln. Eine geplante Anlage der Oxo-GmbH (ein Unternehmen gegründet von Ruhrchemie AG, IG Farben und Henkel) ging bis Kriegsende allerdings nicht in Betrieb.

2. Weltkrieg: Wiederaufbau und Stilllegung der Fischer-Tropsch-Anlagen

Bis 1945 erfolgten mehrere schwere Luftangriffe auf das Werk. Deshalb wurden Anlagen bzw. Anlagenteile der Ruhrchemie AG gegen Kriegsende in über 450 Eisenbahnwaggons in den Raum Gebhardshagen bei Salzgitter verlagert. Auch der Vorstand zog um. Bis heute finden noch immer Bombenentschärfungen im Umfeld des Werkes statt – dies zeigt, in welchem Ausmaß die Luftangriffe stattfanden.

extensive modernisation of Ruhrchemie AG, when the plant achieved a second expansion stage of 25,000 tons annually. This also introduced the licensees of the Fischer-Tropsch process to the modified medium-pressure process developed by the Coal Research Institute. Ruhrchemie AG recruited Otto Roelen from the KWI to conduct its own intensive research activities and, in late 1937 and purely by chance, he discovered a high-pressure aldehyde synthesis: oxo synthesis. This is the manufacture of aldehydes arising from the reaction of olefins with hydrogen and carbon monoxide. The process was patented in 1938. Aldehydes were an intermediate product in the production of detergents, soaps and solvents at that time. However an Oxo-GmbH plant (a company founded by Ruhrchemie AG, IG Farben and Henkel) which had already been planned, only commenced operation at the end of the war.

Second World War: reconstruction and decommissioning of Fischer-Tropsch plants

The plant had suffered numerous heavy air strikes up to 1945 and, by the time the war ended, plants or parts of the Ruhrchemie AG plant had been relocated to more than 450 railway carriages in the Gebhardshagen area near Salzgitter. The board of directors had also relocated. Unexploded bombs are still being disarmed around the plant today, which demonstrates the extent of the bombing.

Post-war, Ruhrchemie AG concentrated its reconstruction in Oberhausen on the nitrogen plant, as fertiliser was in high demand; the Allies had also banned fuel production for military reasons.

Although nitrogen production had resumed, the Allies started dismantling the plant in 1948. Opposition to the Allied measures by the workforce, the population and the

Nach Kriegsende konzentrierte die Ruhrchemie AG ihren Wiederaufbau in Oberhausen auf den Stickstoffbetrieb, da Düngemittel gefragt waren. Außerdem hatten die Alliierten die Treibstoffherstellung aus militärischen Gründen verboten.

Obwohl die Stickstofferzeugung wieder angelaufen war, begannen 1948 erste alliierte Demontagearbeiten. Die Proteste von Belegschaft, Bevölkerung und Politik gegen diese alliierten Maßnahmen waren erfolgreich. Die Ruhrchemie durfte weiter produzieren. Die Zuwendung zur Mineralölverarbeitung, um Teile der Fischer-Tropsch-Anlagen weiter zu nutzen, scheiterte an den zu geringen Verarbeitungskapazitäten. Die Raffinerie wurde Ende 1964 stillgelegt.

Die Nutzung der innovativen Oxo-Synthese

Die Ruhrchemie erforschte die Oxo-Synthese weiter und setzte sie in den 1960er-Jahren mit einem neuen kontinuierlichen Verfahren in die industrielle Produktion um. Dabei ging es sowohl um die Herstellung der Aldehyde als auch um deren Weiterverarbeitung zu Alkoholen oder Carbonsäuren. Damals wie heute beruhte der überwiegende Teil der Produktion auf dem Einsatz des Olefins Propylen. Es werden aber auch andere Olefine, vom C2 (Ethylen) bis zum Dicyclopentadien, eingesetzt. Waren 1961 nur 5.500 Tonnen pro Jahr Oxo-Alkohole in Holten erzeugt worden, so waren es im Geschäftsjahr 1967 / 68 bereits 150.000 Tonnen und sollten bis 1970 auf 250.000 Tonnen pro Jahr gesteigert werden. Heute liegt die Jahresproduktion von Oxo-Produkten bei rund 600.000 Tonnen.

political authorities did, however prevail, and Ruhrchemie was able to resume production. The commitment to continue using parts of the Fischer-Tropsch plants for mineral oil processing failed due to the low processing capacities, and the refinery was eventually shut down in late 1964.

The use of the innovative oxo synthesis

Ruhrchemie continued the research on oxo synthesis and relaunched industrial production in the 1960s with a new continuous process. This involved both the production of aldehydes and their further processing into alcohols or carboxylic acids. Then as now, the majority of the production was based on the use of the olefin propylene, but other olefins, from C2 (ethylene) to dicyclopentadiene, were also used. 5500 tons of oxo-alcohols were produced in Holten in 1961, whereas in the financial year 1967/68 this had risen to 150,000 tons and was increased to 250,000 tons annually in 1970. The annual production of oxo products today is about 600,000 tons.

New production sector: plastics, and the arrival of Hoechst

Meanwhile, Ruhrchemie AG also decided to develop another production sector with the manufacture of plastics, and opted for the normal pressure polyethylene (HDPE) process discovered by Karl Ziegler and co-workers at the Max Planck Institute for Coal Research in 1953. Construction of a polyethylene plant started in 1958, and production quickly began. While Ruhrchemie AG only produced 1300 tons of polyethylene annually in the 1960/61 financial year, this figure had grown to 56,000 tons in 1968/69. In 1972, a new plant was commissioned that used a different technology; a high-pressure polyethylene plant (a low-density polyethylene (LDPE) plant).

Neuer Produktionszweig der Kunststoffe und der Einstieg von Hoechst

Gleichzeitig entschied sich die Ruhrchemie AG mit der Herstellung von Kunststoffen einen zusätzlichen Produktionszweig aufzubauen. Man wählte das von Karl Ziegler und Mitarbeitern am Max-Planck-Institut für Kohlenforschung 1953 entdeckte Normaldruck-Polyethylen-Verfahren (HDPE) aus. 1958 begann der Bau einer Polyethylen-Anlage, die Produktionsentwicklung verlief rasant. Fabrizierte die Ruhrchemie AG im Geschäftsjahr 1960 / 61 erst 1.300 Tonnen Polyethylen pro Jahr, so waren es 1968 / 69 schon 56.000 Tonnen. 1972 wurde eine neue, nach anderem Verfahren arbeitende Anlage in Betrieb genommen, eine sogenannte Hochdruck Polyethylen-Anlage (LDPE-Anlage).

Den Farbwerken Hoechst gelang in 1958 der Einstieg in den Aktionärskreis des einstigen Konkurrenten. Für das Geschäftsjahr 1961 / 62 konnte – dank der Investitionen in die Oxo-Synthese und Polyethylen-Produktion – erstmals seit langen Jahren eine Dividende gezahlt werden. Hoechst übernahm in den 1960er-Jahren nach und nach den Verkauf aller von der Ruhrchemie hergestellten Produkte und legte die Produktionsstandards und -normen fest. Auch die Düngemittelproduktion konnte in den 1960er-Jahren verdoppelt werden. Sie wurde noch immer als Rückgrat des Unternehmens angesehen. In den 1960er-Jahren ging es mit der Ruhrchemie wirtschaftlich aufwärts. Dennoch erwies sich ihre Rohstoffbasis (Koksgas und Kohle / Koks) als nicht mehr konkurrenzfähig gegenüber vergleichbaren Vorprodukten auf petrochemischer Basis. Die Ethylen- und Wasserstoffgewinnung aus Koksgas wurde ersetzt durch petrochemische Produkte. Ende 1970 gab auch die Chemische Fabrik Holten daher ihren Betrieb auf. Sie hatte schon

In 1958, the Hoechst Farben company was successful in joining the group of shareholders of its former competitor. A dividend was paid in the 1961/62 financial year for the first time in many years, following the investments in oxo synthesis and polyethylene production. Hoechst gradually assumed control of the sale of all products manufactured by Ruhrchemie by the 1960s and set the production standards and norms. Fertiliser production also doubled in the 1960s and was still considered to be the mainstay of the company. Ruhrchemie's business fortunes improved in the 1960s, even though its raw material base (coke gas and coal/coke) ceased to be competitive with comparable petrochemical-based raw materials, and the production of ethylene and hydrogen from coke oven gas was replaced by petrochemical products. Chemische Fabrik Holten had also stopped operations by late 1970; it had previously lost its raw material ethylene derived from coke oven gas, and its capacity ceased to be profitable. In mid-1981, Ruhrchemie also stopped ammonia production in Holten, which was considered to be too small and uneconomic, and ammonia was subsequently purchased elsewhere and supplied via pipeline. The final halt in fertiliser, nitric acid and nitrosyl sulphuric acid production occurred in 1990.

The last two remaining shareholders with mining and industrial roots, August Thyssen-Hütte and Mannesmann, sold their shares to Hoechst in 1982, thus formally ending the entrepreneurial independence of Ruhrchemie AG. It was incorporated into Hoechst AG in 1988 and henceforth operated as Hoechst AG, Werk Ruhrchemie.

The oil crisis and years of upheaval

In 1974, the oil crisis shook the western industrialised nations and, as a result, in 1978 the company decided to

vorher ihre Rohstoffbasis Ethylen aus Kokereigas verloren und besaß mittlerweile eine unrentable Kapazitätsgröße. Mitte 1981 legte die Ruhrchemie auch die Ammoniakproduktion in Holten, die als zu klein und unrentabel erachtet wurde, still. Ammoniak wurde fortan per Pipeline zugekauft. Die endgültige Stilllegung der Düngemittel-, Salpetersäure- und Nitrosylschwefelsäureproduktion sollte dann 1990 erfolgen.

1982 veräußerten die beiden letzten Aktionäre mit montanindustriellen Wurzeln, die August Thyssen-Hütte und Mannesmann, ihre Beteiligungen an Hoechst. Damit endete auch formal die unternehmerische Selbstständigkeit der Ruhrchemie AG. Im Jahr 1988 wurde sie in die Hoechst AG integriert; ab diesem Zeitpunkt firmiert die Ruhrchemie zunächst als Hoechst AG, Werk Ruhrchemie.

Erdölkrise und Jahre des Umbruchs

Die Erdölkrise erschütterte 1974 die westlichen Industrienationen. In der Folge beschloss man 1978 den Bau einer Versuchsanlage zur Erzeugung von Synthesegas, ein Gemisch aus Wasserstoff und Kohlenmonoxid, sowie reinem Wasserstoff durch Kohlevergasung (Steinkohle). 1986 ging die großtechnische Kohlevergasungsanlage in Betrieb. Die sogenannte Synthesegasanlage Ruhr (SAR), gemeinsam betrieben von Ruhrchemie AG und Ruhrkohle AG, ersetzte die vorhandene Schwerölvergasung. Da sich Kohle- und Rohölpreis entgegen der Prognosen gegenläufig entwickelten, wurde die SAR in 1989 von Kohle als Einsatzstoff auf Schweröl umgestellt. Die Renaissance der Kohle als Chemierohstoff war damit schon beendet.

In den Jahren des Umbruchs (1982 – 1987) wurden zentrale Veränderungen im Werk Ruhrchemie realisiert. Die Umstellung der Butyraldehyd-Produktion vom etablierten

build a pilot plant for the production of synthesis gas (syngas), a mixture of hydrogen, carbon monoxide, and pure hydrogen by carcoal gasification. The large-scale coal gasification plant was commissioned in 1986, and the synthesis gas plant Ruhr (SAR), jointly operated by Ruhrchemie AG and Ruhrkohle AG, replaced the existing heavy oil gasification. As the price of coal and crude oil ran contrary to all prognoses, SAR switched from coal as a raw material to heavy fuel oil in 1989, which announced the end of the renaissance of coal as a chemical raw material.

Some major changes took place in the Ruhrchemie plant during the years of upheaval between 1982 and 1987. This heralded the conversion of butyraldehyde production from the established cobalt-catalysed process to the recently developed, two-phase rhodium-catalysed Ruhrchemie/Rhône Poulenc process. The first low-pressure rhodium plant for butyraldehyde production was commissioned in 1984, and another two plants were commissioned in 1988 and 1999. In 1987, following the launch of production of the neopentyl glycol plant, the by-product isobutyraldehyde derived from the oxo process was used as a valuable raw material. 1982 saw a capacity expansion and the construction of a new plant for the production of ultra-high molecular weight polyethylene (GUR), and the commissioning of an alkylamine plant.

Reorganisation and development of the site partners

The reorganisation of the Hoechst Group in 1997 resulted in the splitting of business activities at the Ruhrchemie plant among various companies. Ticona continued production of low-pressure polyethylene and expanded its activities at the Ruhrchemie plant in 2000 with the construction of the COC plastic plant (cycloolefin copolymer). The plant was then

Kobalt-katalysierten Verfahren auf das neu entwickelte zweiphasige Rhodium-katalysierte Ruhrchemie / Rhone Poulenc-Verfahren wurde eingeläutet. Die Inbetriebnahme der ersten Niederdruck-Rhodium Anlage zur Butyraldehyd-Herstellung erfolgte 1984, weitere zwei Anlagen fuhr man 1988 und 1999 an. 1987 wurde durch den Produktionsbeginn der Neopentylglykol-Anlage das im Oxo-Prozess anfallende Nebenprodukt Isobutyraldehyd als wertvoller Rohstoff erschlossen. Eine Kapazitätserweiterung und Bau einer Neuanlage für die Produktion von ultrahochmolekularem Polyethylen (GUR), sowie der Produktionsstart einer Alkylaminanlage fallen in das Jahr 1982.

Neuordnung und Entwicklung der Standortpartner

Die Neuordnung des Hoechst-Konzerns 1997 hatte eine Aufteilung der Geschäftsaktivitäten im Werk Ruhrchemie auf verschiedene Unternehmen zur Folge. Die Produktion von Niederdruck-Polyethylen wurde von der Ticona weitergeführt. Die Ticona baute danach ihre Aktivitäten im Werk Ruhrchemie im Jahr 2000 mit dem Bau der COC-Kunststoffanlage (Cycloolefin-Copolymer) weiter aus. 2006 ging diese Anlage dann in den Besitz der TOPAS über. Die Herstellung von Kraftstoff-Additiven und Fließverbesserern ging an die Clariant AG. Etwas später wurde die Katalysatorenproduktion an die Firma Synetics veräußert. Heute gehört sie zu Johnson Matthey. Alle Standortpartner entwickelten ihre Geschäfte unabhängig voneinander weiter und benutzten dabei die vom Standortbesitzer zur Verfügung gestellten Dienstleistungen wie z.B. Sicherheit, Brandschutz, Umweltschutz, Ver- und Entsorgung, Technik, technische Planung und sonstige Infrastrukturbereiche. Der Standortbesitzer war zu dieser Zeit die Celanese AG, der auch die Produktionen von Synthesegas, Chemikalien,

acquired by TOPAS in 2006. The production of fuel additives and flow improvers was transferred to Clariant AG. The catalyst production was subsequently sold to Synetics and is now owned by Johnson Matthey. All the site partners continued to develop their businesses independently using the services provided by the site owner, including safety, fire protection, environmental protection, supply and disposal, technology, technical planning and other infrastructure areas. The site owner at the time was Celanese AG, which also included the production of syngas, chemicals, catalysts and high-pressure polyethylene. Celanese AG was acquired by US financial investor Blackstone in 2004 but continued to trade as Celanese.

Commissioning of the synthesis gas plant and construction of the ester plant 1

A further milestone in the history of the plant was the commissioning of the synthesis gas unit Oberhausen (SAO) in 2003. Based on natural gas, this unit is still responsible for supplying the site's needs for synthesis gas (CO/H_2) and pure hydrogen (H_2). The shift from heavy fuel oil to natural gas had become necessary owing to the changing commodity markets and contributed significantly to securing the site. The SAR oil/coal gasification plant, which had continued to operate, was decommissioned and dismantled shortly afterwards.

Celanese AG and Degussa AG formed the joint venture EOXO (European Oxo) in 2003 to merge parts of the Oxo businesses operated by the two partners. Ester plant 1 for the production of specialty ester oils was built during the same year through a joint venture between Celanese and Hatco, and production commenced after a short period of operation. Ester plant 1 was recommissioned for the pro-

Katalysatoren und Hochdruck-Polyethylen gehörten. Die Celanese AG wurde 2004 vom amerikanischen Finanzinvestor Blackstone übernommen, firmierte aber weiter als Celanese.

Inbetriebnahme der Synthesegasanlage und Bau der Esteranlage 1

Ein weiterer Meilenstein der Werksgeschichte war die Inbetriebnahme der Synthesegasanlage Oberhausen (SAO) im Jahr 2003 . Auf Basis von Erdgas ist diese Anlage bis heute für die Lieferung des Werksbedarfs an Synthesegas (CO / H_2) und reinem Wasserstoff (H_2) zuständig. Der Wechsel vom Rohstoff Schweres Heizöl auf Erdgas war durch die veränderten Rohstoffmärkte erforderlich geworden und trug erheblich zur Sicherung des Standorts bei. Die bis dahin im Betrieb befindliche SAR-Öl- / Kohlevergasungsanlage wurde im Gegenzug stillgelegt und kurz darauf zurückgebaut.

Im Jahr 2003 gründeten die Celanese AG und die Degussa AG das Unternehmen EOXO (European Oxo) als Joint-Venture. Ziel war die Zusammenführung von Teilen der Oxo-Geschäfte der beiden Partner. Im gleichen Jahr wurde der Bau der Esteranlage 1 für die Herstellung von Spezialesterölen durch ein Joint-Venture von Celanese und Hatco realisiert; nach kurzer Betriebszeit folgte die Produktionsaufgabe. Erst im Jahr 2008 erfolgte unter der Regie der Celanese eine Wiederinbetriebnahme der Esteranlage 1 zur Herstellung von Weichmachern für Sicherheitsglasfolien.

Die Gründung der OXEA GmbH

Die Gründung der OXEA GmbH im Jahr 2007 ging einher mit dem Verkauf der Celanese-Aktivitäten im Werk Ruhr-

duction of plasticisers for safety glass films in 2008 under the direction of Celanese.

The founding of OXEA GmbH

The founding of OXEA GmbH in 2007 went hand in hand with the sale of the EOXO company as well as Celanese's activities in the Ruhrchemie plant (production and site services) to the financial investor Advent International. OXEA GmbH thus became both the owner and operator of the Ruhrchemie site.

In 2010, the decision was made to realign individual production areas. The synthesis gas plant Oberhausen (SAO) was sold to the French company Air Liquide, which had already been operating air separation plants at the site. The production plant for high-density polyethylene (LDPE) was sold to the Italian company EniChem. The last significant changes in the OXEA Ruhrchemie site took place in 2013 when, after a year of construction, the ester plant 2 and the carboxylic acid plant 3 were commissioned. The construction of Europe's largest air separation plant by Air Liquide took place in the same year, and this investment also ensured the continued existence of the Ruhrchemie production site.

In the autumn of 2013, Advent International sold OXEA to the Oman Oil Company (OOC), a company wholly owned by the Government of Oman, founded in 1996 to invest in the domestic and foreign energy sector. OOC is an important part of Oman's drive to diversify its economy and to encourage foreign investment.

Today, the OXEA Ruhrchemie site is one of the largest industrial sites in Oberhausen with about 1300 employees, including both OXEA and the site partners. OXEA is also one of the companies that operates the largest apprenticeship

chemie (Produktion und Standortservices) sowie der Firma EOXO an den Finanzinvestor Advent International. Die OXEA GmbH wurde damit auch zum Eigentümer und Betreiber des Werkes Ruhrchemie.

Im Jahr 2010 entschloss man sich für eine Neuausrichtung einzelner Produktionsbereiche. Die Synthesegasanlage Oberhausen (SAO) wurde an das französische Unternehmen Air Liquide verkauft, das bereits am Standort Luftzerlegungsanlagen betrieb. Die Anlage zur Erzeugung von Hochdruckpolyethylen (LDPE) wurde an die italienische Firma EniChem veräußert. Die letzten markanten Veränderungen im OXEA Werk Ruhrchemie erfolgten im Jahr 2013: Nach einjähriger Bauzeit wurden die Esteranlage 2 und die Carbonsäureanlage 3 angefahren. Der Bau der europaweit größten Luftzerlegungsanlage durch Air Liquide erfolgte im selben Jahr. Auch diese Investition sicherte den Fortbestand des Produktionsstandortes Ruhrchemie.

Nach ihrem Engagement verkaufte Advent International im Herbst 2013 die OXEA an die Oman Oil Company (OOC). OOC ist ein Unternehmen, das vollständig der Regierung von Oman gehört. Es wurde 1996 gegründet, um in den in- und ausländischen Energiesektor zu investieren. OOC ist ein wichtiger Bestandteil der Bestrebungen des Sultanats, die Wirtschaft von Oman zu diversifizieren und ausländische Investitionen zu fördern.

Heute ist der Standort OXEA Werk Ruhrchemie einer der größten industriellen Standorte in Oberhausen. Mit rund 1.300 Menschen, die bei OXEA und den Standortpartnern arbeiten, ist OXEA zusätzlich einer der größten Ausbildungsbetriebe in Oberhausen. Eine lange Geschichte liegt hinter dem Unternehmen, geprägt unter anderem vom 2. Weltkrieg, wirtschaftlichen Gegebenheiten und

scheme in Oberhausen. The company has a long history that has been shaped, among others, by the Second World War, challenging economic conditions and the courage to constantly innovate and respond to changes. What remains is the legacy of Otto Roelen: oxo synthesis, one of the centrepieces of OXEA. The same is true for the company's long-standing employees, many of whom have worked for the company for 40–45 years and have helped to shape the story of OXEA. The next chapter will continue to be written by them and many new employees to come.

dem Mut, sich immer wieder neu zu entwickeln und auf Veränderungen einzugehen. Das was bleibt, ist das Erbe von Otto Roelen: Die Oxo-Synthese, die bis heute das Herzstück der OXEA darstellt. Genauso wie die langjährigen Mitarbeiter: Viele von ihnen arbeiten schon seit 40 oder 45 Jahren bei dem Unternehmen und haben die Geschichte von OXEA mitgeprägt. Und auch die Fortsetzung wird von ihnen und den vielen neuen Mitarbeitern weitergeschrieben.

AUSLANDSAKTIVITÄTEN | BESUCHE
FOREIGN ACTIVITIES | VISITS

Mitte der 1950er Jahre wird in Südafrika eine Fischer-Tropsch-Anlage gebaut, über der die deutsche Flagge neben der des Apartheidstaats weht. Vor Inbetriebnahme reist die Anfahrmannschaft der Ruhrchemie nach Sasolburg. Es entstehen Amateuraufnahmen des Aufenthalts, die den Eindruck von Privatheit vermitteln. Bestimmt waren diese Bilder jedoch für die Veröffentlichung in den Werkszeitschriften.

Mit Max Dupain wird um 1968 ein bedeutender Vertreter der australischen Moderne beauftragt, die neue Oxo-Lizenzanlage in der Nähe von Sydney zu fotografieren. Eigentlich bekannt für seine Darstellung des Strandlebens rund um den Bondi Beach, gelingt ihm 1937 mit „Sunbaker“ ein Foto, das sich zur Ikone entwickelt, da es das australische Lebensgefühl im Kern trifft.

Im südfranzösischen Lavéra fotografiert Richard Blin die Architekturen der dortigen Anlage im gleichen Jahr 1968 für eine Broschüre der Firma Oxochimie erstmals vollständig in Farbe.

Die zahlreichen Fotografien der Besuchergruppen und Einzelbesucher des Oberhausener Werks zeigen neben den Veränderungen in der Bildsprache die Verschränkung von Wirtschaft und Wissenschaft, Politik, Militär sowie Religion im Wandel der Jahrzehnte auf.   RS

A Fischer-Tropsch plant was built in South Africa in the mid-1950s over which the German flag was raised alongside that of the apartheid state. The Ruhrchemie start-up team travelled to Sasolburg prior to the commissioning of the works and took some amateur shots of the visit. The snaps convey an impression of their private time, although the images were intended for publication in the works magazines.

A major proponent of Australian Modernism, Max Dupain was commissioned to photograph the new oxo plant near Sydney in 1968. Dupain was generally known for his portrayal of life on and around Bondi Beach, and his 1937 photo “Sunbaker” became iconic, as it represented the very essence of the Australian lifestyle.

In the same year, 1968, Richard Blin photographed the architecture of the Lavéra plant in the South of France for an Oxochimie brochure, and for the first time fully in colour.

The numerous photographs taken by groups of visitors and individuals to the Oberhausen works not only demonstrate the changes in the visual language, but also the close relationship between commerce and science, politics, the military and religion over the decades.   RS

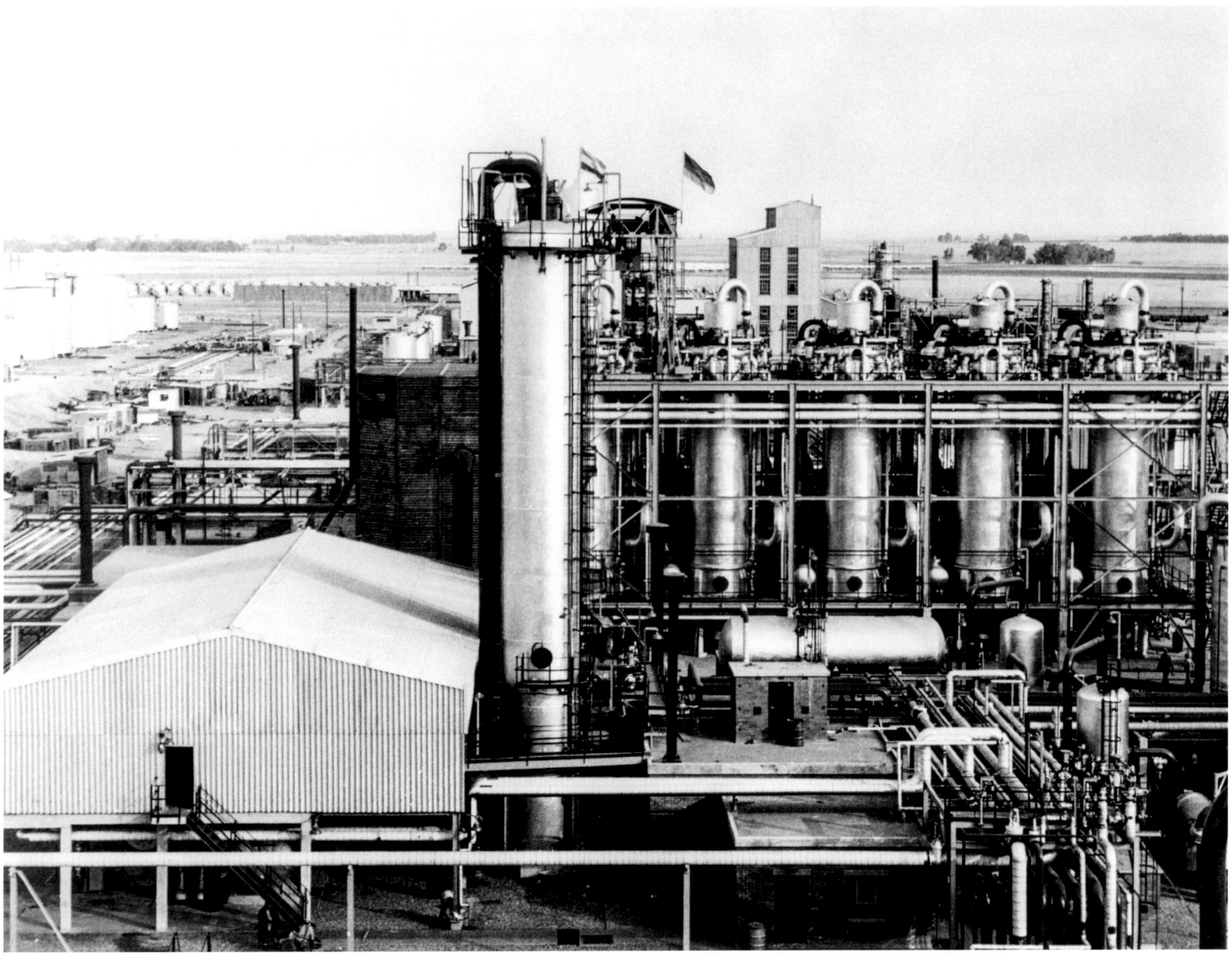

Fotograf unbekannt: Fischer-Tropsch-Lizenzanlage der Sasol, Sasolburg, Südafrika, um 1955
Photographer unknown: Licensed Fischer-Tropsch plant at Sasol, Sasolburg, South Africa, c. 1955

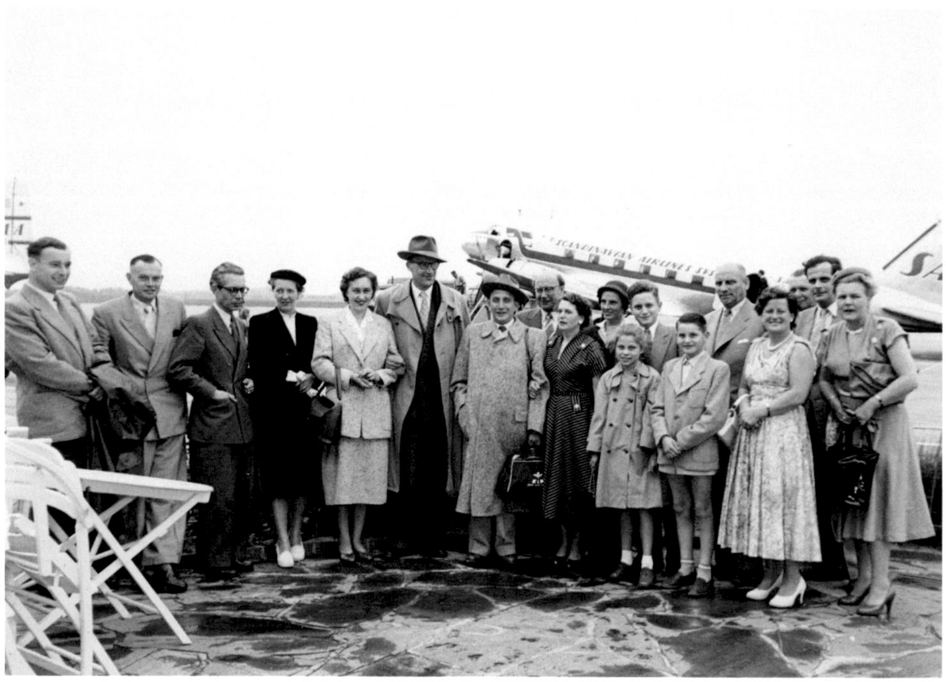

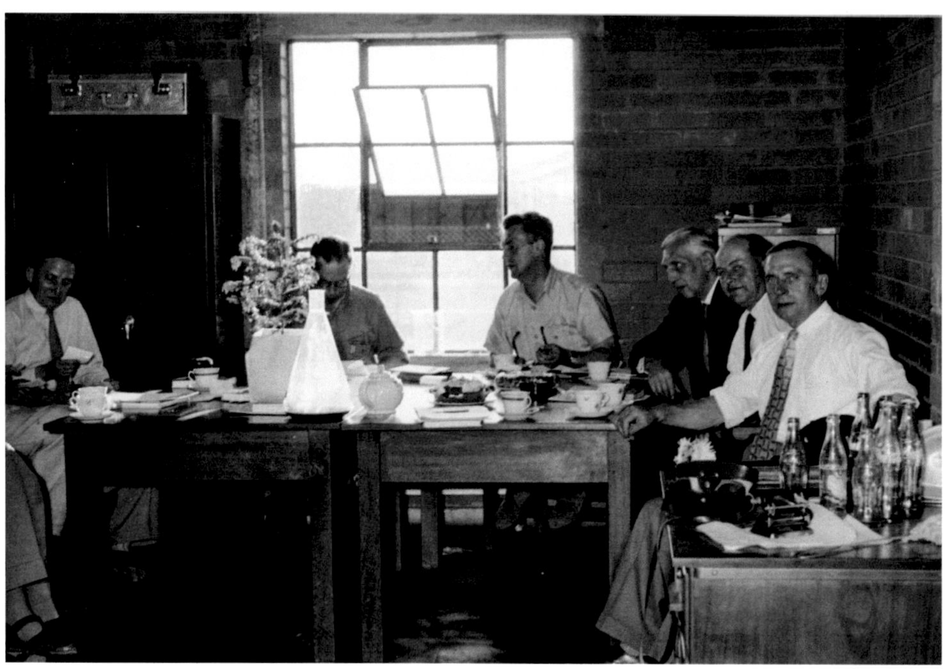

Fotograf unbekannt: Abflug der Anfahrmannschaft nach Südafrika, 1955
Photographer unknown: The start-up team leaves for South Africa, 1955

Fotograf unbekannt: Weihnachtsfeier in Südafrika, 1955
Photographer unknown: Christmas party in South Africa, 1955

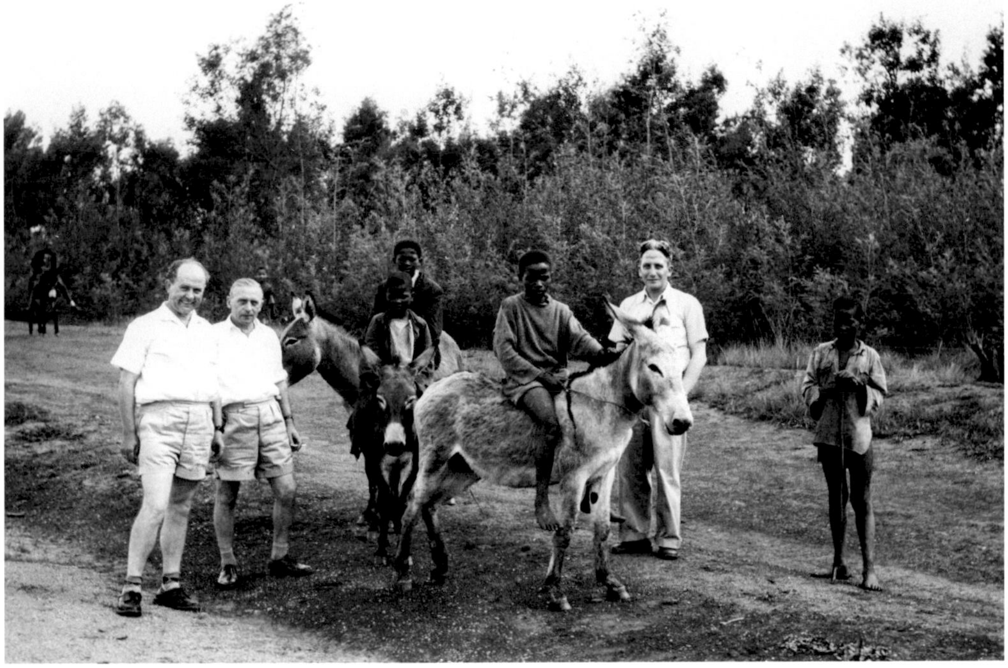

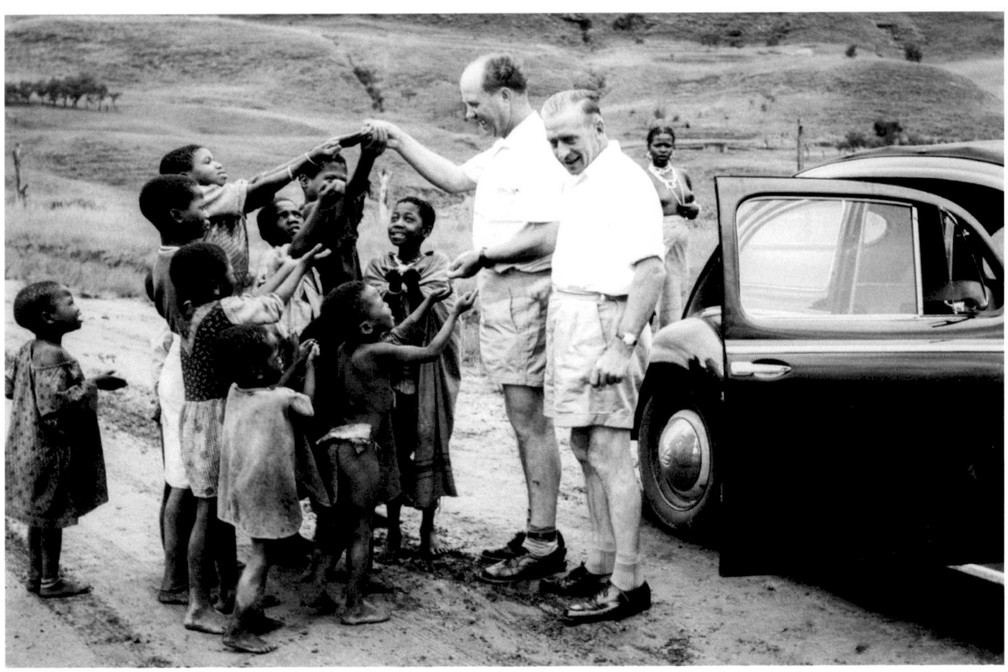

Fotograf unbekannt: Natal, Südafrika, 1956
Photographer unknown: Natal, South Africa, 1956

Fotograf unbekannt: Drakensberge, Südafrika, 1956
Photographer unknown: Drakensberg, South Africa, 1956

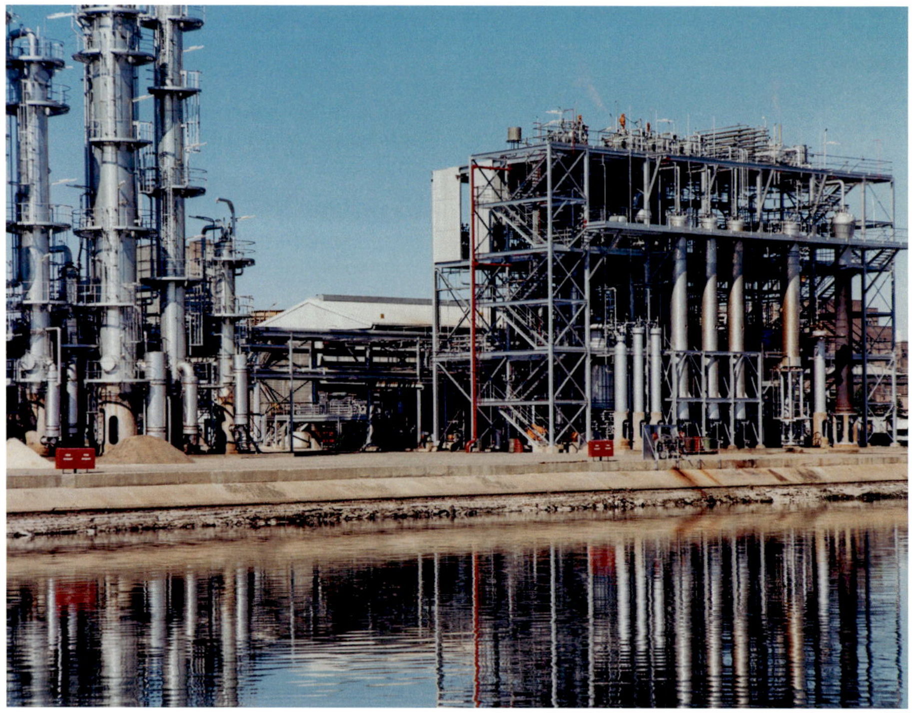

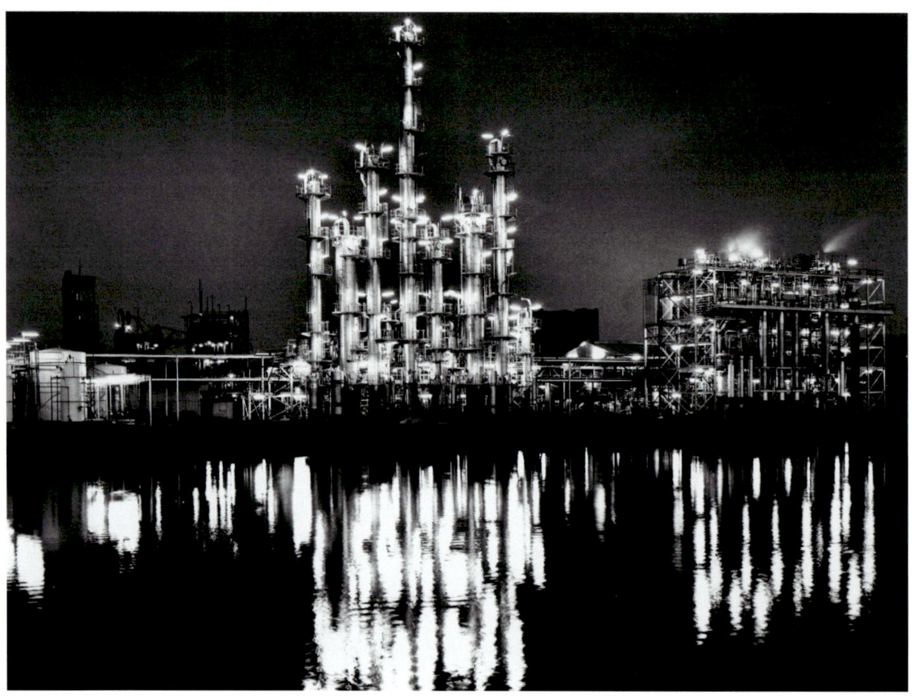

Max Dupain: Oxo-Lizenzanlage der CSR, Rhodes, Australien, um 1968
Max Dupain: Licensed oxo plant at CSR, Rhodes, Australia, c. 1968

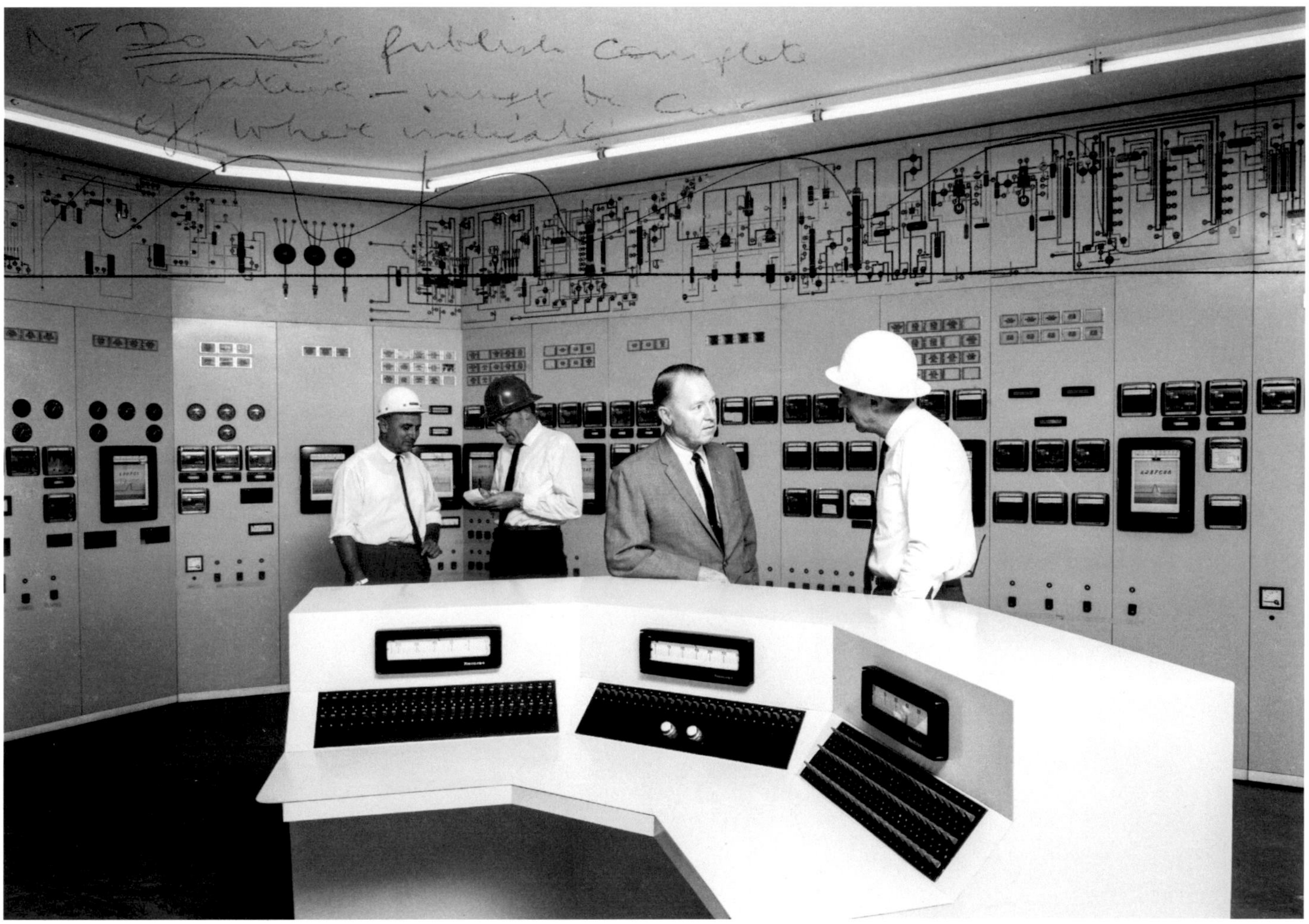

Max Dupain: Messwarte der Oxo-Lizenzanlage der CSR, Rhodes, Australien, um 1968
Max Dupain: Control room at the licensed oxo plant at CSR, Rhodes, Australia, c. 1968

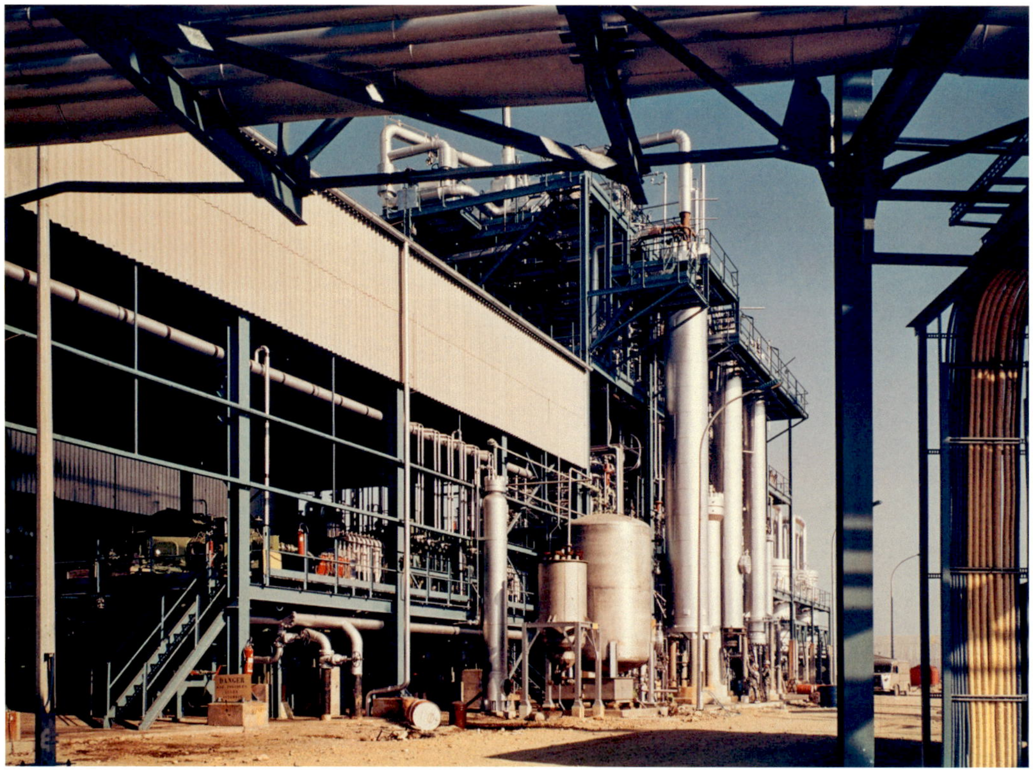

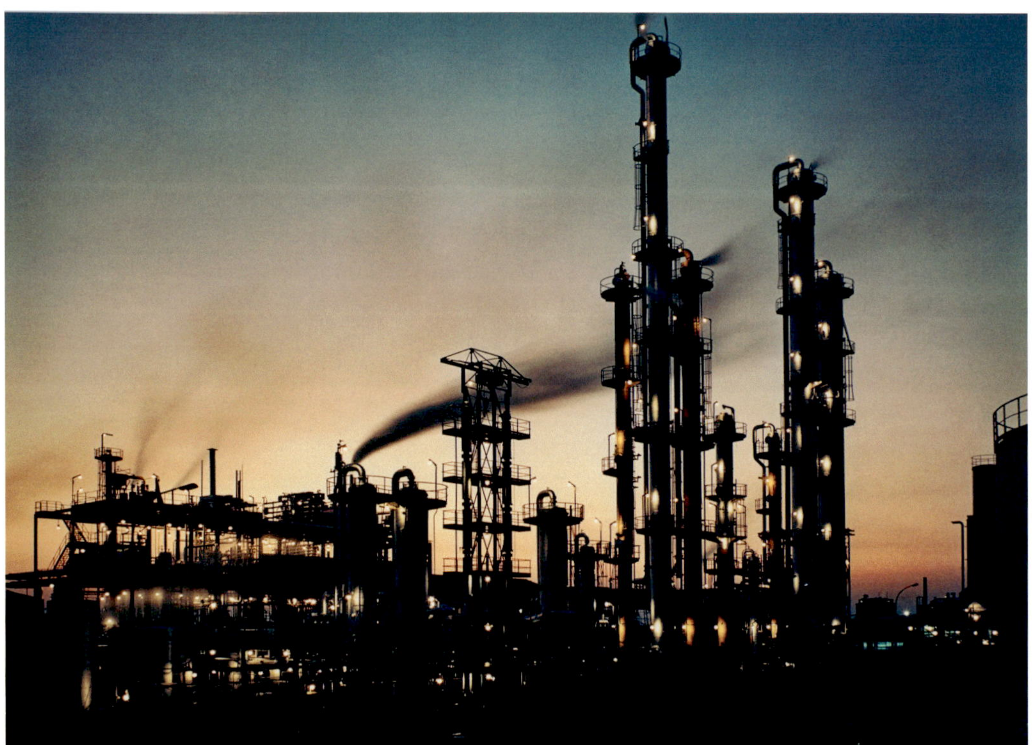

Richard Blin: Reaktions- und Destillationsanlagen der Oxochimie, Lavéra, Frankreich, um 1968
Richard Blin: Reaction and distillation plants at Oxochimie, Lavéra, France, c. 1968

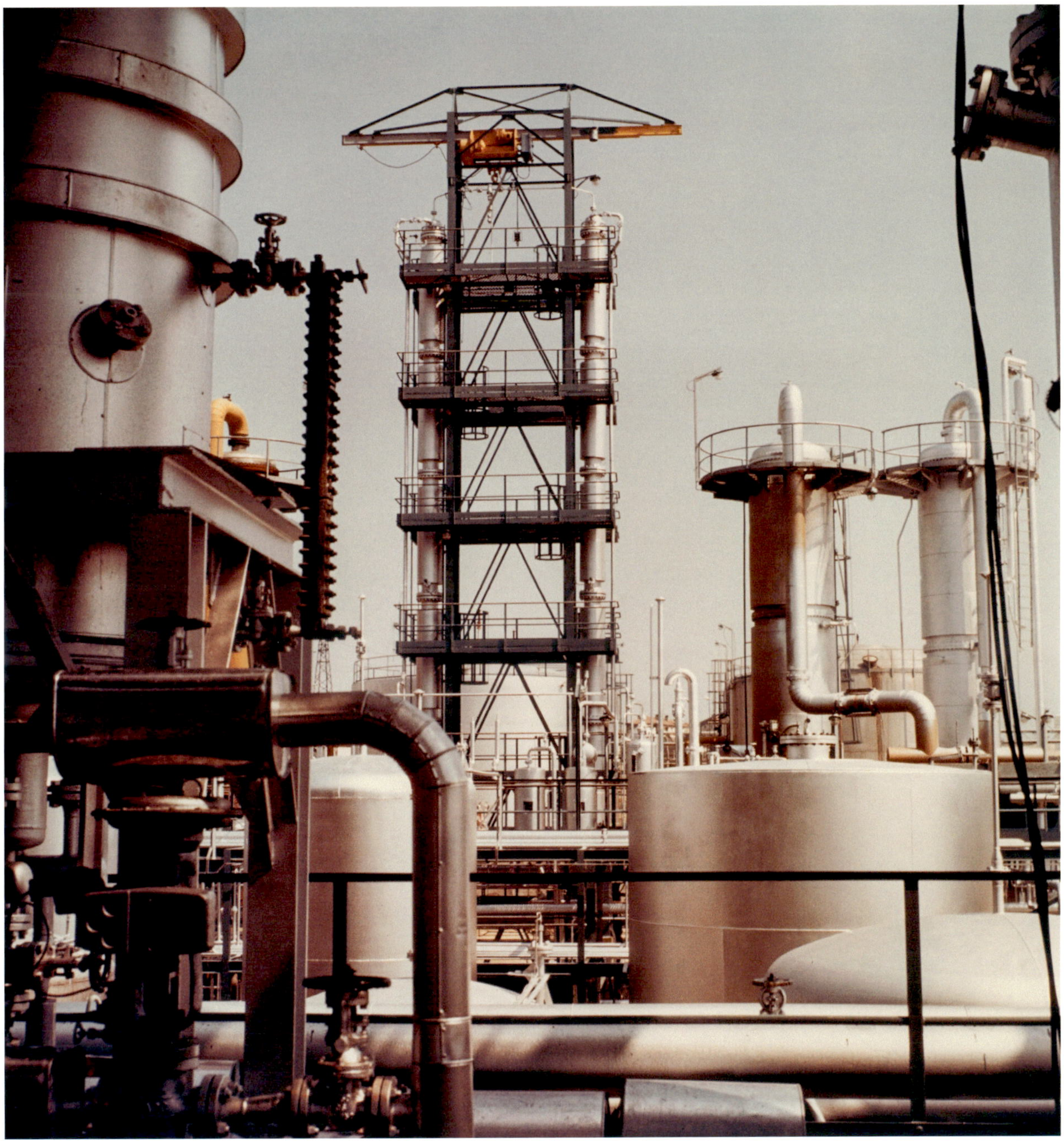

Richard Blin: Hydrierungs- und Reinigungskolonne der Oxochimie, Lavéra, Frankreich, um 1968
Richard Blin: Hydrogenation and purification column at Oxochimie, Lavéra, France, c. 1968

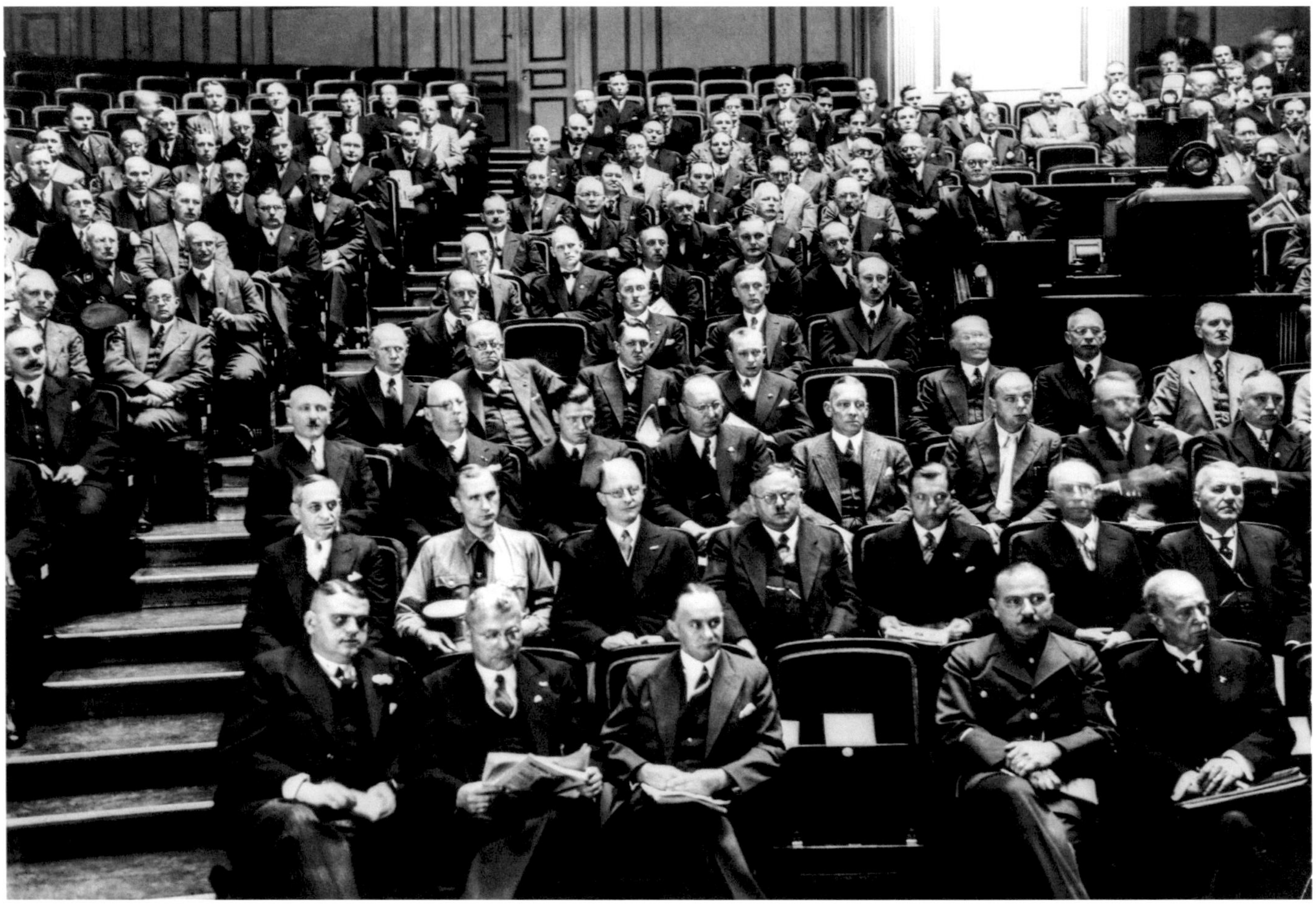

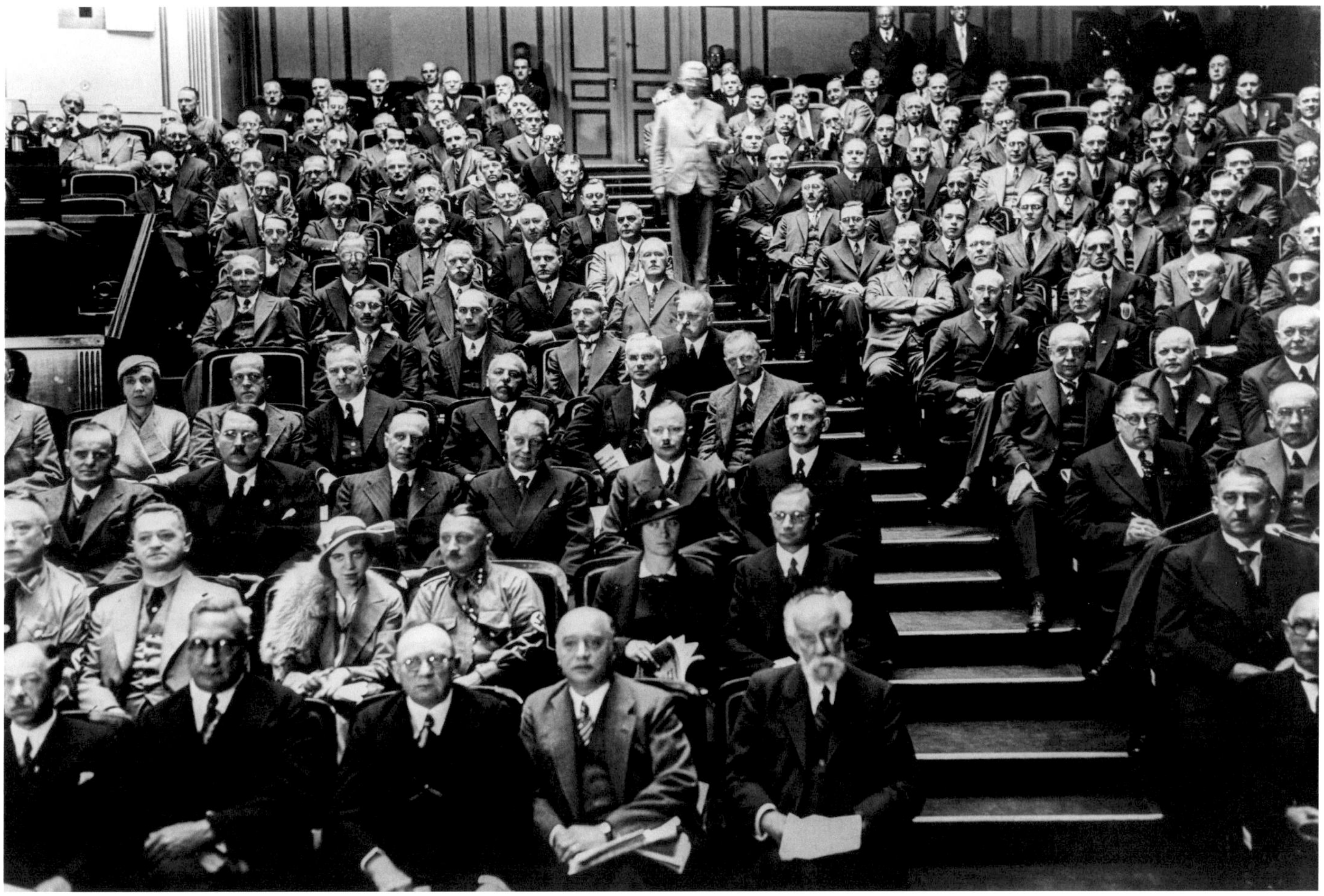

Welt-Photo-Bericht: Teilnehmer der ersten Jahrestagung der Deutschen Gesellschaft für Mineralölforschung „Die Grundlagen der zukünftigen Versorgung Deutschlands mit Mineralölen und bituminösen Straßenbaustoffen“ während der Rede des Staatssekretärs im Reichswirtschaftsministerium, Gottfried Feder, Berlin, Langenbeck-Virchow-Haus, 17. September 1933. Franz Fischer, Entwickler der Fischer-Tropsch-Synthese, Foto rechts, Reihe 1, 2. v. l.
Welt-Photo-Bericht: Attendees at the first annual meeting of the Deutsche Gesellschaft für Mineralölforschung (German Society for Mineral Oil Research) “The foundations of Germany's future supply of mineral oils and bituminous road-building materials” during the speech of the state secretary in the Reich's Ministry of Economics, Gottfried Feder, Berlin, Langenbeck-Virchow-Haus, September 17, 1933. Franz Fischer, developer of the Fischer-Tropsch synthesis, photo on the right, 1st row, 2nd from left

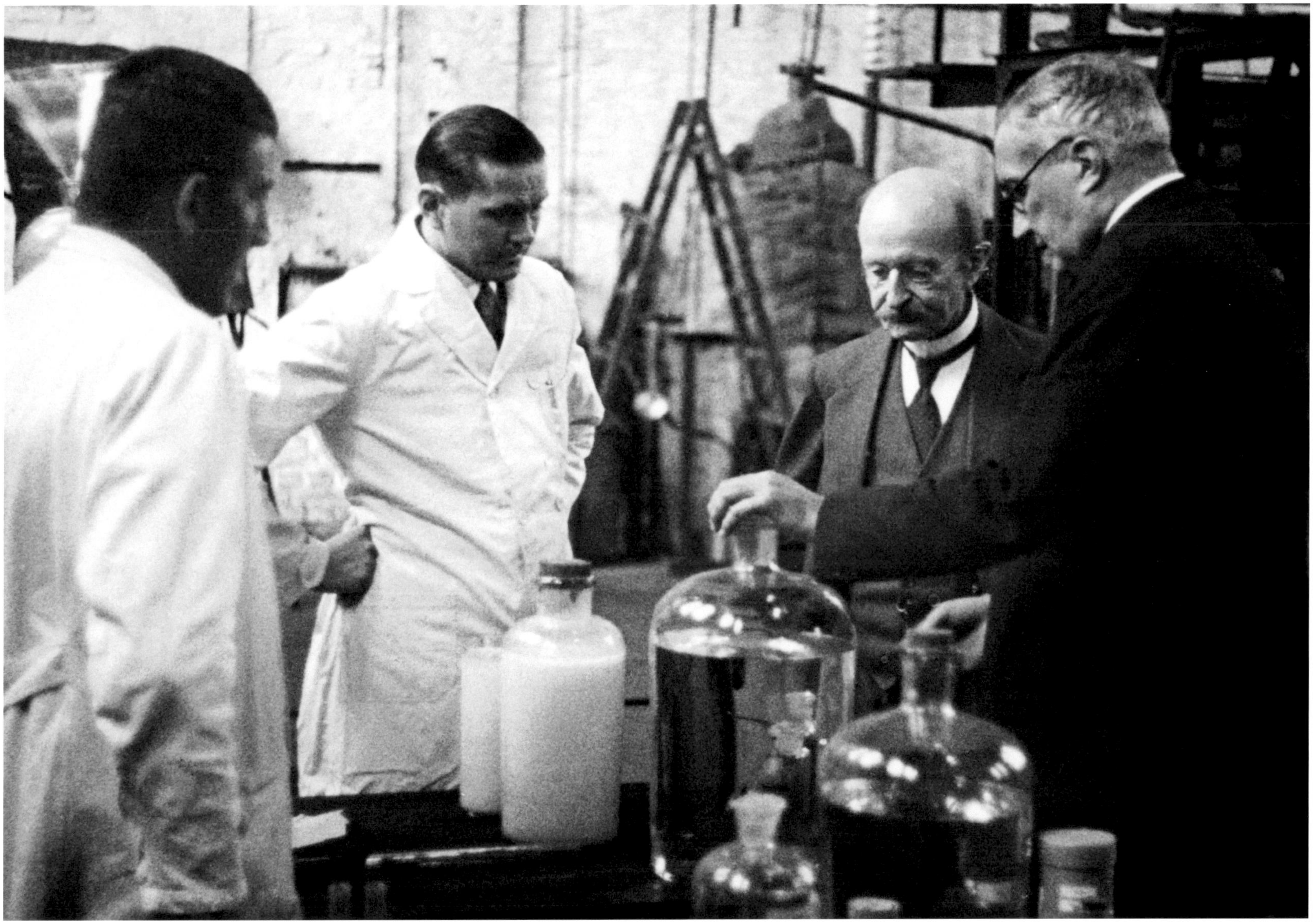

Fotograf unbekannt: Max Planck (2. v. r.), Nobelpreisträger für Physik und Präsident der Kaiser-Wilhelm-Gesellschaft zur Förderung der Wissenschaften beim Kaiser-Wilhelm-Institut für Kohlenforschung mit Gründungsdirektor Franz Fischer (r.), Otto Roelen (2. v. l.), Entdecker der Oxo-Synthese und dessen Assistent Walter Feißt (l.), Mülheim an der Ruhr, 5. Juni 1934
Photographer unknown: Max Planck (2nd from right), Nobel Laureate in Physics and President of the Kaiser-Wilhelm-Gesellschaft zur Förderung der Wissenschaften (Kaiser Wilhelm Society for the Advancement of Science) at the Kaiser-Wilhelm-Institut für Kohlenforschung (Kaiser Wilhelm Institute for Coal Research) with the founding director Franz Fischer (right), Otto Roelen (2nd from left), who discovered the oxo synthesis, and his assistant Walter Feißt (left), Mülheim an der Ruhr, June 5, 1934

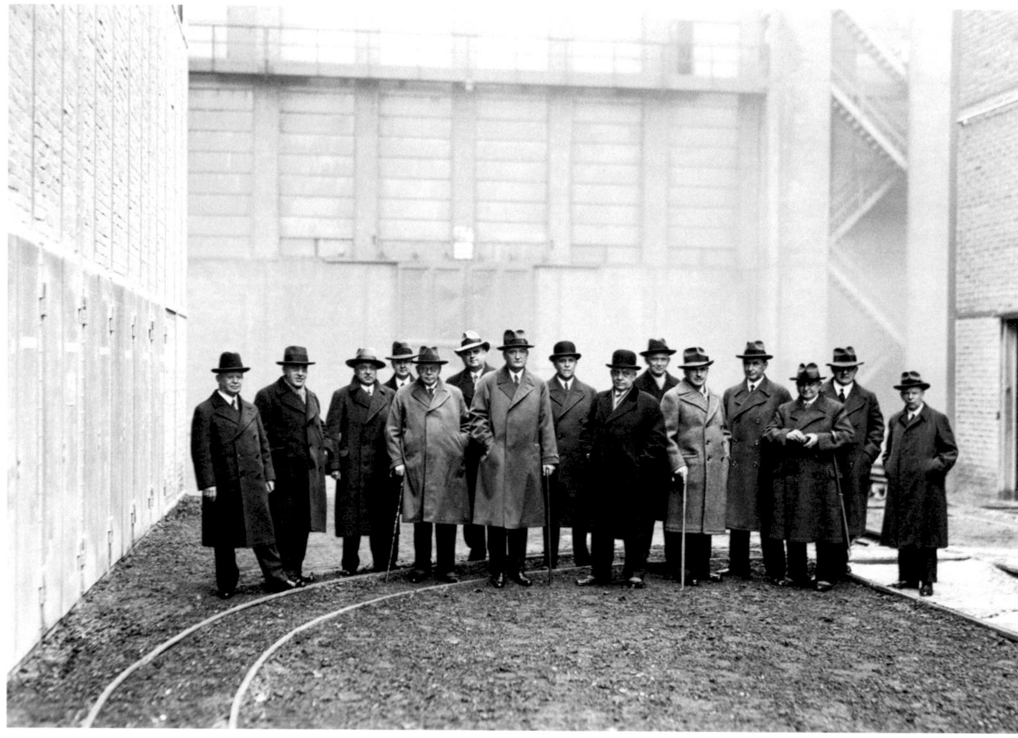

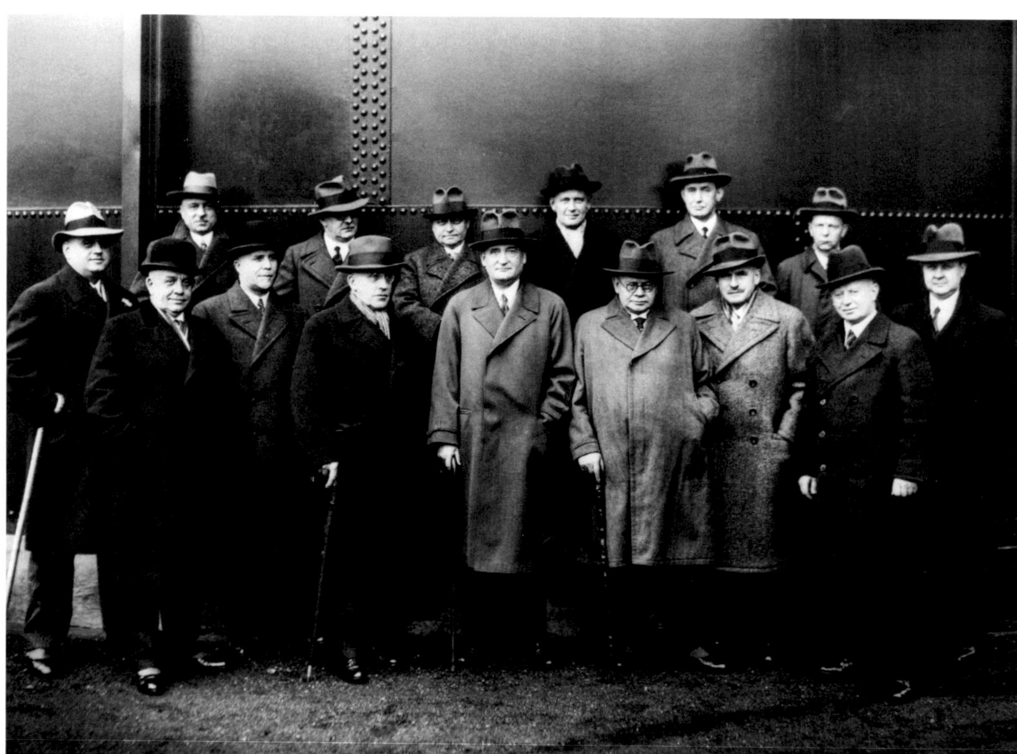

Fotograf unbekannt: Hochrangiger militärischer Besuch, Generaloberst Kurt von Hammerstein-Equord (M.), 1930er Jahre
Photographer unknown: High-ranking visitors from the military, Colonel-General Kurt von Hammerstein-Equord (centre), 1930s

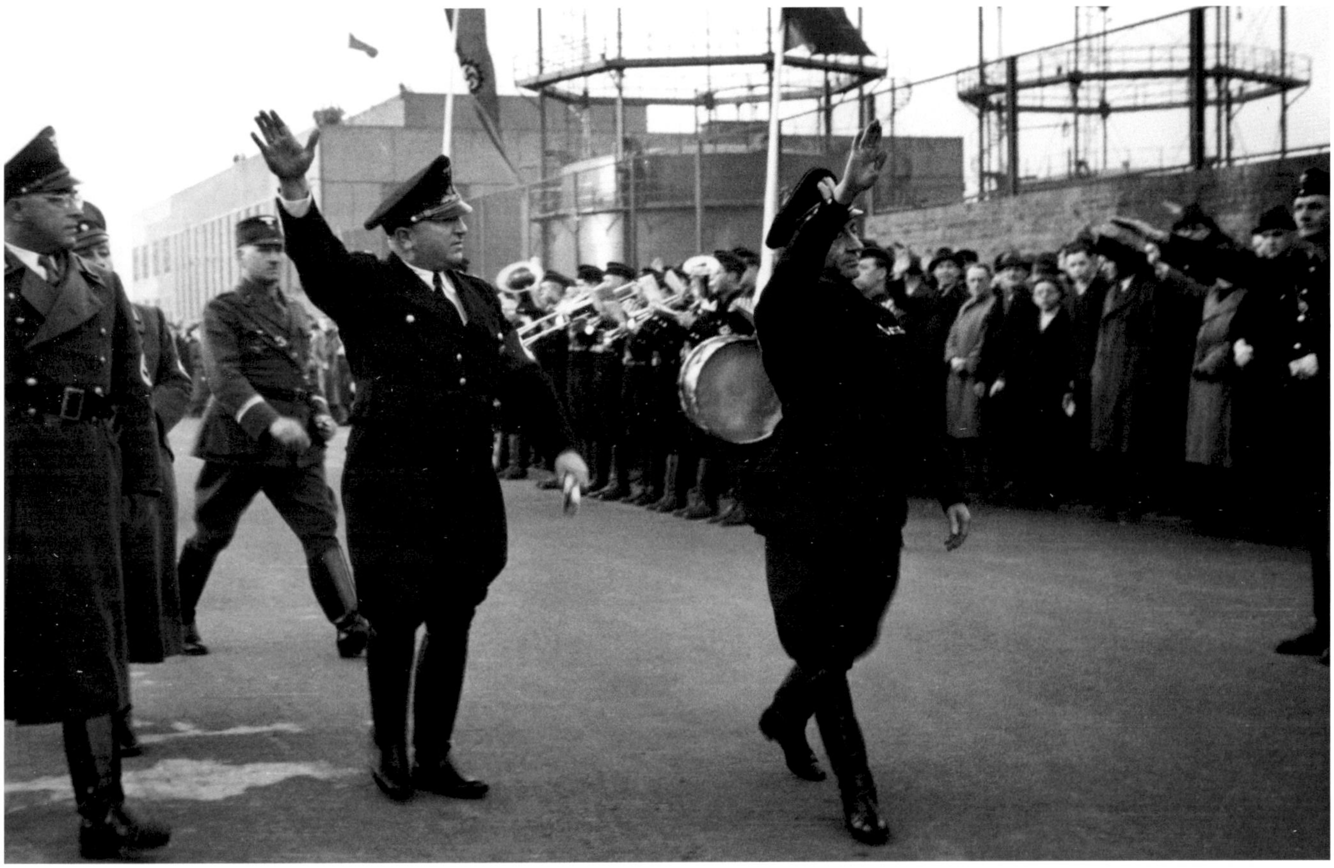

Aloys Sommer: Robert Ley, Reichsleiter der NSDAP und Leiter des Einheitsverbands Deutsche Arbeitsfront mit dem italienischen Minister Ferruccio Lantini, 1938
Aloys Sommer: Robert Ley, Reich Organization leader of the NSDAP and head of the Einheitsverband Deutsche Arbeitsfront (German Labour Front) with the Italian minister Ferruccio Lantini, 1938

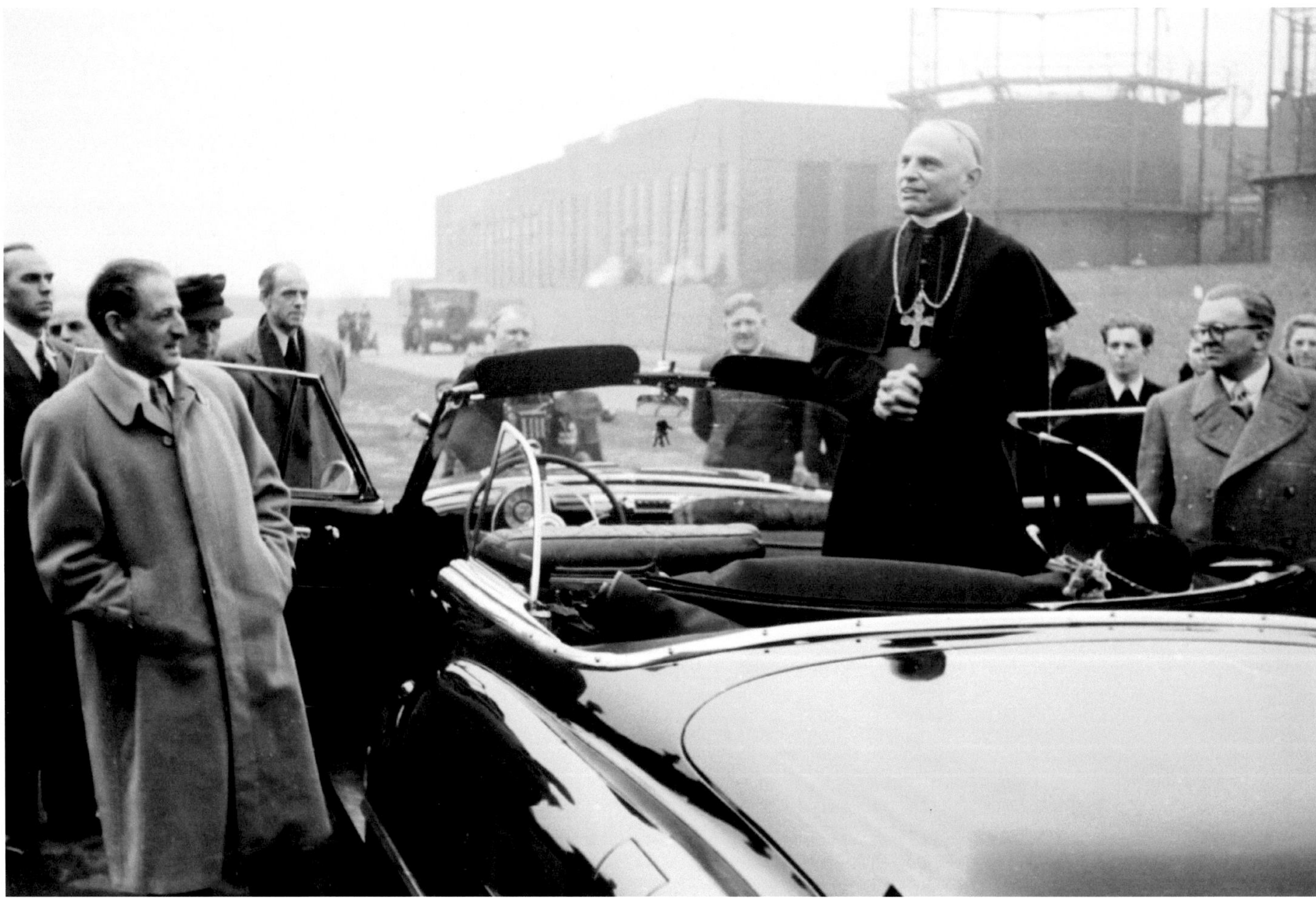

Fotograf unbekannt: Michael Keller, Bischof von Münster, 17. März 1952
Photographer unknown: Michael Keller, Bishop of Münster, March 17, 1952

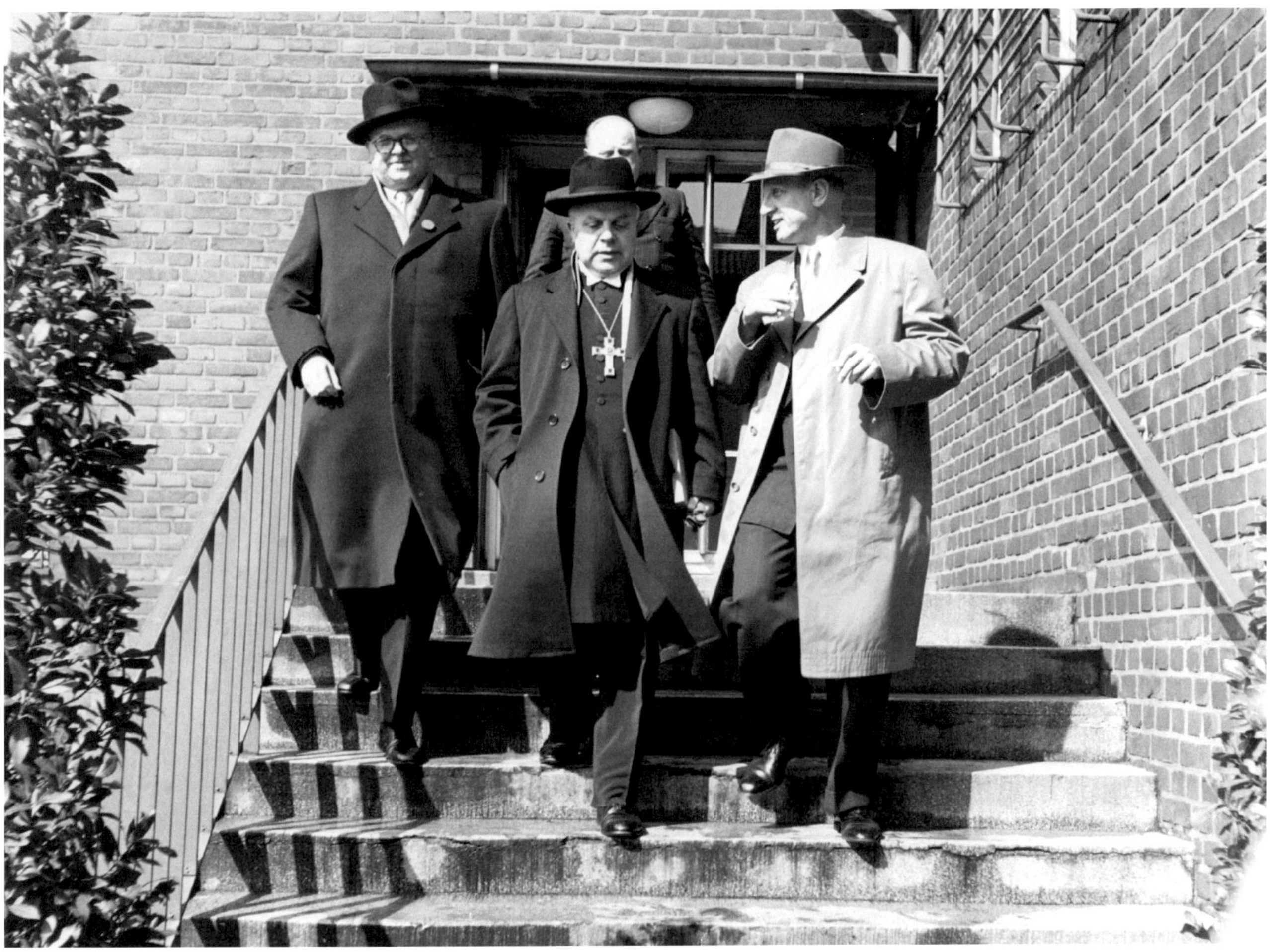

Fotograf unbekannt: Hanns Lilje, Landesbischof der Evangelisch-lutherischen Landeskirche Hannovers, 20. Mai 1955
Photographer unknown: Hanns Lilje, Bishop of the Evangelical Lutheran State Church of Hanover, May 20, 1955

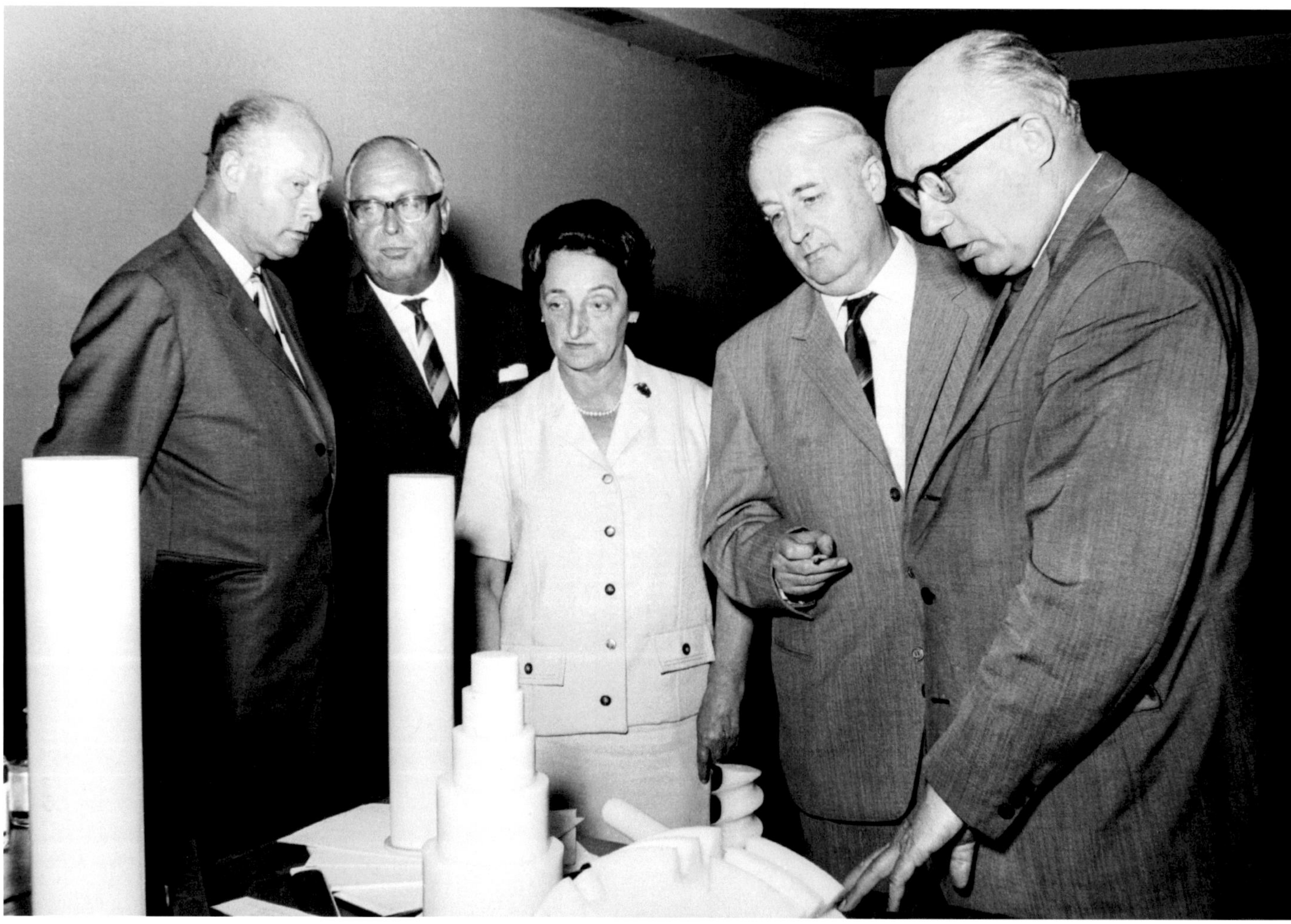

Fotograf unbekannt: Luise Albertz (M.), Oberbürgermeisterin der Stadt Oberhausen, 1. Juni 1964
Photographer unknown: Luise Albertz (centre), Mayoress of the City of Oberhausen, June 1, 1964

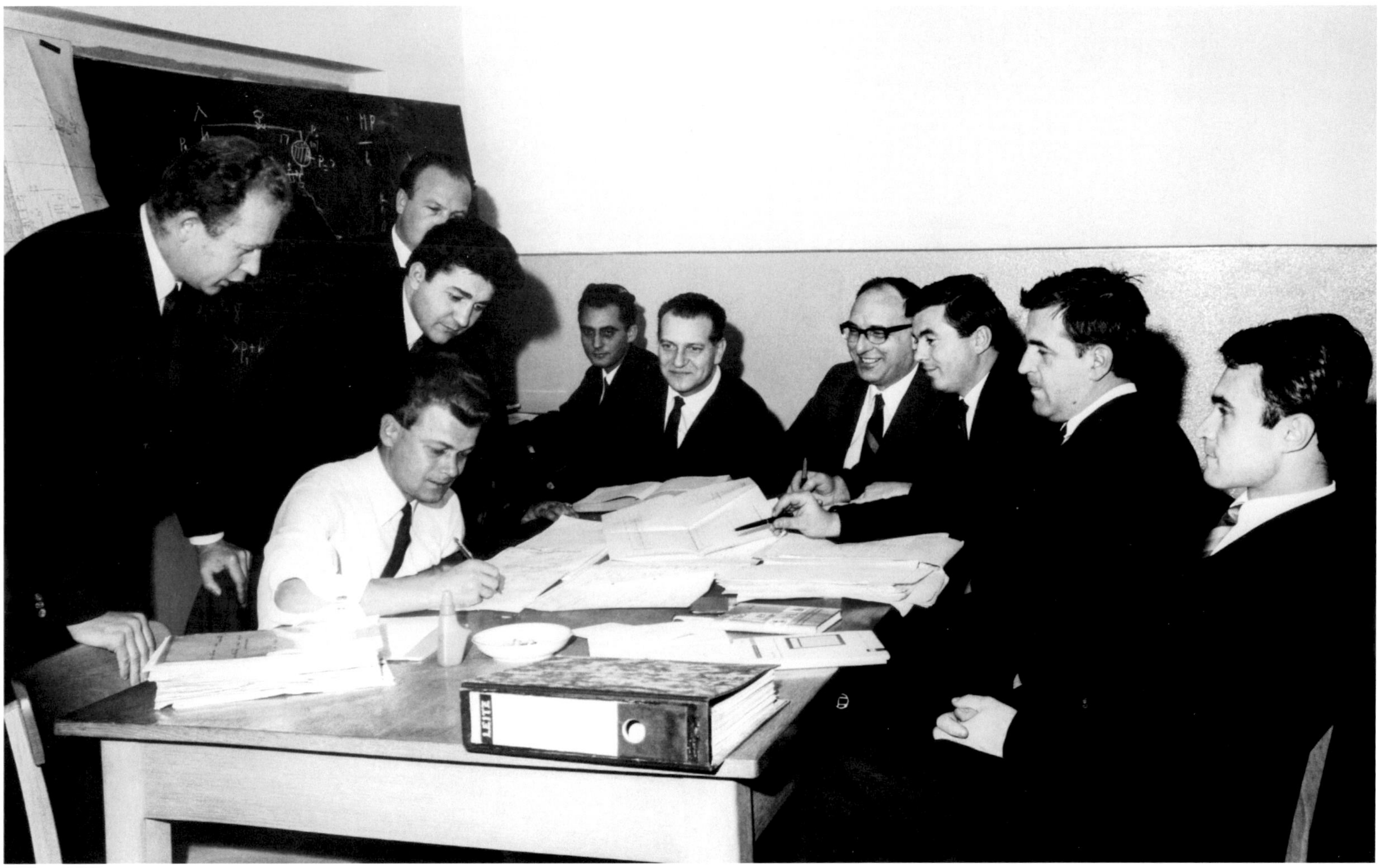

Karl Eul: Ausbildung des rumänischen Personals für die Oxo-Lizenzanlage in Rumänien, 6. Dezember 1967

Karl Eul: Training of Romanian staff for the licenced oxo plant in Romania, December 6, 1967

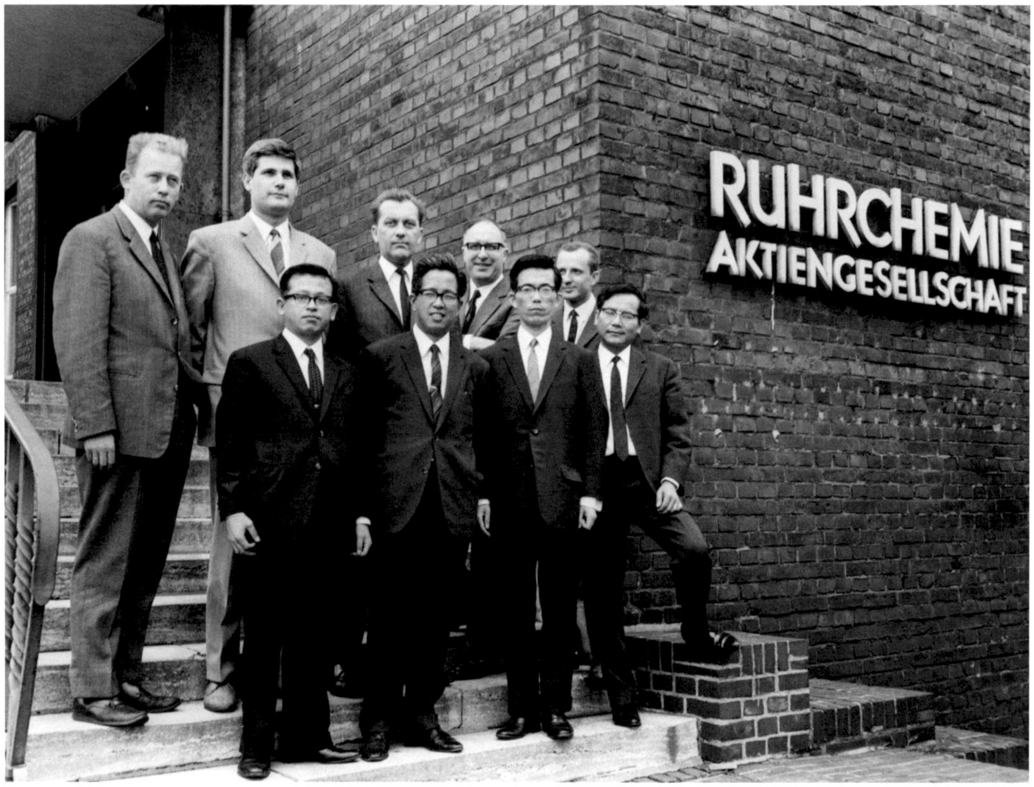

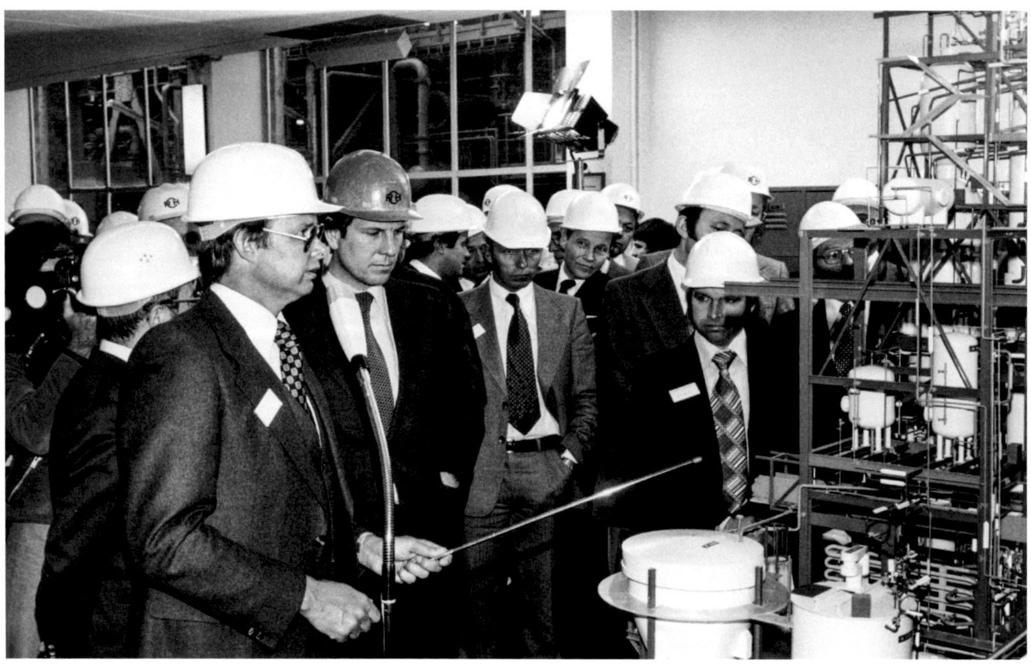

Karl Eul: Mitarbeiter der Chisso Corporation bei Besprechungen zum Projekt einer Oxo-Lizenzanlage in Japan, 27. Juni 1968
Karl Eul: Employees of the Chisso Corporation at a review of the project for an oxo plant in Japan, June 27, 1968

Alois Benkert: Volker Hauff (2. v. l.), Bundesminister für Forschung und Technologie bei der Inbetriebnahme der Kohlevergasungs-Versuchsanlage, 1978
Alois Benkert: Volker Hauff (2nd from left), Federal Minister of Research and Technology at the commissioning of the coal gasification test plant, 1978

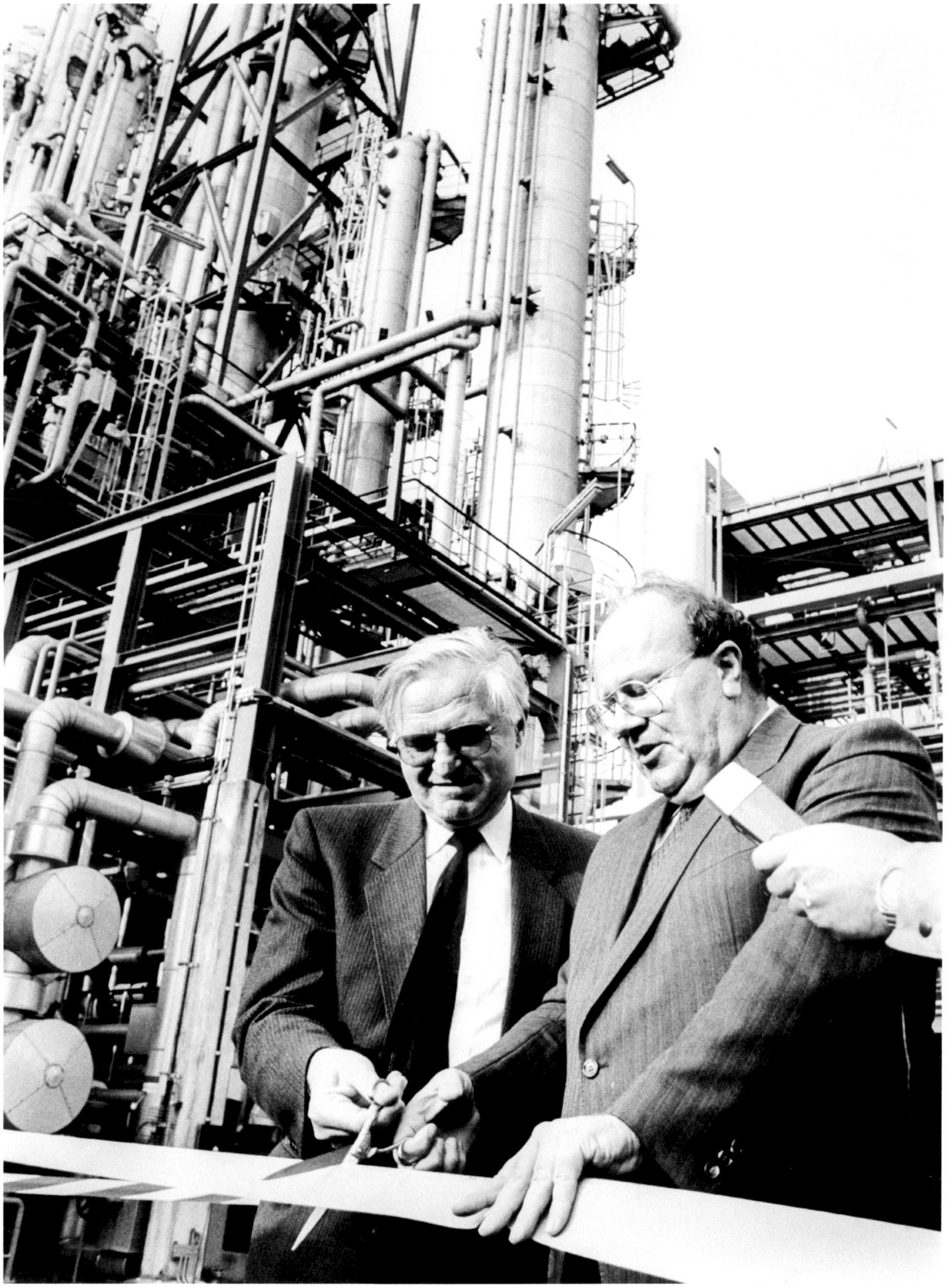

Jochen Tack: Martin Bangemann (r.), Bundesminister für Wirtschaft und Reimut Jochimsen (l.), Minister für Wirtschaft, Mittelstand und Technologie des Landes Nordrhein-Westfalen bei der Inbetriebnahme der Synthesegasanlage Ruhr (SAR), 17. Oktober 1986

Jochen Tack: Martin Bangemann (right), Federal Minister of Economics and Reimut Jochimsen (left), Minister for Economics, Labour and Technology of North Rhine Westphalia at the commissioning of the syngas plant Ruhr (SAR), October 17, 1986

FREIZEIT | SOZIALES
LEISURE | SOCIAL AFFAIRS

Betriebsausflüge und die Fahrten der Lehrlings- und Kindererholungswerke werden häufig von den Mitarbeitern selbst fotografiert. Ihre Fotos werden später oft in den Werkszeitschriften veröffentlicht.

Ab den 1930er Jahren werden werksnahe Wohnungen errichtet. Wie die Aufnahme des Mitarbeiters und Amateurfotografen Karl Eul aus dem Jahr 1973 zeigt, wird für manche sogar der Traum vom Eigenheim verwirklicht.

Zum Thema Arbeitssicherheit finden sich im Sammlungsbestand häufig Fotografien der Sanitätsstation, die auch immer wieder in den Werkszeitschriften abgedruckt werden.

Ebenfalls häufig abgebildet sind in den Werkszeitschriften die zahlreichen Kegel-und Fußballturniere. Normalerweise werden solche Bilder für den privaten Gebrauch angefertigt. Die Aufnahme eines Kegelturniers eines unbekannten Fotografen aus dem Jahr 1990, die in der Sammlung als Diapositiv vorliegt, ist jedoch zu Werbezwecken entstanden: Die abgebildete Kegelbahn besteht nämlich aus dem bei der Ruhrchemie selbst produzierten Polyethylen.
SH

Group outings and recreation schemes for apprentices and children were generally photographed by the employees themselves. Many times their photos were subsequently published in the works magazines.

The company built flats for the workers from the 1930s and, as the photo of the employee and amateur photographer Karl Eul from 1973 shows, for some the dream of owning their own home had come true.

On the subject of health and safety at work, the collection includes numerous photographs of the plant infirmary which often featured in the works magazines.

The frequent bowling and football tournaments are also regularly included in the works magazines and the photos were generally made for private use. However, the inclusion of a bowling competition by an unknown photographer from 1990 incorporated in the collection as a slide, was designed for advertising purposes: the bowling alley in the image is essentially made from the polyethylene manufactured by the Ruhrchemie. SH

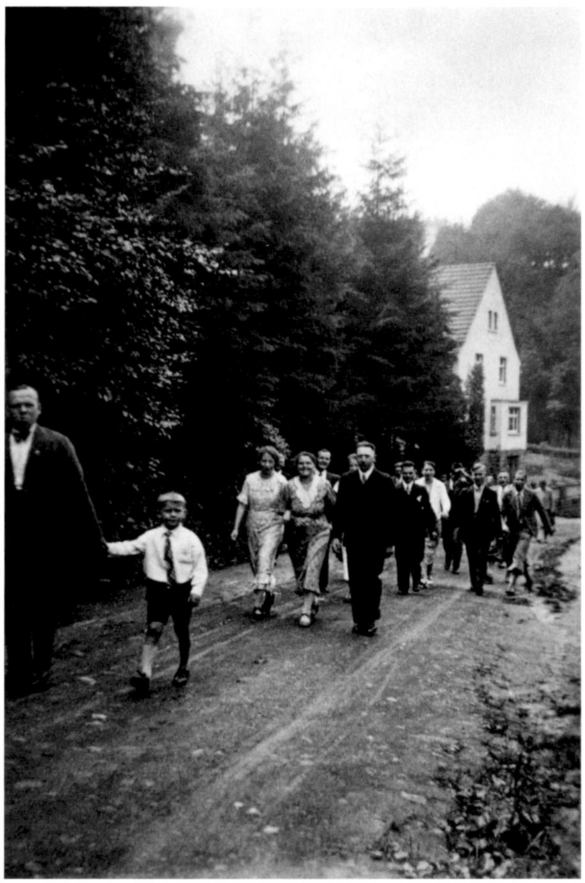

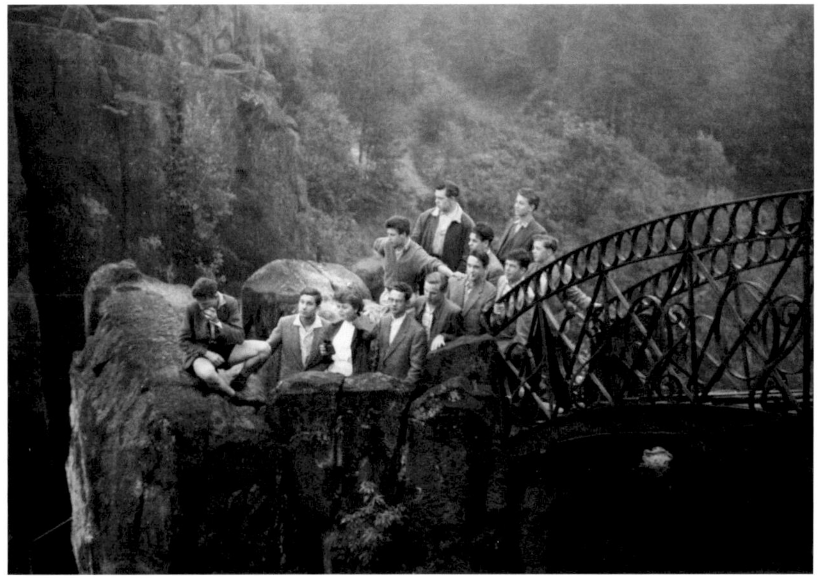

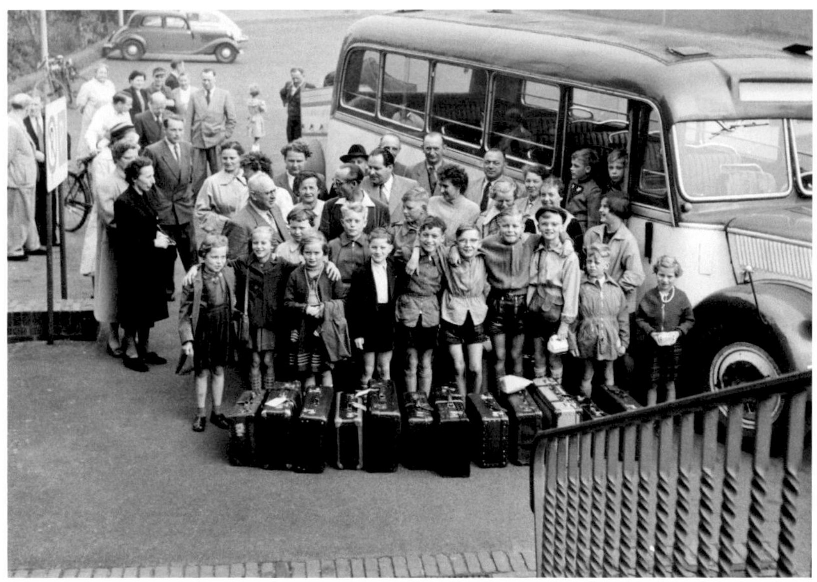

Fotograf unbekannt: Kameradschaftsausflug Säurebetrieb, um 1936
Photographer unknown: Group outing, acid plant, c. 1936

Fotograf unbekannt: Lehrlingserholungswerk, 1950er Jahre
Photographer unknown: Recreation scheme for apprentices, 1950s

Fotograf unbekannt: Kindererholungswerk, 1950er Jahre
Photographer unknown: Recreation scheme for children, 1950s

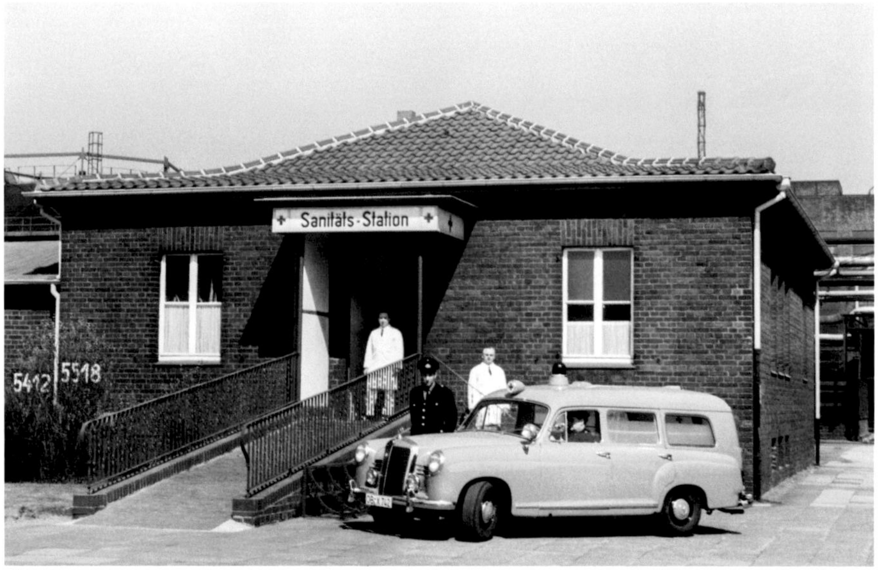

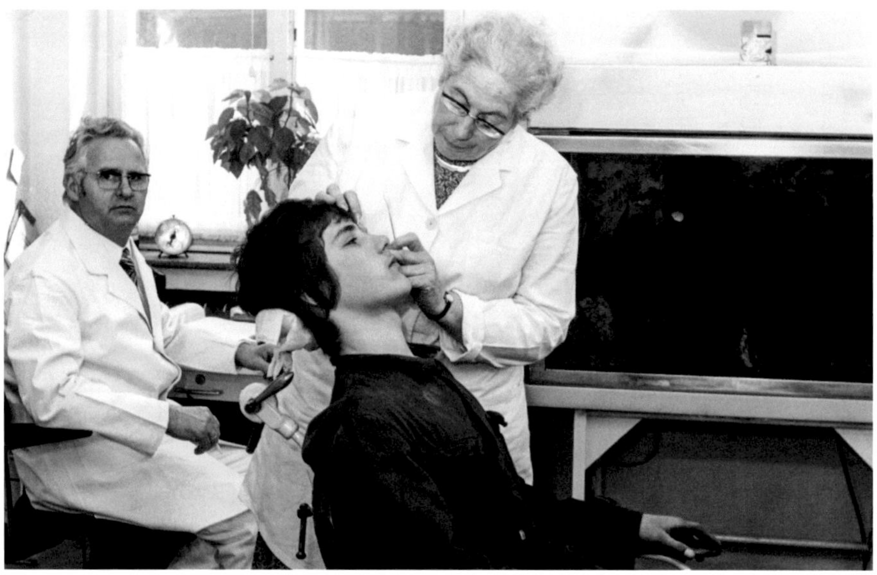

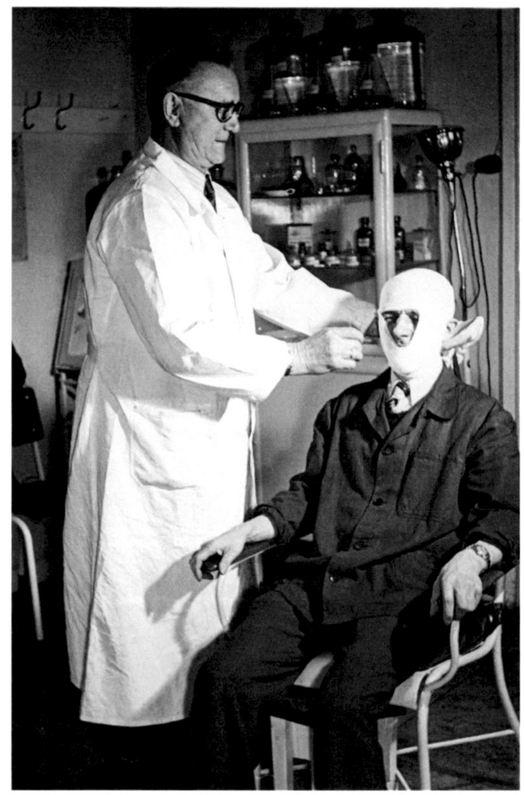

Karl Eul: Sanitätsstation, 1960er Jahre
Karl Eul: Infirmary, 1960s

Karl Eul: Sanitätsstation, 1973
Karl Eul: Infirmary, 1973

Fotograf unbekannt: Übung zum Anlegen eines Verbands, undatiert
Photographer unknown: Practicing how to tie a bandage, undated

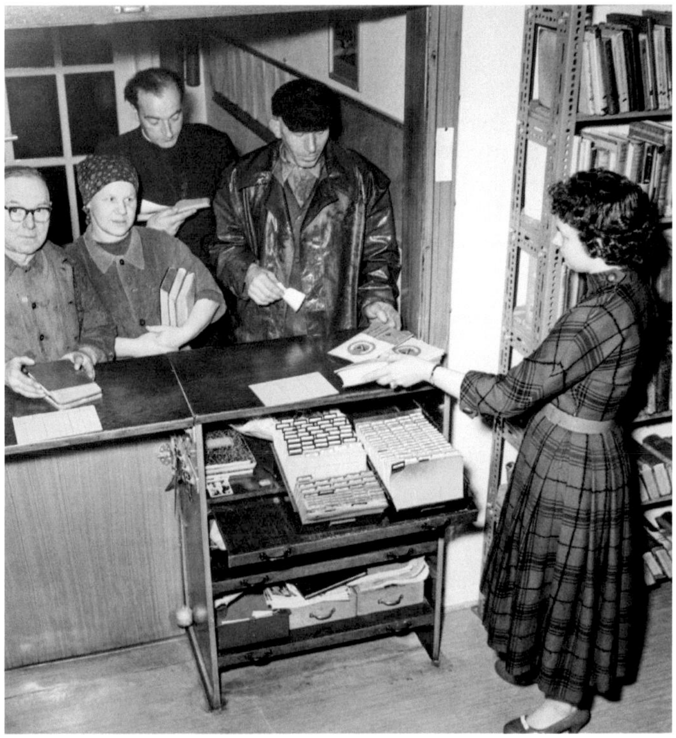

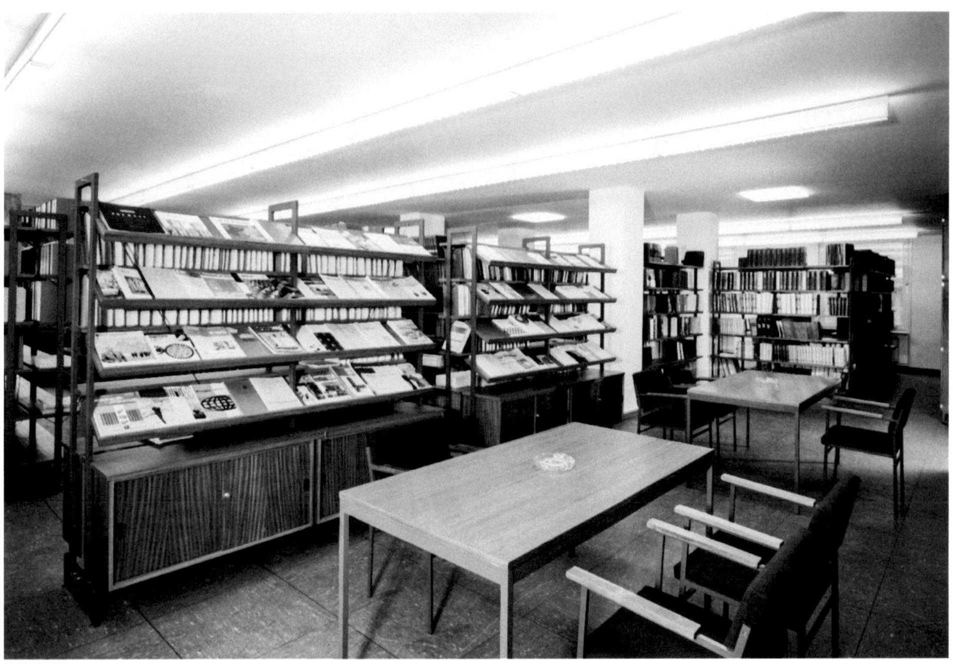

Fotograf unbekannt: Bibliothek, 1957
Photographer unknown: Library, 1957

Fotograf unbekannt: Fachbibliothek Forschung, 1967
Photographer unknown: Specialised library R & D, 1967

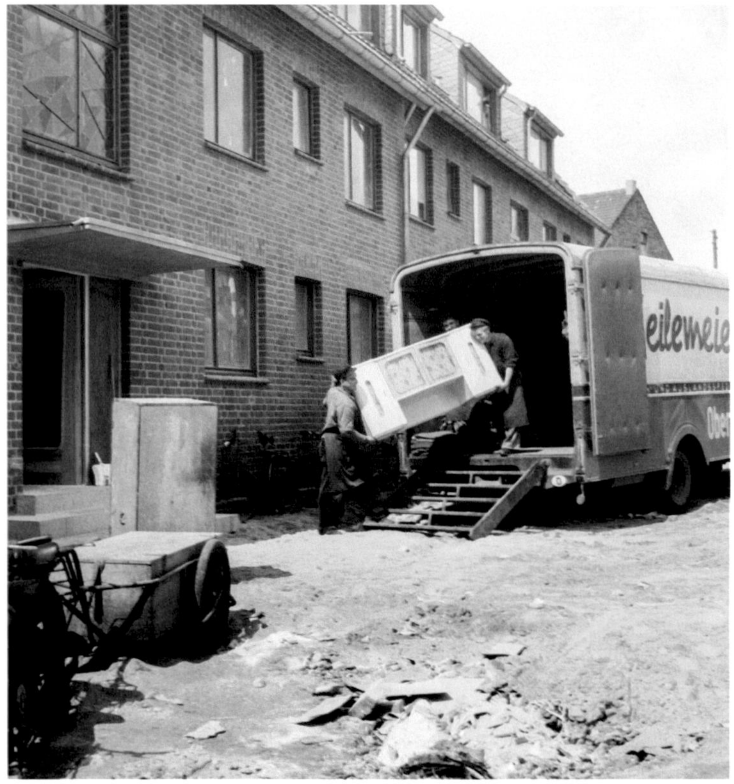

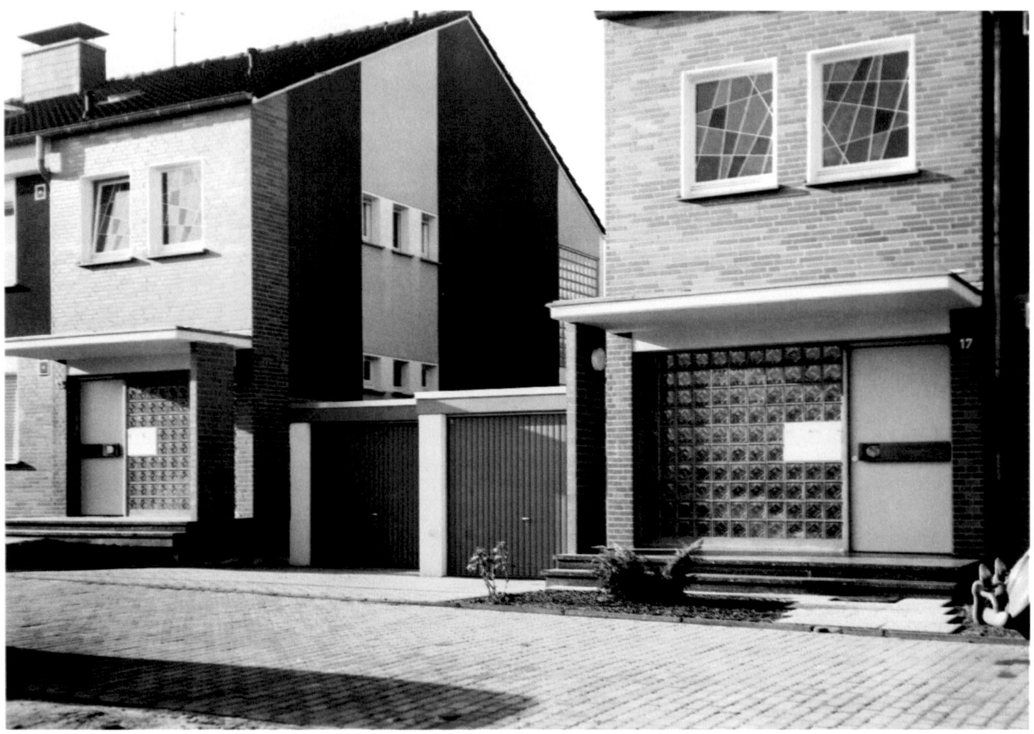

Fotograf unbekannt: Wohnungsbau, 1956
Photographer unknown: Housing, 1956

Karl Eul: Wohnungsbau, 1973
Karl Eul: Housing, 1973

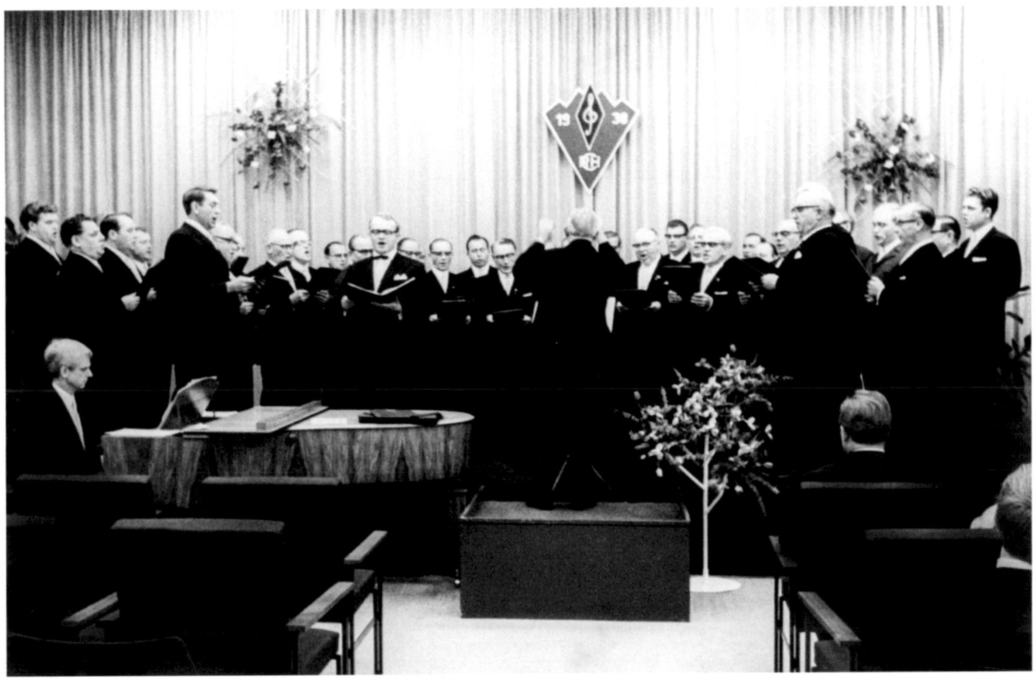

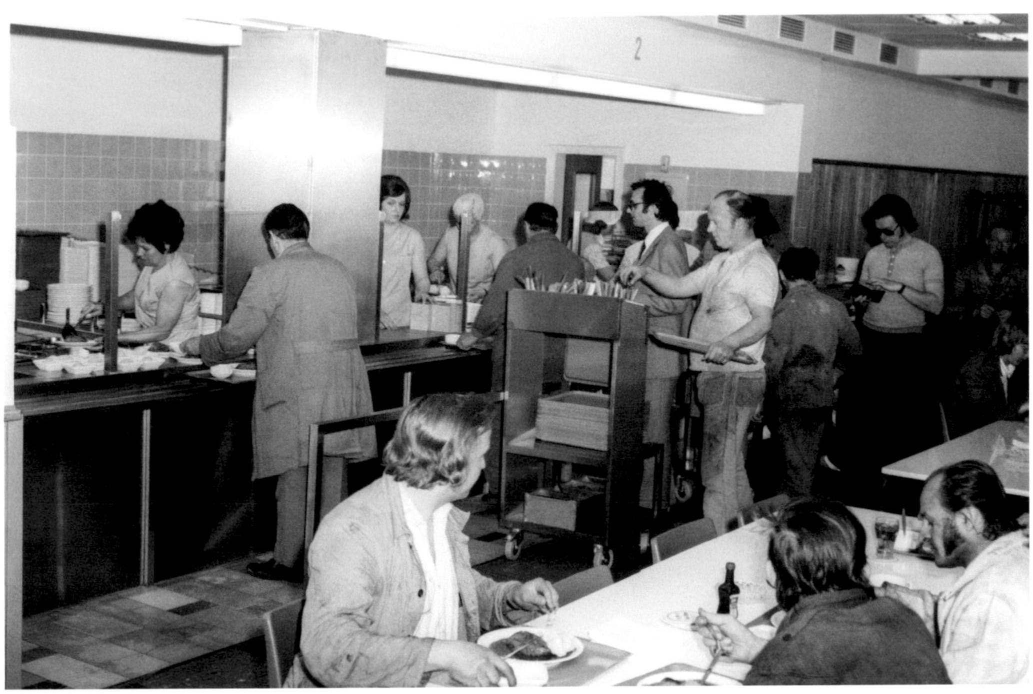

Fotograf unbekannt: Männerchor, undatiert
Photographer unknown: Male choir, undated

Karl Eul: Kasino, 1975
Karl Eul: Canteen, 1975

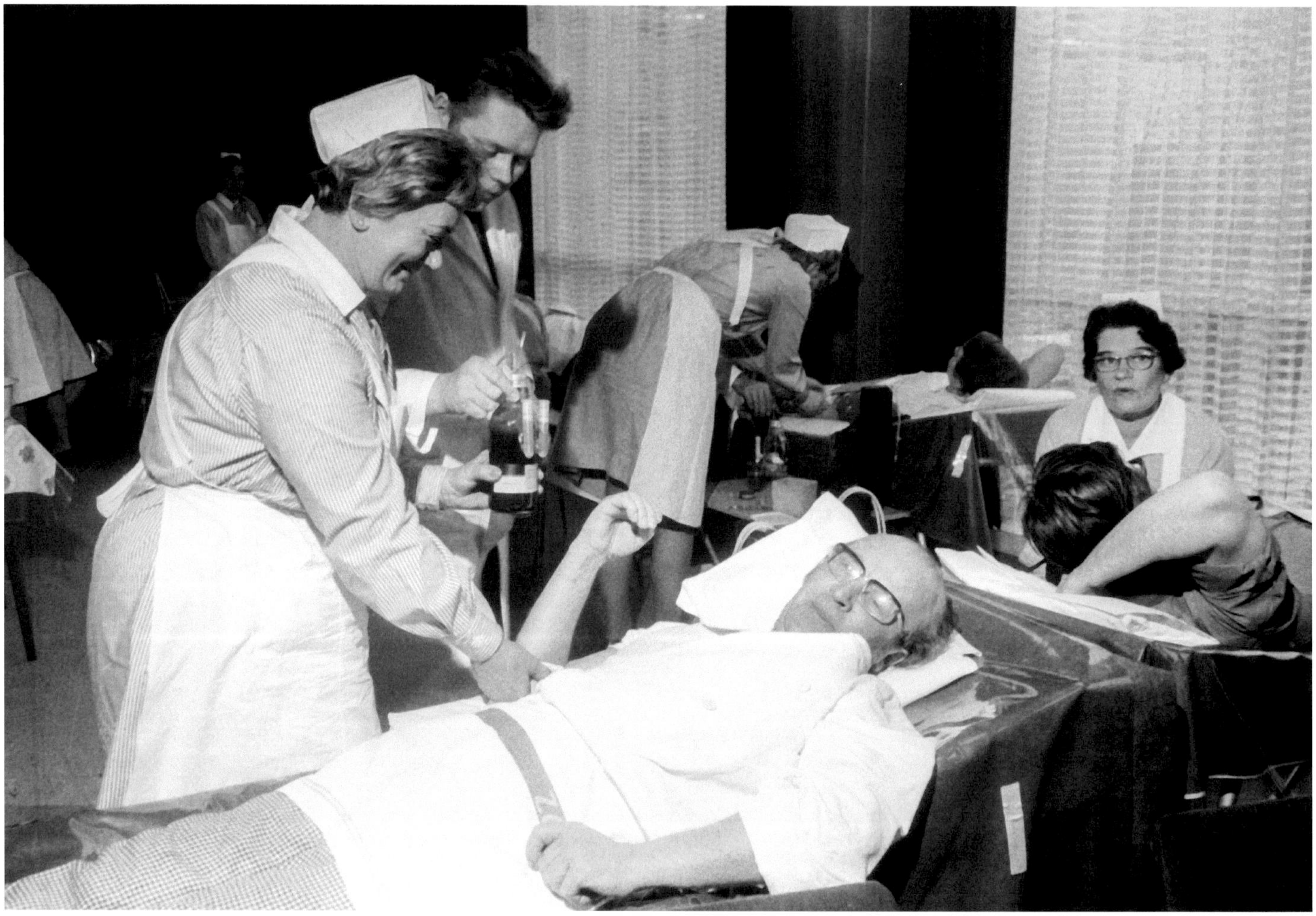

Fotograf unbekannt: Blutspendeaktion, 1971
Photographer unknown: Blood donation, 1971

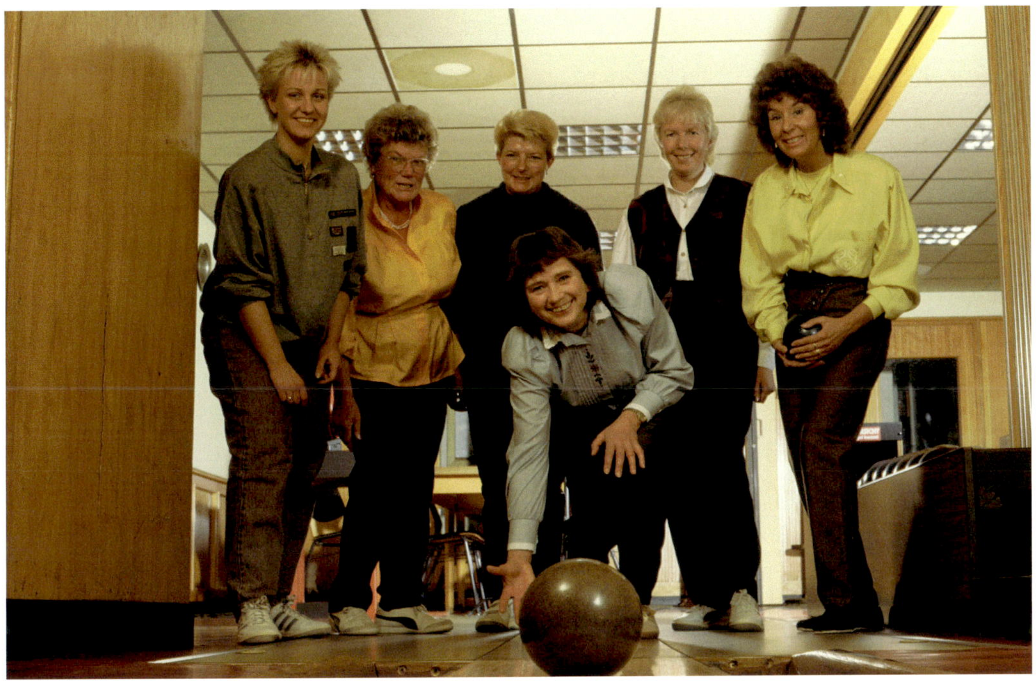

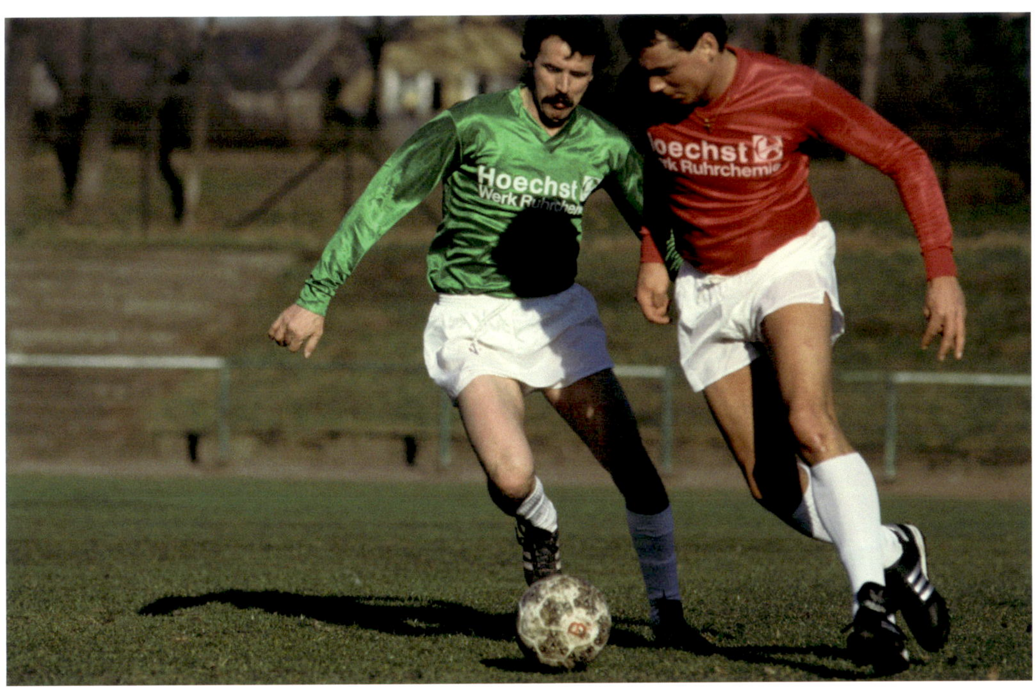

Fotograf unbekannt: Kegelturnier, 1990
Photographer unknown: Bowling tournament, 1990

Fotograf unbekannt: Fußballturnier, 1990
Photographer unknown: Football tournament, 1990

EREIGNISSE
EVENTS

Zu den prägenden Ereignissen der Werksgeschichte zählt die erste Benzinauslieferung 1936 genauso wie die erstmalige Präsentation von Produkten auf der Kunststoffmesse in Düsseldorf 1955. Ein dramatisches Motiv bieten die mehrfach auf dem Werksgelände aufgetretenen Brände.

Der Protest gegen die geplante Demontage der Anlagen 1949 gehört zu den fotografisch am ausführlichsten dokumentierten Ereignissen der Werksgeschichte. Nachdem bekannt geworden ist, dass die Demontage am 31. August 1949 stattfinden soll, wird am 30. August nach einem Protestmarsch eine Kundgebung in der Oberhausener Innenstadt abgehalten. Trotz der Demonstration rücken am nächsten Tag britische Truppen zur Demontage an. Daraufhin kommt es zu einem Tumult vor dem Werkstor, bei dem das Auto des Demontageunternehmers umgeworfen wird. An diesem Tag fahren die Demonteure unverrichteter Dinge wieder ab und kehren erst am 5. September zurück. Die Demontage findet allerdings nur in einem geringen Umfang statt und wird bereits am 7. September beendet. Das Foto, welches britische Soldaten vor dem Werkseingang zeigt, wird später in einer Karikatur wieder aufgegriffen. Die meisten der im Bestand vorhandenen Fotografien dieses Ereignisses stammen von dem Oberhausener Fotografen Ehrenfried Teichmann, der 1951 nach Kanada auswandert. SH

Among the defining events in the history of the works were the first delivery of gasoline in 1936 as well as the unveiling of products at the Düsseldorf plastics exhibition in 1955. The fires that occurred on the factory premises over the decades provided photographers with some dramatic motifs.

The protest against the planned dismantling of the plants in 1949 is one of the most extensively photographed events in the history of the works. Once it became known that the dismantling would take place on August 31, 1949, a rally was organised on August 30 in the centre of Oberhausen following a protest march. Despite the demonstration, British troops moved in to dismantle the plant the next day. The vehicle driven by the dismantling operators was overturned in a disturbance in front of the works entrance, after which the dismantlers drove off, only to return on September 5. Very little dismantling took place, and the task was completed on September 7. The photo that shows British soldiers at the works entrance was subsequently used in a caricature. Most of the existing photographs documenting this event were taken by the Oberhausen photographer Ehrenfried Teichmann, who emigrated to Canada in 1951.
SH

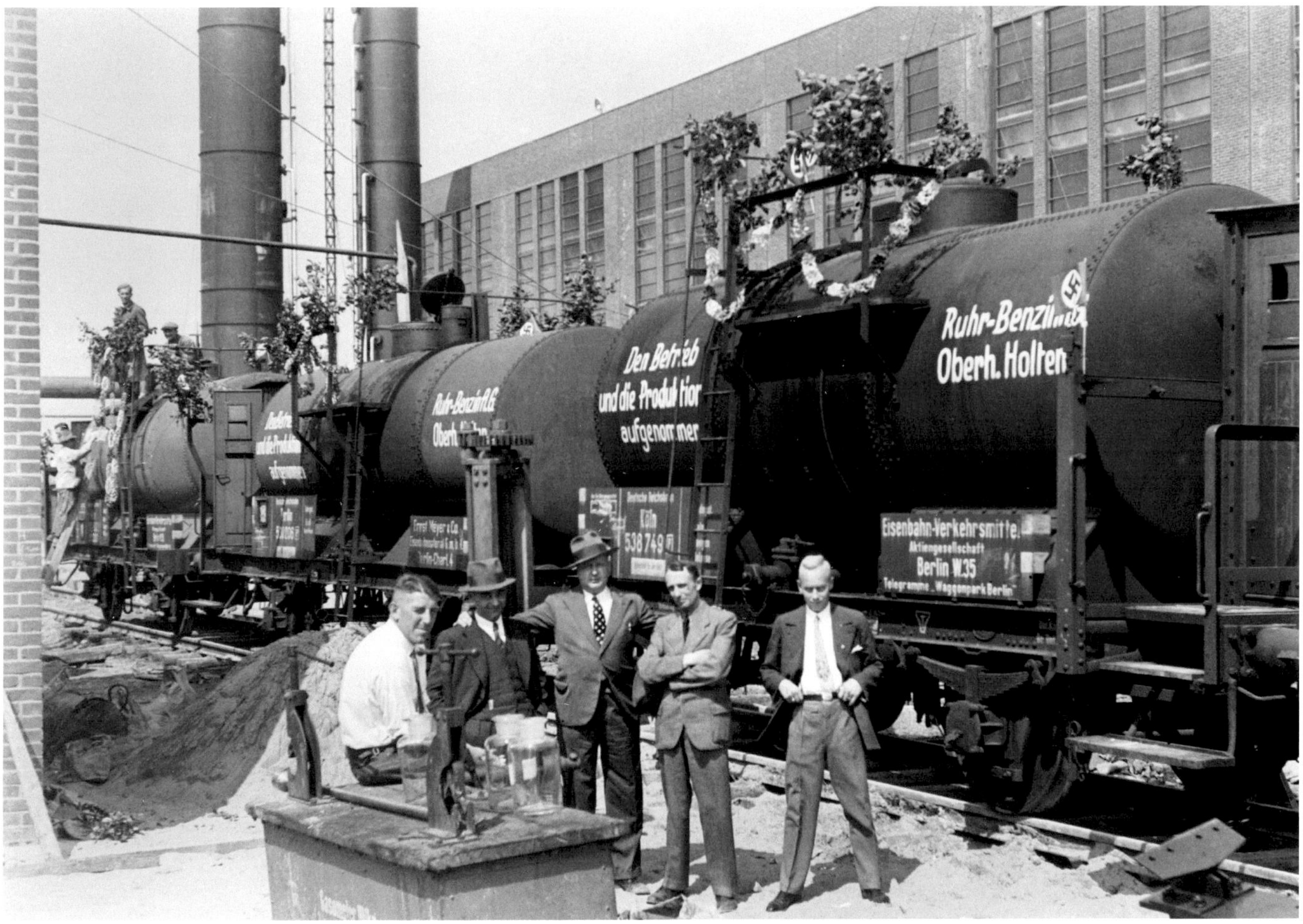

Fotograf unbekannt: Erstes Benzin verlässt die Ruhrchemie, 1936
Photographer unknown: The first gasoline leaves the Ruhrchemie plant, 1936

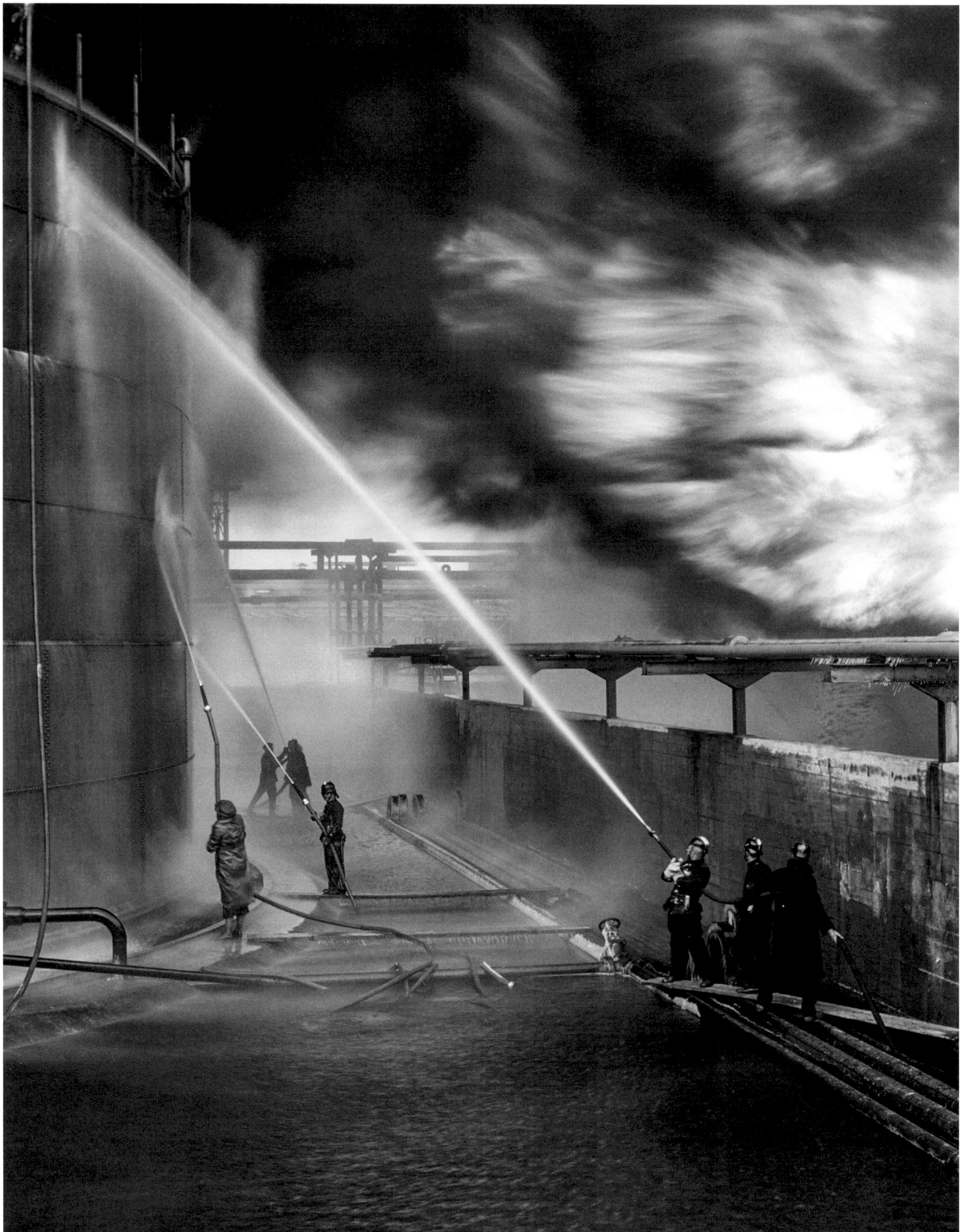

Fotoatelier Teriet: Brand eines Schmieröltanks, 1938
Studio Teriet: Fire in a lubricating oil tank, 1938

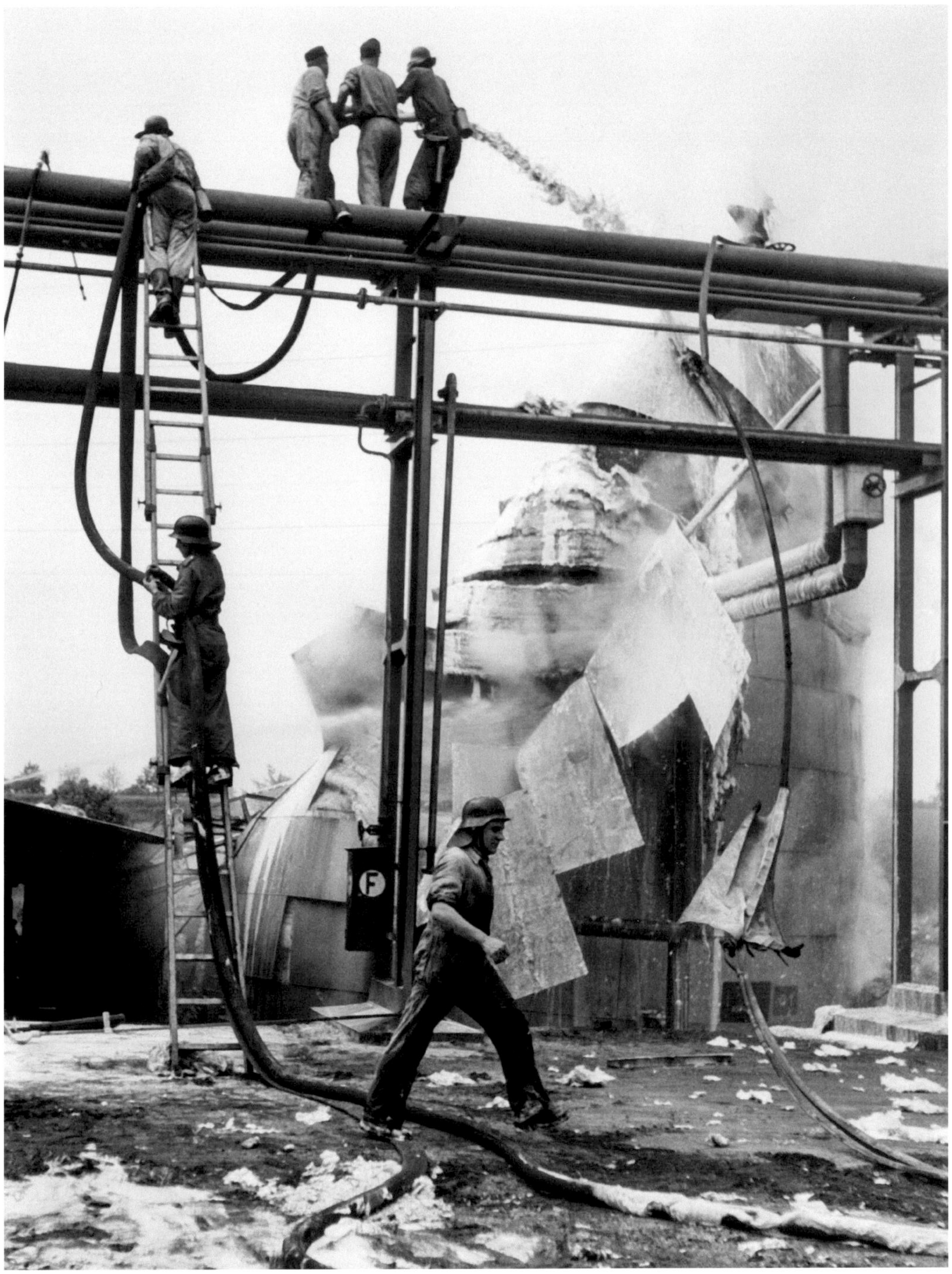

Fotograf unbekannt: Brand eines Heizöltanks, 1956
Photographer unknown: Fire in a heating oil tank, 1956

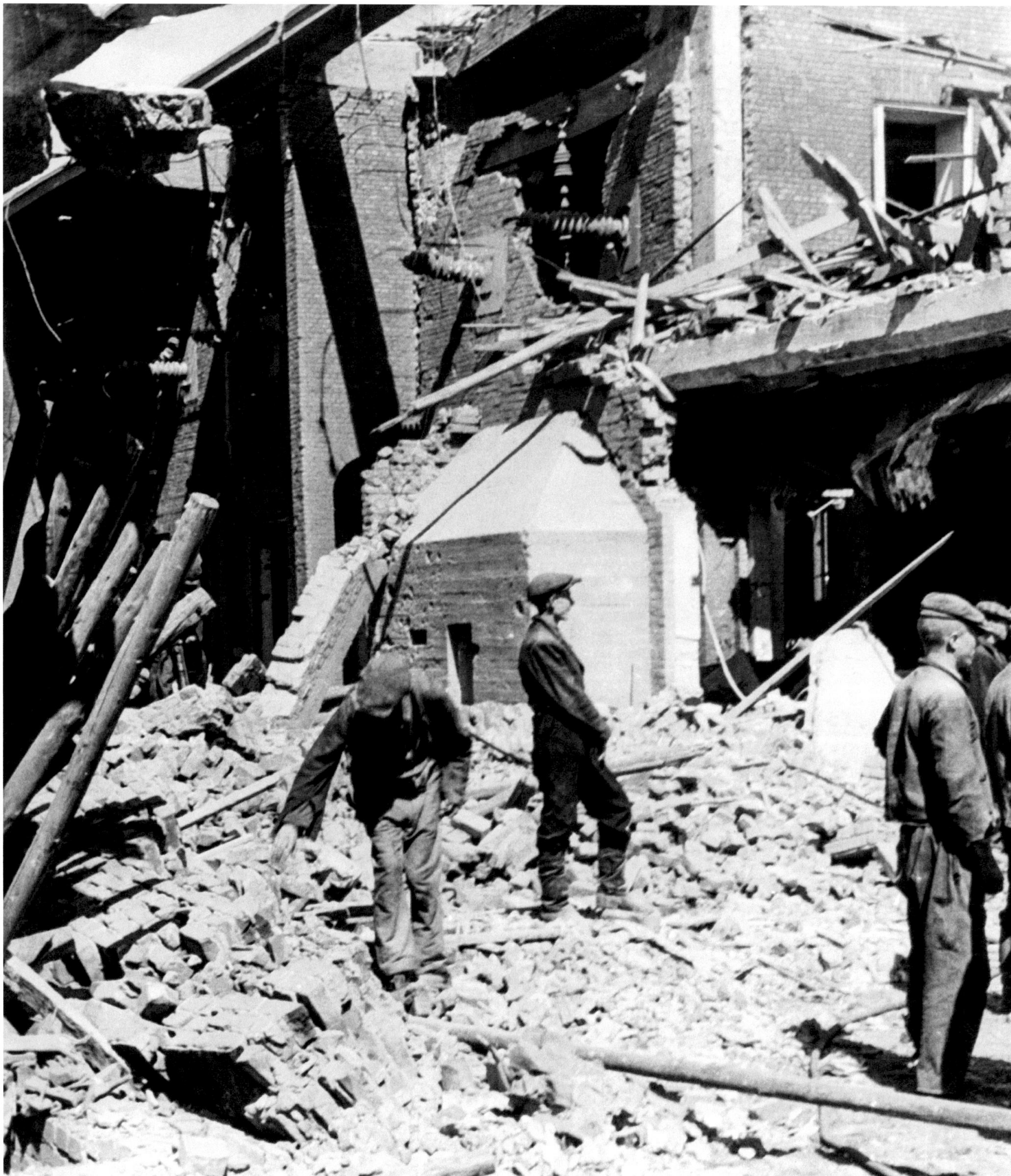

Fotograf unbekannt: Bombenschäden, 1940er Jahre
Photographer unknown: Bomb damage, 1940s

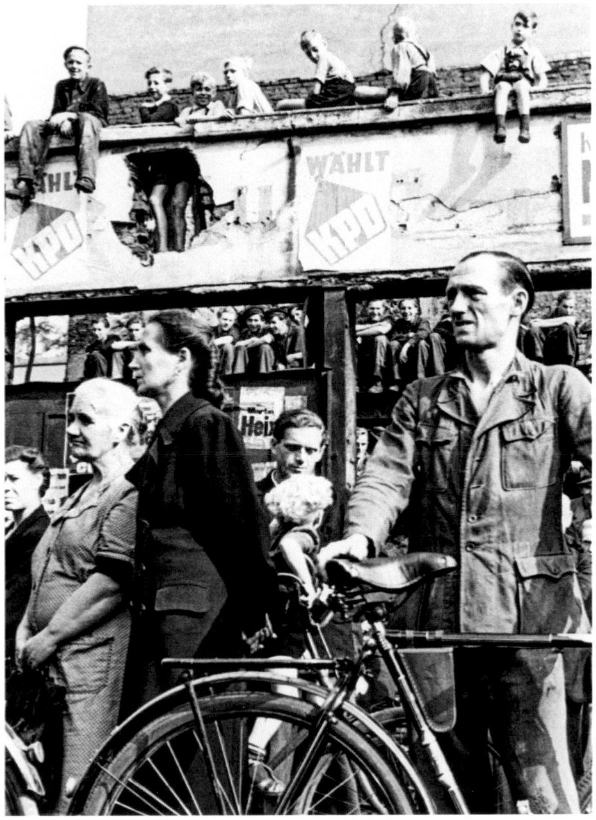

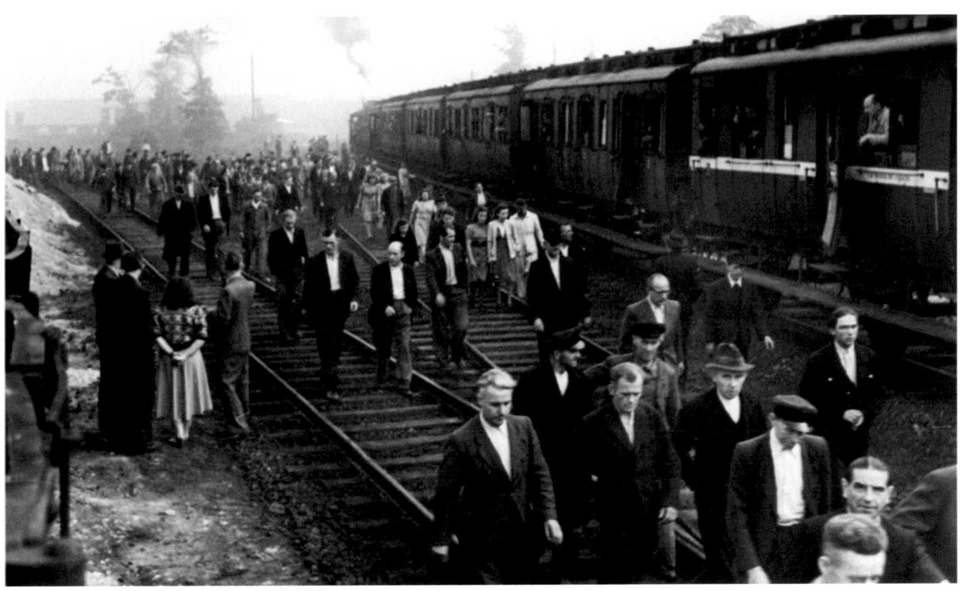

Ehrenfried Teichmann: Demonstration gegen die Demontage, 30. August 1949
Ehrenfried Teichmann: Demonstrations against the dismantling, August 30, 1949

Fotoatelier Teriet: Zugfahrt zu den Demonstrationen gegen die Demontage, 30. August 1949
Studio Teriet: Train journey to the demonstrations against the dismantling, August 30, 1949

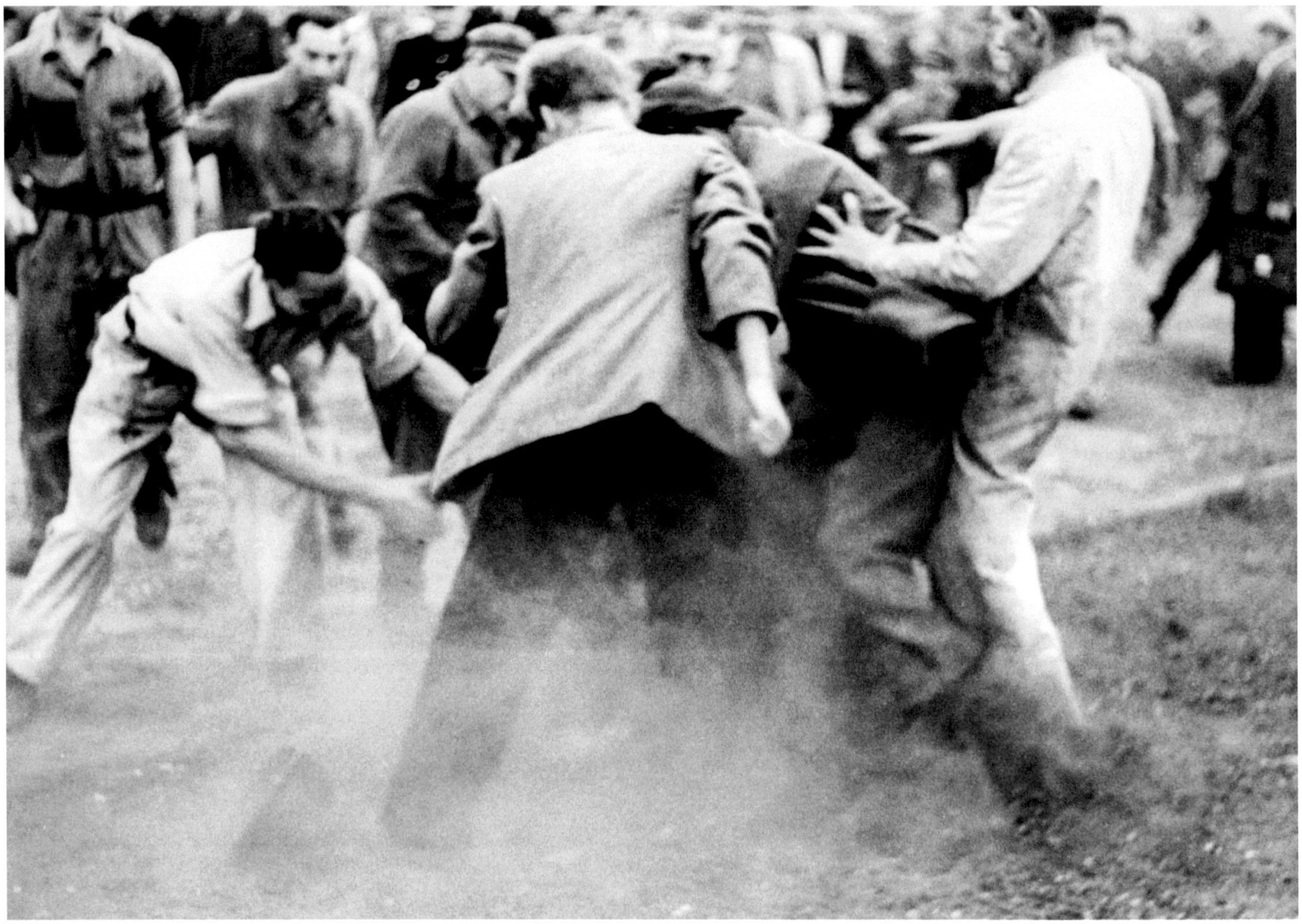

Ehrenfried Teichmann: Prügelei bei Demontageprotesten, 31. August 1949
Ehrenfried Teichmann: Fighting during the protests against the dismantling, August 31, 1949

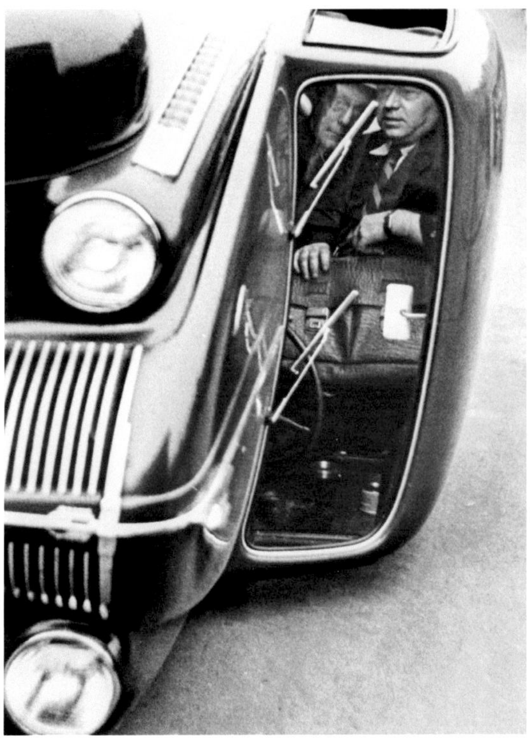

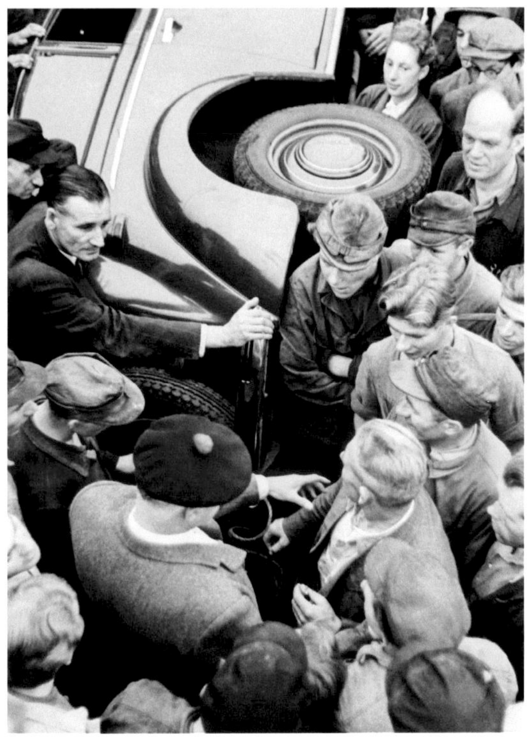

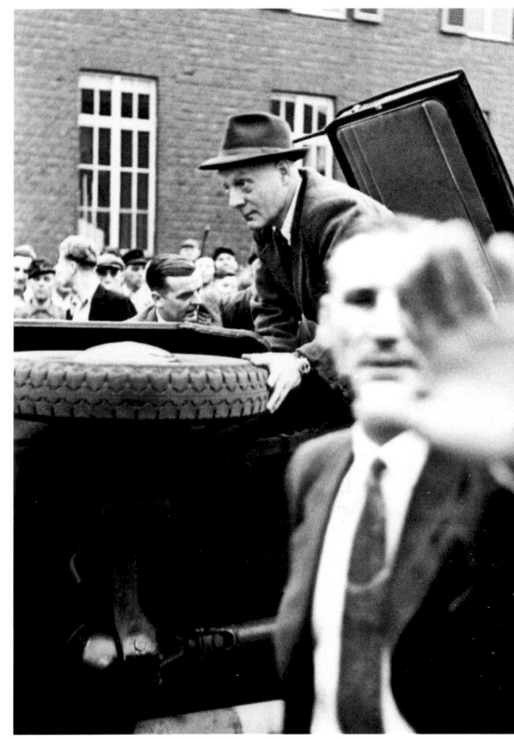

Ehrenfried Teichmann: Umgestürzter Wagen des Demontageunternehmers, 31. August 1949
Ehrenfried Teichmann: Overturned car of the dismantling contractor, August 31, 1949

Ehrenfried Teichmann: Diskussion am umgestürzten Wagen, 31. August 1949
Ehrenfried Teichmann: Discussion around the overturned car, August 31, 1949

Ehrenfried Teichmann: Demontageunternehmer verlässt umgestürzten Wagen, 31. August 1949
Ehrenfried Teichmann: Dismantling contractor leaves the overturned car, August 31, 1949

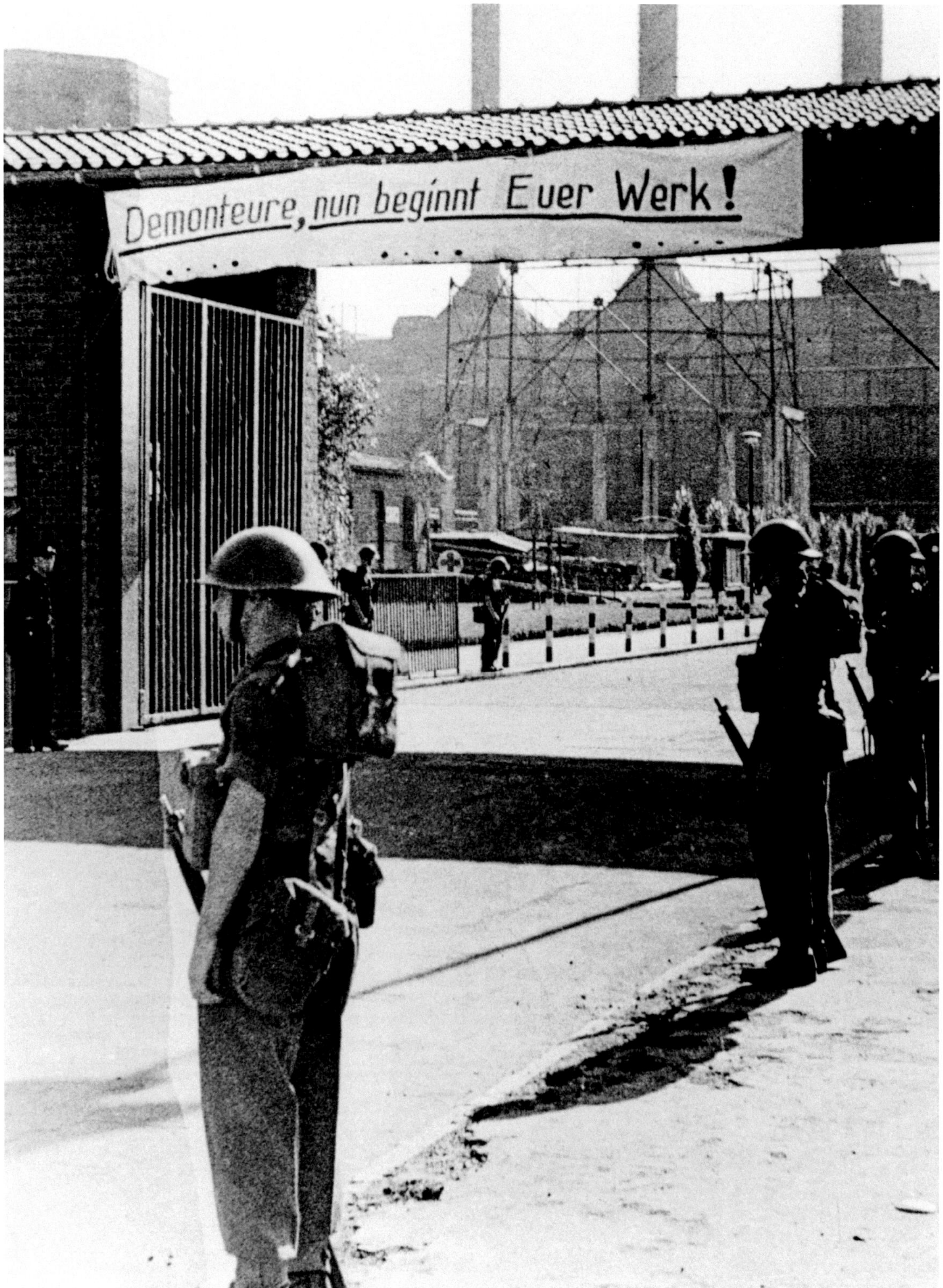

Fotograf unbekannt: Werksbesetzung durch britische Truppen, 5. September 1949
Photographer unknown: Occupation of the plant by British troops, September 5, 1949

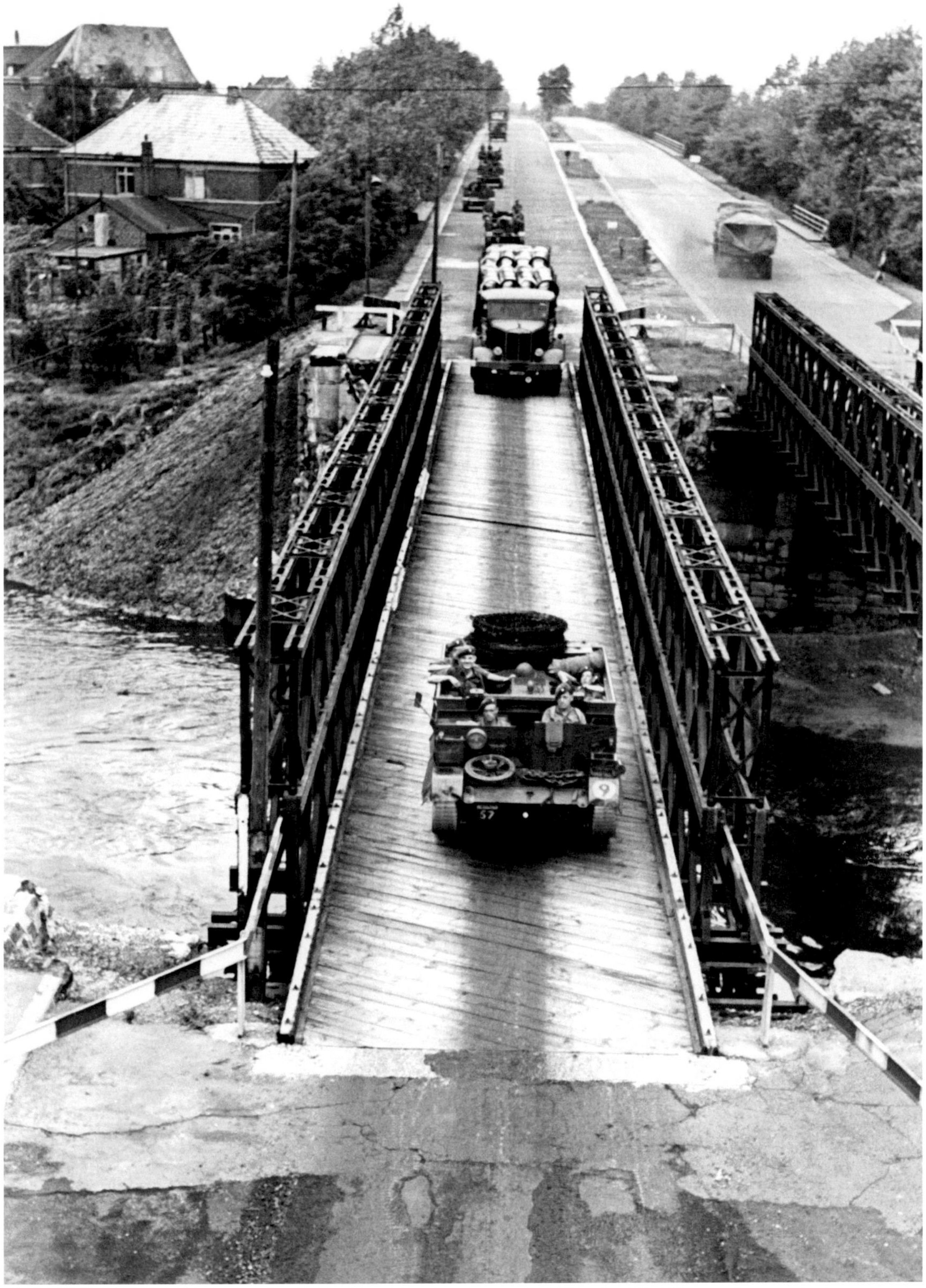

Ehrenfried Teichmann: Nach Beendigung der Werksbesetzung abrückende britische Einheiten, 7. September 1949

Ehrenfried Teichmann: British units retreating after the end of the occupation of the works, September 7, 1949

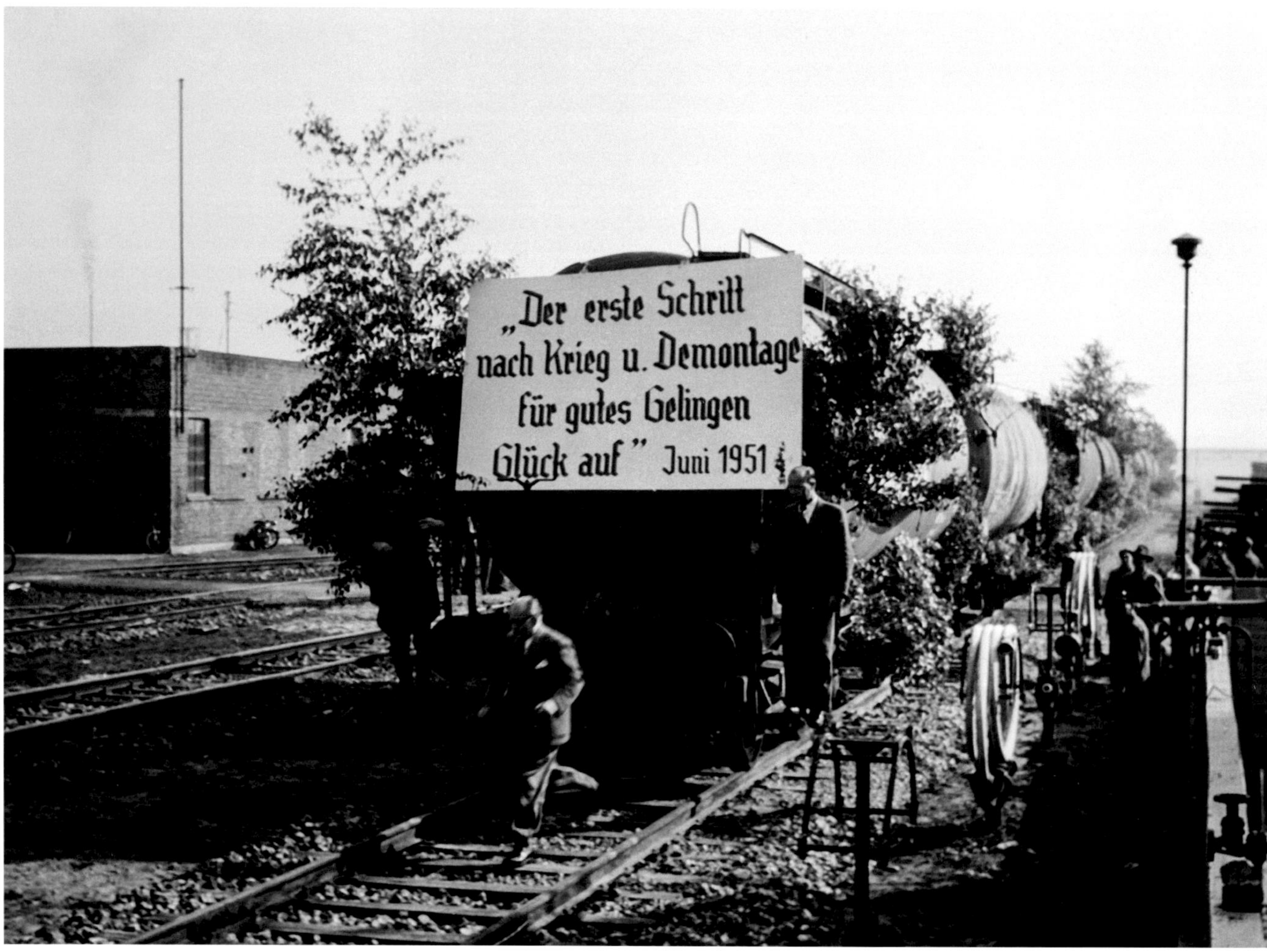

Fotograf unbekannt: Anlieferung von Mineralöl, 1951
Photographer unknown: Delivery of mineral oil, 1951

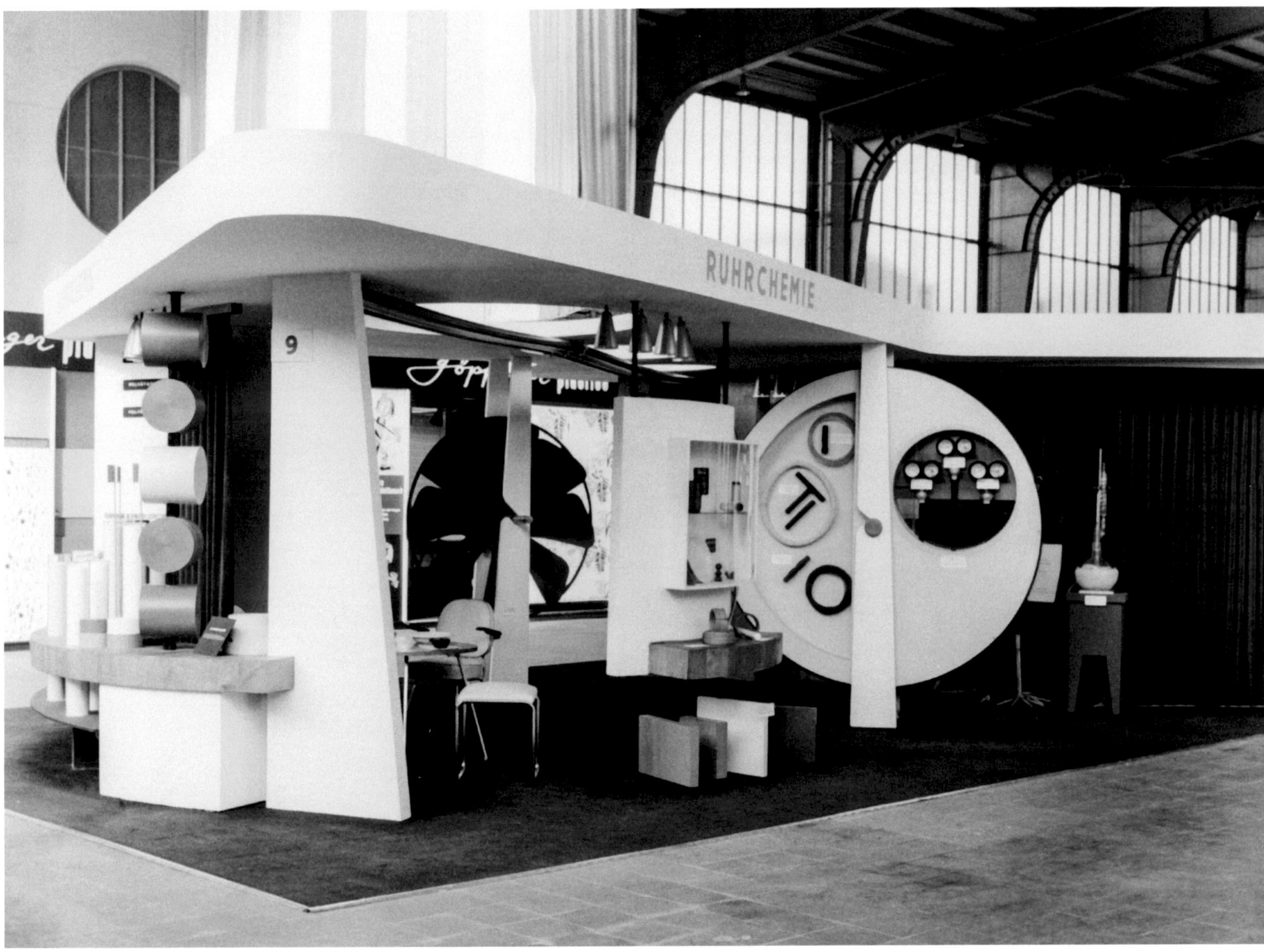

Fotograf unbekannt: Kunststoffausstellung Düsseldorf, 1955
Photographer unknown: Plastics exhibition in Düsseldorf, 1955

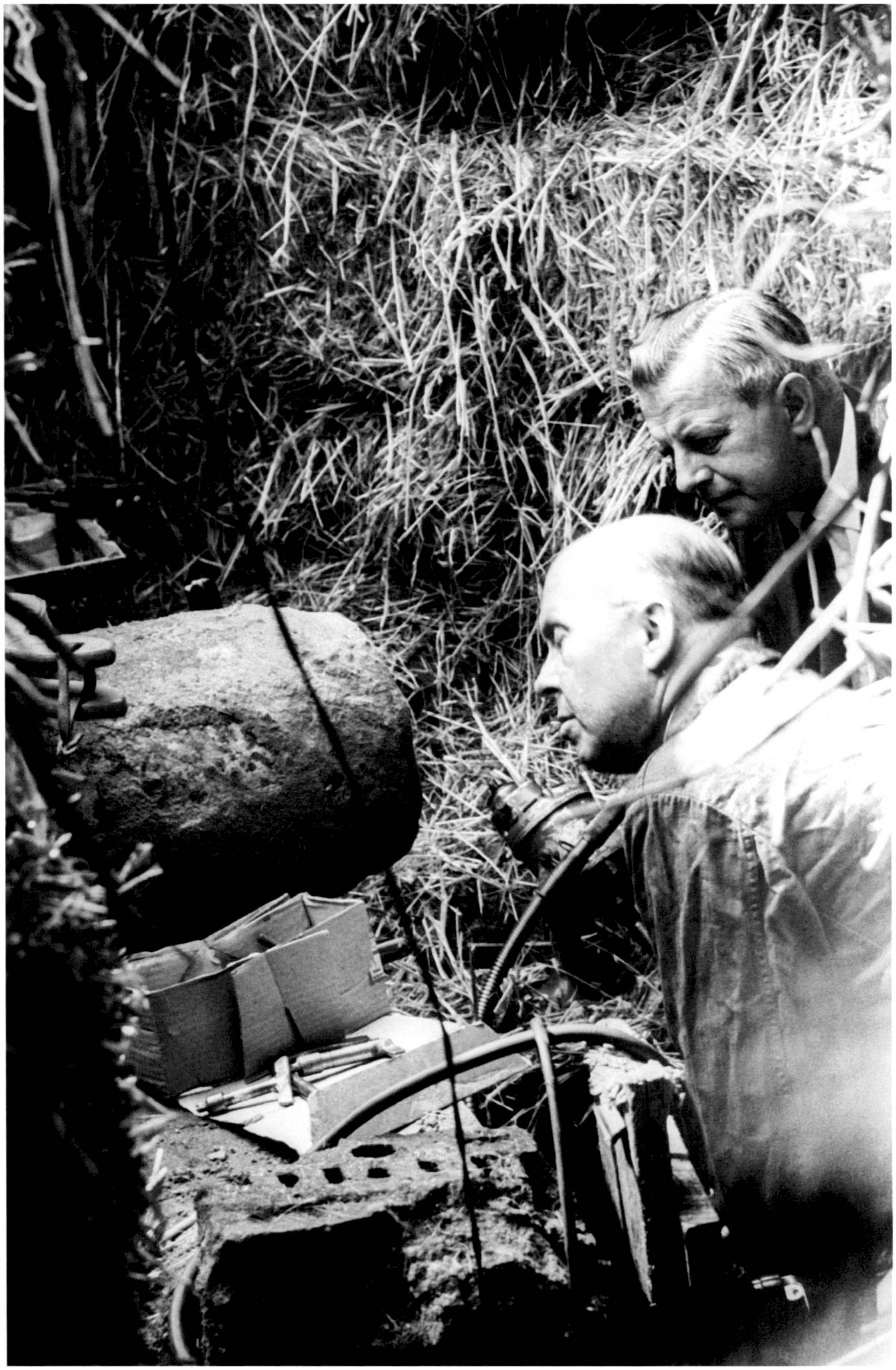

Fotograf unbekannt: Bombenentschärfung, 1966
Photographer unknown: Defusing a bomb, 1966

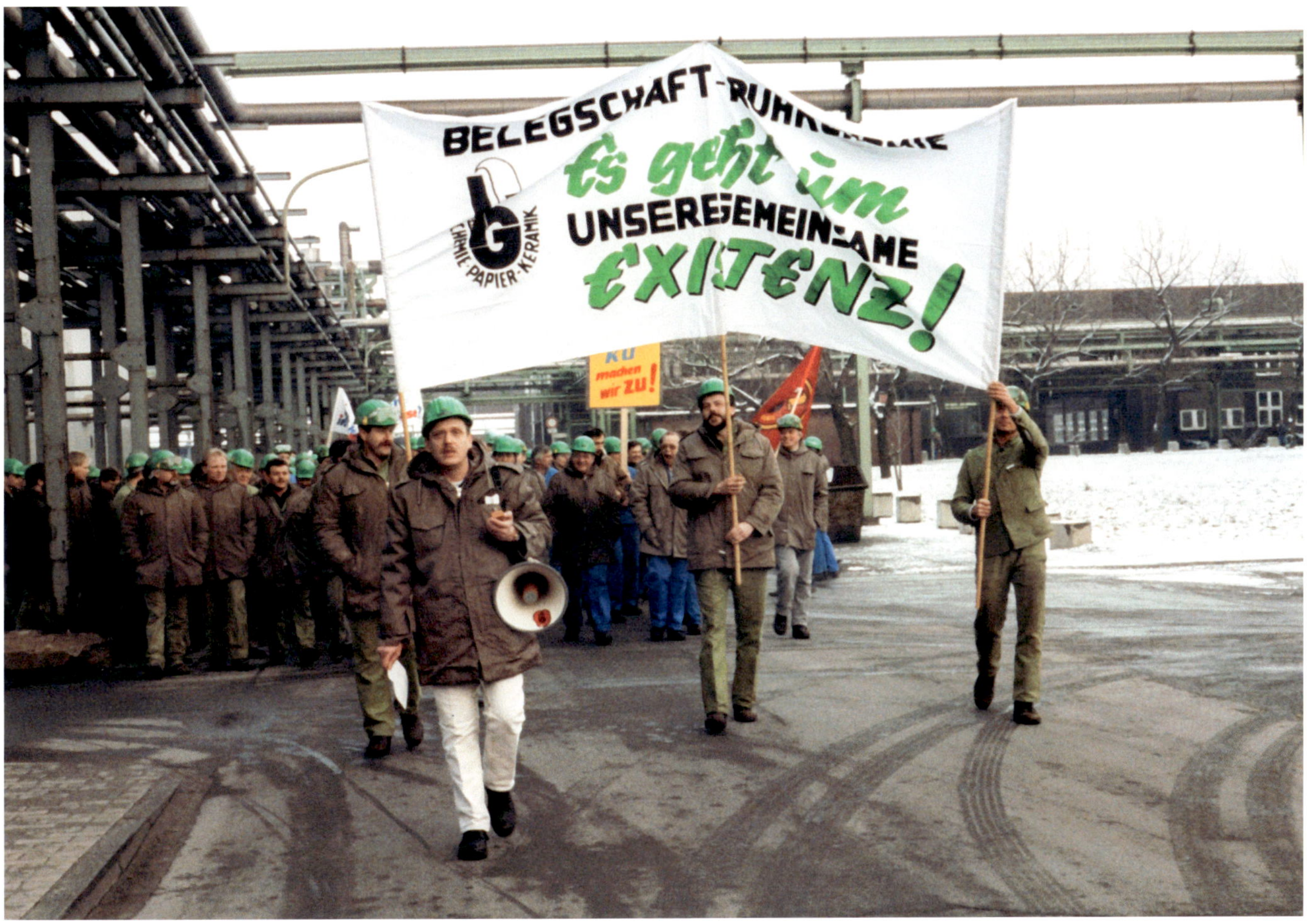

Detlef Deymann: Demonstration gegen HDPE-Anlagenschließung, 1993

Detlef Deymann: Demonstration against HDPE plant closure, 1993

AUTOREN
AUTHORS

Dr. rer. nat. Guido D. Frey, Jg. 1977, Chemie-Ingenieur, von 2009 bis 2017 in verschiedenen Aufgabengebieten bei der OXEA Services GmbH und deren Vorgänger-unternehmen im Werk Ruhrchemie tätig. Seit 2017 bei der Evonik Technology & Infrastructure GmbH. Herausgeber der Festschrift „75 Jahre Oxo-Synthese" der OXEA GmbH / Werk Ruhrchemie.

Sarah Hülsewig M. A., Jg. 1989, studierte Germanistik und Kunstgeschichte in Düsseldorf. 2017 wurde sie für ihre Masterarbeit mit dem Förderpreis des Kreises der Freunde des Instituts für Kunstgeschichte der Heinrich-Heine-Universität ausgezeichnet. Seit 2018 ist sie wissenschaftliche Hilfskraft im LVR-Industriemuseum und arbeitet an ihrer Promotion zu einem bildtheoretischen Thema.

Prof. Dr. Manfred Rasch, Jg. 1955, studierte von 1975 – 1981 Geschichte und Mathematik in Bochum; Promotion 1989. Von 1986 – 1992 Wiss. Assistent am Max-Planck-Institut für Kohlenforschung in Mülheim an der Ruhr. Ab 1990 Lehrtätigkeit an der Ruhr-Universität Bochum, seit 2003 als Honorarprofessor mit den Schwerpunkten Wirtschafts-, Technik- und Wissenschaftsgeschichte des 19. und 20. Jahrhunderts. Seit 1992 Leiter des heutigen thyssenkrupp Konzernarchivs.

Dr rer. nat. Guido D. Frey, born in 1977, Chemical engineer from 2009 to 2017 in various roles at OXEA Services GmbH, at its former companies at the Ruhrchemie plant and at Evonik Technology & Infrastructure GmbH since 2017. Editor of the commemorative publication "75 Years of Oxo Synthesis" by OXEA GmbH / Ruhrchemie plant.

Sarah Hülsewig M. A., born in 1989, studied German and Art History at the university of Düsseldorf. In 2017 she was honored with an advancement award for her master thesis by the Kreis der Freunde des Instituts für Kunstgeschichte der Heinrich-Heine-Universität. Since 2018 she works as a research assistant at the LVR-Industriemuseum and prepares her doctoral thesis on a subject in visual studies.

Prof. Dr. Manfred Rasch, born in 1955, studied history and mathematics from 1975 to 1981 in Bochum; Ph. D. in 1989. He worked as a research assistant at the Max-Planck-Institut für Kohlenforschung in Mülheim an der Ruhr from 1986 to 1992. Since 1990 lecturer at the Ruhr University Bochum, since 2003 honorary professor with his main areas of research in the economic, technical and scientific history of the 19thand 20th centuries. He has been the head of the current thyssenkrupp Group Archive since 1992.

Prof. Dr. Rolf Sachsse, Jg. 1949, war bis 2017 Professor für Designgeschichte und Designtheorie an der Hochschule der Bildenden Künste Saar in Saarbrücken. Er hat bei Karl Hugo Schmölz in Köln Architekturfotografie gelernt, Kunstgeschichte, Kommunikationsforschung und Neue Deutsche Literaturwissenschaft studiert und über Architekturfotografie promoviert. Er schreibt und redet viel und lebt in Bonn.

Rainer Schlautmann M. A. (DGPh), Jg. 1971, lebt als selbstständiger Fotograf, Autor und Ausstellungsmacher im Ruhrgebiet. Sein besonderes Interesse gilt der Fotografie von Kunst aus Licht sowie der Tanzfotografie. Studium der Germanistik, Anglistik und Geschichte an den Universitäten Essen und Edinburgh; Abschluss mit der fotohistorischen Arbeit „Ansichten vom Ruhrgebiet: Heinrich Hausers ‚Schwarzes Revier‘, 1930“.

Prof. Dr. Rolf Sachsse, born in 1949, held the seat in design history and design theory at the University of Fine Arts Saar in Saarbruecken until 2017. He learned architectural photography at Karl Hugo Schmölz' studio in Cologne, studied art history, communication research and New German Literature and received his doctorate in architectural photography. He writes and talks a lot and lives in Bonn.

Rainer Schlautmann M. A. (DGPh), born in 1971, lives and works in the Ruhr area as a freelance photographer, author and exhibition curator. His special interests are the photography of art formed by light and dance photography. He studied German and English literature as well as History at the universities of Essen and Edinburgh. He wrote his photo-historic thesis on "Ansichten vom Ruhrgebiet (views of the Ruhr area): Heinrich Hauser's 1930 publication 'Schwarzes Revier' (black territory)".

BILDNACHWEIS
PHOTO CREDITS

Estate Bernd & Hilla Becher, vertreten durch Max Becher, courtesy Die Photographische Sammlung / SK Stiftung Kultur – Bernd und Hilla Becher Archiv, Köln, 2018: S. | p. 25, 153
LVR-Industriemuseum, Jürgen Hoffmann: S. | p. 51
LWL-Industriemuseum, Westfälisches Landesmuseum für Industriekultur, Dortmund: S. | p. 24, 149, 151
Beate Knappe, Düsseldorf: S. | p. 71 – 73
Museum Folkwang, Essen, © Albert Renger-Patzsch / Archiv Ann und Jürgen Wilde, Zülpich / VG Bild-Kunst, Bonn 2018: S. | p. 22
OXEA GmbH, Monheim am Rhein / Christian Diehl, S. | p. 227 – 231
OXEA GmbH, Monheim am Rhein / Bernhard Fischer: S. | p. 31 u. | b.
OXEA GmbH, Monheim am Rhein / Sebastian Mölleken: S. | p. 69 u. | b., 75
Rudolf Holtappel, Oberhausen: S. | p. 164, 165
Stiftung Situation Kunst, Bochum: S. | p. 162, 163

Für alle anderen Fotos | for all other photos:
LVR-Industriemuseum, Oberhausen, Sammlung Ruhrchemie

LEIHGEBER
LENDERS

Bibliothek des Ruhrgebiets, Bochum
Christian Diehl, Dortmund
Prof. Hermann Dornhege, Münster
LWL-Industriemuseum, Westfälisches Landesmuseum für Industriekultur, Dortmund
Max-Planck-Institut für Kohlenforschung, Mülheim an der Ruhr
Reiner Nause, Oberhausen
OXEA GmbH, Monheim am Rhein
Stiftung Situation Kunst, Bochum
thyssenkrupp Konzernarchiv, Duisburg

DANK
THANKS

Hendrik Berinson, Berlin
Dr. Magnus Dellwig und Andreas Uecker, Stadtarchiv Oberhausen
Dr. Georg Dämbkes, Dinslaken
Astrid Dörnemann, thyssenkrupp Konzernarchiv, Duisburg
Olge Dommer, LWL-Industriemuseum, Westfälisches Landesmuseum für Industriekultur, Dortmund
Dr. Simone Förster, Stiftung Ann und Jürgen Wilde, Pinakothek der Moderne, München
Virginia Heckert, Ph.D., J. Paul Getty Museum, Los Angeles
Christoph Kießling und Isabel Schiffhorst, Max-Planck-Institut für Kohlenforschung, Mülheim an der Ruhr
Roy Kift, Essen
Eva Lanzerath und Markus Nemitz, LVR-Zentrum für Medien und Bildung, Düsseldorf
Dr. Rainer Lukas, Essen
Dr. Matthias Meusch, Landesarchiv Nordrhein-Westfalen, Duisburg
Reiner Nause, Oberhausen
Gerald Mosel, Thorsten Ostermann und Nicole Wittig, OXEA GmbH, Monheim am Rhein
Reiner Peil, Oberhausen
Dr. Kai Rawe und Jens Roepstorff, Stadtarchiv Mülheim an der Ruhr
Petra Steinhardt und Jens Nober, Museum Folkwang, Essen
Dr. Philipp Stiasny, Berlin
Prof. Dr. Claude W. Sui, Robert-Häusser-Archiv, Forum Internationale Photographie, Reiss-Engelhorn Museen, Mannheim
Ann und Jürgen Wilde, Zülpich

IMPRESSUM
IMPRINT

Ausstellung | Exhibition

Eine Ausstellung des LVR-Industriemuseums und der LUDWIGGALERIE Schloss Oberhausen | An exhibition of LVR-Industriemuseum and the LUDWIGGALERIE Schloss Oberhausen

Projektleitung | Project Management
Michael Gaigalat und Dr. Christine Vogt

Kurator | Curator
Rainer Schlautmann

Wissenschaftliches Team | Scientific Team
Sarah Hülsewig, Miriam Hüning, Rudolf Kania und Jennifer Liß

Textredaktion und Lektorat | Text Editing and Proofreading
Michael Gaigalat, Sarah Hülsewig, Rainer Schlautmann, Dagmar Winkler

Leihverkehr | Loan Procedures
Christiane Brox, Susanne Geldsetzer, Sarah Hülsewig, Jennifer Liß

Kommunikation und Marketing | Communication and Marketing
Anette Gantenberg, Silke Krebbing, Natascha Kurek, Caroline Tillmann-Schumacher, Ingrid Trocka-Hülsken, Dagmar Winkler

Kommunikationsdesign | Communication Design
BGP Benning, Gluth und Partner, Oberhausen

Bildung und Vermittlung | Education and Mediation
Ursula Bendorf-Depenbrock, Sabine Falkenbach, Maja Lange

Begleitprogramm | Supporting Programme
Ursula Bendorf-Depenbrock, Sabine Falkenbach, Sarah Hülsewig, Maja Lange, Ingrid Trocka-Hülsken, mit Unterstützung der OXEA GmbH und Dr. Georg Dämbkes und Reiner Nause

Medientechnik | Media Technology
Tobias Grefermann, LVR-Industriemuseum; Ruhrpott Film, Volker Köster, Oberhausen

Ausstellungsgrafik | Exhibition Graphics
Kommunikationskontor_
Düsseldorf

Produktion Ausstellungsgrafik | Exhibition Graphics Production
Jürgen Flechsenhaar, Düsseldorf

Ausstellungsgestaltung und Bauleitung | Exhibition Design and Construction Management
Nikolaus Jansen

Ausstellungsrealisierung | Exhibition Realisation
Christian Claus, Thomas Frehmann, Lars Geppert, Sergey Gordyeyev, Tobias Grefermann, Claudia Grohmann, Sabine Henneken, Jürgen Hoffmann, Nikolaus Jansen, Dr. Holger Klein-Wiele, Jutta Linn, Stefan Mai, Morten Menke, Markus Nowhöfer, Peter Schulthoff, Olaf Stöhr, Andreas Thiel, Volker Toebe, Michael Unger, Christoph van der Wielen und Atelier für Papier- und Buchrestaurierung Emonts-Holley, Bode & Güttler GbR, Ratingen

Dokumentation | Documentation
Ewa Dudek, Nathalie Deutsch, Sarah Hülsewig, Andreas Mergner

Transporte | Transport
Gerd Losensky

Beratung | Consultancy
Dr. Georg Dämbkes, Reiner Nause

Übersetzungen | Translation
Kern AG, Sprachendienste, Köln

Katalog | Catalogue

Herausgeber | Publisher
LVR-Industriemuseum und
LUDWIGGALERIE Schloss Oberhausen

Autoren | Authors
Dr. rer. nat. Guido D. Frey, Dr. Walter Hauser, Sarah Hülsewig M.A. (SH), Prof. Dr. Manfred Rasch, Rainer Schlautmann M.A. (RS), Prof. Dr. Rolf Sachsse, Dr. Christine Vogt

Textredaktion und Lektorat | Text Editing and Proofreading
Michael Gaigalat, Sarah Hülsewig, Rainer Schlautmann

Bildredaktion | Image Editing
Sarah Hülsewig, Rainer Schlautmann

Reproduktionsfotografie | Photographic Reproductions
Jürgen Hoffmann unter Mitarbeit von Nathalie Deutsch, Tanita Dreßen und Anna Lienert, alle LVR-Industriemuseum; LVR-Zentrum für Medien und Bildung, Düsseldorf

Gestaltung und Satz | Design and Composition
Kommunikationskontor_Düsseldorf;
Mitarbeit Yasemin Genç

Postproduktion und Herstellung | Post-Production and Fabrication
Kommunikationskontor_Düsseldorf

Gesamtherstellung | Production
Druckerei Kettler, Bönen

Erschienen im | Published by **Verlag Kettler, Dortmund**

ISBN 978-3-86206-710-7

www.verlag-kettler.de

Bibliografische Informationen der Deutschen Nationalbibliothek: Die Deutsche Nationalbibliothek verzeichnet diese Publikation in der Deutschen Nationalbibliografie; detaillierte bibliografische Daten sind im Internet über http://dnb.d-nb.de abrufbar.

Bibliographic information published by the Deutsche Nationalbibliothek: The Deutsche Nationalbibliothek lists this publication in the Deutsche Nationalbibliographie; detailed bibliographic data are available on the Internet at http://dnb.d-nb.de